ENCYCLOPÉDIE-RORET

—

ÉCLAIRAGE ET CHAUFFAGE

AU GAZ

—

TOME PREMIER

MANUELS-RORET

NOUVEAU MANUEL COMPLET

DE

L'ÉCLAIRAGE ET DU CHAUFFAGE

AU GAZ

OU

TRAITÉ ÉLÉMENTAIRE ET PRATIQUE

DESTINÉ AUX INGÉNIEURS, AUX DIRECTEURS ET AUX CONTRE-
MAÎTRES D'USINES A GAZ D'ÉCLAIRAGE

SUIVI DE

L'AIDE-MÉMOIRE DE L'INGÉNIEUR-GAZIER

Par **M.-D. MAGNIER**

Ingénieur-Gazier

NOUVELLE ÉDITION

CORRIGÉE, AUGMENTÉE ET ENTIÈREMENT REFONDUE

Par E. BANCELIN

Ancien Élève de l'École Polytechnique

Ancien Sous-Régisseur d'Usine de la Compagnie Parisienne du Gaz

Ouvrage orné de 322 figures dans le texte.

TOME PREMIER

PARIS

ENCYCLOPÉDIE-RORET

L. MULO, LIBRAIRE-ÉDITEUR

12, RUE HAUTEFEUILLE, 12

1899

AVIS

Le mérite des ouvrages de l'**Encyclopédie-Roret**
leur a valu les honneurs de la traduction, de l'imitation
et de la contrefaçon. Pour distinguer ce volume, il porte
la signature de l'Éditeur, qui se réserve le droit de le
faire traduire dans toutes les langues, et de poursuivre,
en vertu des lois, décrets et traités internationaux, toutes
contrefaçons et toutes traductions faites au mépris de ses
droits.

AVERTISSEMENT

Depuis la dernière édition du Manuel de l'Eclairage et du Chauffage au Gaz, paru en 1866, les appareils employés dans les usines à gaz ont subi de telles transformations, qu'il nous a paru nécessaire de refondre totalement cet ouvrage. Nous avons supprimé les descriptions d'appareils complètement tombés en désuétude, et qui n'avaient plus d'ailleurs qu'un intérêt historique ; la nécessité de trouver la place pour décrire les appareils nouveaux nous a obligé à des suppressions nombreuses pour ne pas dépasser le format habituel de ces manuels.

Nous avons résumé en quelques pages l'invention et le développement du gaz en France, en Angleterre et en Allemagne, et décrit au début, d'une façon sommaire, l'ensemble des opérations de la fabrication du gaz, la formation géologique de la houille et de ses variétés ; leur classification d'après leur composition et leurs caractères spéciaux pour la fabrication du gaz, forme un chapitre assez développé ainsi que les procédés employés pour arriver à ces connaissances ; analyses de charbons, de gaz depuis les plus délicats jusqu'aux procédés employés dans la pratique journalière de cette fabrication. Nous avons cru devoir également présenter à nos lecteurs, une étude générale de la combustion dans les fours, pour faire ressortir le côté économique du chauffage au moyen des gaz combustibles fournis par différents genres de gazogènes. Le chauffage au moyen du goudron fait l'objet d'une étude de quelques pages, qui peut être utile pour les usines qui ne peuvent se défaire avantageusement de ce sous-produit.

Le chapitre Condensation a nécessité un assez long développement justifié par les applications récentes de principes énoncés déjà depuis longtemps ; il faut tendre par une condensation rationnelle et un lavage méthodique ultérieur, à enlever du gaz toutes les matières nuisibles ou inutiles qu'il contient, mais sans lui faire perdre en rien de son pouvoir éclairant. Nous avons signalé des procédés d'épuration qui n'ont pas jusqu'ici la consécration d'une longue pratique, mais qui, mis au point, peuvent présenter un grand intérêt tant au point de vue économique qu'à celui d'une exploitation rationnelle de la fabrication du gaz. Comme guide dans la construction des gazomètres, nous avons indiqué la méthode employée par MM. Monnier et Thibaudot pour un gazomètre télescopique construit à Marseille. Les appareils nouveaux pour l'utilisation du gaz, becs intensifs à récupération, à incandescence, etc., font l'objet d'un chapitre que la place restreinte ne nous a pas permis de développer suivant notre désir.

Ce Manuel a été écrit à la fois pour les contre-maîtres et pour les ingénieurs ayant à construire ou diriger l'exploitation d'une usine.

Les premiers y trouveront les détails de fabrication les plus minutieux de la pratique journalière ; les seconds un guide pour la construction des appareils d'après une méthode aussi rationnelle que possible, et même l'indication des voies a suivre pour apporter à la fabrication actuelle, des perfectionnements intéressants tant au point de vue de l'utilisation logique des matières employées, que des bénéfices dans l'exploitation qui en seront la conséquence.

Le Memento, que nous aurions voulu plus développé et que nous avons dû restreindre faute de place, donnera tel qu'il est néanmoins des renseignements utiles à nos lecteurs dans leurs études préparatoires pour les projets qu'ils auront à faire.

NOUVEAU MANUEL COMPLET
D'ÉCLAIRAGE AU GAZ

CHAPITRE PREMIER

PARTIE HISTORIQUE

Pendant la deuxième moitié du xviiie siècle, un certain nombre de savants et de techniciens s'occupèrent de l'étude de la combustion des corps, et cherchèrent à en expliquer le mécanisme. Les anciennes théories proposées avant cette époque étant reconnues insuffisantes, des savants de premier ordre : Cavendish, Priestley, Lavoisier, travaillèrent avec ardeur pour éclaircir cette question, alors si obscure. Sans élever ses travaux à la hauteur des recherches de ces savants, Argand, doué d'un esprit pratique, inventa un bec pour la combustion rationnelle de l'huile. Il eut l'idée, que l'on peut presque qualifier de géniale, de donner à la mèche de la lampe la forme d'un anneau cylindrique. L'huile montant par capillarité, ou élevée par un procédé quelconque (piston à ressort, plus tard, mécanisme d'horlogerie de Carcel), vient brûler sous la forme d'un anneau cylindrique, en contact à l'extérieur et à l'intérieur avec l'air nécessaire à la combustion. Pour activer cette combustion au moyen d'un appel d'air, il entoura le bec d'une cheminée en verre, et rendit ainsi la lampe réellement pratique.

Sans vouloir insister plus longtemps sur ce bec, il était cependant utile d'indiquer qu'avant même la découverte du gaz, on avait déjà trouvé le principe de l'appareil qui devait permettre de le brûler convenablement.

Sans nous étendre trop sur la partie historique de l'industrie du gaz dans ce manuel essentiellement pratique, nous dirons cependant quélques mots de l'invention presque simultanée de la fabrication du gaz et de la genèse de cette industrie en France, en Angleterre et en Allemagne.

Philippe Lebon, né à Brachay, près de Joinville (Haute-Marne), le 29 mai 1767, professait, en 1789, le cours de mécanique à l'Ecole des Ponts et Chaussées.

Très habile chimiste également, il recherchait les propriétés des fumées provenant de la combustion de corps divers. Un jour, ayant rempli une fiole de verre d'une certaine quantité de sciure de bois, et l'ayant placée sur des charbons, il étudia la fumée sortant du goulot. Il vit qu'elle s'enflammait au contact d'une autre flamme en donnant une vive lumière. Agrandissant le champ de ses expériences, Lebon construisit bientôt un petit appareil en briques, et, l'ayant rempli de bois, il le ferma hermétiquement, en laissant un tuyau pour le dégagement de la fumée, il fit plonger ce tuyau, auquel il donna une grande longueur, dans une cuve remplie d'eau, de manière à former une sorte de récipient condenseur. Sous l'action d'un feu très vif entretenu sous l'appareil, le bois placé dans l'intérieur se carbonisa complètement ; la fumée, au contact de la partie froide du tuyau plongée dans l'eau, se purifia en abandonnant le goudron et l'acide pyroligneux ; et le gaz, à la sortie du condenseur, donna une lumière assez vive et assez pure pour faire espérer qu'en continuant les essais et en lavant méthodiquement le gaz on arriverait à obtenir un gaz de qualité suffisante pour l'éclairage.

« Lebon, revenu à Paris, communiqua ses essais
« à Fourcroy, qui l'engagea à les continuer. En
« l'an VIII, il lisait à l'Institut un mémoire remar-
« quable relatant ses travaux.

« Mais ce fut seulement l'année suivante (28 sep-
« tembre 1799) qu'il prit un brevet, que l'on trouve
« inséré au tome V de la collection, page 123. »

(Extrait d'une brochure publiée par M. Gaudry, neveu de Philippe Lebon).

Appelé à Paris comme ingénieur des Ponts et Chaussées, pour assister aux cérémonies du sacre, il fut assassiné dans les Champs-Elysées le jour même de cette fête (2 décembre).

Philippe Lebon, auquel son instruction théorique permettait de prévoir les conséquences de sa découverte, avait conçu l'idée de construire un appareil qu'il appela Thermolampe, qui devait produire, avec économie, à la fois de la chaleur, de la force et de la lumière. Il le construisit à Paris en 1796, puis au Havre, où il l'appliqua aux phares ; il le soumit en 1798 à l'Académie des Sciences et le fit breveter en 1799. Il définissait son Thermolampe : un appareil qui chauffe, éclaire avec économie, et offre, avec divers produits

précieux, une force motrice applicable à toute espèce
de machines, et il ajoute :

« Tout ce qui est susceptible de se faire mécaniquement est l'objet de mon appareil, et la simulta-
néité de tant d'effets précieux rend la dépense très
petite et le nombre d'applications indéfini. »

Dans une brochure qu'il publia, il prévoyait un
certain nombre d'applications industrielles de sa découverte, dont la réalisation a été bien postérieure
à sa mort, mais qui démontre la supériorité de ce
penseur de génie.

Mais avec cette intelligence primesautière, Lebon
manquait de ce sens pratique et de cette continuité
dans les efforts qui sont nécessaires pour assurer le
succès d'une découverte. Peut-être aussi qu'avec des
ressources financières plus grandes, et le temps qui
lui a manqué, il eût rendu son invention pratique.

Malgré un caractère sérieux et honnête, son pro-
fond dédain de la réclame nuisit à la réussite que
devait lui assurer une activité énorme et un esprit
d'entreprise remarquable pour cette époque.

Il avait indiqué, comme matière première propre
à remplacer le bois avec avantage la houille, et prévu
la canalisation du gaz au moyen de tuyaux pour
la distribution dans les villes. Il disait, en effet, aux
habitants de son village : « Mes amis, je vous chauf-
« ferai et je vous éclairerai de Paris à Brachay ! »

Après la mort de Lebon, sa veuve employa toute
son énergie à conserver les résultats des travaux de
son mari. Au commencement de 1811, elle établit un
thermolampe rue de Bercy, dans le faubourg Saint-
Antoine, et le public nombreux et choisi qui assista à

ses expériences lui décerna les approbations les plus honorables.

Le 4 septembre de la même année, la Société d'Encouragement, sur le rapport de d'Arcet, lui décernait le prix mis au concours et proposé par elle pour des expériences faites en grand sur les produits de la distillation du bois.

En même temps, les services de Philippe Lebon étaient mis sous les yeux du ministre de l'intérieur, qui, par un décret du 21 décembre, accordait à la veuve une pension de 1,200 francs, dont elle ne devait pas jouir longtemps, car elle mourut en 1813.

Sans doute, Lebon n'a pas découvert la propriété inflammable de certains gaz, pas plus qu'il n'a découvert l'hydrogène carboné ; mais la partie vraiment originale de sa découverte consiste dans la distillation des matières combustibles, leur parfaite carbonisation en vase clos et la condensation de la fumée pour en extraire les parties solides, liquides et gazeuses, c'est-à-dire la purification du gaz hydrogène carboné et son emploi.

L'appareil décrit comme suit dans son brevet est représenté fig. 1.

« Un vaisseau V porte
« sur l'un de ses fonds deux
« tuyaux T et T', par les-
« quels on peut introduire
« ou tirer le combustible, et
« qui se ferment exacte-
« ment. Un troisième tuyau
« T" adapté au même fond,

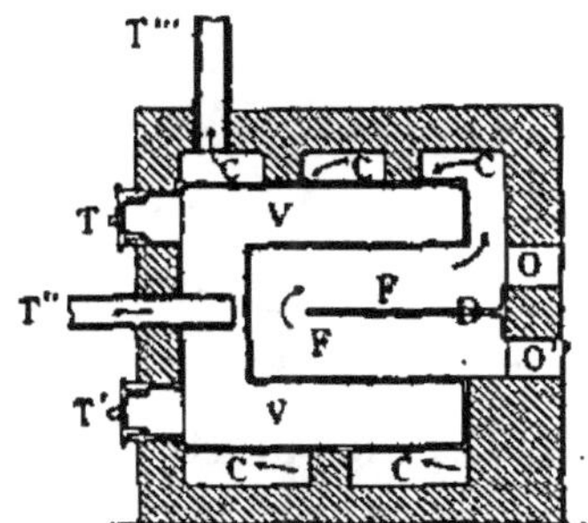

Fig. 1.

« est destiné à conduire les vapeurs et les gaz qui
« se dégagent du combustible contenu dans le vais-

« seau V. L'autre fond de ce vaisseau V est percé
« pour recevoir et se lier au fourneau F qui s'étend
« dans l'intérieur du vaisseau V, et seulement à son
« extérieur, de l'épaisseur de la cheminée C. Un
« diaphragme D partage le fourneau F et s'étend de
« l'ouverture vers le fond, de manière à laisser entre
« son extrémité et le fond du fourneau un libre pas-
« sage à l'air. La cheminée C qui part du fourneau
« se prolonge au-dessus du vaisseau V, qu'elle enve-
« loppe de plusieurs révolutions avant de se terminer
« par le tuyau T'''. Toutes ces parties sont renfer-
« mées dans une enveloppe de matière et d'épaisseur
« convenables à laisser plus ou moins dégager ou
« coercer la chaleur. Au moyen du tuyau T'', on
« peut conduire, distribuer les gaz et les vapeurs,
« les obliger à traverser tel nombre de condenseurs
« et bains qu'on jugera convenable, les soumettre à
« tous les moyens connus de purification et d'ana-
« lyse, recueillir les divers produits ; en un mot, dis-
« poser à son gré de ces gaz ou vapeurs.

« L'ouverture O sert à charger de charbon le des-
« sus du diaphragme D : elle s'ouvre et se ferme à
« volonté. Celle O'' sert également à introduire du
« charbon dans la partie inférieure du fourneau, et
« pour le passage de l'air qui doit alimenter la com-
« bustion du charbon contenu dans le fourneau F.

« Tout étant disposé ainsi, si on allume le charbon
« du fourneau F, considérons ce qui doit se passer
« dans le vaisseau V rempli de combustible, que
« nous supposerons être du bois : les effets sont ana-
« logues pour le charbon de terre, les huiles, les
« résines, les graisses et autres combustibles. Par
« l'action de la chaleur dans l'intérieur du fourneau F

« et à l'extérieur du vaisseau V, il se dégage une
« abondance considérable de vapeurs et de gaz.

« On obtient facilement une grande quantité de
« gaz hydrogène dans un état de pureté plus ou
« moins grand, suivant les moyens employés pour
« le purifier. Les vapeurs se réduisent à l'état de
« fluide en les exposant au froid des condenseurs, et
« produisent des acides, des huiles et divers produits
« analogues aux combustibles employés dans le vais-
« seau V. Ceux-ci se réduisent en charbon et peuvent
« successivement passer dans le fourneau F pour
« opérer, par leur combustion sur de nouveaux com-
« bustibles, les mêmes effets qu'ils ont éprouvés. »

Pendant que Lebon se livrait à ces recherches,
William Murdoch, en Angleterre, avec un esprit pratique remarquable, s'efforçait de résoudre les difficultés du problème au fur et à mesure qu'elles se
présentaient.

Il parvint ainsi à rendre industrielle l'expérience
de laboratoire qui avait servi de point de départ à
ces études. En 1792, il put éclairer régulièrement
une maison habitée. Ce succès l'engagea à tenter
l'application du gaz à l'éclairage de grands établissements.

Mis en relation avec Watt, qui avait monté une
fabrique de machines à vapeur, à Soho (près Birmin-
gham), il alla s'établir dans ce pays en 1798, et y
continua ses essais sur la fabrication du gaz. Mais ce
ne fut qu'en 1803 que l'établissement de Soho fut
éclairé au gaz.

De cette époque date la mise en pratique de l'éclairage au gaz. Des établissements particuliers, usines,
filatures l'employèrent d'abord pour cet usage.

Dans une communication à la Société Royale de Londres, Murdoch indiqua les appareils dont il se servait, à Soho, pour la production et l'utilisation du gaz. L'appareil de distillation, au début une simple cornue verticale avec tuyau de dégagement (fig. 2), fut modifié et composé d'une cornue verti-

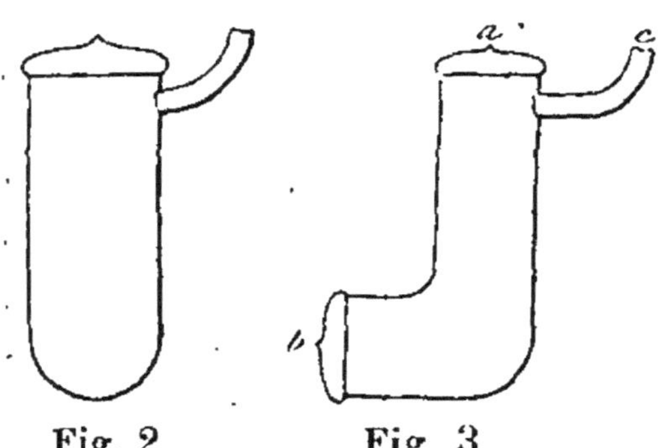

Fig. 2.   Fig. 3.

cale en fonte avec couvercle luté *a*, portant à la partie inférieure un tuyau latéral *b*, permettant l'enlèvement du coke et à la partie supérieure un tuyau de dégagement du gaz *c* (fig. 3). Il substitua bientôt à cette cornue un tuyau cylindrique incliné, sortant du four par ses deux extrémités, pouvant être rempli par la partie supérieure *a* avec de la houille et débarrassé du coke par la partie inférieure *b* (fig. 4) ; le gaz s'échappant par le tuyau *c*.

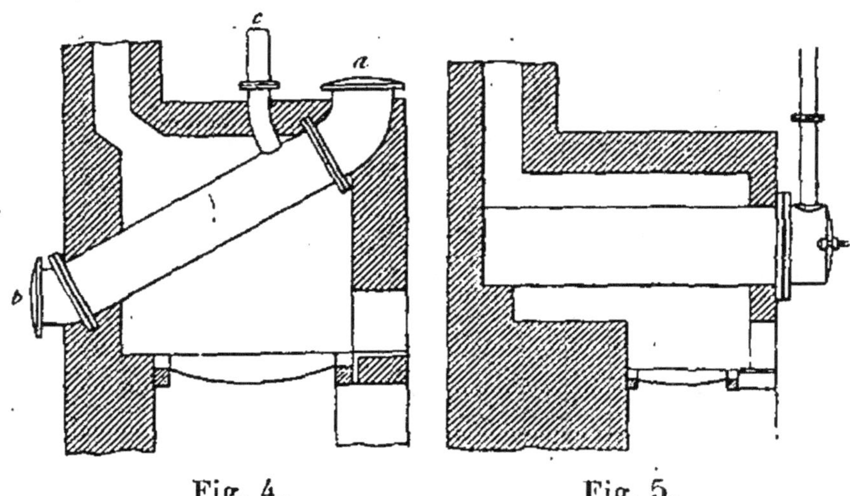

Fig. 4.   Fig. 5.

Enfin la disposition définitive de Murdoch consista en une cornue horizontale avec tête, couvercle et tuyau montant, telle qu'elle existe encore actuellement (fig. 5).

Murdoch avait employé, pour recueillir le gaz, des gazomètres ; et d'autres appareils dans la fabrication, tels que laveurs, conduites de distribution, becs munis de robinets, etc.

Ces becs étaient de deux sortes, les uns circulaires comme les becs Argand, d'une intensité de 4 bougies ; les autres, en forme de nèfle, percés de trois trous, d'environ 2 1/2 bougies. Dans une filature, l'intensité lumineuse totale distribuée était de 2,000 bougies, consommant 70 mètres cubes de gaz à l'heure. Ce gaz, très impur, contenait des vapeurs de goudron condensables à la température ordinaire, de l'acide carbonique, de l'hydrogène sulfuré, etc. Il résultait de ces impuretés des dépôts dans la canalisation, et de la mauvaise odeur provenant de la combustion de ces impuretés. Ces inconvénients, supportables dans des locaux spacieux, usines, etc., ne permettaient pas d'introduire ce procédé d'éclairage dans l'intérieur des habitations. De plus, comme chaque établissement à éclairer devait avoir son usine spéciale, l'application de ce procédé d'éclairage n'était possible que dans des établissements importants.

Jusqu'à cette époque la fabrication et la fourniture du gaz étaient restées entre les mains des constructeurs d'appareils, et cette situation ne paraissait pas devoir se modifier de longtemps, lorsqu'un homme plus spéculateur que technicien, s'occupa de créer une société importante pour l'exploitation de cette nouvelle découverte.

Ce fut un nommé Winzler, Allemand d'origine, qui ayant eu connaissance de la découverte de Lebon, avait parcouru l'Allemagne, en faisant des expériences publiques, dans le genre Barnum. Il alla ensuite en Angleterre dans le même but. Il y changea de nom et, sous celui de Winsor, il demanda, en 1809, au Parlement, une concession de gaz. Il eut pour lui l'influence d'Accum, expert-chimiste, qui se fit l'apologiste du nouvel éclairage.

- Accum vantait : 1° la valeur du goudron pour la peinture et la protection des coques de navires ; 2° l'excellence du coke de gaz pour la fusion de la fonte, qu'il rendait si fluide, disait-il, qu'elle pouvait passer, suivant l'expression consacrée, à travers le trou d'une aiguille ; 3° les produits que l'on pouvait tirer des eaux ammoniacales, etc.

Un devis fut établi pour l'établissement de l'éclairage au gaz dans la paroisse de Saint-James (Westminster). Ce devis présente une chose bien étrange pour nous : non seulement il n'y est pas question de gazomètres, mais on y fait remarquer expressément que les tuyaux seuls contiendront du gaz, sans l'emploi de réservoir quelconque. On avait en effet si grande crainte des dangers d'incendie et d'explosion des réservoirs d'approvisionnement du gaz, que, dans une brochure publiée en 1806, un adversaire du gaz ayant posé cette question : supposons qu'on éteigne en même temps un grand nombre de becs dans les maisons, que deviendra le gaz circulant dans les conduites ? On lui répondit : le gaz reviendra à l'usine et servira à produire la carbonisation du charbon, et on ajouta : il serait évidemment préférable de développer l'éclairage des villes pour utiliser cet excédent dont l'emploi ne ferait que mieux assurer la sécurité de la ville pendant la nuit...

Après des vicissitudes diverses : réclamation de Murdoch sur la priorité de son invention, et du privilège qui devait en résulter ; témoignage d'Humphry Davy en faveur de Murdoch, auquel la Société Royale de Londres avait décerné la grande médaille de Rumford, la demande de concession fut rejetée, mais Winsor, doué d'une opiniâtreté remarquable, fit une nouvelle demande l'année suivante.

Il avait si bien employé cette année à convaincre ou séduire ses adversaires, qu'il obtient un bill pour la formation de la « Chartered Gas Company », au capital de 50,000 livres sterlings, divisé en parts de 50 livres.

La société étant formée, il s'adjoignit un élève de Murdoch, Samuel Clegg, ingénieur instruit et plein d'expérience. Celui-ci inventa un grand nombre d'appareils ingénieux, tels que : le barillet ; l'épurateur à chaux ; le régulateur d'émission dont l'industrie du gaz s'est contentée pendant bien longtemps.

Après divers incidents, cette compagnie conclut un traité pour la substitution de l'éclairage au gaz à l'éclairage à l'huile, avec la paroisse de Sainte-Marguerite, en avril 1814. C'est de cette époque que date l'éclairage des rues par le gaz.

Il nous paraît intéressant d'indiquer ici les rendements obtenus par Murdoch et relatés dans son Mémoire à la Société Royale de Londres (voir *Philosophical transactions,* 1804) :

Pour 100 k. de Cannel on obtenait :

64 k. de bon coke ;

5 l. à 5 l. 4 d'eaux ammoniacales ;

18 ^{m3} 6 de gaz.

Le premier traité de gaz parut en 1815 : « Treatise on gas light par Accum ». On y trouve une figure donnant une idée nette de la fabrication du gaz à cette époque (fig. 6).

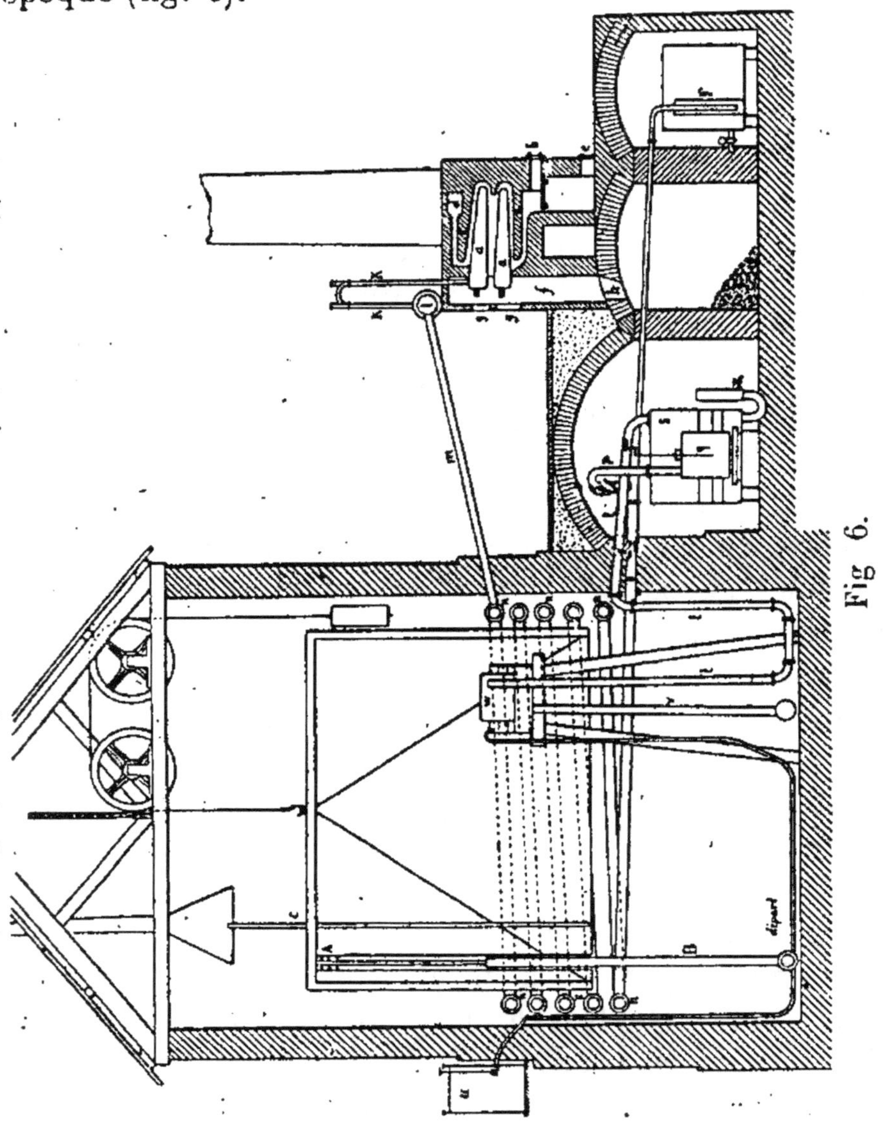

Fig 6.

a a cornues horizontales ; *b* foyer ; *c* carneau forçant les flammes à circuler autour des cornues et à les chauffer également ; *d* départ à la cheminée ;

e porte pour retirer les cendres; *f* chambre dans laquelle débouchent les têtes de cornue; *g g* portes de ces chambres qui permettent aux chauffeurs de décharger les cornues; *h* trou en entonnoir à la base de *f*, par lequel le coke chaud tombe sous la voûte pour être éteint; *k* colonne montante; *l* barillet; *m* tuyau conduisant à la fois le gaz et le goudron dans la citerne; *n n* tuyaux réfrigérants; *o* sortie du tuyau; les condensations se rendent en F et le gaz arrivant en *p*, traverse l'épurateur à chaux *q* et les plaques perforées, qui assurent un meilleur contact avec le lait de chaux, passe en *s* et par les tuyaux *t t* se rend dans un laveur *w* placé dans le gazomètre. Ce laveur à eau est alimenté par un réservoir *u*; *c* est un tube de sûreté qui plonge dans l'eau du gazomètre et fonctionne ainsi, si par un défaut de surveillance, le gaz continue à arriver dans le gazomètre après son remplissage, il s'échappe par ce tuyau et est conduit au dehors au moyen d'une hotte placée au-dessus.

En continuant notre historique, nous trouvons qu'à ce moment Henry, chimiste connu, eut l'idée de brûler le gaz dans un bec Argand transformé; il introduisit également des perfectionnements dans l'épuration et dans la fabrication, qui permirent alors à l'industrie du gaz de se développer librement avec sécurité.

En 1829, il existait déjà 200 usines à gaz en Angleterre, mais les résultats financiers n'étaient pas encore brillants, et la plupart des compagnies ne commencèrent à donner régulièrement des dividendes qu'à partir de 1840.

Après la mort de Lebon et de sa veuve, on ne s'occupa plus en France du gaz d'éclairage. Ce ne fut qu'en 1816 que Winsor, après avoir obtenu ses concessions d'éclairage et monté ses usines à gaz en Angleterre, vint à Paris pour importer le nouvel éclairage.

Avec l'aide d'Accum, il éclaira d'abord le passage des Panoramas. L'entreprise ne réussit point, et il fallut encore quelques années pour que le gaz s'installât définitivement à Paris.

En 1820, Pauwels fonda la Compagnie française; Mauby et Wilson la Compagnie anglaise. Plusieurs petites Compagnies se fondèrent ensuite. Mais le gaz ne prit à Paris le développement énorme auquel il est arrivé, qu'après la constitution, en 1855, de la Compagnie parisienne du gaz, qui réunit toutes ces Compagnies et obtint un privilège d'une durée de 50 ans.

En Allemagne, la découverte de Lebon avait eu un certain retentissement. Il se monta successivement plusieurs petites installations particulières de 1802 à 1816. En 1818, un premier essai d'éclairage au gaz à Vienne échoua complètement.

Malgré de nombreux projets et essais, ce fut seulement en 1828 que les rues de Dresde furent éclairées au gaz, réalisant ainsi l'ordre qu'avait donné 12 ans auparavant le roi de Saxe.

En Allemagne, de même qu'en France, l'industrie du gaz ne commença à se développer, que grâce à l'esprit d'entreprise d'ingénieurs et de financiers anglais qui y apportèrent à la fois leur expérience et leurs capitaux.

Sir William Gongrève, surintendant des usines à gaz de Londres, parcourut l'Allemagne, sollicitant partout des concessions. Il éclaira d'abord Hanovre en 1826. Son usine était construite pour fournir à la consommation de 1,000 becs. Berlin fut éclairé l'année suivante.

Knoblauch et Schéele éclairèrent Francfort en 1828, Blochmann Leipzig en 1838. La Compagnie du « Gaz-Soleil », fondée en 1844, fut la première compagnie un peu importante. Les sociétés qui au début avaient été fondées par des Anglais, des Belges, ou des Français, périclitèrent et passèrent peu à peu entre des mains allemandes.

Il ne reste plus actuellement en Allemagne que quelques usines qui appartiennent à « Imperial Continental Gas Association ». En résumé le développement de l'industrie du gaz en Allemagne fut lent, et ce n'est qu'après 1850 et même 1860 qu'elle arriva à l'importance déjà acquise par elle depuis longtemps en Angleterre et en France.

Dans le cours de cet ouvrage, nous indiquerons les perfectionnements successifs apportés aux appareils, et les dates de leur adoption définitive dans les usines.

CHAPITRE II

APERÇU DES APPAREILS
ET DE LA MARCHE D'UNE USINE A GAZ
DE HOUILLE

—

Toutes le matières organiques se décomposent à une température élevée; et si cette décomposition a lieu dans un vase clos, à l'abri de l'air, il se produit des gaz et des vapeurs qui se dégagent, et des matières fixes ou non volatilisables qui restent dans le vase. Ce récipient est une cornue parfaitement close, munie d'un tuyau de dégagement pour les matières volatiles qu'on recueille comme nous le verrons plus loin.

La matière la plus convenable pour la fabrication du gaz est la houille, mais il en est beaucoup d'autres qui peuvent la remplacer suivant les nécessités locales ou de la fabrication, telles que le bois, la tourbe, les lignites, l'huile, le pétrole, et de nombreuses matières grasses; on emploie même souvent dans les stéarineries les brais fluides provenant de la saponification des huiles de palme.

La houille chauffée à une température variable, de 900 à 1,500° se décompose en :

1° Gaz, qu'il faut débarrasser du goudron dans des condenseurs appropriés; épurer, dans des laveurs et des épurateurs et emmagasiner dans des gazomètres avant de le livrer à la consommation;

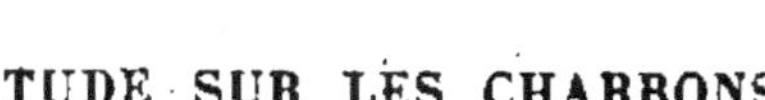

2° Coke, qui sert au chauffage des cornues et dont l'excédent est vendu pour le chauffage domestique et industriel ;

3° Goudron, dont la plus grande partie est traitée pour la fabrication de la benzine et des couleurs d'aniline ; le reste est employé pour la peinture du bois et des métaux ; le brai résidu de la distillation du goudron est utilisé dans la fabrication des briquettes agglomérées de charbon ou de coke ;

4° L'eau ammoniacale sert à la fabrication du sulfate d'ammoniaque, très employé maintenant comme engrais ; et de l'alcali volatil dont le plus important usage est la fabrication de la soude à l'ammoniaque (procédés Solway).

CHAPITRE III

ETUDE SUR LES CHARBONS

Comme nous l'avons dit plus haut, la houille n'est pas la seule substance capable de donner par la distillation en vase clos, du gaz d'éclairage, mais c'est la plus économique, et, par suite, à peu près la seule employée. Nous dirons plus loin quelques mots du gaz obtenu avec les huiles et autres corps organiques, dont l'usage est toujours spécial et des plus restreint.

La houille ou charbon de terre provient de la décomposition des végétaux de l'époque carbonifère. Elle est formée d'une combinaison de carbone, d'hydrogène et d'oxygène, substances constitutives des végétaux ; avec une certaine quantité de matières étrangères dont le total peut varier de 2 à 10 0/0.

Suivant la proportion de matières volatiles, on a tous les intermédiaires possibles entre l'anthracite qui en donne 8,50 0/0, et le Boghead et les Cannels qui en fournissent jusqu'à 60 0/0.

La valeur de la houille, au point de vue de la fabrication du gaz, dépend absolument de l'espèce géologique du terrain dans lequel on la trouve.

« Dans les combustibles des terrains tertiaires (groupes inférieurs aux terrains de formation récente), la structure végétale est souvent parfaitement conservée ; des morceaux de bois présentent encore leur forme primitive, dit M. Regnault ; mais la matière est devenue friable.

« Elle se pulvérise facilement en donnant une poudre brune. Ces combustibles portent le nom de lignites.

Exemple : Lignite de Norroy (Vosges),

— de Pompedon (Lozère),

qui se trouvent dans les marnes irisées des terrains triasiques.

«Dans les combustibles minéraux des terrains plus anciens, on ne reconnaît plus, en général, la structure végétale. Ces combustibles forment des masses noires, brillantes, compactes ou à texture schisteuse et donnent des poussières d'un noir plus ou moins brun. On les nomme houilles. Ils sont rares dans les terrains secondaires, mais très abondants dans les terrains de transition. Leur présence est même tellement ordinaire dans l'étage supérieur de ces derniers terrains qu'on en a fait un caractère distinctif, et que

l'on appelle généralement cet étage, formation carbonifère.

« Dans l'étage inférieur des terrains de transition, le
combustible minéral est ordinairement très compact,
riche en carbone, difficile à brûler, et perd peu de
matières volatiles par la calcination. On lui donne le
nom d'anthracite. L'anthracite se rencontre aussi,
quoique rarement, dans l'étage supérieur et même
dans les terrains secondaires.

« Les houilles de la formation carbonifère dégagent,
par la calcination, beaucoup plus de matières volatiles et de gaz inflammables que les combustibles des
formations extrêmes, le lignite ou l'anthracite. Elles
subissent souvent, avant de se décomposer, un commencement de fusion, et le charbon restant ou coke,
présente l'aspect d'une masse boursouflée. Bien que
l'on ne reconnaisse plus, dans certains combustibles
minéraux, la structure des plantes, leur origine végétale n'est pas douteuse, car on trouve fréquemment,
dans les couches de schiste ou de grès qui limitent
les couches de houilles, et dans les filets schisteux
qui s'y trouvent intercalés, des empreintes de plantes
tellement nettes qu'il a été facile aux botanistes d'indiquer les familles auxquelles elles appartiennent et
de rétablir en partie, la flore de ces époques antédi-
luviennes.

« On trouve encore dans les terrains tertiaires, des
combustibles minéraux de consistance molle ou facilement fusibles, formant des amas irréguliers ou des
espèces de couches et présentant un gisement analogue à celui des lignites. D'autres fois, ils imprè-
gnent des couches de schistes ou de grès appartenant
aux divers étages géologiques. Ils semblent provenir

de la décomposition que la chaleur a fait éprouver à
d'autres combustibles minéraux contenus dans le
sein de la terre. On donne à ces matières le nom de
bitumes. Quelques-uns renferment beaucoup d'azote.
Ils sont fétides et donnent par la calcination des
quantités considérables de carbonate d'ammoniaque
et semblent avoir été produites par la calcination de
substances animales, principalement par celles des
poissons, dont on trouve souvent beaucoup d'empreintes dans les roches voisines. »

REGNAULT.

La houille se rencontre dans les terrains de sédi-
ment et principalement dans le terrain carbonifère
composé de couches alternatives de grès, d'argile et
de calcaire. Elle commence à se montrer dans la formation devonienne (Asturies), on la rencontre ensuite
dans le terrain carbonifère ; mais c'est surtout dans
les dépôts arénacés appelés grès houillers, qu'elle est
le plus abondamment répandue. Les marnes irisées
en contiennent aussi, mais de qualité médiocre.

Le combustible forme des veines plus ou moins
puissantes, dont il existe généralement un certain
nombre superposées. L'épaisseur des couches varie
beaucoup, depuis quelques centimètres jusqu'à un
ou deux mètres, quelquefois six à sept mètres et
même trente mètres comme dans le bassin de l'Avey-
ron.

Les gîtes houillers sont presque toujours disposés
en forme de bateaux offrant un relèvement plus ou
moins rapide à partir du niveau inférieur. En général, les mines de houille se présentent par zones de
grande étendue, dans chacune desquelles il y a un
nombre plus ou moins grand de gîtes appelés bas-

sins, séparés les uns des autres. Il y a de la houille
à toutes les altitudes, dans les Andes, on en trouve
à plus de 3,000 mètres au-dessus du niveau de la
mer, et à Newcastle, en Angleterre, il y a des mines
à plus de 150 mètres au-dessous du fond de la mer.

FORMATION DE LA HOUILLE

La houille, d'origine végétale, n'a pu, pour conserver sa haute teneur en carbone, opérer sa transformation qu'à l'abri de l'air. L'étude des gisements
a permis d'émettre des hypothèses sur la formation
vraisemblable de ce combustible.

On pense que les matières végétales s'accumulaient
tantôt dans de grandes lagunes, tantôt dans des bassins lacustres intérieurs, que la mer visitait de temps
en temps. Au premier mode de formation appartiennent les bassins anglais, belges et de Westphalie, en
couches peu épaisses, mais très régulières et très
étendues ; tandis qu'au second mode appartiennent
les bassins du Centre de la France et des Vosges.

Comment se sont produites ces accumulations? On
a cru longtemps que les végétaux houillers avaient
dû se développer sur place, comme ceux des tourbières actuelles. D'après les traces de racines qu'on
observe dans les argiles inférieures aux couches de
houille, on avait pensé que ce combustible avait été
formé par la décomposition sur place d'une végétation
herbacée, qui s'était développée dans l'eau, aux pieds
des grands arbres de l'époque, tels que les Lepido-
dendrons, Calamites, Sagittaires, etc. Et comme les
produits de décomposition d'une forêt de trente ans
donneraient lieu à une couche de houille d'environ

10 millimètres, on avait été conduit à assigner à la formation de chaque couche une durée considérable. Les recherches plus récentes, entr'autres celles de M. Grand'Eury, ont conduit à une autre conception de cette genèse. Évidemment, des végétaux en place existent dans les terrains houillers et paraissent y occuper la place où ils ont végété, et y avoir gardé la situation qu'ils occupaient vivants. Mais si on les rencontre dans les grès et les schistes qui encaissent les couches de houille, on ne les rencontre jamais, dans ces couches elles-mêmes ; les troncs debout dont on trouve les racines dans les schistes et grès qui forment le mur des couches, sont toujours nettement tranchés par le plan de la sole ; inversement, les souches en place dans les couches du toit s'étalent à la surface des veines de charbon sans y pénétrer. Les troncs de calamites, que l'on rencontre entr'autres à Saint-Etienne, dans le grès houiller, ne traversent pas les couches de houille et leurs bases sont à des hauteurs différentes dans la masse du grès.

M. Fayol a montré que la verticalité des troncs ne démontrait pas qu'ils avaient végété ainsi sur place. Il existe en effet des mines dans lesquelles on trouve comme une forêt fossile de calamodendrons. Un grand nombre de troncs sont debout, d'autres couchés à côté de feuilles et de fruits. Ce phénomène se présente fréquemment dans les grès, rarement dans les schistes et n'a jamais été observé dans les couches de houille. Les troncs couchés sont plus nombreux que les verticaux; et l'on observe, autour de ces derniers, un relèvement des strates de grès.

D'après les observations de M. Fayol, une fougère encore verte, prend d'abord la position verticale dans l'eau, s'enfonce peu à peu, et ne se couche que plusieurs jours après avoir touché le fond de l'eau. La même chose a lieu si on l'abandonne au milieu d'un courant d'eau emportant les détritus du lavage des charbons. Il a observé, dans ce cas, que les sédiments grossiers se courbent par un effet du remous au voisinage des tiges.

Les arbres de la période houillère portant à leur sommet une ombelle de feuilles, présentaient la condition la plus favorable à la conservation de la position verticale dans le flottage. Il en résulte que charriés au milieu de sédiments grossiers et arénacées, ils devaient s'enfoncer peu à peu au sein de ce magma assez résistant pour les soutenir. Si le courant les entraînait avec de la boue, les tiges une fois enfoncées se couchaient peu à peu sur le sol vaseux. Ce chariage et ce flottage rendent bien compte des phénomènes qui ont dû se passer, et de leurs conséquences. M. Grand'Eury a observé que la houille est formée de résidus de végétaux posés à plat et se recouvrant mutuellement comme s'ils s'étaient amassés sur un plan horizontal, et dans une position telle, que l'on est conduit à reconnaître l'action permanente d'un liquide servant de véhicule. Les résidus sont des fragments de troncs, d'écorces, de tiges, de rameaux et des lambeaux de feuilles, tantôt très variés, tantôt très homogènes. Il y a des écorces de Cordaïtes qui ont des épaisseurs de cinq à six centimètres, témoignant ainsi de l'extrême puissance de végétation de cette époque. Leur bon état de conservation indique des transports peu éloignés des lieux d'origine ; la vitesse des eaux devait être très faible, car les matières transportées ne sont formées que de sédiments·et de limons, comme le prouve l'absence, dans la houille, de matières étrangères en dehors des cendres végétales.

Les plantes qni ont formé la houille étaient pour la plupart des végétaux aériens et non aquatiques, mais des plantes de terres basses et facilement inondées. Leur pied pouvait être baigné par l'eau, les racines s'implantant, suivant les espèces, dans la vase ou dans le sable. L'eau courante emportait au fur et à mesure de leur chute, les tiges, branches et feuilles, pour les amonceler dans les parties basses du terrain où sa vitesse était complètement anéantie.

Les conditions de formation, surtout celles propres aux districts à bassins largement étalés, paraissent avoir été les suivantes. Les continents, récemment immergés, de relief trop faible pour alimenter de grands cours d'eau (analogues aux plaines de la Russie du Nord), sans régime hydrographique bien établi, étaient couverts de grands lacs, d'étangs et de lagunes, défendus contre la mer par des cordons littoraux.

Sous l'influence de la température tropicale de cette époque, et d'une atmosphère épaisse et humide, une riche végétation de cryptogames et de gymnospermes couvrait les bords de ces lagunes. Entraînés par les pluies abondantes, les restes de cette végétation venaient s'entasser en couches épaisses dans les parties plates où ils étaient protégés de la décomposition à l'air libre par la masse d'eau. De temps en temps les débris minéraux résultant de la dégradation des pentes voisines de la lagune, entraînés par l'eau, recouvraient ces accumulations végétales. C'est ainsi que des couches argileuses et même des conglomérats alternent souvent avec des couches de houille. Les conséquences de l'observation de ces faits ont singulièrement réduit le temps que l'on assignait à la formation des couches de houille: Lorsqu'on voit des tiges de Calamites de quatre à huit mètres demeurer verticales au milieu des assises de grès, on ne peut admettre qu'un arbre si fragile et si altérable ait pu se maintenir dans cette position pendant les périodes de temps aussi longues que celles présumées autrefois.

Quant à la formation de la houille par les débris accumulés par flottage, elle permet d'expliquer ces amoncellements énormes de vingt-cinq mètres d'épaisseur qui ont pu se former dans des périodes très limitées, sous l'influence de circonstances favorables, et l'existence de ces accumulations exceptionnelles dans les immenses lagunes de l'Angleterre et de la Belgique. M. Grand'Eury pense également que la réduction éprouvée par les végétaux, lors de leur transformation, a été très exagérée. Etant donnée la nature spéciale des plantes carbonifères, il n'estime pas cette réduction a plus de la moitié de l'épaisseur primitive ; il pense que les couches de houille n'ont pas dû mettre plus de temps à se former que les couches de schiste de même puissance.

Il y a lieu, maintenant, d'indiquer la nature des transformations par lesquelles ces débris végétaux ont pu donner un corps d'un aspect si franchement minéral, comme la houille.

M. Frémy, après des expériences les plus variées sur la décomposition des bois, feuilles, sucre, amidon et gommes, a conclu : que la formation de la houille avait été précédée d'une désorganisation de la matière végétale, c'est-à-dire d'une fermentation tourbeuse, qui a détruit les tissus en donnant de l'acide ulmique.

La nature de la houille doit dépendre beaucoup de celle des végétaux qui lui ont donné naissance. Il est évident qu'à ce point de vue il n'est pas indifférent que le combustible minéral ait été formé de rameaux de fougères, ou d'écorces de Calamites. On s'expliquerait ainsi, qu'ayant cependant subi les mêmes genres de décomposition, ils donnent des teneurs si différentes en matières volatiles. D'autres fois, le départ de ces matières volatiles, d'où résulte l'anthracite, peut avoir eu pour cause un phénomène de métamorphisme, le combustible minéral ayant été en partie distillé, sous l'influence de la chaleur produite par les mouvements de dislocation du terrain.

CLASSIFICATION DES HOUILLES

Il est utile d'indiquer ici les classifications en usage dans les pays voisins et importateurs de charbons en France.

En Angleterre, on les distingue par les noms suivants :

1° Le charbon cubique (cubical-coal), comprenant deux variétés, l'une collante (caking-coal) ; l'autre flambante (overburning-coal ou cload-coal). Il est d'un beau noir, compact et se casse aisément en masse quadrangulaire. La variété collante brûle en devenant pâteuse, les morceaux se soudent et s'agglutinent ; celle flambante brûle plus rapidement en donnant beaucoup de flamme et de chaleur ;

2° Le charbon esquilleux ou schisteux (slate-coal, splint-coal), dont les différentes variétés sont généralement flambantes. Noir mat, compacte, structure plus feuilletée que le précédent. Il s'exfolifie comme l'ardoise, brûle avec plus de flamme et de fumée et est riche en cendres ;

3° Le cannel-coal est d'un beau noir mat, ne tache pas les doigts ; sa cassure est conchoïdale. S'enflamme facilement, brûle avec une flamme brillante en décrépitant ;

4° L'anthracite ou charbon sec (glance-coal, stone-coal), est noir, d'un éclat métallique, brûle difficilement avec une flamme bleue et sans fumée. Ce charbon produit beaucoup de chaleur et laisse peu de cendres. Nous donnons, page 28, quelques analyses de houilles anglaises, d'après des documents originaux.

En Allemagne, on classe les houilles d'après la manière dont elles se conduisent au feu :

1° *La houille collante* (Backkohle), qui s'enflamme facilement et brûle avec une flamme brillante, se ramollit et se gonfle à la chaleur et donne un coke bien formé ;

2° *La houille maigre* (Sinterkohle), plus difficile à allumer, brûle avec une flamme bleuâtre, ne gonfle et ne se désagrège qu'à l'extérieur ;

3° *La houille sablonneuse* (Sandkohle), très difficile à allumer, produit une flamme courte, et conserve sa forme jusqu'à combustion complète.

La première catégorie correspond à peu près aux charbons à gaz et de forge de la classification française ; la seconde se trouve sur la limite des charbons à coke ; la troisième comprend à la fois les houilles sèches et les houilles maigres.

PROVENANCES	DENSITÉ	CARBONE	HYDROGÈNE	AZOTE	SOUFRE	OXYGÈNE	CENDRES	0/0 DU COKE PRODUIT
Houilles collantes								
Newcastle.........	1.31	80:26	5.28	1.16	1.78	2.40	9.12	73.34
d°	1.26	85.58	5.34	1.26	1.32	4.39	2.14	65.13
Northumberland.	1.27	82.26	5.65	2.87	1.51	8:22	2.07	68.12
Nottingghamshire	1.29	77.18	5.51	0.77	1.25	7.31	2.76	60.04
Pays de Galles ..	1.31	83.12	5.84	0.98	1.87	5.89	2.30	71.03
d° ..	1.32	80.67	5.08	0.91	3.67	2.76	6.89	70.84
Houilles maigres								
Pays de Galles...	1.31	88.28	4.24	1.66	0.91	1.65	3.26	85.83
d° ...	1.27	87.64	6.08	1.12	1.63	2.20	1.31	70.39
d° ...	1.28	82.60	4.28	1.28	1.22	3.44	2.87	66.00
Staffordshire	1.27	77.01	4.71	1.8	0.75	16.1	4.16	79.6
d°	»	76.2	4.4	1.7	0.58	14.6	4.22	74.4
Derbyshire......	1.30	78.90	5.43	0.84	1.47	10.9	2.42	55.4
Lancashire	1.32	77.6	5.53	0.50	1.73	10.9	3.68	59.4
d°	1.27	82.6	5.86	1.76	0.80	7.44	1.53	64.0
Gloucestershire..	1.31	76.5	5.38	1.09	1.66	8.65	6.70	62.60
d° ..	1.35	80.70	5.42	0.73	1.27	7.06	4.8	63.38
Cannel-Coal								
Lancashire	1.27	81.0	5.27	1.25	1.5	8.60	4.4	61.3
d°	1.23	79.3	6.08	1.18	1.43	7.24	4.84	60.4
Newcastle........	1.28	86.7	5.24	0.95	1.10	6.61	3.07	58.5
d°	1.31	78.06	5.80	1.85	1.3	3.12	8.9	59.2
Anthracites								
Pays de Galles...	1.37	91.44	3.46	0.21	0.79	2.58	1.52	92.90
d° ...	1.39	90.39	3.28	0.5	0.91	2.7	2.05	91.5

Nous développerons avec plus d'étendue ce qui a rapport à la classification française, et nous indiquerons les charbons allemands et anglais susceptibles de cadrer exactement avec ces catégories. On distingue :

1° *Les houilles sèches à longue flamme*, qui brûlent avec une longue flamme et un fort dégagement de fumée. Elles donnent, par la distillation, un coke métalloïde, non boursouflé et à peine fritté, presque sans adhérence. Ces houilles sont bonnes pour les chaudières, sans toutefois donner une quantité de chaleur aussi grande que les suivantes ;

2° *Les houilles grasses à longue flamme*, ou charbons à gaz. — Elles brûlent avec une longue flamme et un fort dégagement de fumée ; elles s'enflamment et brûlent aisément ; mais les morceaux perdent leur forme par la carbonisation et entrent en fusion ; elles donnent un coke métalloïde boursouflé ; on y reconnaît souvent les différents fragments de la houille employée à la carbonisation, mais ils se sont toujours bien collés les uns aux autres ; si, auparavant, on les a réduits en poudre, les grains isolés se collent ensemble en une masse agglomérée, plus ou moins poreuse. Ces houilles sont très recherchées pour les fours à reverbère, quand il faut donner un coup de feu vif, comme dans le puddlage. Elles conviennent pour le chauffage domestique et sont préférées pour la fabrication du gaz. Entre les deux premières classes, il existe des intermédiaires : les charbons limites, dont le coke est à peine fritté et n'a perdu que partiellement sa forme primitive ;

3° *Houilles grasses ou charbons de forge*. — Elles brûlent avec une flamme moins longue et moins bril-

lante, produisant aussi moins de fumée que les précédentes. Elles se ramollissent au feu et entrent en
fusion ; par suite, le menu s'agglomère en cuisant et
forme une masse compacte, d'où il résulte qu'elles
sont principalement propres aux forges. Elles produisent une grande élévation de température, et peuvent former, au milieu du feu, de petites voûtes sous
lesquelles l'ouvrier échauffe les pièces à forger dans
une atmosphère réductrice. Ces houilles sont d'un
beau noir, leur poussière est brune ; elles sont ordinairement fragiles ;

4° *Houilles grasses à courte flamme ou charbons à
coke.* — Elles ne s'enflamment pas aussi facilement
que les précédentes et brûlent avec une flamme plus
courte, plus claire, plus blanche, tirant sur le bleu,
et avec moins de fumée. En distillant, les morceaux
s'agglomèrent, se boursoufflent et produisent un coke
dur et serré, mais moins gonflé et plus dense que
celui des houilles maréchales ou de forge. Elles sont
les plus estimées pour les opérations métallurgiques,
et donnent le meilleur coke pour les hauts-fourneaux.
Leur poussière est d'un noir-brun ;

5° *Houilles maigres ou anthraciteuses.* — Elles forment la transition avec les anthracites, ne s'enflamment
que difficilement et brûlent avec une flamme courte,
de peu de durée et presque sans fumée ; par la distillation, elles donnent avec peine un coke en petites
agglomérations presque poussiéreuses. Elles sont
susceptibles de développer une chaleur énorme quand
leur combustion est opérée dans des circonstances
convenables, le grand obstacle à leur emploi est
qu'elles se réduisent souvent en menu sous l'influence de la chaleur.

Comme tous ces combustibles ont été essayés pour la fabrication du gaz, nous en dirons quelques mots avant d'aborder l'étude des houilles auxquelles on s'est définitivement arrêté pour cette fabrication.

ANTHRACITE

Nous avons déjà donné quelques détails sur ce produit qui se trouve dans les terrains de transition et dans l'étage inférieur des terrains secondaires. Il forme l'intermédiaire entre la houille et le graphite, comme la houille entre l'anthracite et le lignite. Quoique difficile à brûler, on doit considérer l'anthracite comme un combustible pouvant rendre de grands services.

LIGNITES

Ils se trouvent dans les terrains tertiaires et dans les couches inférieures du quartenaire. Les principales variétés sont : le bois fossile, qui a l'aspect du bois intact, mais plus ou moins brun, il se rapproche de la tourbe ; le lignite bitumineux de l'île de Cuba ; le lignite commun. Ils ont une couleur brune et luisante, on les nomme alors jayet, ils offrent la texture du bois. On les emploie sur place pour la cuisson de la chaux, de la brique, les usages domestiques ; mais leur température de combustion est peu élevée. Ils sont assez abondants en Suisse et en France, où l'on a fait des essais nombreux pour les utiliser à la fabrication du gaz d'éclairage ; mais ils n'ont pas été satisfaisants, par suite des proportions assez fortes de pyrites. En effet, la présence d'une proportion considérable d'hydrogène sulfuré dans le gaz produit au moyen des lignites augmente beaucoup trop les frais d'épuration. Quelques espèces se rapprochent du boghead comme aspect et donnent des gaz absolument nauséabonds, inutilisables pour l'éclairage des villes. Un lignite d'Italie, distillé dans les mêmes conditions que la houille à gaz, a donné les résultats suivants :

Gaz à odeur hydrosulfureuse très marquée;
Coke métalloïde, solide, léger, finement poreux.

<pre>
        Quantité de coke 60 0/0
           —   de cendres 3.60 0/0
</pre>

Des lignites du sud de la France ont donné, dans les mêmes conditions :

<pre>
        Coke . . . . de 53 à 66 0/0
        Cendres . . . . de 8.72 à 25 0/0
</pre>

Un essai en grande fabrication, à la température du rouge cerise, a fourni :

<pre>
        Coke métalloïde 65.08
        Goudron 13.45
        Eau ammoniacale 7.50
        Gaz d'éclairage 13.90
</pre>

Le gaz paraissait être de bonne qualité pour l'éclairage. L'eau ammoniacale contenait, par mètre cube, 30 litres de sulfate d'ammoniaque, et le goudron donnait, par la distillation, une huile jaunâtre, limpide et un bitume gras, d'une qualité égale à ceux que l'on obtient avec des schistes de boghead.

TOURBE

Les dépôts de tourbe se forment, encore de nos jours, dans certaines vallées marécageuses de la Somme, aux dépens de plantes aquatiques qui y végètent. Dans le même banc, la tourbe est d'autant plus dure, plus compacte et plus noire, qu'elle a été extraite d'une plus grande profondeur. On distingue trois sortes principales de tourbes : la tourbe mousseuse qui, très légère et spongieuse, est entremêlée de tiges de roseaux. La tourbe moyenne, plus compacte que la précédente, renferme encore une quantité plus ou moins considérable de fibres de végétaux ; la tourbe noire, plus compacte encore et dans laquelle tous les vestiges végétaux ont absolument disparu.

Par la dessiccation de la tourbe, le volume se réduit au 3/5 de ce qu'il était étant humide.

Le poids du mètre cube de tourbe sèche varie : il est de 250 kilog. pour la tourbe mousseuse et de 450 kilogr. pour les tourbes les plus noires et les plus compactes.

Les tourbes des vallées laissent ordinairement une très forte proportion (6 à 20 0/0) de cendres que l'on emploie avec succès à l'amendement des terres. Les tourbes des pays de montagnes sont beaucoup plus pures.

La nature de la tourbe varie également avec la localité, et même, dans chaque tourbière, avec les diverses couches. Ces couches, superposées, correspondent à différents états de décomposition ; elles sont souvent séparées par de petits lits de matières argileuses et sablonneuses. « On reconnaît distinctement dans la tourbe, dit M. Thénard, toutes les plantes aquatiques, et particulièrement celles de la famille des cyperacées. Mais si ces plantes contribuent à sa formation, elles ne la constituent pas essentiellement. »

Il semble qu'il faille en chercher principalement l'origine dans celles qui sont toujours submergées, comme les sphaignes, les conferves, etc. Il y a également de petits dépôts qui sont entièrement formés de feuilles accumulées et probablement charriées par les eaux. D'autres sont formées de mousses et de graminées. M. de Candolle en a observé en Hollande qui étaient entièrement composées de warechs.

On trouvera ci-après, dans le tableau de la composition des combustibles minéraux, l'analyse de trois espèces de tourbes.

Voici, d'après M. Marsilly, la composition d'une tourbe des environs d'Abbeville, qui était dans un état de décomposition avancée et qui avait été desséchée à 100° avant l'analyse :

Hydrogène.	5.63
Carbone.	57.03
Oxygène.	29.67
Azote.	2.09
Cendres.	5.58
	100.00

Le charbon que l'on fait avec la tourbe est en général très friable et très léger. Quand on veut recueillir les produits de la distillation, on opère en vase clos, mais les charbons obtenus par cette méthode ont l'inconvénient d'être pyrophoriques, c'est-à-dire de s'enflammer spontanément. Il existe en France des exploitations de tourbe dans 40 départements.

Les dix départements suivants : la Somme, le Pas-.

de-Calais, la Loire-Inférieure, l'Isère, la Seine-et-Oise, l'Oise, l'Aisne, le Nord, la Marne, le Doubs produisent à eux seuls les 5/6 de l'extraction totale de la France.

Il existe beaucoup de tourbières en Irlande. On en trouve, comme dans l'Amérique du Nord, qui ont la surface d'un département français et une profondeur de 100 mètres; des sondages ont montré que la base avait une consistance pierreuse.

TABLEAU DE LA COMPOSITION DES COMBUSTIBLES MINÉRAUX

Le tableau suivant, dressé par M. Regnault, renferme la composition d'un grand nombre de combustibles minéraux, pris dans les divers étages géologiques et choisis parmi les espèces les plus caractérisées et les mieux connues par leurs applications dans les arts.

On trouve dans ce tableau :

1° La composition réelle du combustible, telle qu'elle est donnée par l'analyse directe ;

2° La composition en faisant abstraction des cendres.

TERRAINS	DÉSIGNATION DU COMBUSTIBLE	LIEUX d'où IL PROVIENT	NATURE DU COKE ET OBSERVATIONS DIVERSES	DENSITÉ	COKE DONNÉ PAR LA CALCINATION	COMPOSITION ÉLÉMENTAIRE				COMPOSITION DÉDUCTION FAITE des cendres			POUVOIR CALORIFIQUE à l'état ordinaire
						CARBONE	HYDROGÈNE	OXYGÈNE ET AZOTE	CENDRES	CARBONE	HYDROGÈNE	OXYGÈNE ET AZOTE	
TRANSITION	Anthracites	Pensylvanie.	Se trouve dans un schiste argileux de transition : cassure vitreuse, coke pulvérulent. .	1.462	89.5	89.21	2.43	3.69	4.67	93.59	2.55	3.86	7.800 à 8.300 calories
		Pays deGalles	Dans la partie inférieure du terrain houiller, cassure vitreuse et conchoïde, coke pulvérulent	1.348	91.3	91.29	3.33	4.80	1.58	92.76	3.38	3.86	
		Mayenne. . .	Dans les schistes argileux de transition ; cassure conchoïde et vitreuse, coke non collé. .	1.367	90.9	90.72	3.92	4.42	0.94	91.58	3.96	4.46	
		Rolduc.. . .	Partie inférieure du terrain houiller, éclat vitreux, mais texture feuilletée ; coke légèrement collé	1.343	89.1	90.20	4.18	3.37	2.25	92.28	4.28	3.44	
	Houilles grasses et dures	Alais . . . . (Rochebelle).	Grès houiller, cassure inégale ; coke métalloïde, légèrement boursouflé	1.322	77.7	88.05	4.85	5.69	1.41	89.31	4.92	5.77	8.300 à
		Rive de Gier. P. Henri.. .	Grès houiller, cassure schisteuse, coke métalloïde, boursouflé. .	1.315	76.3	86.65	4.99	5.49	2.96	89.29	5.05	5.66	

TERRAINS	DÉSIGNATION DU COMBUSTIBLE	LIEUX d'où IL PROVIENT	NATURE DU COKE ET OBSERVATIONS DIVERSES
TERRAINS DE TRANSITION (Suite)	Houilles grasses à longue flamme	Rive de Gier. (Gouzon)	Terrain houiller, éclat très faible, cassure inégale et non schisteuse, coke moins boursouflé.
		Lavaysse . .	Terrain houiller, grand éclat, cassure conchoïde, coke boursouflé et léger . . . .
		Lancashire. .	Terrain houiller, cannel coal des Anglais, sans éclat, cassure conchoïde, coke fritté et brillant . . . .
		Epinac . . .	Terrain houiller, éclat vif, texture schisteuse, coke métalloïde collé, mais peu boursouflé . . . .
		Commentry .	Terrain houiller, ressemblant au cannel coal, cassure conchoïde, coke métalloïde fritté.
		Blanzy . . .	Terrain houiller, cassure lamelleuse, éclat vif, coke faiblement agrégé, mais non boursouflé . . . .
TERRAINS SECONDAIRES — ÉTAGE INFÉRIEUR	Anthracites	Lamure. . .	Terrain jurassique, noir-grisâtre, éclat vitreux, cassure conchoïde, coke pulvérulent.
		Macot. . . .	Terrain jurassique, noir-grisâtre, éclat vitreux, coke pulvérulent. . . . .
	Houilles	Obernkirchen . . .	Terrain jurassique, aspect de houilles grasses, coke métalloïde et boursouflé . . . . .
		Géral	Marnes de l'oolithe inférieur, aspect des houilles à longue flamme, coke métalloïde fritté.
		Noroy. . . .	Marnes irisées, noir terne, cassure inégale, coke non collé.
ÉTAGE SUP^r	Jayet	St-Girons . . .	Grès vert, très brillant, à cassure conchoïde, coke métalloïde soudé. . . . .
		Belestat. . .	Id.

DENSITÉ	COKE DONNÉ PAR LA CALCINATION	COMPOSITION ÉLÉMENTAIRE				COMPOSITION DÉDUCTION FAITE des cendres			POUVOIR CALORIFIQUE à l'état ordinaire
		CARBONE	HYDROGÈNE	OXYGÈNE ET AZOTE	CENDRES	CARBONE	HYDROGÈNE	OXYGÈNE ET AZOTE	
1.311	65.6	80.59	4.99	9.10	5.32	85.12	5.27	9.61	
1.284	57.9	81 »	5.27	8.60	5.13	85.38	5.56	9.06	
1.317	57.9	82.60	5.66	9.19	2.55	84.63	5.85	9.52	
1.353	62.5	80.01	5.10	12.36	2.53	82.08	5.23	12.69	7.500 à 8.000
1.319	63.4	81.59	5.29	12.88	0.24	81.79	5.30	12.91	
1.362	57.0	75.43	5.23	17.06	2.28	77.19	5.35	17.46	
1.362	89.5	88.54	1.67	5.22	4.57	92.78	1.75	5.47	
1.919	77.8	88.27	4.83	5.90	1.00	89.16	4.88	5.96	
1.279	88.9	70.51	0.92	2.10	26.47	95.90	1.25	2.85	
1.294	53.3	74.35	4.74	10.05	11.86	83.40	5.32	11.28	
1.410	51.2	62.41	4.35	14.04	19.20	77.25	5.38	17.37	
1.316	42.5	71.49	5.45	18.53	4.08	75.02	5.69	19.29	
1.305	42.0	74.38	5.79	18.94	0.89	75.06	5.84	19.10	

TERRAINS	DÉSIGNATION DU COMBUSTIBLE	LIEUX d'où IL PROVIENT	NATURE DU COKE ET OBSERVATIONS DIVERSES
TERRAINS TERTIAIRES	Lignites parfaits	Dax.	D'un beau noir, à cassure inégale, sans texture ligneuse, coke non collé . . . .
		Bouches-du-Rhône. . .	Schisteux, noir pur et brillant, sans texture ligneuse, coke non collé. . . . .
		Mont-Meisner	Brillant, à cassure conchoïde, coke faiblement collé . . . .
		Basses-Alpes.	Noir, éclat gras, coke légèrement boursouflé . . . . . .
	Lignites imparfaits	Grèce.	Feuilleté, d'un noir terne, indice d'organisation végétale, coke non collé. . . . .
		Cologne. . .	Terre d'ombre, friable, à poussière d'un brun-rouge, texture ligneuse, coke non collé.
		Usnach . . .	Bois fossile, texture du bois, fort dur . . . .
	Lignites passant au bitume	Ellebogen. .	Compacte, homogène, cassure conchoïde, coke métalloïde très léger . . . .
		Cuba	Noir velouté, éclat gras, coke, boursouflé très léger . . . . .
	Asphalte	Mexique. . .	Noir très brillant, odeur très forte, fond au-dessous de 100°, coke très boursouflé . . . .
FORMATION CONTEMPORAINE	Tourbes	Vulcaire. . .	Dans un état d'altération très avancé, présentant encore quelques fragments de végétaux . . . .
		Long	Semblable à la précédente. . .
		Champ du feu	Dans un état moins avancé d'altération, renfermant cependant peu de végétaux. . . .
	Bois		Composition moyenne. . . . . .

DENSITÉ	COKE DONNÉ PAR LA CALCINATION	COMPOSITION ÉLÉMENTAIRE				COMPOSITION DÉDUCTION FAITE des cendres			POUVOIR CALORIFIQUE à l'état ordinaire
		CARBONE	HYDROGÈNE	OXYGÈNE ET AZOTE	CENDRES	CARBONE	HYDROGÈNE	OXYGÈNE ET AZOTE	
1.272	49.1	69.52	5.59	19.90	4.99	73.18	5.88	21.14	5.500
1.254	41.1	63.01	4.58	18.98	13.43	72.78	5.29	21.93	à
1.351	48.5	70.73	4.85	22.65	1.77	72 »	4.93	23.07	
1.276	49.5	69.05	5.20	22.74	3.01	71.20	5.36	23.44	6.600
1.185	38.9	60.36	5 »	25.62	9.02	66.36	5.49	28.15	
1.100	36.1	63.42	4.98	27.11	5.49	66.04	5.27	28.69	
1.167	» »	55.27	5.70	36.84	2.19	56.50	5.83	37.67	4.000
									à
1.157	27.4	72.78	7.46	14.80	4.96	76.58	7.85	15.57	4.800
1.197	39.0	74.82	7.25	13.99	3.99	77.88	7.55	14.57	
1.063	9.0	78.10	9.30	9.80	2.80	80.34	9.57	10.09	4.000
»	»	56.25	5.63	32.54	5.58	59.57	5.96	34.47	
»	»	57.29	5.93	32.17	4.61	60.06	6.21	33.73	3.000
»	»	57 »	6.11	31.56	5.33	60.21	6.45	33.34	à
»	»	49 60	5.80	42.56	2.04	50.62	5.94	43.44	3.700

« Pour voir facilement comment la composition des combustibles minéraux varie avec leurs qualités techniques et leur âge géologique, il faut comparer entre eux les nombres renfermés dans les trois dernières colonnes du tableau, c'est-à-dire ceux qui donnent la composition de ces combustibles, abstraction faite des cendres. Si nous prenons pour terme de comparaison les houilles maréchales, et que nous remontions de celles-ci aux houilles grasses et fortes, nous trouvons que l'hydrogène est à peu près le même, mais que l'oxygène a diminué notablement et se trouve remplacé par du carbone. Si nous passons ensuite aux houilles anthraciteuses, nous observons que l'hydrogène et l'oxygène diminuent tous les deux, et que le carbone augmente dans le même rapport.

« Si partant toujours des houilles maréchales, nous descendons vers les houilles grasses à longue flamme, nous remarquons que l'hydrogène est en général en quantité plus grande; que le carbone a diminué notablement et se trouve remplacé par de l'oxygène. Enfin, dans les houilles sèches à longue flamme, l'oxygène a encore augmenté et a remplacé une quantité correspondante de carbone.

« On voit que les houilles grasses peuvent devenir sèches de deux manières, soit en passant à l'anthracite, l'hydrogène et l'oxygène diminuant tous les deux, et le carbone augmentant dans le même rapport; soit en marchant vers les combustibles plus modernes, les lignites, le carbone diminuant et se trouvant remplacé par de l'oxygène. Le rapport entre l'oxygène et l'hydrogène augmente donc dans ce dernier cas.

« Si nous comparons maintenant les combustibles des terrains secondaires à ceux de la formation carbonifère, nous trouvons que dans l'étage inférieur de ces terrains on peut distinguer les mêmes variétés de houilles que dans le terrain houiller. Ainsi les anthracites de Lamure et de Macot, qui se trouvent dans la partie inférieure des terrains jurassiques, présentent la même composition que ceux des terrains de transition. La houille d'Obernkirchen qui existe également dans la formation jurassique présente les mêmes propriétés et la même composition que les houilles grasses et fortes de la formation carbonifère. Enfin la houille de Céral, qui appartient encore à la formation jurassique, se place par sa composition et par ses propriétés techniques dans la classe des houilles grasses à longue flamme.

« Les combustibles de l'étage supérieur de la craie, se rapprochent au contraire, par leur composition, des combustibles des terrains tertiaires ou des lignites. Ces derniers combustibles diffèrent de ceux des terrains plus anciens, en ce qu'ils renferment moins de carbone et plus d'oxygène. A mesure que leur formation est plus moderne, leur composition se rapproche de plus en plus de celle du bois. Le coke qu'ils donnent à la calcination devient de plus en plus sec. Ainsi, le jayet de la craie donne encore un coke métalloïde fritté, tandis que les lignites des terrains tertiaires produisent un coke non métalloïde, dont les fragments n'adhèrent pas les uns aux autres, et se rapprochent du charbon de bois par leur aspect.

« Quant aux bitumes, qui sont évidemment des produits de distillation de combustibles plus anciens, ou qui proviennent de l'altération spontanée de matières animales, ils diffèrent essentiellement des houilles proprement dites, en ce qu'ils renferment des quantités beaucoup plus grandes d'hydrogène. » (REGNAULT.)

HOUILLES A GAZ

D'après les analyses relatées ci-dessus, on voit que toutes les houilles ne conviennent pas également pour la fabrication du gaz. On recherche pour cet usage :

1° Les houilles dont la décomposition ne se fait pas à une température trop élevée, et n'absorbe pas pour cela une trop grande quantité de chaleur;

2° Qui renferment le moins de soufre possible pour éviter les dépenses élevées d'épuration ;

3° Qui produisent un volume de gaz assez élevé, d'un pouvoir éclairant moyen ;

4° Qui donnent un coke ni trop friable, ni trop boursouflé.

Une classification spéciale des charbons à ce point de vue, aurait pour limites, d'une part, les charbons donnant de très bon coke et, d'autre part, les charbons donnant de très bon gaz.

En nous reportant aux tableaux précédents :

1° *Houilles grasses à courte flamme ou charbon à coke*, donnant un très mauvais gaz et un excellent coke (Bellevue. Agrappe, 16 actions) :

Teneur en oxygène. . 5.5 à 6.5 0/0.
Matières volatiles. . . 24 à 30 0/0.
Pouvoir éclairant. . . 115 à 170 litres pour la Carcel.
Densité du gaz. . . . 0,31 à 0,34.
Rendement en coke . 1ʰ9 à 2ʰ20 par 100ᵏ de charbon.

2° *Houilles grasses ou charbons de forge*, donnant un assez bon gaz et un bon coke (West-Pelaw-Main, Lens, ouest de Mons) :

Teneur en oxygène. . . .	6.5 à 7.05 0/0.
Matières volatiles.	30 à 34 0/0.
Pouvoir éclairant.	115 à 118 litres.
Densité du gaz.	0,34 à 0,37.
Rendement en coke . . .	1ʰ78 à 2ʰ1.

3° *Houilles grasses à longue flamme ou charbons à gaz*, donnant un bon gaz et un assez bon coke (Londonderry, Produits, charbons de la Sarre et de la Ruhr) :

Teneur en oxygène. . . .	7.5 à 9 0/0.
Matières volatiles.	34 à 37.7.
Pouvoir éclairant.	100 à 108 litres.
Densité du gaz.	0,37 à 0,40.
Rendement en coke . . .	1ʰ68 à 1ʰ8.

4° *Houilles sèches à longue flamme*, donnant un très bon gaz et un mauvais coke (Commentry, Marles, Bruay) :

Teneur en oxygène. . . .	9 à 11 0/0.
Matières volatiles.	37 à 40 0/0.
Pouvoir éclairant.	95 à 105 litres.
Densité du gaz.	0,40 à 0,42.
Rendement en coke. . . .	1ʰ6 à 1ʰ7.

Pour compléter ces renseignements, nous donnerons dans un tableau, toutes les indications qui peuvent être utiles aux propriétaires d'usines à gaz, pour l'approvisionnement des houilles les plus convenables pour la fabrication en France :

Columns 8 to 12 form the group **COMPOSITION DU GAZ EN VOLUMES**.

TYPES	OXYGÈNE dans le charbon	MATIÈRES VOLATILES	POUVOIR ÉCLAIRANT (litres par carcel)	DENSITÉ sans l'acide carbonique	RENDEMENT EN COKE hectolitre (par 100 kil. de charbon)	EAUX AMMONIACALES par 100 kil. de charbon (en litres)	Hydrogène bicarboné	Hydrogène protocarboné	Hydrogène pur	Oxyde de carbone	Acide carbonique	RENDEMENT EN GAZ par 100 kil. de charbon
1° — Charbons de Denain, Fosse St-Marc, Fosse Thiers (très peu employés)												
2° Houilles grasses à courte flamme charbon à coke — Charbons Allemands (Kœnigs-Wilhelm, New Coln, Herne Bochum). Charbons Belges: Ouest de Mons (fosse Bellevue). — Agrappe, Escouffiaux, 16 actions, Dourges, Nœux	5 à 6 0/0	20 à 30 0/0	180 à 130	0,31 à 0,35	1.9 à 2.2	3 à 4.5	2.44	35.63	53.40	6.68	1.64	30 à 31
3° Houilles grasses ou charbon de forge — Charbons Anglais, Washington, West Pelaw-Main, Leverson. Charbons Belges, Ouest de Mons (fosses St-Antoine, Sentinelle, Alliance). Charbons Français, Lens, Ferfay	6.5 à 7.5	30 à 33	108 à 120	0,35 à 0,38	1.8 à 2.2	4.5 à 6.5	2.83	34.86	51.39	8.16	1.79	30 à 32
4° Houilles grasses à longue flamme charbon à gaz — Charbons Anglais, Londonderry. Charbons Belges, Produits (fosse Ste-Henriette). Charbons Français, Pas-de-Calais, Nœux — Liévin — du Centre, Decize, Malafolie. Charbons Allemands — de la Ruhr, Hibernia, Alma, Consolidation — de la Sarre, Dudweiler	7.5 à 9	33 à 37	100 à 108	0,38 à 0,40	1.7 à 1.9	6 à 7.5	3.56	34.85	51 »	8.26	2.03	27 à 30
5° Houilles sèches à longue flamme — Charbons Allemands — de la Sarre, Heinitz, Altenwald. Charbons Français — du Pas-de-Calais, Bruay et Marles — du Centre, Commentry	10 0/0	37 à 39	100 à 110	0,41 à 0,42	1.6 à 1.7	8 à 9	3.71	34.65	46.90	10.72	3.10	27 à 30
6° Houilles très sèches employées quelquefois — Charbons Français du Centre, Blanzy, Montceau, Decazeville	11 à 13	40 à 45	100 à 115	0,42 à 0,49	1.0 à 1.6	10 à 12	4.20	34.7	35 •	15 »	7 à 10	27 à 29

Pour terminer ce chapitre, nous résumerons le travail le plus récent publié sur cette matière. Les résultats de cette étude, faite par M. Sainte-Claire Deville, ingénieur de l'usine expérimentale de la Compagnie Parisienne, ont été publiés dans le Compte-rendu des travaux de la Commission nommée en exécution d'un article du traité qui lie la Ville de Paris et la Compagnie parisienne du gaz.

Les essais, au nombre de 1,012, ont porté sur 59 espèces de houilles. La quantité employée à chaque essai était de 30,000 kilogrammes. A la suite de ces essais en grande fabrication, dans lesquels il a employé les procédés de dosage les plus précis, M. Sainte-Claire Deville a proposé, pour les houilles, la classification suivante :

Elle est fondée sur leur teneur en oxygène, qui varie de 5,50 à 12 0/0, dans les houilles que l'on peut employer à la fabrication du gaz.

CARACTÈRES GÉNÉRAUX

La composition et le rendement des divers charbons varient comme il suit :

1° La proportion d'oxygène varie de 5,5 à 12 0/0;

2° — d'hydrogène — 5 à 6 0/0;

3° — de carbone — 89 à 81 0/0;

4° La teneur en azote est constante et égale à 1 0/0 ;

5° La quantité de matières volatiles, obtenue par calcination, varie de 26 à 40 0/0;

6° Le rendement en gaz varie de 31 ^{m3} à 27 ^{m3} pour 100 kilos ;

7° Le rendement en coke varie de 2 hectolitres à 1 hectol. 6 par 100 kilos ;

8° Le rendement en goudron, varie de 3 kil. 9 à 5 kil. 6 par 100 kilos ;

9° Le rendement en eau ammoniacale varie de 4 litres 5 à 10 litres par 100 kilos ;

10° Le rendement en soufre varie de 0,5 (dans les charbons belges) ; et de 2 0/0 (dans les charbons anglais).

CLASSIFICATION

M. Sainte-Claire Deville distingue cinq types de houille :

Le 1er type comprend les houilles contenant 5 à 6,5 0/0 d'oxygène ;

Le 2e type comprend les houilles contenant 6,5 à 7,5 0/0 d'oxygène ;

Le 3e type comprend les houilles contenant 7,5 à 9 0/0 d'oxygène ;

Le 4e type comprend les houilles contenant 9 à 11 0/0 d'oxygène ;

Le 5e type comprend les houilles contenant 11 à 12 0/0 d'oxygène.

Le tableau ci-après résume les caractères de chaque type :

		1er TYPE	2e TYPE	3e TYPE	4e TYPE	5e TYPE
Composition élémentaire	Oxygène.	5.56	6.66	7.71	10.10	11.70
	Hydrogène. . . .	5.06	5.37	5.40	5.53	5.64
	Carbone.	88.38	86.97	85.89	83.37	81.66
	Azote	1.00	1.00	1.00	1.00	1.00
	(total)	100.00	100.00	100.00	100.00	100.00
Eau hygrométrique.		2.17	2.70	3.31	4.34	6.17
Matières volatiles.		26.82	31.59	33.80	37.34	39.27
Coke.		73.18	68.41	66.20	62.66	60.73
	(total)	100.00	100.00	100.00	100.00	100.00
Cendres ⟮ du poids de la houille.		9.04	7.06	7.21	8.18	10.73
0/0 ⟯ du poids du coke. . .		12.35	10.32	10.80	13.05	17.67
Volume du gaz par 100 kilog. . .		30m313	31.01	30.64	29.72	27.44
Volume du coke		1k97	1.96	1.78	1.70	1.63
Poids du goudron.		3k90	4.65	5.08	5.48	5.59
Poids d'eau ammoniacale		4k58	5.22	6.80	8.62	9.86

Les conclusions à tirer de ces travaux sont les suivantes :

Les charbons les plus oxygénés, qui renferment le plus d'eau combinée, sont aussi ceux qui absorbent le plus facilement l'eau hygrométrique ;

La proportion des matières volatiles augmente avec la teneur en oxygène ;

Il en est de même de la proportion des cendres, du rendement en goudron et en eau ammoniacale ;

Le rendement en coke et le rendement en gaz diminuent, au contraire, quand la teneur en oxygène augmente.

Dans le tableau précédent, la production de gaz et de coke des différents types de houille, est évaluée en volumes. Il est également intéressant d'indiquer le rendement en poids de tous les produits de la distillation comme le fait ressortir le tableau suivant :

PRODUCTION par 100 kilos de houille	1er TYPE	2e TYPE	3e TYPE	4e TYPE	5e TYPE
Gaz	13^{k}70	15^{k}08	15^{k}81	16^{k}95	17^{k}00
Coke.	71.48	67.63	64.90	60.88	58.00
Poussier	6.33	7.07	7.41	8.08	9.36
Goudron	3.90	4.65	5.08	5.48	5.59
Eau ammoniacale. . .	4.59	5.57	6.80	8.61	9.86
	100 »	100 »	100 »	100 »	100 »

Nous donnerons, pour terminer, le tableau résumant les propriétés du gaz produit par chaque type de houille :

	1er TYPE	2e TYPE	3e TYPE	4e TYPE	5e TYPE
Volume d'acide carbonique.	1.47	1.58	1.72	-2.79	3.13
— d'oxyde de carbone	6.68	7.19	8.21	9.86	11.93
— d'hydrogène.	54.21	52.79	50.10	45.45	42.26
— du gaz des marais et azote	31.37	34.43	35.03	36.42	37.14
Carbures absorbables par le brome { Volume de benzols (condensables à — 70°)	0.79	0.99	0.96	1.04	0.88
Autres carbures riches (non condensables à — 70°) . .	2.48	3.02	3.98	4.44	4.76
Densité du gaz par rapport à l'air	0,352	0,376	0,399	0,441	0,482
Pouvoir éclairant (dépense par Carcel) . .	132[lit]1	111[lit]7	103[lit]8	102[lit]1	101[lit]8

On conclut de là :

Que la proportion d'acide carbonique et d'oxyde de carbone, dans le gaz, augmente en même temps que la teneur du charbon en oxygène. Il en est de même de la densité du gaz.

Que la proportion d'hydrogène et de gaz des marais diminue, au contraire, dans le gaz quand la teneur du charbon en oxygène augmente.

La proportion de benzol varie peu ; celle des autres carbures (qui ne sont pas condensables à 70°), augmente dans le gaz, en même temps que la proportion d'oxygène dans la houille.

Le pouvoir éclairant du gaz est d'autant meilleur qu'il provient d'une houille plus oxygénée ; mais il n'augmente pas aussi vite que la teneur en carbures, parce que la proportion d'acide carbonique augmente dans le gaz, en même temps que celle des carbures.

En nous reportant au tableau A et au précédent, nous voyons que le premier type est peu employé et cité comme mémoire ;

Que les charbons du 2ᵉ type, lorsqu'ils contiennent peu de cendres, sont d'excellents charbons à coke, mais donnent du mauvais gaz ;

Que ceux du 3ᵉ type sont des charbons à gaz suffisants et d'excellents charbons à coke ;

Que ceux du 4ᵉ type sont de bons charbons à gaz et des charbons à coke suffisants ;

Ceux du 5ᵉ type ont un rendement assez faible d'un gaz lourd et éclairant, coke médiocre ;

Ceux du 6ᵉ type ont un rendement faible d'un gaz qui serait très éclairant sans la proportion énorme d'acide carbonique, si nuisible à ce point de vue spécial, coke très médiocre.

Chacun de ces types ayant des avantages et des inconvénients, il y a lieu pour le directeur d'une usine à gaz de faire des mélanges convenables de houilles pour obtenir un gaz satisfaisant au pouvoir éclairant imposé ; et en même temps un coke qui puisse donner satisfaction aux consommateurs.

Nous dirons un mot d'une théorie autrefois en faveur ; guidé par les analyses de charbons, on avait pensé que les houilles les plus riches en hydrogène étaient les plus convenables pour la fabrication du gaz. On fut également conduit à considérer la teneur en oxygène, et ensuite le rapport de ces deux quantités. En effet, l'hydrogène se combine avec l'oxygène pour donner de l'eau, une autre partie avec le carbone pour former des hydrocarbures. En même temps, l'oxygène se combine avec le carbone pour donner de l'oxyde de carbone et de l'acide carbonique dont l'effet sur le pouvoir éclairant est désastreux.

Il semblait donc qu'un certain rapport entre l'hydrogène et l'oxygène devait être favorable, mais la complexité des réactions qui se passent dans la distillation n'a pas permis jusqu'ici de résoudre cette question. Les expériences de M. Sainte-Claire Deville à l'usine expérimentale de la Villette, ont montré nettement que la proportion de benzol varie peu dans le gaz fourni par les diverses houilles à gaz. Au contraire, les autres carbures (non condensables à 70°), augmentent en même temps que la teneur en oxygène. Cependant le pouvoir éclairant n'augmente pas aussi vite que la teneur en carbures, parce que l'augmentation de teneur en oxygène, augmente celle en CO^2 qui diminue le pouvoir éclairant.

Pratiquement, le propriétaire d'une usine à gaz

devra spécifier, dans ses marchés de houille : la teneur maximum en eau ; elle doit être comprise suivant les circonstances, entre 7 et 10 0/0 ; la teneur en cendres, qui doit être inférieure à 10 0/0 ; celle en soufre, à 2 0/0 au plus, au delà, les frais d'épuration seraient trop élevés.

Il sera bon de se rappeler à ce sujet que les houilles qui entourent le plateau central de la France, sont généralement moins pyriteuses que celles des bassins du Nord. Le rendement en gaz devra être de 25 à 32 mètres par 100 kil. de houille distillée, suivant la qualité du gaz et la température de distillation, celui en coke de 1 hect. 70 à 2 hect. 05.

PROCÉDÉS D'ANALYSE DES HOUILLES

Dosage de l'humidité

On se sert de l'étuve de Gay-Lussac à double paroi ; l'on chauffe, soit à 100°, soit à 120° (par l'emploi de l'eau ou de l'huile), un poids de 100 gr. à 200 gr. de houille réduite en poudre fine ; la différence des pesées avant et après donne l'eau hygrométrique. La durée de la dessiccation doit être d'environ une heure.

Ce procédé n'est pas exempt d'erreur, car en prolongeant l'expérience on a obtenu des augmentations de poids, qui paraissent résulter de l'oxydation de quelques matières contenues dans le charbon. En estimant la perte par deux méthodes différentes, on a pu se rendre compte des erreurs que l'on pouvait commettre :

CHARBON DESSÉCHÉ PENDANT UNE HEURE ET DEMIE·	
Humidité trouvée à 100°, pesée comme eau dans un tube à dessécher	Humidité estimée par perte de poids en desséchant à 100°
Cannel d'Ecosse 10.22 0/0	9.66 différence 0.56
Charbon à gaz Durham.... 1.79	1.59 — 0.20
Weloh Cannel 4.74	4.36 — 0.38

Le procédé qui paraît le moins susceptible d'erreur est la dessiccation dans le vide à froid.

La teneur en eau d'une houille a une grande importance sur les résultats de la distillation. Le charbon humide mis en tas donne lieu à plus de combustions spontanées; employé aussitôt l'arrivage, il refroidit les cornues, le rendement et le pouvoir éclairant du gaz produit diminuent notablement; le rendement peut subir un abaissement de 20 0/0 à 30 0/0 suivant la teneur en eau et suivant les conditions de la distillation.

Les eaux ammoniacales sont plus abondantes, mais plus pauvres, d'où il résulte un traitement plus onéreux.

Analyse élémentaire

On se sert d'un appareil à combustion, comme pour les analyses organiques. On brûle une quantité préalablement desséchée et pesée, de la houille à analyser, en transformant ainsi le carbone en acide carbonique, l'hydrogène en eau ; on recueille chacun de ces produits dans un appareil spécial, préalablement pesé.

Par l'accroissement de poids de ces appareils, on se rend compte des quantités d'acide carbonique et d'eau produites, et d'après elles, on trouve les quantités de carbone et d'hydrogène.

Dosage du soufre

La houille en poudre (comme pour l'essai précédent) étant intimement mêlée avec du carbonate de soude sec et du nitrate de potasse' entièrement exempts de sulfate, on l'introduit dans le tube à combustion contenant déjà une bonne couche de ces deux sels. On opère comme précédemment pour la combustion. Avant que le tube ne soit complètement froid, on le retire du feu, on le nettoie et on le plonge dans une éprouvette à pied contenant de l'eau distillée; lorsque la matière est dissoute, et après les manipulations d'usage, on dose l'acide sulfurique au moyen du chlorure de baryum.

On déterminera de la même façon le soufre contenu dans les cendres et la différence donnera le soufre parti avec les matières volatiles.

Détermination des matières volatiles

On calcine la houille dans un creuset de platine, placé dans le moufle d'un fourneau à coupelle. On remplit le creuset de 10 grammes de houille pulvérisée, prise comme moyenne. On chauffe rapidement au rouge mat, on maintient cette température pendant une demi-heure. La diminution de poids donne les matières volatiles.

Pour avoir les cendres, on pulvérise le coke et on le brûle dans une capsule de platine dans un moufle.

Les cendres brunes ou noirâtres contiennent des sels de fer; les plus ou moins blanches des calcaires; les grises, de la silice. Le tableau ci-dessous donne la composition des cendres de quelques charbons :

	NEWCASTLE	COMMENTRY	LENS	ALMA	DUDWEILER
Acide silicique...	59.5	51 »	44.2	45 »	37.9
Alumine	12.2	25.8	22.3	16.9	14.8
Sesquioxyde de fer	15.9	17.4	20 »	20.6	27.7
Chaux	10 »	1.4	3.5	5.4	6.9
Acide sulfurique..	» »	» »	1.5	» 9	4.9
Divers et pertes (magnésie, potasse)........	2.4	4.4	8.5	11.2	8 »
	100 »	100 »	100 »	100 »	100 »

Toutes ces analyses préalables peuvent donner une idée assez exacte de la valeur d'une houille donnée; mais un essai en grande fabrication fournira le critérium le plus certain des résultats qu'on obtiendra en service courant, avec les conditions de chauffage, de refroidissement et d'épuration de l'usine en question.

Effets de l'emmagasinage du charbon

On a constaté que l'exposition prolongée des charbons à l'air, à l'humidité et à la chaleur produisait des altérations profondes dans leur composition et dans les résultats obtenus dans leur emploi. Ils s'échauffent beaucoup et même cet échauffement peut aller jusqu'à l'inflammation et à la distillation spontanée.

On attribue ces phénomènes à plusieurs causes :

1° L'oxydation des sulfures de fer contenus dans la houille ;

2° L'oxydation du carbone et du gaz des marais inclus dans le charbon peuvent être également des causes d'oxydation comme l'indique le tableau ci-dessous :

ANALYSE DES GAZ INCLUS DANS LE CHARBON

	NEWCASTLE	DURHAM
Acide carbonique	5.55 à 16.5	0.23 à 1.15
Gaz des marais	traces à 26.54	84.04 à 89.6
Oxygène	2.28 à 5.65	trace à 0.55
Azote	61.97 à 85.65	9.51 à 14.6
Centimètres cubes de gaz inclus pour 100 grammes de charbon	24.4 à 30.7	91.2 à 238.0

3° Indépendamment de ces oxydations, il se produit des altérations chimiques analogues à celles qui transforment la fibre de bois en anthracite.

Aussi dans les meilleurs charbons et spécialement ceux recherchés pour la fabrication du gaz, on trouve, comme résultat de ces transformations, des quantités notables de gaz inclus dans la masse, ainsi qu'on l'a vu plus haut.

Ces modifications de la houille font varier beaucoup les produits obtenus dans la distillation, ainsi qu'on a pu le constater par des essais nombreux. Un magasinage de un mois seulement avait fait varier les teneurs des produits de la distillation comme suit :

Acide carbonique . . . . de 17.7 à 12.1
Gaz des marais . . . . — 3.44 à 3.17
Oxygène . . . . — 4.9 à 1.1
Azote . . . . — 55 » à 65 »
Carbures absorbables par l'acide sulfurique fumant qui donnent le pouvoir éclairant . . . . } 18.6 à 16.85

La perte en hydrogène a été très notable. Non seulement le rendement en gaz et le pouvoir éclairant diminuent beaucoup, mais la houille perd, une partie considérable de son poids.

Warentrapp a indiqué le chiffre de 38 0/0, après un magasinage de plusieurs années, et Schilling le chiffre énorme de 52 0/0 qui paraît absolument invraisemble. Il serait nécessaire de connaître les conditions dans lesquelles ont eu lieu ces observations qui, *à priori*, paraissent entachées d'erreurs trop fortes.

Des observations récentes ont jeté quelque lumière sur les phénomènes qui se passent dans les houilles en tas :

1° Elles perdent d'abord de leur poids ;

2° Elles recouvrent. ensuite le poids initial et le dépassent même ;

3° Enfin, au bout d'un certain temps, aux températures élevées, le poids diminue d'une façon continue.

Ces phénomènes varient avec l'espèce de houille et son état physique.

On a constaté des augmentations de poids s'élevant à 7, 8 et même 10 0/0. Cet accroissement résultait principalement de l'absorption de l'oxygène à l'air.

Les principaux faits constatés peuvent être résumés comme suit :

1° La houille exposée à l'air s'altère. L'altération consiste en une diminution du pouvoir agglomérant et du pouvoir éclairant, et probablement aussi du pouvoir calorifique ;

2° L'altération est d'autant plus rapide que la température est plus élevée et que la houille est plus divisée ;

3° Dans les fragments, l'altération est plus grande à la surface qu'à l'intérieur. Dans les tas de charbon, l'altération est plus grande au centre qu'à la surface. Lorsque l'air ne peut pénétrer au centre, c'est la surface qui subit la plus grande altération ;

4° Le menu lavé s'altère un peu moins que le menu brut ;

5° Le gros n'éprouve d'altération sensible qu'au bout d'un temps très long. Les tas de menu s'échauffent, les tas de gros ne s'échauffent pas sensiblement.

Les expériences et observations faites à Commentry ont montré :

1° Que sous de faibles épaisseurs le charbon ne s'échauffe pas ;

2° Que l'échauffement s'accroît avec la hauteur du tas.

3° Que, vers la hauteur de 3 ou 4 mètres la température s'élève progressivement et s'abaisse sans avoir dépassé 70° ;

4° Qu'au-delà de 4 mètres la température continue à s'élever. Qu'au bout de trois mois environ il se dégage de la vapeur d'eau, puis un gaz à odeur de pétrole, et ensuite des fumées.

En ouvrant le tas, il se produit un abondant dégagement de fumées blanches et jaunâtres : la température s'élève jusque 350° et l'ignition se manifeste.

En recouvrant de poussière de charbon le point en feu, la combustion vive s'arrête, mais la distillation se poursuit.

Pour éviter ces inflammations, on cherche à produire la ventilation en noyant des lignes de fagots dans le tas, mais ce procédé ne paraît pas avoir donné de bons résultats. Le moyen le plus sûr est de donner au tas une hauteur inférieure à 2 mèt. 50, dans ces conditions le charbon s'altère, mais ne s'enflamme pas.

Malheureusement il n'est pas toujours possible de donner cette hauteur réduite au tas, la place dans les usines à gaz faisant souvent défaut.

Il y aura donc lieu, dans les usines à gaz, de distiller des charbons frais, d'établir avec soin des roulements entre les tas de charbons pour éviter ces inconvénients si préjudiciables aux intérêts de l'usine. Dans un grand nombre d'usines petites ou moyennes dont les approvisionnements peuvent être irréguliers, l'on construit des hangars couverts pour protéger le charbon qui peut avoir à subir de longs magasinages ; dans les grandes usines, cette solution augmenterait beaucoup les frais de premier établissement, à cause des surfaces nécessaires pour une réserve de deux mois seulement, admise dans ce cas par suite de la régularité des approvisionnements par chemins de fer ou par bateaux, ces deux modes ne faisant pas généralement défaut en même temps. Malgré cela on devra toujours surveiller avec soin l'échauffement des tas. Pour cela on y introduit des barres de fer que l'on retire de temps en temps, et dont on peut constater la température, à la main, avec un degré suffisant d'approximation.

CHAPITRE IV

PRODUITS OBTENUS DANS LA FABRICATION DU GAZ

Pour obtenir le gaz de la houille, on décompose le charbon dans des cornues fermées à l'abri de l'air. Il se produit de nouveaux corps gazeux, liquides ou solides comme le coke qui reste dans la cornue. On obtient ainsi :

1° Le gaz d'éclairage ;
2° Le goudron ;

3° Les eaux ammoniacales ;

4° Le coke.

Nous indiquerons plus loin la série nombreuse des produits résultant de la distillation, en nous bornant aux principaux. Nous ignorons les phénomènes qui se produisent dans la cornue, de même que la manière dont les éléments sont combinés pour former la houille.

M. Guégen, s'inspirant des travaux de M. Berthelot, relatifs à l'influence des hautes températures sur la décomposition et la formation des hydrocarbures, et de M. Sainte-Claire Deville, sur la dissociation, a été conduit aux conclusions suivantes :

Il existe dans la houille des carbures d'hydrogène tout formés, puisqu'on peut les obtenir par une distillation à basse température à 3 ou 400°. Sous l'action de la chaleur, ils peuvent perdre ou gagner de l'hydrogène, pour se transformer les uns dans les autres ; ces décompositions ou ces recompositions étant limitées par les lois de la dissociation.

Si l'on considère seulement les quatre carbures :

Acétylène C^4H^2 — Éthylène C^4H^4

Hydrure d'éthylène C^4H^6 — Formène C^2H^4

on constate que l'un quelconque de ces carbures, chauffé au rouge en présence d'une quantité convenable d'hydrogène, reproduit une certaine quantité des trois autres carbures. La réaction inverse a lieu, l'un quelconque, chauffé à une certaine température, donne de l'hydrogène et une certaine quantité des trois autres carbures. La polymérisation des plus pauvres en hydrogène pour former des carbures plus condensés vient encore ajouter son effet.

Ainsi, l'éthylène donne naissance au propylène, au butylène, etc. ; l'acétylène à la benzine, à la naphtaline, à l'anthracène.

Ces polymères peuvent se décomposer et perdre de l'hydrogène. De plus, les polymères de la deuxième série ou leurs produits de décomposition, peuvent se combiner avec les polymères de la première série ou leurs produits de décomposition. On voit donc le nombre considérable de carbures qui peuvent résulter des actions réciproques de ces carbures, de leurs polymères, etc. Ces décompositions et recompositions sont régies par les lois de la dissociation et des affinités chimiques, entre autres pour les phénomènes reversibles ; on sait que la recombinaison des éléments dissociés n'est pas immédiate, exige même un temps appréciable, et qu'elle ne s'effectue pas à basse température.

D'après cela, on voit immédiatement l'utilité de l'extracteur, qui empêche le gaz de séjourner dans la cornue après son dégagement et l'arrache à ces causes de décomposition.

Malgré ces quelques aperçus, nos connaissances ne sont encore ni assez nombreuses, ni assez précises pour nous permettre de conduire la distillation d'une manière scientifique dans le but d'obtenir des résultats déterminés.

Les procédés employés dans cette opération résultent de l'expérience et de l'observation dans la pratique journalière de cette fabrication. Nous ignorons même l'influence exacte que les parties constituantes isolées possèdent sur le pouvoir éclairant du gaz. On ne savait même pas encore, avant les travaux de

M. Sainte-Claire Deville, à l'usine expérimentale de La Villette, jusqu'à quel point les hydrocarbures gazeux élevés, ou les vapeurs d'hydrocarbures, devaient être compris dans ces parties éclairantes. (Nous parlerons plus loin de ces travaux).

Après le tableau des corps produits dans la distillation de la houille, nous indiquerons brièvement quelques propriétés caractéristiques de ces différents corps.

GAZ D'ÉCLAIRAGE

Corps donnant le pouvoir éclairant.

Ethylène	C^4 H^4
Propylène	C^6 H^6
Butylène	C^8 H^8
les carbures	C^n H^n
Acétylène	C^4 H^2
Benzine	C^{12} H^6
Toluène	C^{14} H^8
Xylène	C^{16} H^{10}
Cumène	C^{18} H^{12}
Cymène	C^{20} H^{14}
Naphtaline	C^{20} H^8

Corps diminuant le pouvoir éclairant et souillant le gaz.

Gaz des marais	C^2 H^4
Hydrogène	H
Oxyde de carbone	C O
Acide carbonique	C O^2
Ammoniaque	Az H^3
Hydrogène sulfuré	H S
Sulfure de carbone	C S^2
Acide sulfocyanhydrique	Cy S^2 H
Azote	Az
Oxygène	O

GOUDRON
- Hydrocarbures neutres....
  - solides..
    - Naphtaline. ... $C^{20} H^8$
    - Anthracène . . . $C^{28} H^{10}$
    - Phenanthrène . $C^{28} H^{10}$
    - Paraffine.. . . $C^n H^n$
  - liquides
    - Benzine . . . . . $C^{12} H^6$
    - Toluène. . . . . $C^{14} H^8$
    - Xylène. . . . . . $C^{16} H^{10}$
    - etc.   »
- Hydrocarbures
  - acides..
    - Acide phénique. $C^{12} H^6 O^2$
  - basiques
    - Pyridine. . . . . $C^{10} H^5 Az$
    - Aniline.. . . . . $C^{12} H^7 Az$
    - Picoline. . . . . $C^{12} H^7 Az$
    - Collidine. . . . . $C^{16} H^{11} Az$

EAUX AMMONIACALES ....
- Carbonate d'ammoniaque.
- Sulfhydrate d'ammoniaque.
- Cyanhydrate —
- Sulfocyanhydrate —
- Chlorhydrate.

COKE ....
- Houille, sulfure de fer et cendres.

Propriétés de quelques-uns de ces corps

ÉTHYLÈNE

L'éthylène $C^4 H^4$ est un gaz incolore, d'une odeur légèrement empyreumatique; poids spécifique, 0,978, peu soluble dans l'eau, liquéfiable à la température produite par un mélange d'acide carbonique solide et d'éther (environ 110° au-dessous de zéro), brûle avec une flamme éclairante. Ce gaz et ses homologues donnent avec le chlore l'huile des Hollandais $C^4 H^4 Cl^2$ ou des corps analogues, et toute la série de corps obtenus en remplaçant successivement une molécule d'hydrogène par un molécule de Cl, jusqu'au dernier terme $C^4 Cl^6$. Il est absorbable par le brome. Le cyanogène se combine avec lui pour donner $C^4 H^4 (C^2 Az)^2$ qui, traité par l'eau, donne l'acide succinique $C^8 H^6 O^8$.

L'éthylène, en contact avec une dissolution concentrée de permanganate de potasse, donne de l'acide oxalique $C^4 H^2 O^8$; avec l'acide sulfurique, il donne du sulfate de carbyle $S^2 C^4 H^4 O^8$.

On prépare l'éthylène en chauffant dans un ballon 1 partie d'alcool et 6 parties d'acide sulfurique concentré ; il se produit en même temps de l'acide sulfureux, de l'acide carbonique, de l'éther ; on le purifie en le faisant passer d'abord à travers la potasse caustique, et ensuite à travers de l'acide sulfurique concentré. Il existe d'autres procédés qu'il serait trop long d'énumérer ici.

PROPYLÈNE

Propylène $C^6 H^6$; poids spécifique, 1,498 ; odeur de phosphore, liquéfiable, peu soluble dans l'eau ; il se combine avec le chlore, le brome et l'acide sulfurique fumant comme les autres carbures $C^n H^n$.

ACÉTYLÈNE

L'acétylène est un gaz incolore liquéfiable, odeur désagréable ; poids spécifique, 0,92. Brûle avec une flamme très éclairante, se combine avec le chlore et le brome et l'acide sulfurique fumant ; il forme des corps détonants avec le cuivre.

On peut l'obtenir en faisant passer à travers un tube chauffé au rouge un mélange à volumes égaux d'oxyde de carbone et de gaz des marais. En présence de l'hydrogène à une température élevée, il donne de l'éthylène. Avec l'azote, il donne de l'acide cyanhydrique. Chauffé dans un tube de verre soudé, jusqu'à la fusion du fer, il donne de la benzine.

BENZINE

La benzine est un liquide incolore d'une odeur agréable, bout à 80°; poids spécifique, 0,899; densité de vapeur, 2,675; peu soluble dans l'eau, très inflammable, brûle avec une flamme fuligineuse.

Chauffé au rouge avec de l'éthylène, il donne lieu à un grand nombre de corps, styrol, naphtaline, anthracène. Tous ces corps doivent se trouver nécessairement dans le gaz d'éclairage brut et dans le goudron. Le chlore, le brome, l'acide sulfurique forment des composés avec la benzine.

Les autres carbures de la même série, toluène, xylène, etc., se trouvent dans le gaz. On donne à leur mélange le nom de benzol; ils se rencontrent avec la naphtaline, mais surtout dans le goudron.

NAPHTALINE

La naphtaline est solide, en écailles blanc-brillant douces au toucher. Elle fond à 80°, bout à 218, mais se sublime déjà à une très basse température; s'enflamme difficilement, mais brûle en donnant beaucoup de suie. Le chlore et le brome forment plusieurs combinaisons avec la naphtaline. Insoluble dans l'eau, mais soluble dans le sulfure de carbone, l'alcool, l'éther. La naphtaline se produit seulement dans les distillations de matières organiques à haute température. Les goudrons produits à basse température n'en contiennent pas.

GAZ DES MARAIS

C'est le gaz que l'on désigne dans les mines sous le nom de grisou ; poids spécifique, 0,559 ; incolore, inodore, peu soluble dans l'eau, brûle avec une flamme peu éclairante. Mélangé avec de l'air, il fait explosion. Le chlore et le brome ne l'attaquent pas dans l'obscurité. A la lumière et dans certaines conditions, il donne plusieurs produits chlorés, entre autres le $C^2 H^3 Cl$ qui, traité par la potasse, donne l'alcool méthylique ou esprit-de-bois.

D'après ce qui précède et qui résulte des travaux de M. Berthelot, on voit que, sous l'influence des hautes températures, ces carbures se polymérisent, se combinent, soit simples, soit déjà polymérisés, avec des carbures d'une autre série.

Ils se décomposent en carbures moins riches en hydrogène, et en hydrogène. Ils se déplacent et se remplacent entre eux avec l'hydrogène pur. La complexité de ces phénomènes est la cause de l'ignorance où l'on est encore aujourd'hui, d'une conduite rationnelle et sûre de la distillation de la houille.

HYDROGÈNE

C'est le plus léger de tous les gaz, poids spécifique 0,0693, incolore, sans odeur à l'état de pureté, brûle avec une flamme peu éclairante, mais très chaude ; 2 volumes d'hydrogène se combinent à 1 volume d'oxygène pour donner de l'eau, en détonant violemment.

OXYDE DE CARBONE

Gaz incolore, sans odeur, poids spécifique 0,967 ; c'est un toxique, parce que sa combinaison avec l'hématoglobuline du sang, étant plus stable que celle avec l'oxygène, ne permet plus l'absorption de ce gaz par le sang. Il brûle avec une flamme peu éclairante en donnant de l'acide carbonique.

ACIDE CARBONIQUE

Gaz incolore, poids spécifique 1,525, ni combustible ni comburant, impropre à la respiration à la teneur de 2 0/0, soluble dans l'eau surtout sous pression, absorbable par la potasse, la chaux.

AMMONIAQUE

AzH^3, gaz incolore, poids spécifique 0,589, odeur piquante larmoyante, saveur alcaline, ne brûle pas à l'air libre, mais avec l'oxygène pur, soluble dans l'eau, se combine aux acides. Chauffé, il se décompose en azote et en hydrogène. L'ammoniaque s'enflamme avec le chlore et donne du chlorhydrate d'ammoniaque. Si on fait passer un courant de chlore sur des charbons ardents, il se forme du cyanhydrate d'ammoniaque, de l'hydrogène et du gaz des marais. Dans le gaz, il se présente généralement à l'état de combinaisons salines.

CYANOGÈNE

Gaz incolore, odeur rappelant l'acide prussique, poids spécifique 1,801, liquéfiable, brûle avec une flamme rouge-pourpre, soluble dans l'eau et les alcalis, donne des sulfocyanures d'ammoniaque.

HYDROGÈNE SULFURÉ

Poids spécifique 1,178, brûle à l'air avec une flamme bleue en donnant HO et SO^2, si l'air est en proportion insuffisante, il dépose du soufre ; gaz incolore, toxique, odeur d'œufs pourris, donne avec les oxydes des métaux, des sulfures de couleurs caractéristiques pour les analyses, soluble dans l'eau qui en dissout 3 volumes.

SULFURE DE CARBONE

Liquide limpide, poids spécifique 1,29, bout à 48°, odeur peu agréable, peu soluble dans l'eau, très inflammable, brûle avec une flamme rouge pourpre, se dissout dans les sulfures alcalins, et donne des sulfocarbonates.

ANALYSE DU GAZ

L'analyse des gaz comporte généralement un matériel et un laboratoire bien outillé, qui n'existent pas ordinairement dans les usines à gaz. Tout en disant quelques mots des méthodes scientifiques qui donnent des résultats absolument exacts, nous insisterons particulièrement sur les méthodes, qui pour être un peu moins précises, sont plus simples et permettent d'arriver rapidement à des résultats pouvant servir de guides dans la fabrication courante. Le gaz produit par la distillation de la houille est composé de : hydrogène sulfuré, acide carbonique, oxygène, oxyde de carbone, gaz oléfiant, gaz des marais, hydrogène, azote et sulfure de carbone.

Hydrogène sulfuré. — Si le gaz n'est pas épuré, on y reconnaît la présence de l'hydrogène sulfuré, en le faisant barboter dans une solution d'acétate de plomb, ou bien on le fait arriver sur un papier imprégné de cette solution ; on obtient un sulfure de plomb noir, caractéristique de cette réaction. On peut le doser en volume à l'aide du bioxyde de manganèse pulvérisé, moulé en bille, desséché, et mouillé plusieurs fois avec une dissolution épaisse d'acide phosphorique. On opère sur un volume de gaz renfermé dans un tube gradué renversé sur l'eau ou de préférence sur le mercure.

Pour le dosage quantitatif en poids, on fait passer le gaz à travers une dissolution d'azotate d'argent dans l'ammoniaque étendue, il se produit du sulfure d'argent. On dose ce corps en le transformant par la calcination en argent métallique, suivant les méthodes connues. Comme l'on a mesuré à l'aide d'un compteur le volume de gaz employé, on obtient le volume d'hydrogène sulfuré par mètre cube. Nous ferons remarquer que les méthodes si précises, indiquées par Mohr pour le dosage de l'hydrogène sulfuré, mais dans lesquelles on emploie l'iode, ne peuvent convenir ici, parce que l'iode agit comme oxydant sur certains éléments du gaz ; par suite les résultats trouvés, seraient entachés d'erreurs en trop.

Acide carbonique. — Pour une analyse qualitative, il suffit de faire passer le gaz à travers une solution ammoniacale de chlorure de calcium, on obtient un précipité insoluble de carbonate de chaux.

Pour un dosage quantitatif, on peut employer la méthode de Rüdorff (fig. 7). On fait passer un volume déterminé de gaz à travers une solution acétique faible d'acétate de plomb (pour le débarrasser de l'ammoniaque et de l'hydrogène sulfuré), puis à travers un flacon dont on a déterminé le volume, en le pesant plein d'eau à une température déterminée. On fait passer un volume de gaz, environ six ou sept fois la capacité du flacon ; on ferme le robinet de sortie *t*, puis le robinet d'entrée S ; on amène le gaz à la pression atmosphérique dans le flacon en ouvrant

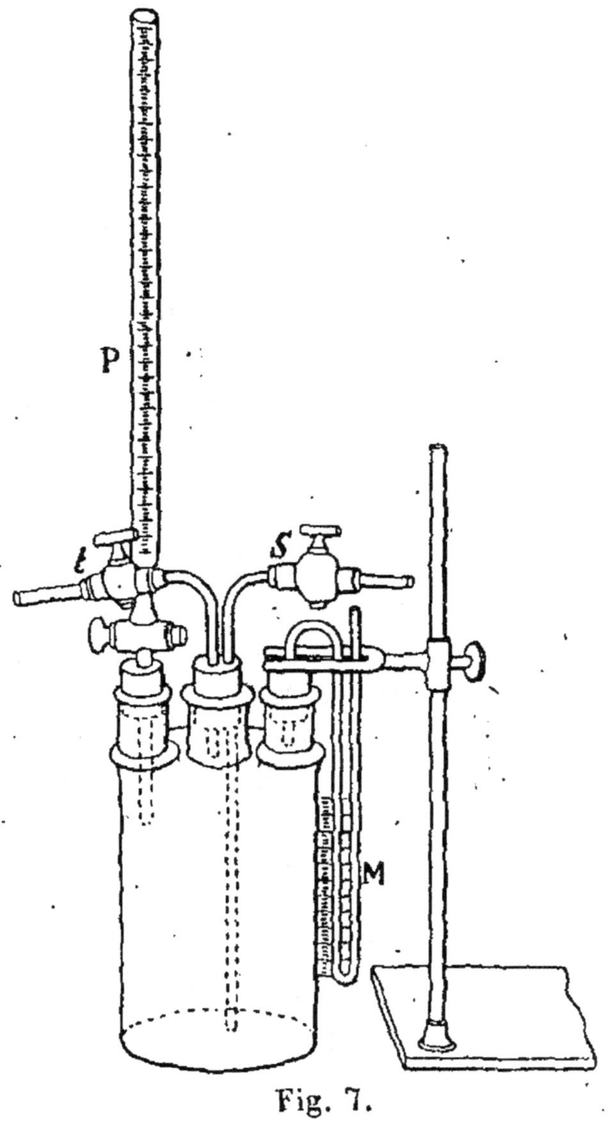

Fig. 7.

momentanément le robinet S ; on constate qu'il en est ainsi, lorsque le niveau est le même dans les deux branches du manomètre **M**. Si on laisse égoutter goutte à goutte et avec précaution, la solution de potasse caustique titrée (contenue dans le tube P gradué en dixième de centimètre cube), le manomètre indique d'abord une augmentation de pression, qui est suivie bientôt d'une diminution résultant de l'absorption. On continue l'introduction de la potasse, jusqu'à ce que l'égalité de niveau soit rétablie, et reste constante après quelques instants.

L'acide carbonique absorbé a été remplacé par un égal volume de la solution de potasse, volume lu directement sur la burette.

La teneur pour cent du gaz en acide carbonique peut alors être facilement calculée.

Pour une détermination moins précise, il suffit d'employer l'appareil Orsat, bien connu pour l'analyse des gaz des générateurs ou des fours (nous l'indiquerons à ce chapitre). On peut employer encore plus simplement une éprouvette graduée remplie de gaz et renversée sur l'eau ou sur le mercure. On absorbe l'acide carbonique à l'aide d'un morceau de potasse caustique ; la différence des volumes avant et après, ramenés à la même pression, donne la teneur du gaz en acide carbonique.

M. Giroud a construit un essayeur basé sur la variation de la densité du gaz avec ou sans acide carbonique, qui permet une détermination rapide de la teneur du gaz en acide carbonique (voir l'appareil décrit au chapitre de la photométrie, et pour le dosage de l'acide carbonique à l'article concernant la détermination de la densité du gaz).

Oxyde de carbone. — Se dose par la méthode endiométrique de Bunsen, par le protochlorure de cuivre ammoniacal, ou encore par l'appareil Orsat.

Oxygène. — Est absorbé par un mélange d'acide

pyrogallique et de potasse, soit sur la cuve à mercure, soit sur la cuve à eau.

·Nous indiquerons plus loin, un appareil ingénieux
dû au Dr Bunte, qui permet de faire facilement des·
analyses de gaz avec une précision suffisante pour la
pratique.

Nous allons donner, d'après M. Berthelot, la marche
à suivre pour faire une *analyse complète de gaz
d'éclairage*.

On commence par doser l'*ammoniaque* comme
suit : on fait passer le gaz dans un flacon de Wolff,
à deux tubulures, contenant la liqueur titrée d'acide
sulfurique et ensuite dans un compteur d'expérience
vérifié et nivelé. On règle le débit au moyen d'un
robinet, de façon que le gaz passe bulle à bulle avec
une vitesse de 10 à 20 litres à l'heure. On laisse passer environ 100 litres de gaz. La lecture au compteur
avant et après, donne la quantité de gaz passé.

Détails de l'opération. — La liqueur sulfurique
contient exactement 1 gr. d'acide sulfurique mono-
hydraté pour 100 cc. Le flacon de Wolff contient
10 cc. de cette liqueur additionnée d'eau distillée.

Pour déterminer la quantité d'acide sulfurique qui
reste non combinée avec l'ammoniaque, on se sert
d'une dissolution de potasse caustique dans l'eau
distillée, préparée d'avance et dont on a déterminé
le titre, c'est-à-dire la quantité nécessaire pour saturer 1 gr. d'acide sulfurique. On verse la potasse titrée
dans la liqueur acide au moyen de la burette de
Mohr, qui n'est qu'un tube gradué, fermé à sa partie
inférieure par une pince à ressort, serrant un tube
de caoutchouc. On verse dans le flacon, où le gaz a
barboté, quelques gouttes de teinture de tournesol

qui communiquent à la liqueur acide une teinte rouge clair.

On place l'une des tubulures du flacon de Wolff sous le bec de la burette, on desserre la pince pour laisser couler la potasse, en agitant continuellement, jusqu'à ce que l'on voie la teinte rouge passer au bleu.

Après quelques tâtonnements, la teinte bleue persiste. On lit sur la burette le nombre de centimètres cubes ajoutés.

Calcul. — Soit T le titre de la potasse employée, v le volume de potasse titrée nécessaire pour saturer la quantité d'acide resté libre après le passage du gaz, T-v représente le volume de potasse correspondant au poids P d'acide qui s'est combiné avec l'ammoniaque; on a :

$$\frac{p}{1} = \frac{T - v}{T}$$

Le poids p' d'ammoniaque combiné avec le poids p d'acide, s'obtient par la formule :

$$\frac{p'}{p} = \frac{17}{49} \frac{\text{(équivalent de Az H}^3\text{)}}{\text{(équivalent de SO}^3\text{ HO)}}$$

On a donc :

$$p' = \frac{T - v}{T} \times \frac{17}{49}$$

Pour avoir la teneur x du gaz considéré, L étant le nombre de litres passés par le compteur, on a :

$$\frac{x}{1000} = \frac{p'}{L}$$

ou :

$$x = \frac{T - v}{T} \times \frac{17}{49} \times \frac{1000}{L} = \frac{T - v}{T} \times \frac{1000 \times 17}{49 \times T}$$

T étant constant, tant qu'on se servira de la même dissolution de potasse, on peut calculer d'avance le 2e facteur :

$$\frac{1000 \times 17}{49 \times T} = K.$$

On a pour chaque expérience :

$$x = \frac{T - v}{T} \times K$$

On peut également doser l'ammoniaque du gaz et des eaux ammoniacales au moyen de l'hypobromite de soude, suivant un procédé indiqué par M. Schauffler (Comptes rendus Société technique du gaz, congrès 1886). Un appareil spécial construit dans ce but permet d'opérer en quelques minutes ce dosage. Le réactif se fabrique facilement en disposant d'une balance ordinaire.

ANALYSE COMPLÈTE

1° On a débarrassé le gaz de l'*ammoniaque* comme il est indiqué plus haut ;

2° On a dosé la *vapeur d'eau* sur le gaz primitif, à l'aide d'un fragment de chlorure de calcium fondu ;

3° On absorbe l'*hydrogène sulfuré* par le sulfate de cuivre ;

4° L'*acide carbonique* par la potasse caustique ;

5° On rencontre quelquefois de petites quantités de *sulfure de carbone*, on l'absorbe au moyen d'une balle de potasse trempée dans l'alcool, et on enlève ensuite la vapeur d'alcool au moyen d'un fragment de chlorure de calcium fondu.

Pour le rechercher qualitativement, Hoffmann a indiqué la solution éthérée de triéthylphosphine, que le sulfure de carbone colore en rose, et qui, après évaporation lente, donne des cristaux rose rubis ;

6° Le gaz, étant privé de ces composés, est soumis sur le mercure à l'action de l'acide sulfurique bouilli (1/20 du volume du gaz). Les *carbures éthyléniques* ou *acétyléniques* sont absorbés ou condensés. Pour faire cette opération, on a dû introduire le gaz et l'acide sulfurique dans un petit flacon sec, et agiter avec un peu de mercure pendant une demi-heure ou trois quarts d'heure. On mesure le résidu (après avoir absorbé l'acide sulfureux par la potasse).

Comme contrôle, on peut déterminer la composition moyenne des gaz absorbés par l'acide sulfurique bouilli, en procédant à la combustion endiométrique du mélange gazeux avant et après cette réaction :

7° *Benzine et analogues.* — On transporte le gaz obtenu plus haut, sur l'eau ; on le mesure et on y dose la benzine au moyen de l'acide nitrique fumant ; pour cela, on prend un flacon bouché à l'émeri, de 15 à 20 cc., à large ouverture ; on en jauge d'abord le volume, en le remplissant d'eau dans la cuve, et en déplaçant cette eau par l'air ; le flacon étant plein d'air, on y introduit un petit tube bouché à un bout, d'une capacité d'un centimètre cube environ et rempli d'eau ; on place le bouchon dans le col du flacon, en tenant celui-ci bien vertical ; le flacon se trouve rempli d'air dans la condition du dosage ultérieur. On mesure cet air dans un tube gradué.

On remplit alors le flacon de gaz d'éclairage, on

verse de l'acide nitrique fumant dans le petit tube, de manière à le remplir en entier, on l'introduit rapidement sous l'eau dans le petit flacon, et on bouche celui-ci. On l'agite quelques instants. Pour connaître le volume du gaz restant, il est nécessaire de retirer le bouchon rapidement, car l'augmentation de volume due à la tension de vapeur de l'acide fumant est souvent plus forte que la diminution due à l'absorption de la vapeur de benzine. Pour empêcher les quelques bulles de s'échapper, il est bon d'entourer le col du flacon d'une courte bague coupée dans un gros tube de caoutchouc. On absorbe les vapeurs nitriques avec un morceau de potasse. On transvase le résidu dans un tube où on le mesure. La diminution représente la vapeur de benzine (et de toluène). Ce sont les seuls corps absorbés dans ces conditions. L'éthylène et l'acétylène résistent à l'action de l'acide nitrique.

On peut contrôler ces divers essais en faisant agir le brome sur un échantillon du gaz. L'absorption produite doit être égale à la somme des absorptions observées séparément ; pour les carbures éthyléniques et acétyléniques, pour la benzine et pour le sulfure de carbone. Le gaz sur lequel on fait ces essais doit avoir été privé tout d'abord d'acide carbonique et d'hydrogène sulfuré ;

8° *Oxyde de carbone.* — On traite le résidu final par le chlorure cuivreux acide à deux reprises différentes, en employant chaque fois un volume de réactif égal à la moitié du volume du gaz : on élimine ainsi l'oxyde de carbone et on mesure la diminution de volume après avoir absorbé l'acide chlorhydrique au moyen de la potasse caustique ;

9° *Carbures forméniques et hydrogène.* — Le résidu contient ces gaz, on en fait la combustion endiométrique, ce qui ne donne que les rapports des deux éléments C et H. S'il faut distinguer les divers carbures, il est nécessaire de recourir à l'emploi méthodique des dissolvants.

Une pareille analyse présente de grandes difficultés et ne peut être tentée que si l'on opère sur des volumes considérables (1).

Méthode du docteur Bunte. — Une méthode d'analyse, facile à employer dans les usines à gaz, est la suivante :

Le docteur Bunte a eu l'idée de faire toutes les opérations dans le même tube. Mais pour le lavage du vase et l'enlèvement des réactifs, le gaz est mis en contact avec une quantité assez considérable d'eau qui traverse le tube. Cela peut être la cause d'erreurs notables.

La méthode suivante, due à M. Wilkinson, de New-York, perfectionnée par Elliott, paraît susceptible de donner des résultats plus exacts. L'appareil (fig. 8) consiste en deux tubes A et B, ce dernier étant gradué et d'une contenance de 100 cc. du trait C au point D, le tube A a environ 125 cc. Ces tubes se terminent par un tube capillaire et sont joints par un tube de caoutchouc E. Le tube A est pourvu d'un entonnoir d'environ 60 cc. de capacité, muni d'un robinet d'arrêt F. Le tube B a également un robinet

---

(1) BERTHELOT, *Annales de Chimie et de Physique,* 3ᵉ série, tome 51, p. 62. — BUNSEN, *Analyses gazométriques.* — POST, *Traité d'Analyse chimique.* — ENCYCLOPÉDIE FREMY, *Analyse des Gaz.*

d'arrêt G. Les deux tubes sont fermés à la base et joints, l'un avec le tube H, l'autre avec le tube d'un robinet à 3 voies I. Ceux-ci sont réunis par des tubes de caoutchouc, avec des flacons aspirateurs K et L. Le robinet I a un canal à travers sa tige.

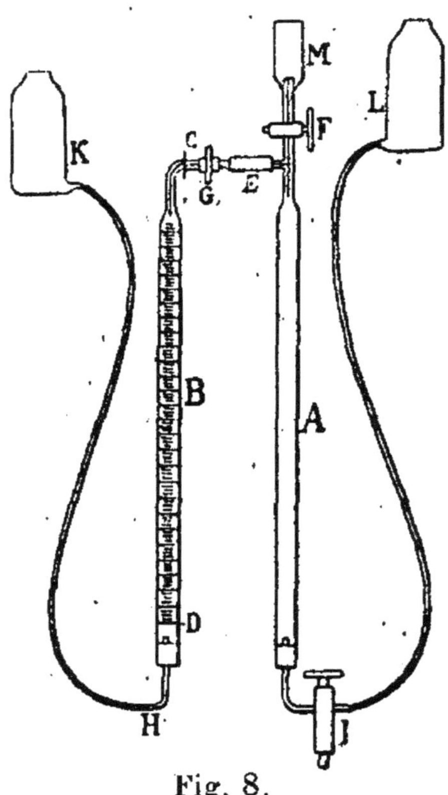

Fig. 8.

Pour se servir de l'appareil, les flacons K et L, d'environ 2 litres de capacité, sont remplis avec de l'eau. On tourne le robinet d'arrêt I, de façon que A soit en communication avec L. Les robinets G et F sont ouverts. On élève les flacons au-dessus du niveau de l'entonnoir. Tout l'air de l'appareil est expulsé et les tubes remplis d'eau. Quand l'eau commence à s'élever dans l'entonnoir, on ferme les robinets G et F.

Pour introduire le gaz, on enlève l'entonnoir M et on fixe le tube amenant le gaz à analyser ; on ouvre le robinet F et on abaisse le flacon L aussi bas que possible, le tube A se remplit de gaz. On transvase celui-ci dans le tube B pour le mesurer, ce qui se fait en élevant L, ouvrant le robinet G et abaissant K. Quand le gaz est ainsi transvasé et amené en D, on s'arrange de façon que le niveau de l'eau dans les flacons, soit le même que dans les tubes. On ferme.

alors le robinet G ; l'excès de gaz de A est expulsé en élevant le flacon L et en ouvrant F. Le gaz restant dans le tube capillaire entre C et le tube vertical est négligé. Le gaz mesuré est traité dans le tube A par les réactifs indiqués plus haut. Les réactifs sont introduits au moyen de l'entonnoir M, comme suit : le gaz transvasé en A on ferme G ; pour que le réactif entre en A, et que le gaz ne s'échappe pas, on abaisse le flacon L au-dessous du niveau de l'eau contenue en A, on ouvre F, le réactif entre dans le tube A. On prend soin de laisser toujours en M une petite quantité de liquide avant de fermer F, on évite ainsi les rentrées d'air.

L'action du réactif étant achevée, on transvase le gaz en B pour le mesurer. On fait la lecture après avoir amené dans le même plan horizontal les niveaux de l'eau dans K et B. Après chaque opération on lave le tube A, l'eau de lavage introduite par M s'écoule par le canal de sortie percé dans l'axe de I.

Si l'on veut opérer à une température constante, il suffit d'entourer B d'un manchon assez large contenant de l'eau. Avec un peu d'habitude, on peut faire avec ce procédé une analyse complète de gaz en 20 ou 30 minutes.

On dose avec cet appareil :

1° L'acide carbonique ;

2° Les carbures absorbables par le brome ;

3° L'oxygène ;

4° L'oxyde de carbone ;

5° On peut même doser l'hydrogène en intercalant un petit tube contenant un alliage de platine et de palladium.

On chauffe ce petit tube après avoir ajouté au gaz

une quantité connue d'air. La diminution de volume du gaz après l'opération permet de calculer le volume d'hydrogène contenu primitivement dans le gaz. Nous terminerons ce qui est relatif à l'analyse du gaz, en indiquant les procédés employés par M. Sainte-Claire Deville à l'usine expérimentale de la Villette, auquel nous devons de nombreux résultats nouveaux dans la chimie du gaz.

PROCÉDÉ D'ANALYSE DU GAZ, EMPLOYÉ A LA COMPAGNIE PARISIENNE, PAR M. SAINTE-CLAIRE DEVILLE.

1° L'*acide carbonique* est dosé à l'état de carbonate de baryte ;

2° Les *hydrocarbures absorbables par le brome*, au moyen de la burette de Bunte (de Munich) ; on dose ensuite séparément le benzol et le poids des autres carbures est donné par différence ;

3° L'*oxygène* est dosé par le pyrogallate de potasse ;

4° L'*oxyde de carbone* par le protochlorure de cuivre ammoniacal ;

5° L'*hydrogène mêlé au gaz des marais et à l'azote* est dosé sur la cuve à mercure, dans la cloche courbe, à l'aide du réactif Péligot. Ce réactif se prépare en chauffant, dans un creuset de terre à environ 900°, un mélange formé de parties égales en poids, de bioxyde de cuivre et de litharge. La masse fondue est coulée sur une plaque de fer et réduite en petits morceaux que l'on conserve avec soin à l'abri de l'air ;

6° Le *dosage du benzol* présente quelques difficultés, par suite de la solubilité de ce corps dans l'eau des divers appareils de laboratoire ; cuve à eau, gazomètre d'essai, compteur d'expérience.

Le procédé consiste à peser le benzol qui se condense, lorsqu'on refroidit à — 22° le gaz préalablement desséché (on obtient facilement cette condition en faisant passer le gaz lentement dans un serpentin entouré de sel marin et de glace pilée). Des expériences ont montré que le refroidissement du gaz à —70° (au moyen du chlorure de méthyle) permettait de condenser la totalité du benzol et de déterminer la quantité constante de ce corps qui sature le gaz à — 22°. Cette quantité constante, ajoutée à la quantité qui est condensée à — 22°, représente la teneur réelle du gaz en benzol.

On trouve que la teneur du gaz en hydrocarbures riches de la série aromatique (benzols) est à peu près constante :

1^{m3} de gaz contient.... 39^{gr} benzol $\begin{cases} 30^{gr} \text{ benzine} \\ 9 \quad \text{ toluène} \end{cases}$

Ces 39^{gr} représentent un volume $\begin{cases} 8^{lit}50 \text{ benzine} \\ 2 \quad \text{ toluène} \end{cases}$ de vapeur de $10^{lit}5$............ ou 1.05 0/0 du volume du gaz.

A la température de — 22° on condensera $15^{gr}70$ de benzol, contenant 52 0/0 de benzine.

A la température de — 70° on condense $23^{gr}50$ de benzol, contenant 92 0/0 de benzine.

La teneur du gaz en hydrocarbures non aromatiques (éthylène, propylène, acétylène), non condensables à — 70°, varie de 2.5 à 4.80 du volume du gaz.

Un mètre cube de gaz normal, ayant une densité de 0,410 et pesant 530 grammes, contient :

en volume $\begin{cases} 1.05 \text{ de benzol ;} \\ 4.40 \text{ de carbures autres que le benzol;} \end{cases}$

ou en poids $\begin{cases} 39^{gr} \text{ de benzol ou 7 0/0 ;} \\ 60^{gr} \text{ autres que le benzol ou 11 0/0.} \end{cases}$

Nous indiquerons maintenant les appareils à l'aide desquels on peut déterminer la densité du gaz.

APPAREILS SERVANT A DÉTERMINER LA DENSITÉ DU GAZ

Le procédé le plus exact employé dans les laboratoires, consiste à déterminer les poids absolus d'un certain volume de gaz, et d'un égal volume d'air, avec toute la précision indiquée par Regnault ; le rapport de ces deux poids donne la densité du gaz. Cette méthode ne saurait être employée dans les usines à gaz, cette précision serait inutile et demanderait trop de temps. On applique simplement la loi suivante découverte par Graham. Les vitesses d'écoulement des gaz (sous une même pression), à travers de petites ouvertures faites en mince paroi, sont en raison inverse des racines carrées des densités ; ou sous une autre forme, les densités sont proportionnelles aux carrés des temps que mettent les fluides à écouler un même volume par un orifice donné et sous une même pression.

L'appareil employé pour cet usage, se compose d'un grand vase en verre, sur le fond duquel repose librement une cloche construite de la façon suivante : un tube de verre de fort diamètre, portant vers ses deux extrémités deux traits de repère marqués au diamant, est emboîté et luté dans des douilles de cuivre.

La douille inférieure, ouverte au centre, au diamètre intérieur du tube, est armée de trois pieds qui permettent de poser la cloche d'aplomb dans le vase. La douille supérieure est fermée par un plateau qui porte trois tubulures communiquant avec l'intérieur du tube ; un tube de cuivre muni d'un robinet à raccord pour tube de caoutchouc, sert à l'introduction de l'air ou du gaz. Une tubulure, munie d'un robinet de cuivre, porte au dessus de ce robinet un diaphragme percé d'un trou de la grosseur d'une aiguille fine ; enfin une tubulure sert à ajuster un thermomètre au moyen d'un bouchon en liège.

La manipulation est la suivante. On plonge le cylindre rempli d'air dans le grand vase, qui est exactement plein d'eau. L'eau s'introduit dans le tube jusqu'au dessous du repère inférieur, on ouvre le robinet, le niveau s'élève lentement dans le tube ; aussitôt qu'il atteint le repère inférieur on commence à observer le temps à l'aide d'une montre à secondes, on note l'instant où l'eau atteint le repère supérieur. On introduit le gaz par le robinet, on purge plusieurs fois, et on fait avec le gaz une expérience identique à la précédente. On note la durée du passage. On a pris chaque fois la température.

Exemple du calcul à faire.— Si l'écoulement du gaz a duré 2 minutes 30 secondes (150 secondes) et celui de l'air 3 minutes 40 secondes (220 secondes), on a :

$$150^2 = 22500$$
$$220^2 = 48400$$

Le rapport des densités du gaz et de l'air sera :

$$\frac{22500}{48400}$$

La densité de l'air étant prise comme unité, la densité du gaz sera :

$$\frac{22500}{48400} = 0,464$$

Il sera facile, si on le désire, de ramener cette densité à la température de 0°.

Schilling, en Allemagne, a construit un appareil fondé sur le même principe.

L'appareil construit et appelé par M. Giroud, de Paris « Vérificateur du pouvoir éclairant », peut servir pour le même usage (il sera décrit dans la partie consacrée à la photométrie). Il peut servir à déterminer la teneur en acide carbonique du gaz d'éclairage. On fait passer à travers cet appareil le gaz à essayer, puis ce même gaz dépouillé de l'acide carbonique par son passage à travers une éprouvette à pied remplie de fragments de potasse caustique un peu humide.

L'acide carbonique a pour densité 1,529 à 0° et 1,448 à 15° centigrades ; la densité du gaz d'éclairage privé d'acide carbonique est comprise entre 0,350 et 0,400 ; l'acide carbonique est donc à peu près quatre fois plus dense que le gaz d'éclairage ; il en résulte que chaque fois qu'il y a 1 0/0 d'acide carbonique dans le gaz, la densité augmente de 0,01098 à 0,01048. Pour plus de simplicité, prenons comme chiffre pratique 0,0105. Ceci établi, on fait un essai de densité sur du gaz non privé d'acide carbonique, puis on répète cet essai sur le gaz privé d'acide carbonique. On a dans le premier cas, par exemple, pour densité 0,417, dans le deuxième cas 0,378 : la différence est donc de 0,039. En divisant ce nombre par le coefficient 0,0105, indiqué plus haut, nous trouvons 3,71 0/0 pour l'acide carbonique.

Un essai chimique fait directement sur·ce même gaz a donné 3,48 0/0. En opérant avec soin, la différence obtenue par les deux méthodes est inférieure à 0,33 0/0.

On a pu dresser ainsi un tableau donnant le 0/0 en acide carbonique, d'après les différences de densité du gaz avant et après l'essai. Pour plus d'exactitude, on opérera pendant une minute et demie au lieu d'une minute, et même deux minutes, si la capacité du gazomètre du vérificateur le permet.

La balance de **M. F. Lux** est employée, en Allemagne, pour la détermination de la densité du gaz et également sa teneur en acide carbonique.

PRODUCTION ET COMPOSITION DU GAZ PRODUIT
PAR LA DISTILLATION

Les procédés d'analyse indiqués plus haut permettent d'étudier les produits obtenus dans la fabrication. Nous donnerons les résultats obtenus en recourant aux sources les plus variées, mais les plus autorisées. Même au début de l'industrie du gaz, on remarqua que la quantité et la qualité du gaz variaient avec les différentes houilles, et pour la même, avec les périodes successives de la distillation.

On croyait à cette époque que la valeur du gaz, au point de vue du pouvoir éclairant, ne dépendait que de sa teneur en gaz oléfiant ; aussi les observations et les analyses ne portent que sur ce point.

D'ailleurs les méthodes d'analyses employées à cette époque ne permettaient pas d'aller plus loin.

Nous citerons presque à titre de curiosité les résultats trouvés à cette époque (1835) pour la composition du gaz en volume à différents moments de la distillation :

	APRÈS 2 heures	APRÈS 5 heures	APRÈS 10 heures
Gaz oléfiant.	13.0	7 »	» »
Hydrogène protocarboné	82.5	56 »	20 »
Oxyde de carbone	3.2	11 »	10 »
Hydrogène	» »	21.3	60 »
Azote.	1.3	4.7	10 »
Densité du gaz	0,650	0,5	0,345

Erdmann trouva les densités suivantes pour les gaz produits aux différentes heures de la distillation :

Après......	1 h.	2 h.	3 h.	4 h.	5 h.	6 h.
Densité	0.60	0.52	0.43	0.37	0.37	0.30

Nous donnerons quelques chiffres trouvés en Angleterre, en Allemagne, en France indiquant le volume et la composition du gaz pendant la distillation.

M. Sainte-Claire Deville a trouvé pour les houilles classées suivant sa classification :

PROPORTION DE GAZ produit pendant	1er TYPE	2e TYPE	3e TYPE	4e TYPE	5e TYPE
La 1re heure. . .	24.9	25 »	24.7	24.1	23.1
La 2e » . . .	29.9	28.4	29.2	29.6	26.9
La 3e » . . .	28.8	28.6	29.8	29 »	29 »
La 4e » . . .	16.4	18 »	16.3	16.9	20.7
	100 »	100 »	100 »	100 »	100 »

Les compositions indiquées ci-dessous ne paraissent pas très concordantes, nous en indiquerons plus loin la raison probable.

D'après Wright :

APRÈS	HS	CO_2	H	CO	C_2H_4	$C_{2n}H_{2n}$	Az
40'	0,40	2.08	25.36	4.52	56.46	8.84	2.37
3h	0,78	1.31	48.36	6.73	37.46	3.13	2.80
5h45	0,38	0,59	71.94	7.52	14.61	2.72	2.18

D'après Bunte :

APRÈS		CO_2	H	CO	C_2H_4	$C_{2n}H_{2n}$	DENSITÉ
1h		0,50	13.56	3.57	73.92	8.65	0,54
2h		0,50	39.60	4.27	51.17	4.46	0,40
3h		0,50	51.59	2.46	43.94	1.51	0,32
4h		0,00	62.07	1.49	34.13	1.11	0,26

Moyennes d'essais faits avec différentes espèces
de houilles

APRÈS	CO_2	H	CO	C_2H_4	$C_{2n}H_{2n}$	Az
30'	3.4 à 4	28.3 à 30.3	9.4 à 11	41.4 à 46.6	8.7 à 9.4	1.9 à 4.7
1 h. 45	3 à 3.4	42.1 à 43.1	5.5 à 10.2	35 à 37	5 à 5.6	2.1 à 6.1
2 h. 15	1.4 à 2 »	49 à 51	8.1 à 10 »	30 à 32	2.1 à 4.3	3 à 6
3 h. 15	1.1 à 2 »	56.6 à 60.3	8.2 à 9.3	23 à 28	1.1 à 2.4	2.1 à 4.8
4 h.	0,8 à 1.8	55.3 à 63.3	8.7 à 10.9	21 à 27	0,5 à 1.7	3.1 à 7.5

D'après M. Berthelot on a :

APRÈS		H	CO	C_2H_4	C_4H_4	Az
1 h.	»	0,0	3.2	82.0	13.0	1.8
2 h.	»	8.8	1.9	72.0	12 »»	5.3
3 h.	»	16	12.3	58.0	12 »	1.7
4 h.	»	21.3	11.0	56.0	7 »	4.7
5 h.	»	60.0	10 »	20 »»	» »	10 »
moy.	»	21.2	7.7	57.6	8.8	4.7

On voit que les différents composés fournis par la
distillation varient beaucoup avec la période de
celle-ci. Ainsi, d'après Buhe, l'acide carbonique
contenu dans le gaz de la distillation d'une houille
de Westphalie serait :

Après	1 h.	2 h.	3 h.	4 h.
Acide carbonique.	2.0 0/0	0,6 0/0	0,1 0/0	0,0 0/0

L'acide carbonique paraît se produire au début de la distillation, lorsque la masse de houille n'a pas encore atteint une température élevée, et cependant des expériences, également dignes de foi, ont conduit M. Guégen à conclure que l'acide carbonique ne se produisait que lorsque la houille avait atteint le rouge vif.

AMMONIAQUE

Le tableau suivant donne les variations de la production d'ammoniaque avec l'heure de la charge et l'espèce de houille :

Ammoniaque.	APRÈS 1 h.	APRÈS 2 h.	APRÈS 3 h.
	0,68	0,98	1,08
	0,50	1.38	0,97
	0,24	0,62	0,32
	0,22	0,67	0,67

Ces résultats paraissent également opposés aux expériences récentes de M. Guégen, qui ont montré que l'ammoniaque contenue dans le charbon se dégage d'abord au début de la distillation, puis seulement au rouge sombre et se trouve jusque dans les derniers éléments volatils qu'il est possible d'extraire.

HYDROGÈNE SULFURÉ

Les variations sont données dans le tableau suivant :

	APRÈS 1 h.	APRÈS 2 h.	APRÈS 3 h.
	0,53	0,63	0,12
	1.04	0,70	0,50
Echantillons divers	0,42	0,32	0,12
	0,32	0,46	0,30
	0,55	0,52	0,26

qui semble indiquer que l'ammoniaque se forme principalement pendant la première moitié de la distillation et à une température relativement basse.

D'autre part, M. Guégen a constaté que l'hydrogène sulfuré ne se formait que lorsque la masse de houille était au rouge sombre et se continuait jusqu'au moment de la cokification.

En fait, la cause de ces divergences provient probablement de ce que la plupart des expérimentateurs ont négligé d'indiquer avec soin les conditions dans lesquelles ont été faites les expériences : espèce de houille, température du four, humidité du charbon, poids de la charge, et pression du gaz dans la cornue.

Cependant les expériences de M. Guégen faites avec grand soin et méthode nous paraissent dignes de foi, et ses résultats doivent être bien près de la vérité.

Influence de la température. — La houille commence à se décomposer vers 350°, elle dégage des matières volatiles, de plus en plus fixes à mesure que la température s'élève; jusqu'à 750° à 800° on obtient à peu près la totalité des gaz donnant un bon pouvoir éclairant; au-delà jusqu'à 1,200, le gaz est moins bon, mais plus abondant. Les rendements en gaz, goudron, etc., ainsi que le pouvoir éclairant varient avec la température et la durée de la distillation. La même houille distillée à une haute température au lieu d'une basse donne des rendements en gaz de plus de 30 0/0; en coke, de 10 à 15 0/0 en plus; en goudron, de 25 0/0 en moins; et un pouvoir éclairant de 40 0/0 plus faible.

Le tableau suivant indique les résultats trouvés par M. Sainte-Claire Deville (usine expérimentale. de la Villette) pour deux distillations de la même houille, faites à des températures très différentes :

	DISTILLATION	
	A LA TEMPÉRATURE ROUGE SOMBRE	A LA TEMPÉRATURE ROUGE VIF
Rendement en gaz par 100 kil.	$19^{m3}71$	$28^{m3}79$
» goudron —	$8^{k}78$	$4^{k}94$
Benzol par 0/0 kil., dans le gaz.	$0^{k}69$ $\big\}$ $0^{k}86$	$1^{k}12$ $\big\}$ $1^{k}17$
» » le goud.	$0^{k}17$	$0^{k}05$
Composition des benzols existant dans le gaz :		
Proportion bouillant entre 80° et 90°	39.76 0/0	57.60 0/0
Proportion bouillant entre 90° et 105°.	28.10	20.90
Proportion bouillant entre 105° et 110°.	27.10	19.80
Proportion bouillant au-dessus de 110°.	5.07	1.70

Wohl avait obtenu antérieurement les résultats suivants, par 100 kil. de houille :

	Gaz	Coke	Eaux am- monia- cales	Goudron
Cornues peu chauffées.	17^{m}31	60^{k}1	10^{lit}8	12^k densité 0,955
Cornues très chaudes.	31^{m}30	51^{k}1	7^{lit}1	10^k densité 1.05

Influence de la pression dans la cornue. — Les résultats suivants ont été trouvés dans une usine non munie d'extracteurs, et possédant des gazomètres simples et télescopiques, dont l'accrochage des cloches faisait varier la pression :

Pression du gaz	0^{m}19	} de hauteur	Rendement	27^{m}36
dans la Cornue	0^{m}46	} d'eau	par 100 kil.	25^{m}35

Les courbes suivantes indiquent le rendement et le pouvoir éclairant du gaz produit pendant une distillation de 4 heures 45 :

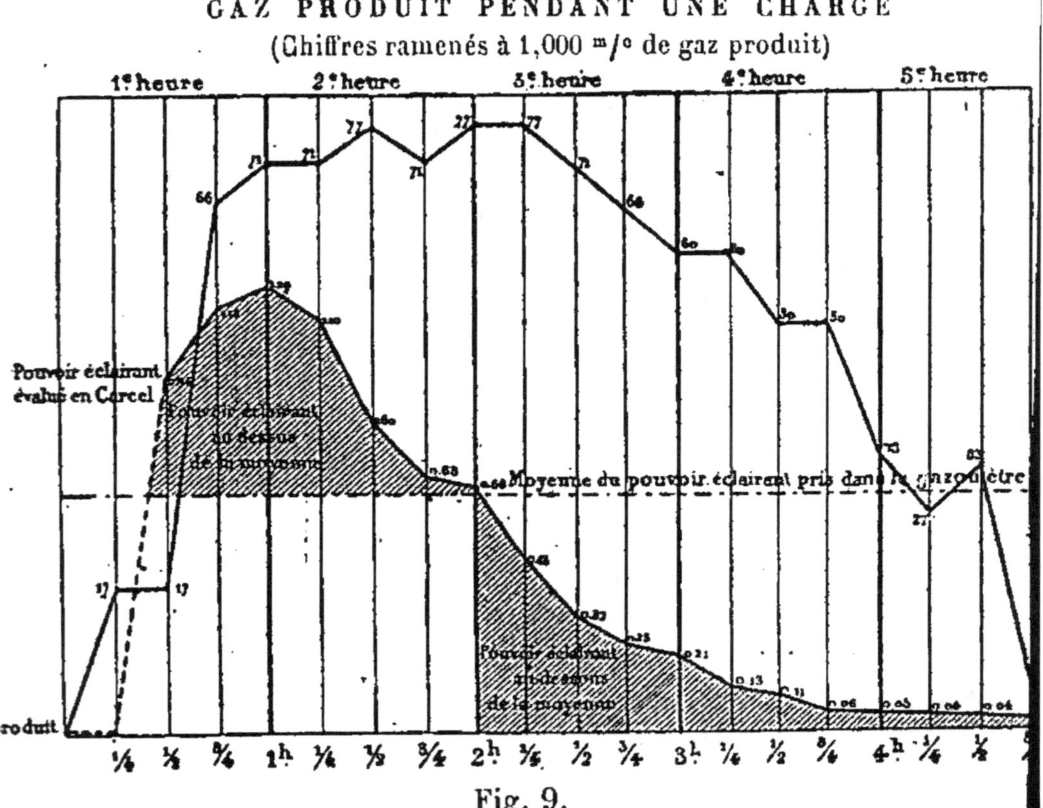

Fig. 9.

RELEVÉ, PAR QUART D'HEURE, DE LA PRODUCTION DU GAZ D'UN FOUR A SEPT CORNUES PENDANT LA DURÉE D'UNE CHARGE DE 4 H. 45 M. — ET POUVOIR ÉCLAIRANT CORRESPONDANT

Temps écoulé depuis le commencement de la charge	0 h.	15'	30'	45'	1 h.	1.15	1.30	1.45	2 h.	2.15	2.30	2.45	3 h.	3.15	3.30	3.45	4 h.	4.15	4.30	4.45
Gaz produit par quart d'heure dans l'hypothèse d'une production totale de 10.000 mètres cubes par charge de 4 h. 45 min	»	17	17	66	71	71	77	71	77	77	71	66	60	60	50	50	33	27	33	6
Pouvoir éclairant correspondant en carcel brûlant 42 grammes d'huile à l'heure	0'00	0,006	0,94	1,14	1,20	1,10	0,80	0,68	0,66	0,44	0,32	0,25	0,21	0,13	0,11	0,06	0,05	0,04	0,05	0,03

CAUSES DU POUVOIR ÉCLAIRANT DU GAZ

On a cherché depuis longtemps à connaître les corps contenus dans le gaz, auxquels devait être attribué le pouvoir éclairant. Au début on assignait ce rôle à l'hydrogène bicarboné, mais depuis les travaux de M. Berthelot on commence à soupçonner le rôle de la benzine dans le gaz. En effet, si on mélange de l'hydrogène protocarboné, même avec 10 0/0 d'hydrogène protocarboné, on ne peut obtenir le pouvoir éclairant du gaz de Paris. D'après Knapp « un mélange d'hydrogène saturé de vapeur de benzine, d'une densité de 0,19 (le poids de benzine contenu dans un litre de ce mélange est de 0 gr. 160) donne un pouvoir éclairant égal à celui d'un mélange de gaz protocarboné contenant 12 0/0 de gaz oléfiant.

Si l'on fait le calcul, on voit que 0 gr. 160 de carbone sous forme de benzine donnent un pouvoir éclairant égal à celui de 0 gr. 211 de carbone sous la forme du second mélange. On voit ainsi que pour des mélanges contenant des poids égaux de carbone, les pouvoirs éclairants sont très différents suivant l'état sous lequel entre ce carbone. De même des mélanges possédant des pouvoirs éclairants égaux, tels que, par exemple, un mélange de 97 volumes d'hydrogène et de 3 volumes de vapeur de benzine, et un mélange de 73 volumes d'hydrogène et de 27 volumes de gaz oléfiant, exigent pour faire disparaître ce pouvoir éclairant, l'un 0,8, l'autre 2,4 d'air. D'un autre côté, la valeur d'un gaz dépend également de ses principes non éclairants. Si l'on mélange la même quantité de benzine, successivement avec des volumes égaux d'hydrogène, de gaz des marais, d'oxyde de carbone, on trouve que les pouvoirs éclairants sont proportionnels à 1 et à 2.

Enfin M. Sainte-Claire Deville, à l'usine expérimentale de la Villette, a définitivement établi le rôle prépondérant de la benzine dans la valeur du pouvoir éclairant du gaz. Il a étudié les variations de la teneur du gaz en benzine pendant la durée d'une distillation de quatre heures, et a constaté que cette teneur augmente à mesure que la distillation s'avance et que le gaz devient plus pauvre, comme le montre le tableau suivant :

	FRACTIONNEMENT DE LA DISTILLATION		
	1er TIERS	2e TIERS	3e TIERS
Poids du benzol par mètre cube de gaz.	36 gr. 52	37 92	40.92
Composition du benzol :			
Proportion bouillant entre 80° et 90°.	58.2 0/0	56.8 0/0	68.5 0/0
Proportion bouillant entre 90° et 105°.	18.5	19.9	13.9
Proportion bouillant entre 105° et 140°.	11.8	12.7	8.7
Résidu et perte. .	11.5	10.6	8.9
Poids des carbures autre que le benzol.	101 gr. 30	40 gr. 80	13 gr. 60

La benzine joue le rôle prépondérant dans le pouvoir éclairant; en effet, en mesurant les variations du pouvoir éclairant du gaz, après l'absorption successive des différents carbures, on reconnaît que le benzol, qui existe dans le gaz, dans la proportion de 1,05 0/0 en volume, lui donne 65 0/0 de son pouvoir éclairant, tandis que les carbures incondensables, qui représentent 4,40 0/0 du volume du gaz, ne lui donnent que 35 0/0 de son pouvoir éclairant. Voici le détail des expériences qui ont conduit à ces résultats :

On a opéré sur un gaz ayant un pouvoir éclairant de 104 lit. 6 et on lui a fait subir les modifications suivantes :

1° En le refroidissant à — 22°, on lui a retiré par 100 litres 1 gr. 624 de benzol, contenant 52 0/0 de benzine; son pouvoir éclairant a diminué de 16 0/0;

2° En le refroidissant ensuite à — 70°, on lui a fait perdre par 100 litres 2 gr. 313 de benzol contenant 92 0/0 de benzine, et son pouvoir éclairant a encore diminué de 49 0/0. Le pouvoir éclairant a donc diminué en tout de 65 0/0 par le fait de la condensation complète du benzol, et la présence des carbures incondensables restant dans le gaz, à raison de 4 lit. 40, ou 6 gr. par 100 litres, a fourni un pouvoir éclairant réduit à 35 0/0 du pouvoir éclairant primitif.

Pour terminer ce chapitre, nous donnerons la composition moyenne du gaz livré au public d'après les analyses de plusieurs savants français et étrangers :

	H	C^2H^4	CO	C^4H^4	$C^{20}H^{20}$	Az	O	CO^2	HO
Bunsen . .	44	38.4	5.73	4.13	3.14	4.23	»	0,37	»
	44.3	38.3	5.56	5.06	4.34	5.43	»	»	»
Landolt . .	39.8	43.12	4.66	4.75		4.65	»	3.02	»
Wunder . .	51.2	36.45	4.45	4.91		1.48	0,11	1.08	»
	50 »	35.9	5.02	5.33		1.89	0,54	1.22	2 »
	46	39.5	7.50	3.80		0,50	»	0,70	»
	49.5	36.6	4.06	5.78		3.71	0,24	0,03	»
A Londres	50.5	32.87	12.89	3.87		traces	»	0,32	»
divers . .	47.5	41.5	7.32	3.05		»	»	0,53	»
	51.2	35.2	7.4	3.56		2.24	»	0,28	»
	51.8	35.2	8.95	3.53		0,46	»	»	»
A Dresde .	48.7	33.4	8 »	3 »		4 »	1.4	1.5	»
Kœnigsberg	45 »	39.9	4.8	3.91	2.99	2.95	»	0,30	»

Par le docteur Bunte :

H	C^2H^4	CO	Benzol	Az		CO^2	
48.9	35.8	7.2	3.2	3.7		1.2	
45.2	35 »	8.6	4.4	4.8		2 »	
45.2	33 »	10 »	4.4	4.4		3 »	
45.3	35.9	9.5	4 »	3.1		2.2	
39.6	37.1	8.3	9.9	1.9		3.2	

COMPOSITION MOYENNE DU GAZ OBTENU A LA SORTIE DES CORNUES DANS LES USINES A GAZ DE PARIS (d'après M. Berthelot):

Hydrogène H. . .	45 à 50	volumes pour 100 volumes.	
Hydrogène sul - furé HS	2 à 4	—	—
Ammoniaque AzH^3	0,5 à 0,2	—	—
Acide carbonique CO^2.	1 à 3.5	—	—
Oxyde de carbone CO	5 à 15	—	—
Cyanogène C^2Az .	traces.		
Sulfure de car - bone CS^2 . . .	traces.		
Azote Az	2 à 5	—	—
Benzine $C^{12}H^6$ et homologues . .	0,8 à 1.5	—	—
Formène C^2H^4 . .	34 à 37	—	—
Éthylène C^2H^4 , acétylène C^4H^2 et $C^{2n}H^{2n}$ . . .	2.5 à 2.8	—	—

AVEC LES PROPORTIONS SUIVANTES POUR LES CARBURES CONTENUS DANS 100 VOLUMES DE GAZ :

Benzine.	3 à 3.5
Acétylène.	0,1
Ethylène	0,1 à 0,2
Carbures divers	0,181

De tous ces renseignements on peut tirer les conclusions pratiques :

La production de la benzine qui donne le pouvoir éclairant, étant plus grande à haute température, il est préférable d'adopter cette méthode de travail, qui augmente à la fois la qualité et la quantité du gaz obtenu ainsi que la rapidité de la distillation, et conduit par suite à une meilleure utilisation du matériel. C'est ce que l'on a fait à peu près partout maintenant.

On a cherché et on est arrivé à compenser les inconvénients de cette méthode (résultant de la production d'une grande quantité d'hydrogène par décomposition des carbures riches) :

1° En enlevant le gaz de la cornue au fur et à mesure de sa production, au moyen d'extracteur, et le soustrayant ainsi le plus rapidement possible à la décomposition produite par la haute température ;

2° Pour empêcher la houille d'acquérir une trop haute température, on a été conduit à charger les cornues d'une grande quantité de charbon ; employant ainsi à la décomposition de la houille toute la chaleur produite dans le foyer pendant la durée de la distillation ;

3° Et en employant des mélanges convenables de charbon, dont la décomposition est plus difficile et plus lente.

CHAPITRE V

FOURS (GÉNÉRALITÉS)

Dans la partie historique, nous nous sommes arrêtés à la disposition définitive adoptée par Murdoch (fig. 5), pour la cornue à distiller le charbon. La production devenant plus grande, on chercha tout à la fois à grouper les cornues, pour la meilleure utilisation de la place et surtout du combustible, dans des fours les plus convenables à cet objet.

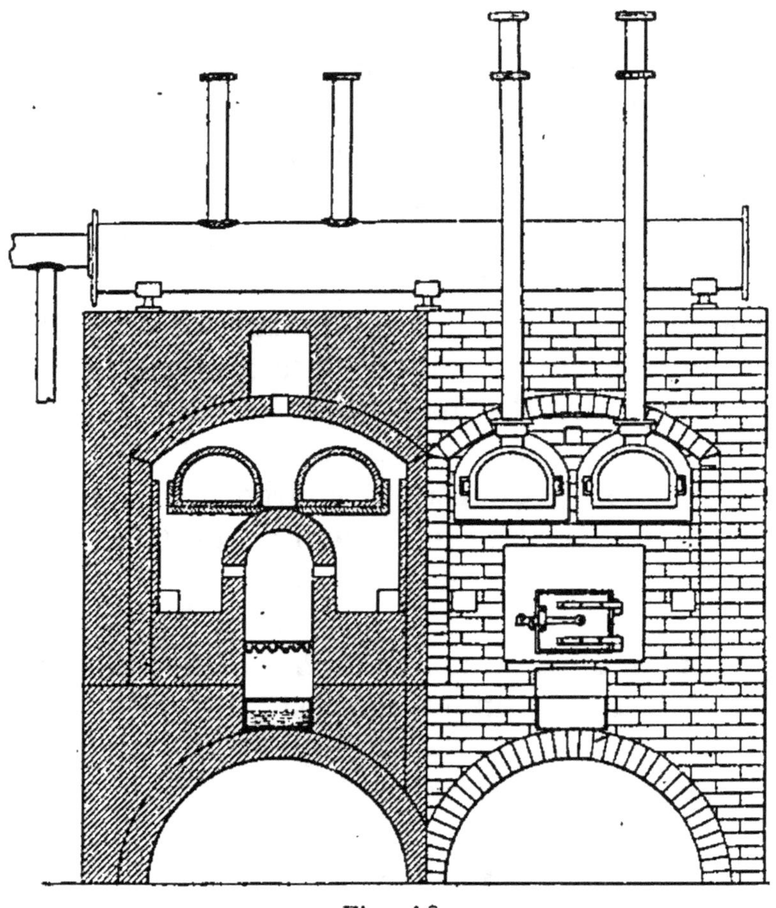

Fig. 10.

Les premiers fours furent à deux cornues en fonte, placées l'une au dessus de l'autre, avec foyer et carneaux à chicanes pour chauffer le plus uniformément possible chaque cornue. Malgré cela, la cornue inférieure trop chauffée était rapidement mise hors de service, tandis que la cornue supérieure ne pouvait être amenée à une température suffisante pour une distillation convenable de la houille.

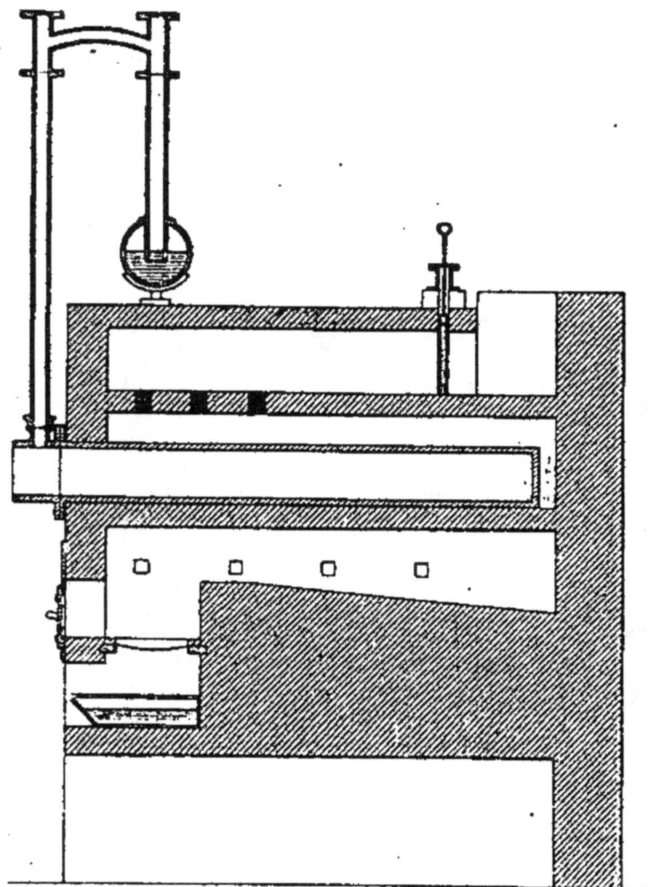

Fig. 11.

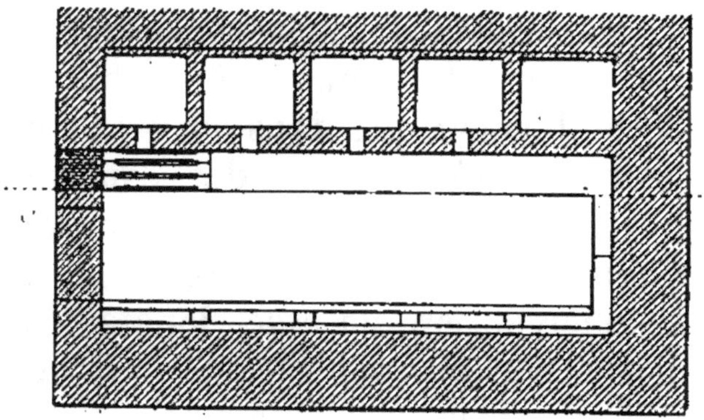

Fig. 12.

On construisit les fours à deux cornues placées sur le même rang avec voûte pour le foyer; comme les cornues étaient en fonte, la sole était protégée par des pièces réfractaires (fig. 10, 11, 12, 13). La flamme sortait du foyer par des carneaux latéraux, pénétrait dans le four et sortait directement par la voûte supérieure.

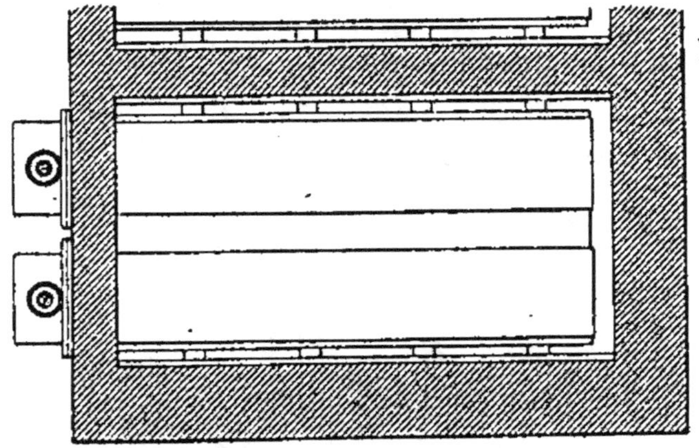

Fig. 13.

On construisit également des fours à 5 et à 7 cornues, comme l'indiquent les figures 14, 15, 16, 17, 18, 19, 20, 21. Dans ces fours comme dans celui à 2 cornues, la flamme s'échappait par le sommet de la voûte du four.

On avait conservé la même méthode de conduire les produits de la combustion, que dans les foyers de chaudière à vapeur, c'est-à-dire par des courants d'aller et retour dans le four et le long des cornues. Cette analogie de chauffage des cornues, au chauffage des chaudières, persista assez longtemps; les mauvais résultats obtenus montrèrent seuls que ni la température élevée, ni la régularité du chauffage des cornues ne permettaient cette assimilation.

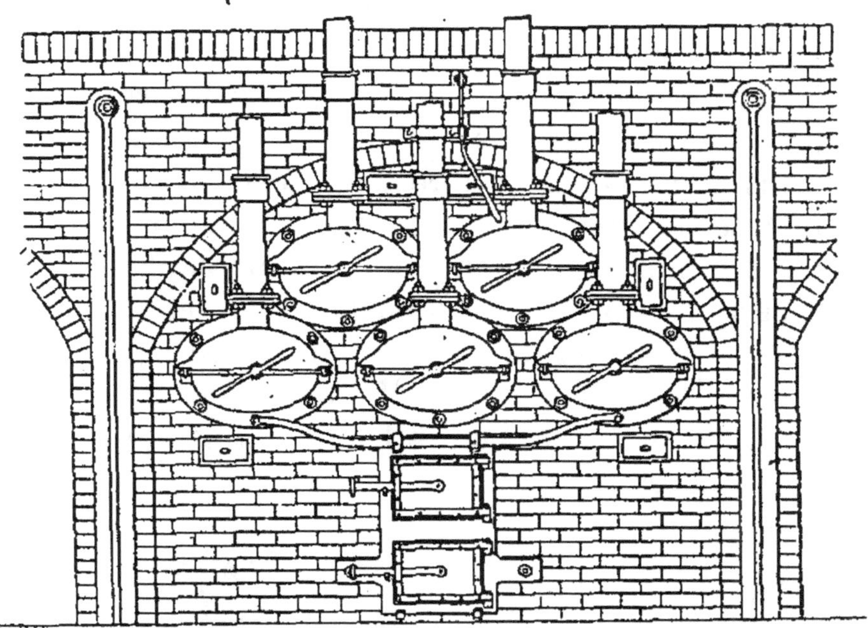

Fig. 14.

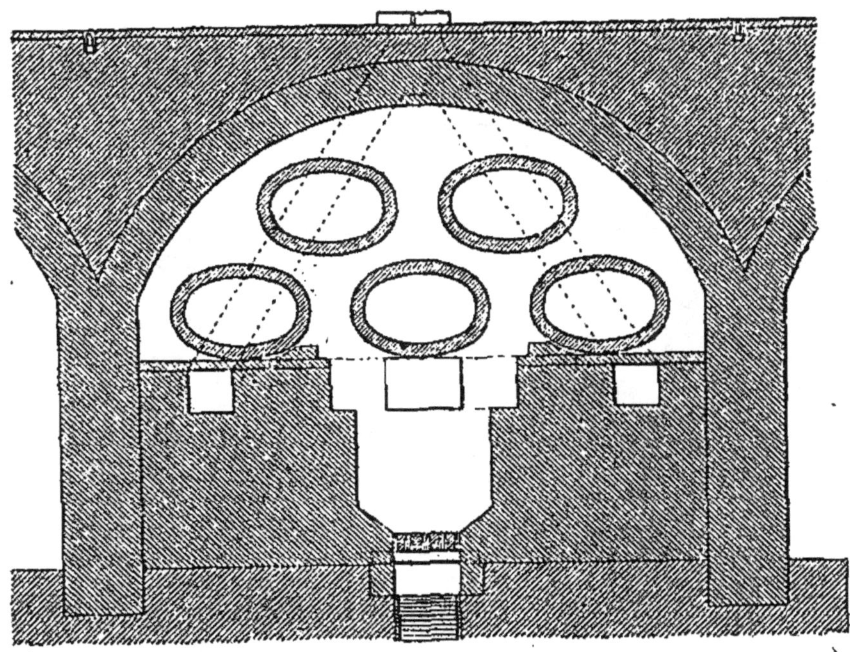

Fig. 15.

On exposa alors les cornues directement à l'action
du feu dans un espace fermé.

Le four Rackhouse, modifié par Malam, fut le premier construit dans cet ordre d'idée. Ce four avait
cinq cornues complètement libres, et trois foyers ;
pour augmenter la surface de la cornue, on lui donna
même une forme elliptique. On employa successivement les cornues en fonte, cylindriques, à section
circulaire ou elliptique, et enfin la forme en ⌂,
portées par des massifs en terre réfractaire. Les cornues inférieures protégées contre l'action directe du
foyer par des pièces réfractaires.

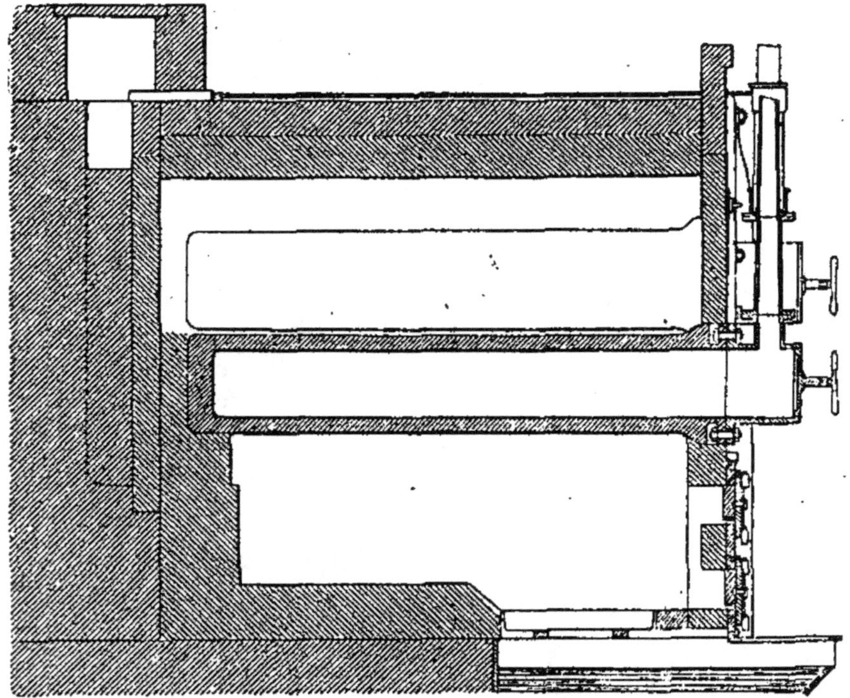

Fig. 16.

Lorsqu'on eut trouvé les meilleures dispositions
pour la circulation des flammes et le chauffage uni-

forme des cornues, on fut conduit à un chauffage plus énergique pour augmenter la production et le rendement. Les cornues en fonte se détériorant avec rapidité, J. Crafton eut l'idée de les faire construire en matière réfractaire. Malgré les résultats avantageux obtenus dans leur emploi, l'usage fut long à se répandre, et il fallut attendre presque vingt-cinq ans pour les voir adopter partout.

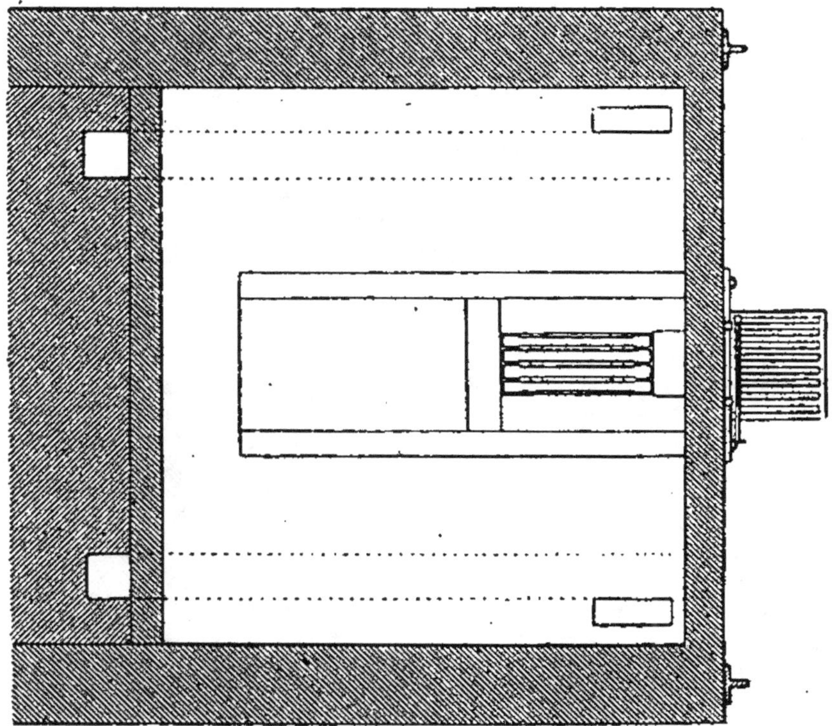

Fig. 17.

Il y avait, en effet, quelques inconvénients, tels que la porosité de la terre, les fentes résultant des variations de température, les dépôts de graphite produits par la haute température des parois ; mais ils disparurent par l'emploi d'un appareil nouveau, l'extracteur. On fit d'abord les cornues en briques

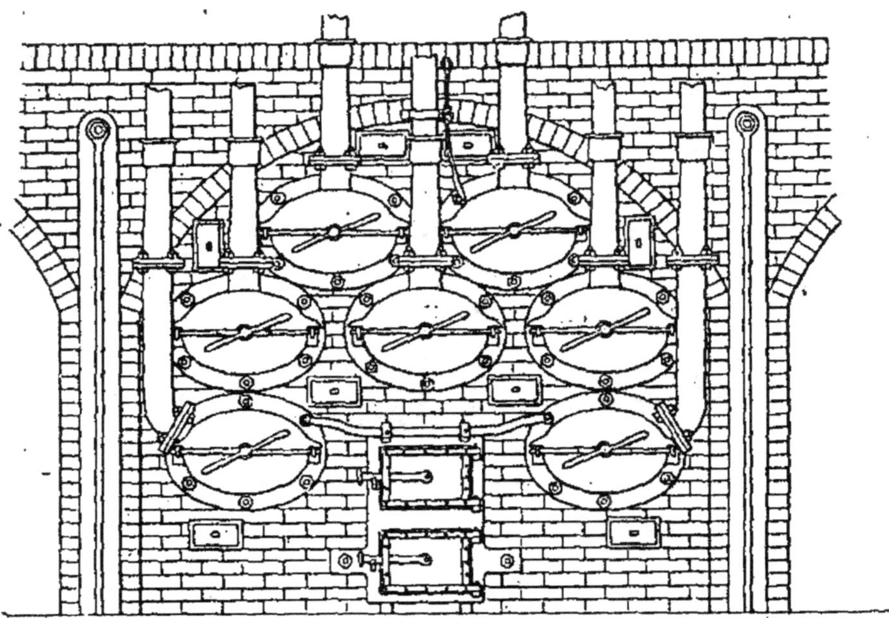

Fig. 18.

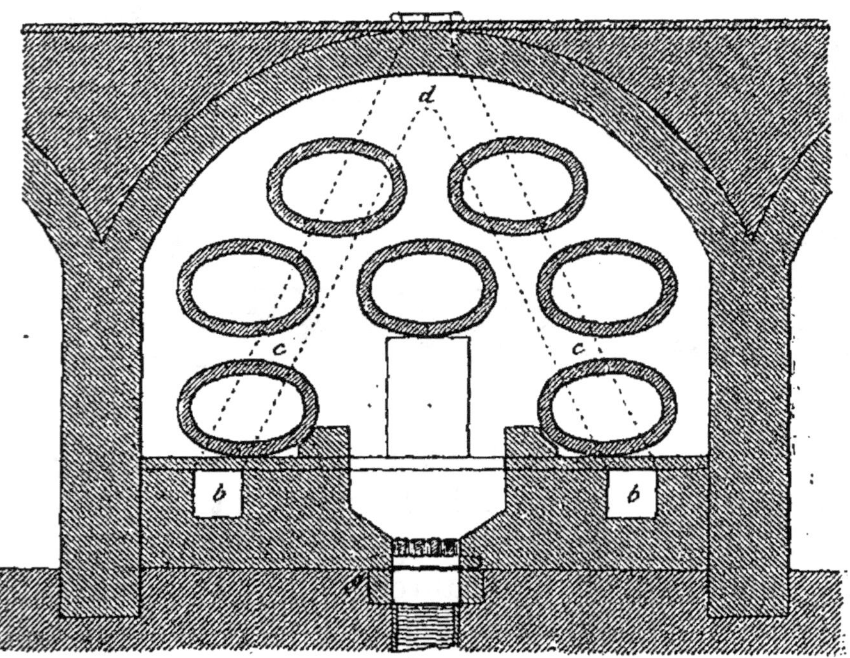

Fig. 19.

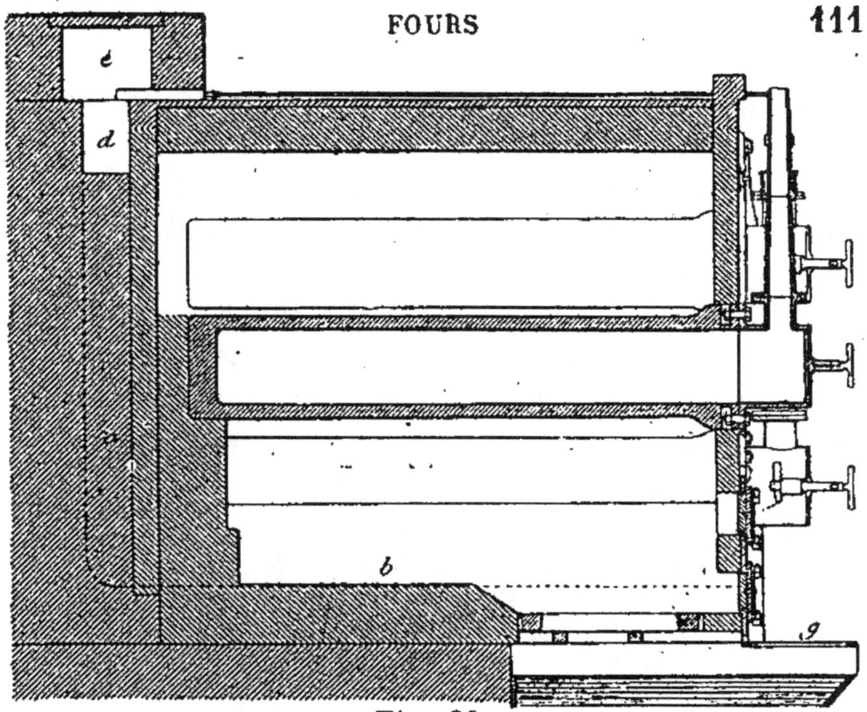

Fig. 20.

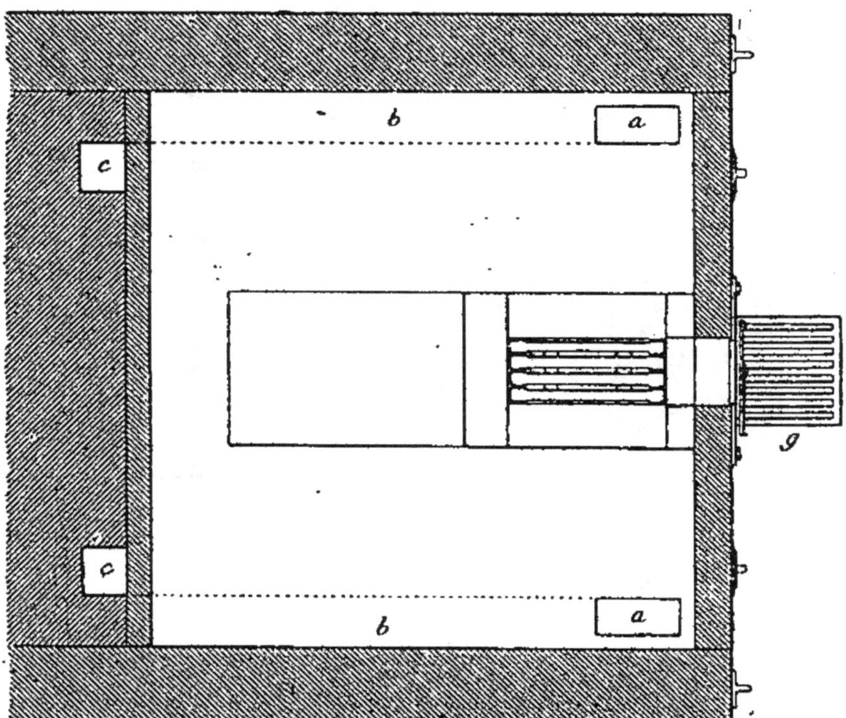

Fig. 21.

réfractaires dont les petites dimensions permettaient une cuisson plus uniforme, et avec lesquelles les réparations étaient rendues plus faciles, car à cette époque, on ne savait pas encore cuire les grandes cornues d'une seule pièce. On fit des fours mixtes, les cornues inférieures exposées au feu étant en terre réfractaire et les cornues supérieures en fonte. Ainsi, dans le four Croll (fig. 22), les cornues directement exposées au feu étaient en terre réfractaire et les autres qui recevaient moins de chaleur étaient en fonte.

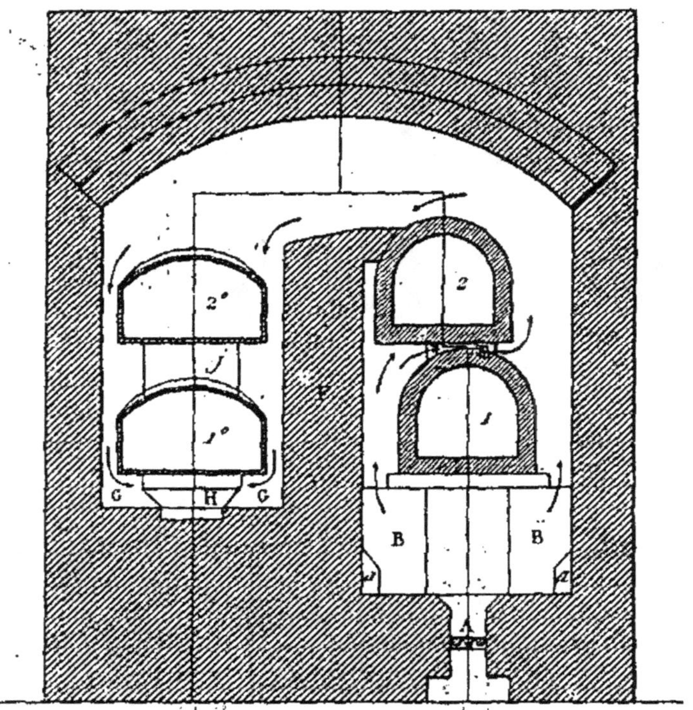

Fig. 22.

FABRICATION DES CORNUES RÉFRACTAIRES

La matière qui sert actuellement à la fabrication des cornues réfractaires est un mélange d'argile réfractaire, quatre parties, et de ciment, cinq parties. Ce ciment est

obtenu par le broyage de briques réfractaires ou de
morceaux de cornues hors de service. L'argile doit
être exempte de fer et de chaux, avoir peu de retrait
et être plastique. Le ciment doit avoir une composition analogue aux briques réfractaires et se rapprocher des proportions suivantes :

Silice.	83	78	91
Alumine	7	13	6
Chaux	10	9	3
Oxyde de fer.		traces.	

L'argile sèche est pulvérisée et mélangée soigneusement avec le ciment. On arrose le mélange, et on
le laisse reposer jusqu'à ce que l'argile soit bien dé-
layée, on achève le mélange par malaxage sous
des meules. On le rend plastique par le piétinement
aux pieds, ou avec des appareils *ad hoc*. Le moulage
se fait dans des moules en bois, par battage de petits
blocs, au moyen d'un marteau spécial. On fait la
cornue soit d'une seule pièce, soit de tronçons que
l'on réunit ensuite avant la cuisson.

La composition moyenne de la terre réfractaire des
cornues, d'après les analyses de débris de cornues
ayant servi, est la suivante :

	Stettin (Allemagne).	France (Paris).
Silice	58 0/0	59 0/0
Alumine. . .	37 0/0	39 0/0

On fait aujourd'hui beaucoup de cornues au moyen
du moulage mécanique, qui donne de grands avantages, tant au point de vue du prix de revient que de
la qualité. Dans la fabrication mécanique, la pression est un facteur important dans les résultats à ob-

tenir, aussi emploie-t-on des accumulateurs hydrauliques puissants, peuvant donner jusqu'à 50 et même 100 atmosphères. La solidité et l'imperméabilité sont les mêmes que dans la fabrication à la main.

Il y a cependant un avantage réel dans la fabrication mécanique, c'est la possibilité de donner une moindre épaisseur aux cornues. En effet, par suite de la faible conductibilité de la terre réfractaire, la température à l'extérieur d'une cornue épaisse peut être de 100 à 200° plus élevée qu'à l'intérieur. Avec des cornues d'épaisseur réduite on peut abaisser cette différence de moitié, et par suite, obtenir une meilleure utilisation du calorique dégagé dans le four. Nous donnerons la description succincte d'une machine exposée, en 1889, par M. Morane, au moyen de laquelle on fait d'un seul coup les têtes et les fonds des cornues (fig. 23). A la partie supérieure, se trouve un cylindre vertical en fonte épaisse, renforcé par des nervures extérieures. C'est dans ce cylindre que se fait la compression. A la partie inférieure de ce cylindre, se fixe un autre cylindre en fonte qui peut se séparer en deux. C'est dans ce deuxième cylindre que l'on établit la matrice, qui a la forme extérieure de la cornue avec le renforcement de la tête ; la partie intérieure de la cornue est formée par un mandrin en fonte, fixé au cylindre supérieur. Ce mandrin est terminé, à sa partie inférieure, par une partie bombée, un peu mobile, appelée soupape ; il peut être mis en communication intérieurement avec l'atmosphère. L'appareil comprend deux pistons hydrauliques, un gros pour la compression, un autre moindre pour les manœuvres. Un plateau métallique peut

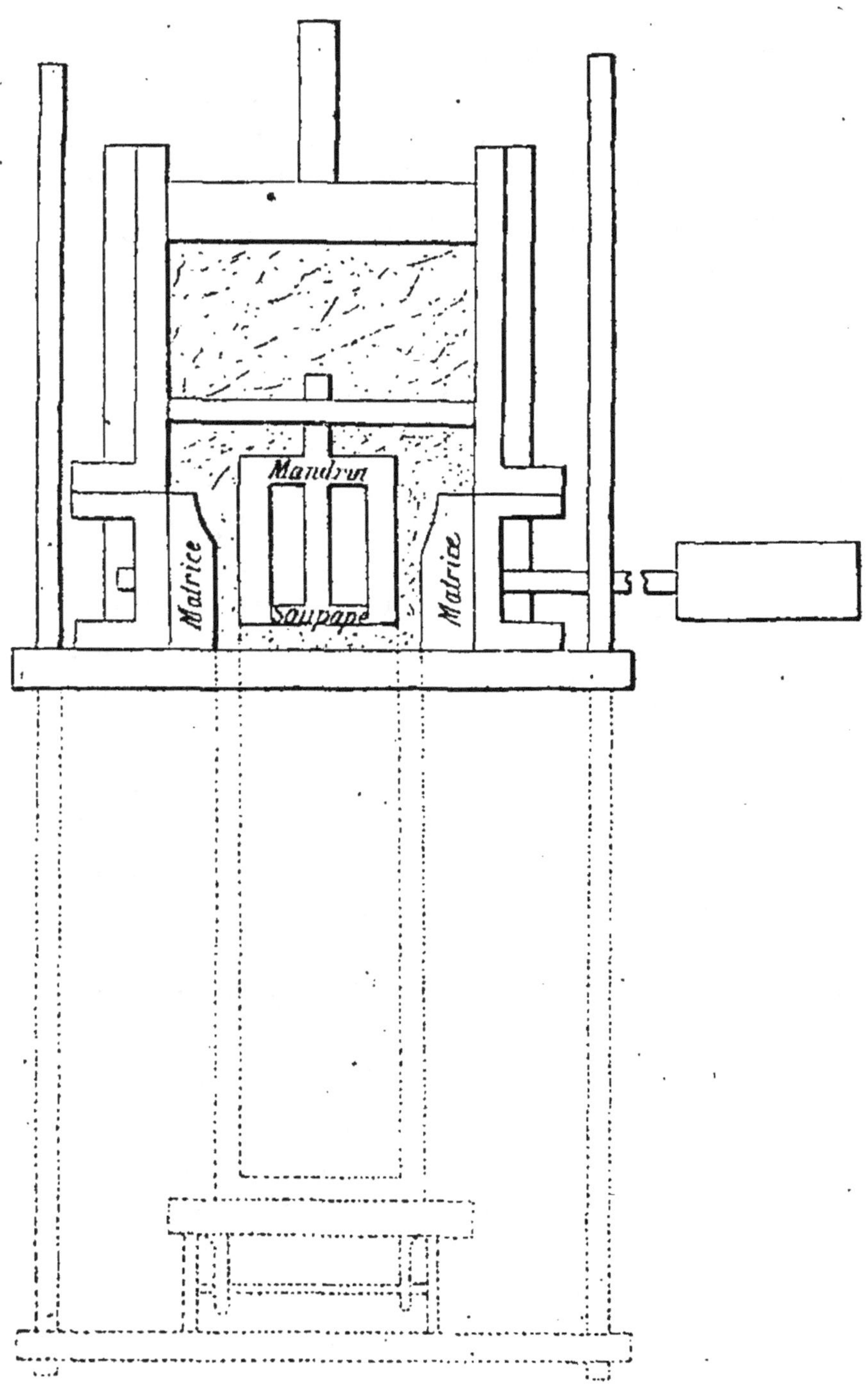

Fig. 23.

s'appliquer hermétiquement sous le cylindre inférieur : ce plateau est mû, soit par le premier piston, soit par le second, au moyen de transmissions. La première opération consiste à faire le fond. Le plateau est appliqué contre le cylindre inférieur. Le gros piston comprime la terre qui passe entre la matrice et le mandrin et vient remplir l'espace entre le plateau et la soupape ; quand l'opération est terminée, on voit sortir la terre d'un petit orifice pratiqué dans le plateau.

Avant de laisser descendre le plateau, on met le mandrin en communication avec l'atmosphère, la pression atmosphérique s'établit sous le fond, on peut alors laisser descendre le plateau, la pression atmosphérique agit également sur les deux faces du fond.

Le plateau descendu, on fait arriver sous le fond un chariot à plateau sur lequel on a jeté un peu de sable ; le plateau le remonte à hauteur du fond ; on fait mouvoir le gros piston qui comprime la terre et moule la cornue en même temps que le chariot descend. Quand la cornue a la longueur voulue, on enlève les boulons qui tiennent les deux parties du cylindre inférieur ; un piston horizontal enlève les deux parties, et la tête de cornue apparaît ; il ne reste plus qu'à la détacher avec un fil de cuivre. On peut faire 12 cornues par jour avec six hommes. Quand les cornues sont faites à la main, un homme peut faire une cornue par jour ; on économise donc la moitié de la main-d'œuvre. Le seul point délicat, est de bien équilibrer le plateau portant la cornue, de façon qu'il suive le mouvement d'abaissement du cylindre, sans pression, ni traction sur le cylindre annulaire de terre formant la cornue.

Les avantages de cette fabrication sont : une régularité parfaite et une homogénéité aussi grande que possible.

La matière obtenue est bien plus compacte : ainsi, le mètre cube de la même matière travaillée à la main pèse 2,012 kil., tandis qu'il est de 2,308 kil. dans la fabrication mécanique.

Quel que soit le mode de fabrication, les cornues sont séchées, et les parties du moule, ou les cages-supports, enlevées successivement avec l'état d'avancement du séchage, dont la durée totale est de huit jours.

On polit avec soin la surface intérieure: Quelques fabricants enduisent la surface intérieure d'un enduit vitreux destiné à rendre la surface imperméable aux gaz.

Nous avons pu nous procurer la composition d'un de ces enduits, qui sert à la fois à l'émaillage de ces cornues, au bouchage des fuites et à la réparation des pièces de foyer. Il est formé de :

Silice	87.90
Alumine	7.59
Oxyde de fer.	0.28
Chaux	0.45
Potasse.	0.10
Magnésie.	0.07
Pertes et divers.	3.61
	100.00

Les cornues sont cuites dans des fours spéciaux, le nouveau séchage par un feu doux dure environ un mois, la cuisson à haute température huit jours, et le refroidissement total de quinze jours à trois semaines.

FORMES ET DIMENSIONS DES CORNUES.

La section circulaire est maintenant complètement abandonnée. On a adopté, soit : la section elliptique (fig. 24), qui permet de les loger plus facilement par

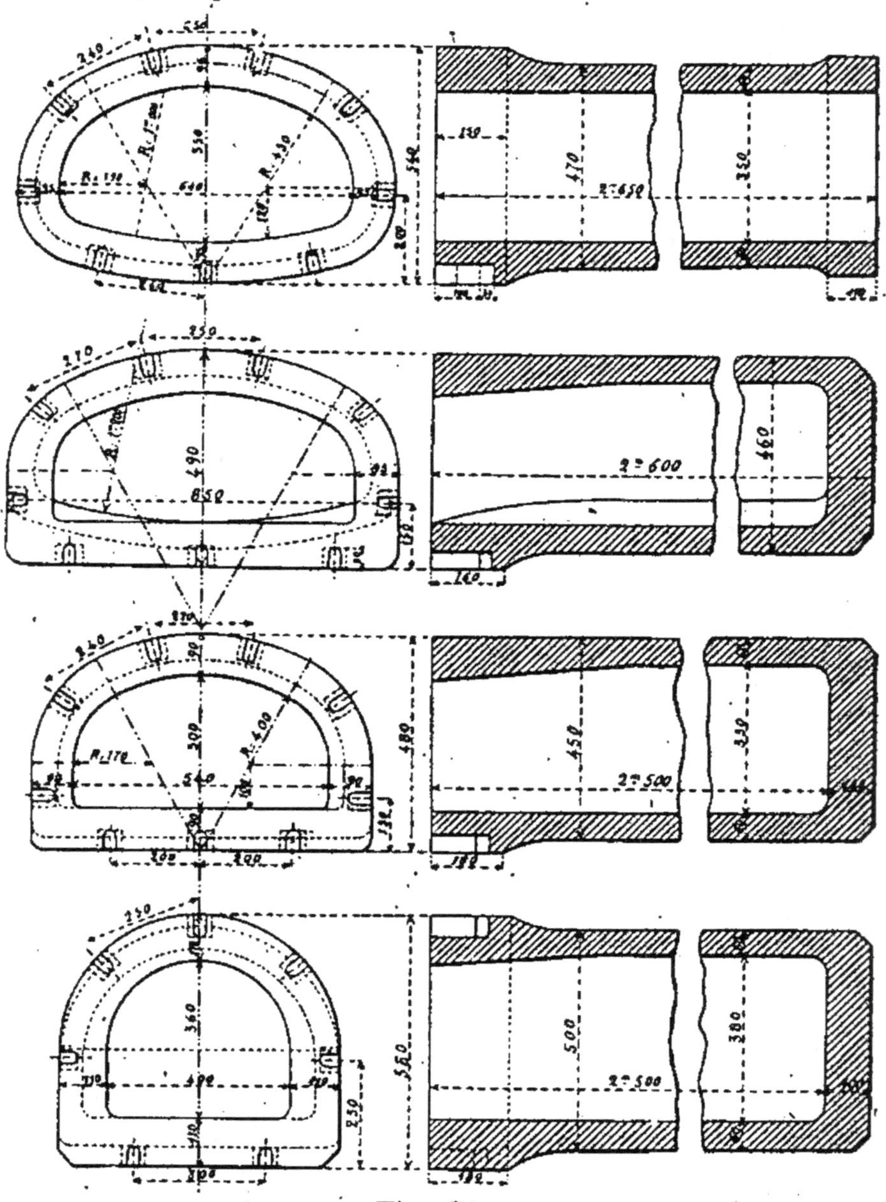

Fig. 24.

groupe dans le·four, donne plus de solidité, faci-lite l'enlèvement du graphite ; soit la forme en ⌓ plus ou moins aplati, dont le montage est plus facile dans le four, et dans laquelle le charbon, dont l'épaisseur varie de 12 à 15 centimètres, s'étale plus régulièrement (fig. 24).

On donne souvent à la cornue la forme elliptique, que l'on raccorde avec une tête en ⌓ pour faciliter l'extraction du coke, simplifier la forme des têtes et des tampons (fig. 28).

Les dimensions des cornues varient beaucoup sui-vant les pays et l'importance des usines.

.La largeur intérieure varie de 0,40 à 0,60.

La hauteur   »   de 0,30 à 0,40.

La longueur   »   de 1,50 à 3,00.

L'épaisseur des parois latérales est d'environ 0,05 à 0,07, et du fond 0,100 pour résister aux chocs des crochets de délutage.

La tête porte un renflement pour recevoir les bou-lons qui servent à fixer les têtes en fonte.

La tête de cornue est un prolongement en fonte de la cornue, qui sort du four, se·ferme au moyen d'un couvercle, et porte une tubulure pour la sortie des gaz, à laquelle on fixe un tuyau (colonne mon-tante), qui conduit dans le barillet les produits de la distillation.

Les cornues larges sont souvent rétrécies à la tête. Cette disposition est défectueuse, elle gêne le délu-tage du coke et le brise. La tête en fonte s'adapte exactement sur la surface antérieure de la cornue au moyen d'une bride qui se fixe avec des boulons, dont les têtes postérieures en forme de T sont retenues dans des encastrements pratiqués dans la tête de la cornue, et dont les parties antérieures sont fixées par des écrous (fig. 25). L'on bourre

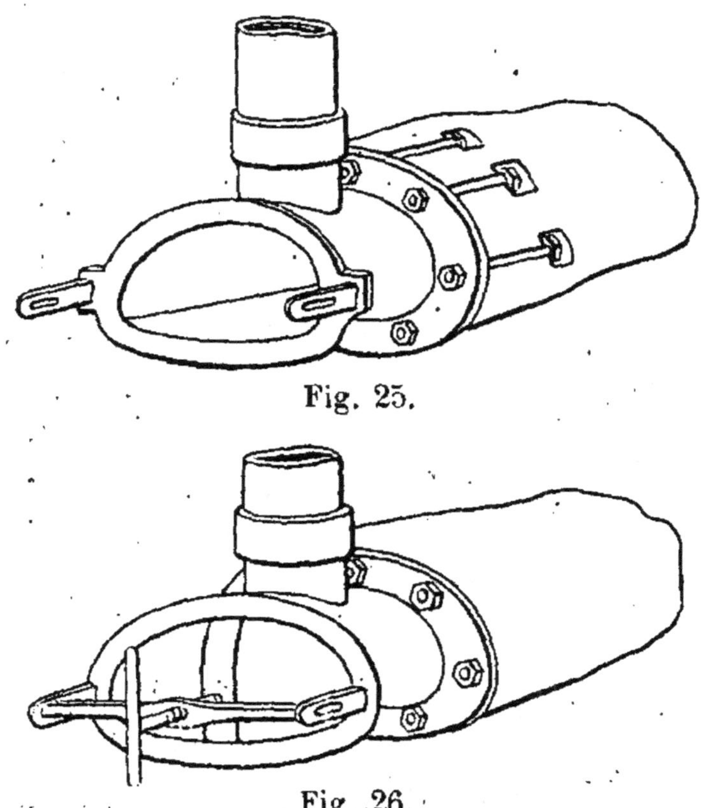

Fig. 25.

Fig. 26.

de la terre réfractaire dans l'intervalle libre de l'encastrement pour fixer le boulon et le protéger contre l'oxydation. Le joint de la tête de cornue et de la bride en fonte est fait au moyen du mastic suivant :

6 litres de tournure de fonte ;

12   »   de terre à four ;

1 kilo de sulfate d'ammoniaque,

avec la quantité d'eau nécessaire pour en faire une bouillie épaisse. On prépare ce mastic environ 1 h. 1/2 avant de l'employer.

Pour rendre le joint plus parfait, on prend soin de piquer avec une boucharde la tête de la cornue en terre. On ne serre pas immédiatement à fond les boulons, on attend que le mastic soit un peu pris, mais cependant pas complètement, l'expérience renseigne rapidement sur le moment opportun à choisir. L'épaisseur du mastic avant le serrage doit être d'environ 3 centimètres. Après le serrage, on lisse le joint extérieurement et intérieurement. Il est utile d'indiquer quelques précautions à prendre pour ce montage.

L'extrémité antérieure de la cornue en terre doit être dans le même plan que le mur de façade pour diminuer sur elle les effets de la surcharge de la tête en fonte et de la colonne montante.

Il est bon de ne faire le joint entre la cornue et le mur de façade qu'après la mise en marche du four, parce que les dilatations verticales du mur de façade, n'étant pas égales à celles du massif qui porte les cornues, déterminent des fentes dans la tête de cornue.

Au point de vue de la facilité du délutage, il est bon que la sole des cornues du bas soit au moins à $0^m,50$ au-dessus du sol de l'atelier.

La durée des cornues varie avec l'intensité du chauffage du four ; avec la place occupée dans le four par la cornue, et enfin avec le nombre plus ou moins grand d'extinctions et de rallumages du four. Les limites extrêmes sont d'un an à trois ans.

TAMPON

Pour fermer la cornue, on se sert de ce que l'on appelle le couvercle de cornue ou tampon. La tête de

cornue porte, sur les côtés, deux oreilles, dans lesquelles passent deux armatures en fer forgé, main-
tenues par derrière à l'aide de clavettes. Elles ont à
leur partie antérieure des œillets allongés, à travers
lesquels passe une traverse. Cette dernière porte en
son milieu une vis avec poignée qui serre le tampon
contre la cornue. Ces tampons sont en tôle estampée
et renflée au milieu ; l'épaisseur de la tôle est d'environ 8 millimètres ; ils portent quelquefois un cadre,
mais toujours une croix en fer plat, sur le milieu de
laquelle (fig. 28) appuie la vis de pression. Ils sont
plus résistants et moins lourds que ceux en fonte.
La barre de pression, quelquefois au lieu de s'enga-
ger ainsi dans les deux bras de la tête de cornue
(fig. 26), a l'une de ses extrémités tenue dans un
gond *a*, et l'autre extrémité s'engage dans la charnière de l'autre bras, où elle est maintenue, quand
on veut serrer, par une clavette de fer *b* (fig. 28).

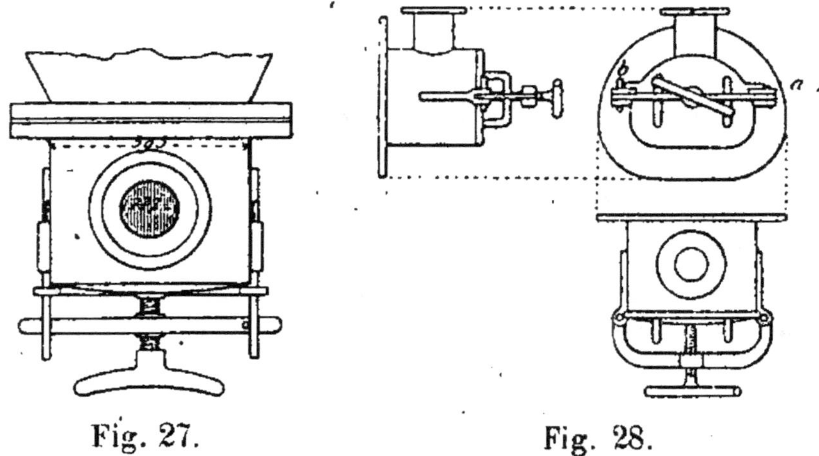

Fig. 27.   Fig. 28.

On obtient l'étanchéité du joint à l'aide d'un lut
formé de terre à four. Ce mode de fermeture présente
quelques inconvénients ; la préparation de ces tam-

pons (garnissage de la terre à four) occasionne une certaine main-d'œuvre ; de plus, la terre à four séchée tombe dans le coke au moment du délutage et le salit. Aussi a-t-on adopté depuis quelques années un grand nombre de systèmes dits tampon sans lut.

TAMPON SANS LUT

Ils consistent en un couvercle en fonte portant un rebord saillant dressé et raboté, qui vient s'appliquer contre la tête de cornue, également dressée à la raboteuse et polie. Ce tampon est fixé à une traverse horizontale à charnière, reliée à la tête de cornue ; l'autre bout de la traverse vient se placer dans un mentonnet fixé de l'autre côté de la cornue, le tampon est pressé contre la tête de cornue au moyen soit d'une vis, soit d'un pivot à excentrique muni d'un levier tournant.

On fait également des tampons sans lut en tôle ; le bord qui fait joint sur la tête de cornue est constitué par une cornière rivée sur le bord ; les avantages de ce système sont : la légèreté, qui fatigue moins le joint de tête de la cornue pendant l'ouverture pour le délutage ; la plus grande résistance au choc des brouettes à coke qui viennent choquer principalement ceux de la rangée inférieure ; la moindre susceptibilité aux refroidissements accidentels qui peuvent faire casser les tampons en fonte, et, enfin, l'économie de construction.

COLONNE MONTANTE, PIPE, PLONGEUR

Le gaz qui se dégage de la cornue est conduit dans le barillet par un tuyau vertical en fonte, appelé colonne montante, fixé sur la cornue au moyen d'un emboîtement venu de fonte avec la tête de cornue.

Le diamètre de ce tuyau varie suivant les usines et les dimensions des cornues, depuis 125 jusqu'à 165 millimètres de diamètre intérieur.

Le gaz passe ensuite dans un tuyau incliné vers le fond, appelé pipe, enfin dans le plongeur qui l'amène au barillet où commence la condensation.

Le choix du diamètre de ces tuyaux et leur mode de montage a une certaine importance, car ces colonnes sont susceptibles de se boucher facilement et rapidement, et les pertes de gaz de ce chef peuvent être assez grandes.

Cette question de *bouchage des colonnes montantes*, source de pertes et d'ennuis, a toujours préoccupé, et à juste titre, les directeurs d'usines ; aussi a-t-elle donné lieu à beaucoup de travaux et d'essais en vue de diminuer et même de supprimer si possible ces bouchages. Nous résumerons la question en quelques lignes. Les bouchages peuvent être produits de trois manières différentes :

1° Par une matière compacte, stratifiée, semblable au graphite, adhérant fortement à toute la surface interne de la colonne, et qui s'accumule au-dessus du point le plus haut que peut atteindre l'artichaut (introduit par la tête de cornue) dont on se sert entre les charges pour le nettoyage. C'est la portion la plus difficile à détacher ;

2° Par un brai épais, pâteux, visqueux qui s'agglutine sous l'outil et tombe en gros blocs. Il se forme également dans la colonne, la traverse et le plongeur et même dans le barillet ;

3° Le brai sec et le noir de fumée à l'état granuleux ; les bouchages de ce genre se produisent très vite et deviennent complets. On rencontre souvent dans la colonne les trois genres de bouchage, mais en général l'un ou l'autre prédomine, il résulte des conditions spéciales dans lesquelles se fait la distillation et l'exposition à l'air des colonnes montantes. Les bouchages se produisent principalement quand on distille à haute température.

On a proposé différents moyens pour les éviter :

1° Un mur de masque garantissant les colonnes contre le refroidissement extérieur et même leur permettant d'être chauffées par le rayonnement du four (M. Letreust).

2° Le refroidissement de la colonne montante et de la tête de cornue au moyen de l'eau descendant le long d'un fil de fer enroulé en spirale autour de la colonne. Chacun de ces procédés atténue l'inconvénient qu'on se propose de faire disparaître, mais en fait malheureusement naître un autre.

On peut s'expliquer ainsi leurs avantages et leurs inconvénients :

Dans le premier procédé, on empêche il est vrai la formation du dépôt de braï épais, résultant de la distillation des goudrons lourds condensés dans la colonne, mais par contre la température dans le barillet devenant très élevée, le goudron y subit une certaine distillation, perd ses huiles légères et se transforme en un brai très dur qui occasionne dans cet appareil des obstructions fréquentes. D'ailleurs, l'on n'évite même pas dans ce cas les obstructions des autres espèces provenant des suies et du brai sec.

Dans le deuxième procédé, on refroidit la colonne au moyen d'un écoulement d'eau, qui vient se vaporiser sur la tête de cornue et condense certains produits de la distillation avant leur entrée dans la colonne ; là encore. on condense bien le brai gras, mais les engorgements résultant du noir de fumée ne sont pas évités. En fait il se produit pendant une charge deux phénomènes antagonistes, et le remède de l'un ne fait qu'exagérer l'autre. On peut se représenter de la façon suivante ce qui se passe dans la distillation. Au commencement de la charge, la fumée et la poussière de charbon sont arrêtées mécaniquement par les rugosités de la surface interne de la colonne, ensuite la température de la colonne étant encore peu élevée à ce moment, les carbures pâteux se condensent sur ces rugosités exagérées encore par les dépôts de suie et de charbon. Au fur et à mesure que la distillation avance, la production du gaz est plus abondante et celui-ci apporte avec lui une plus grande quantité de chaleur qui produit la distillation des hydrocarbures déposés dans la première période qui donnaient alors le brai sec. L'étude des bouchages nous a permis de constater bien des fois que ces magmas sont formés des divers produits et de la manière indiqués plus haut.

L'étude des températures simultanées de la colonne montante et du gaz qui y circule ne fait que confirmer les conclusions précédentes :

TEMPÉRATURE	TEMPS ÉCOULÉS DEPUIS LA CHARGE								
	5 min.	30'	1 h.	1 1/2	2 h.	2 1/2	3 h.	3 1/2	4 h.
De la colonne . . .	176	225	241	234	219	180	163	158	193
Du courant gazeux.	469	459	428	388	327	286	235	194	

En pratique, il ne paraît pas y avoir de remède absolu pour empêcher ces bouchages, on ne peut que chercher à se mettre dans les meilleures conditions pour les éviter :

1° En donnant aux colonnes montantes le diamètre le plus grand possible, compatible avec les conditions nécessaires pour assurer la solidité de la tête de cornue;

2° Par le débouchage régulier des colonnes, suivant un roulement qu'aura fait connaître l'observation;

3° Par le débouchage à chaque charge du bas de la colonne aussi haut que le permet une sonde maniable.

Les outils employés pour ces débouchages sont :

Pour le débouchage régulier de la tête de cornue à chaque délutage :

1° La sonde plate pour les cornues du bas (fig. 29);

2°   —   bamboche   —   —   (fig. 30);

Pour le débouchage par le haut de la colonne lorsqu'elle est bouchée :

1° Plusieurs ciseaux de longueurs différentes;

2° Plusieurs sondes artichauts (fig. 31);

3°   —   tire-bouchons (fig. 32).

La colonne montante est terminée par un bouchon luté avec de la terre à four; pour la déboucher, le chauffeur monte sur le four, enlève le bouchon et introduit ses outils dans la colonne. Il est bon qu'une rampe soit placée à cette hauteur, les fumées aveuglantes et les gaz qui se dégagent au moment du débouchage pouvant donner lieu à des chutes dangereuses du haut du four.

Le gaz passe de la colonne montante dans la pipe et au moyen d'un tuyau plongeur dans le barillet.

La pipe et le plongeur portent également à leurs extrémités des tampons lutés avec la terre à four et tenus

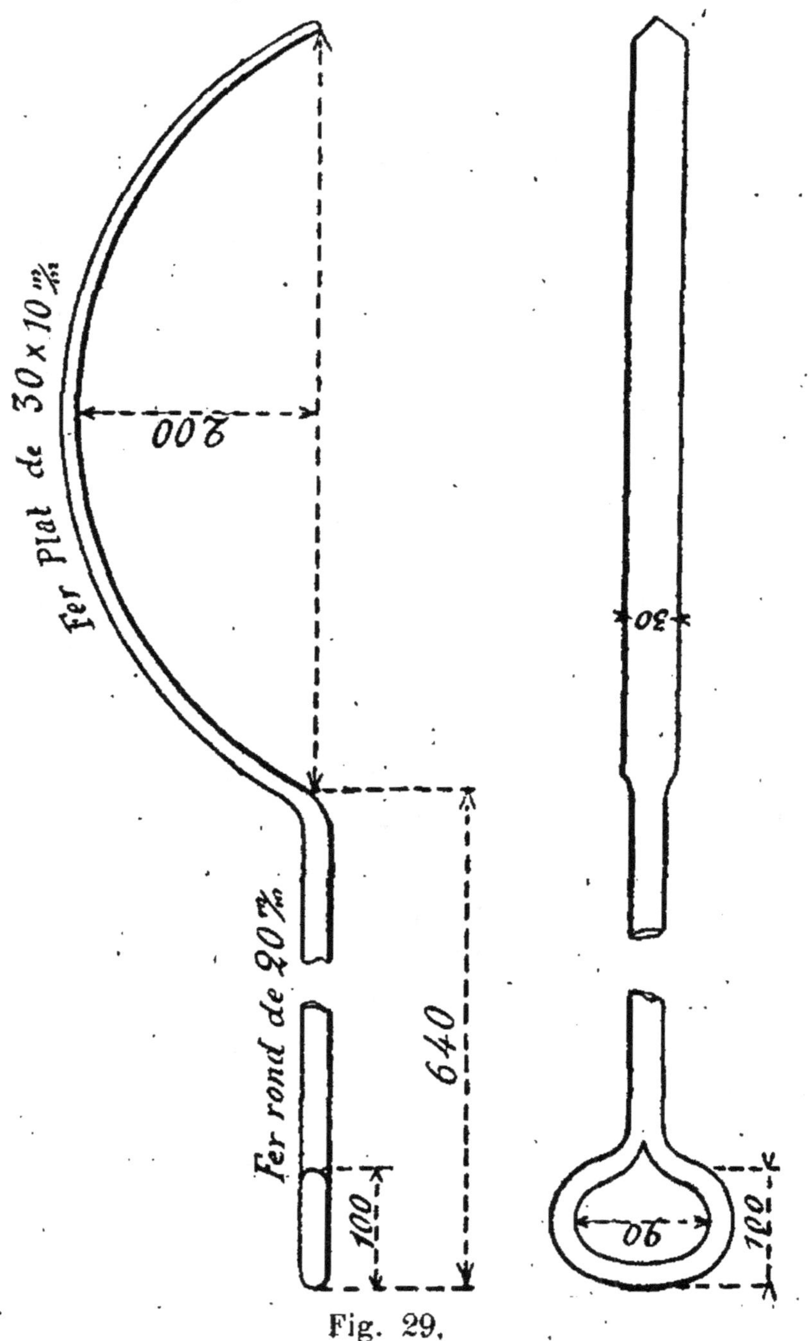

Fig. 29.

avec un étrier
pour permettre

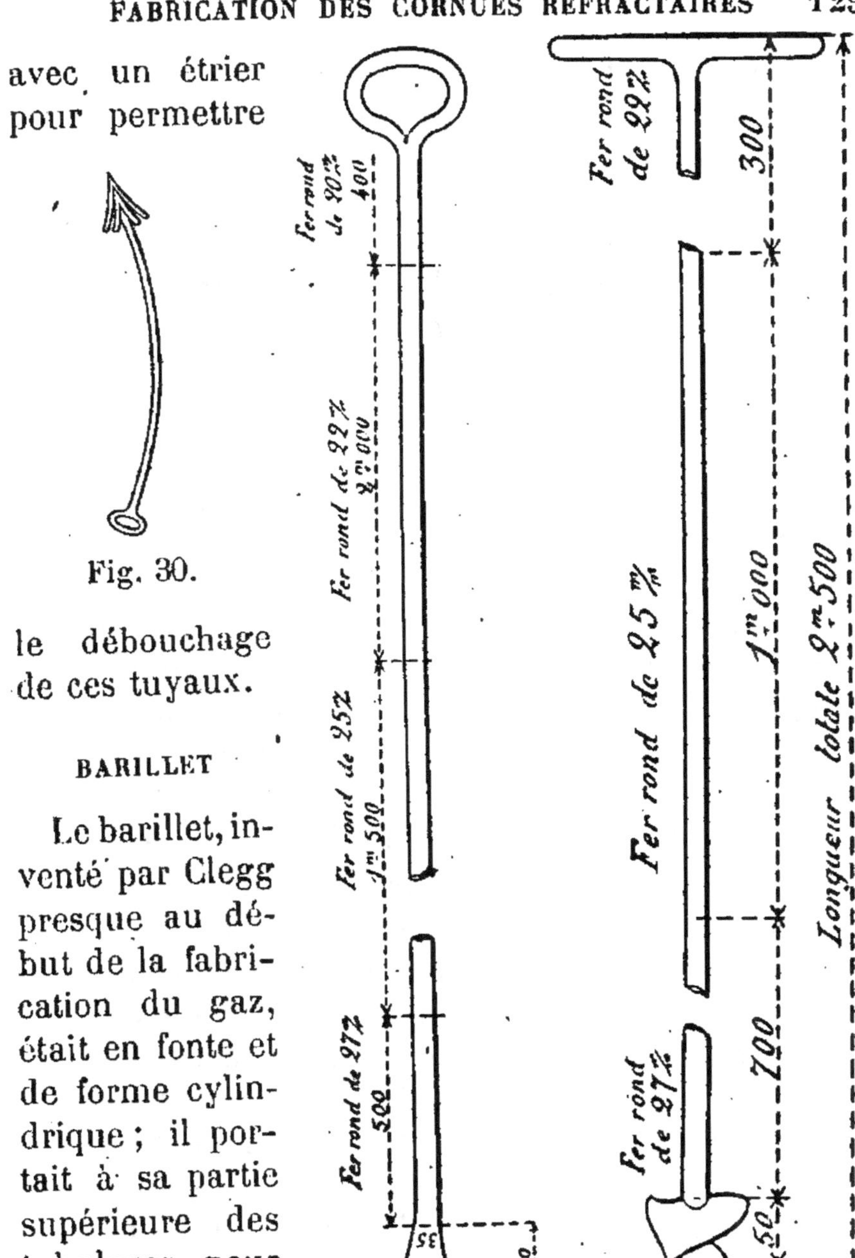

Fig. 30.

le débouchage
de ces tuyaux.

BARILLET

Le barillet, in-
venté par Clegg
presque au dé-
but de la fabri-
cation du gaz,
était en fonte et
de forme cylin-
drique ; il por-
tait à sa partie
supérieure des
tubulures pour
la jonction avec
les traverses. Le
gaz, après avoir
barboté dans le

Fig. 31.   Fig. 32.

goudron, s'échappait par un tuyau situé à l'extrémité du barillet, pendant que les condensations s'écoulaient par un tuyau s'ouvrant à peu près à la moitié de la hauteur de cet appareil.

Le barillet en fonte présentait un grand inconvénient et même un danger. Lors de l'allumage et de l'extinction, il se produit dans le massif des fours, par suite de la dilatation ou du retrait des matériaux, des mouvements et des dénivellations importantes, qui occasionnaient quelquefois des ruptures du barillet, rendu encore moins libre par ses liaisons avec les pipes et les colonnes montantes. De plus, les pièces en fonte présentaient, par suite de leurs dimensions, restreintes par les difficultés du coulage, de nombreux joints boulonnés, susceptibles de s'ouvrir. Aujourd'hui on n'emploie plus que les barillets en tôle, qui forment par·le rivetage des diverses . parties, comme une poutre d'une seule pièce. On leur donne la forme d'un U.

Ils sont plus solides, d'un montage plus facile, et plus accessibles dans toutes leurs parties. La fonction du barillet est de former récipient pour le goudron et le gaz, et fermeture hydraulique pour les plongeurs, empêchant ainsi le retour du gaz dans la cornue au moment de l'ouverture de celle-ci pour le délutage et la charge. Le gaz provenant de la distillation doit vaincre la pression du liquide pour pénétrer dans le barillet ; lors de l'ouverture de la cornue, le liquide monte dans le plongeur. Il est intéressant de réduire cette pression. Il faut donc faire le barillet assez large pour donner au liquide une grande surface. Car, en supposant que les plongeurs soient enfoncés de 4 centimètres dans l'eau du barillet et que la surface de l'eau dans ces plongeurs soit le dixième de la surface de l'eau dans le barillet ; il suffira que le niveau s'abaisse de 4 centimètres dans le plongeur pour que le gaz passe dans le barillet, le niveau dans le barillet ne s'élève que de 4 millimètres lorsque le gaz arrive par tous les plongeurs.

Tandis que lors de l'ouverture des cornues, il faudrait que l'eau s'élevât dans le plongeur de 40 centimètres pour que le gaz du barillet revienne dans la cornue. Ce qui donne toute garantie, même dans le cas où l'on n'emploie pas d'extracteurs, la pression à vaincre, compris canalisation et gazomètre, ne dépassant pas, même dans ce cas, 30 centimètres.

La pression dans le barillet quand on emploie les extracteurs est nulle. Quand on travaille sans ces appareils, elle est d'environ 10 à 12 centimètres, et si les tuyaux n'ont pas été calculés largement, en hiver, lors de la production maximum, cette pression peut atteindre 20 et même 30 centimètres.

On connaît le mauvais effet de cette pression élevée sur la distillation (mauvais rendement, production abondante du graphite aux dépens des carbures, et par suite du pouvoir éclairant). Aussi un grand nombre d'inventeurs, surtout en Angleterre, ont fait breveter des appareils pour supprimer cette pression pendant la distillation et rétablir la garde pendant le délutage.

DISPOSITIFS DESTINÉS A ANNULER PENDANT LA DISTILLATION LA PRESSION ORDINAIREMENT EXISTANTE DANS LE BARILLET.

On a fait breveter des systèmes assez compliqués. Les uns consistent à n'interrompre la communication entre les cornues et le barillet qu'au moment de la charge, au moyen de vannes hydrauliques composées de récipients cylindriques en fonte ou en tôle placés dans le barillet au-dessous de chaque plongeur, ceux-ci ne plongeant pas comme à l'ordinaire, dans l'eau du barillet, tandis que les vannes ou récipients sont recouverts par l'eau et par conséquent toujours pleins. Au moyen de tringles qui traversent dans des presse-étoupes les tampons des plongeurs, on peut soulever et abaisser les vannes, et, par suite, interrompre à volonté le passage du gaz ou bien mettre les cornues en communication directe avec le barillet. Ce dispositif supprime le fonctionnement habituel du barillet, et si l'usure ou un accident l'empêche de marcher, le four doit être arrêté.

Une disposition meilleure a été préconisée sous différentes formes; elle consiste en principe à raccorder chaque cornue au moyen d'un tuyau spécial partant d'un point convenable de la colonne montante avec un tuyau spécial, ou bien même avec le barillet ordinaire, mais en un point qui soit au-dessus de l'eau, chaque tuyau étant muni d'un robinet; le robinet étant ouvert, la communication devient directe entre la cornue et le tuyau dit barillet sec; lorsque le robinet est fermé, le barillet fonctionne comme à l'ordinaire.

Enfin un troisième système appliqué à Washington est remarquable par sa simplicité, il consiste tout simplement en un tuyau fixé à la paroi du barillet, au dessous du niveau ordinaire de l'eau; ce tuyau muni d'un robinet à la portée des chauffeurs est en communication avec la citerne à goudron. Lorsque le four est chargé, on ouvre ce robinet; le niveau de l'eau s'abaisse dans le barillet au-dessous de l'extrémité des plongeurs, et le gaz s'écoule librement. A la fin de la distillation et avant d'ouvrir les cornues, un deuxième tuyau en communication d'une part avec le barillet, et d'autre part avec un réservoir d'eau, situé au dessus du barillet, permet, au moyen d'un robinet, de rétablir le niveau normal.

Bien que très ingénieux, ces systèmes présentent tous l'inconvénient d'exiger chaque fois, au moment de l'ouverture ou de la fermeture des cornues, une manipulation supplémentaire dépendante de l'attention de l'ouvrier, dont l'oubli peut occasionner des accidents sérieux. Les dispositifs automatiques liés au mécanisme du tampon n'offrent pas, jusqu'à présent, une sécurité suffisante.

Le barillet a reçu un dernier perfectionnement. Il se formait quelquefois au fond du barillet, sous les tuyaux plongeurs, un dépôt de goudron épais, qui gênait la sortie du gaz. Pour remédier à cet inconvénient, on avait des outils de formes spéciales, que l'on introduisait par les plongeurs pour enlever ces obstacles, mais ce travail était des plus pénibles pour les ouvriers. On essaya ensuite un grand nombre de dispositifs, sans grand résultat ; depuis on s'est arrêté définitivement à un cloisonnement longitudinal du barillet, avec des ouvertures permettant d'enlever les dépôts épais de goudron qui produisent les obstructions. C'est le barillet dit à tabatière (fig. 33).

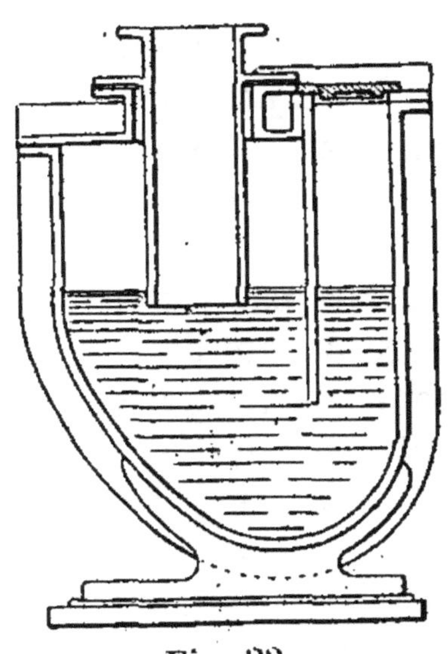

Fig. 33.

Ces dépôts se formaient principalement dans les usines dont le barillet était trop rapproché du four, la chaleur rayonnante du four opérant une sorte de distillation. On a essayé aussi l'évacuation du goudron par la partie inférieure du barillet pour se débarrasser du plus épais et du plus lourd.

Pour éviter le plus possible ces obstructions, il est nécessaire :

1° Que la section du barillet soit assez grande, et bien en rapport avec le nombre des cornues desservies ;

2° De le placer dans les meilleures conditions de circulation d'air pour le rafraîchir ;

3° De l'établir plutôt sur le devant du four, et sur des supports isolés. Sa hauteur au-dessus du four dépend de l'épaisseur de la maçonnerie de remplissage au dessus de la voûte, qui forme masque ; elle devra être d'autant plus grande (pouvant aller jusqu'à 0,50 à 0,75) que ce masque sera plus mince.

Il n'y a généralement qu'un barillet pour toute une batterie de fours simples. Le gaz est évacué par un tuyau qui s'élève verticalement à l'extrémité du couvercle du barillet. Le goudron est évacué par un tuyau situé à hauteur du niveau du liquide.

Pour régler la hauteur de ce niveau et, par suite, l'immersion des plongeurs, on dispose devant l'orifice d'écoulement une plaque, mobile entre deux joints à brides, dont on règle la hauteur. Pour évacuer le contenu du barillet lors de l'extinction des batteries, on déboulonne la plaque de l'extrémité quelques jours après l'extinction, lorsque les fours sont déjà fortement refroidis ; l'on enlève ainsi la plus grande partie du goudron à l'état liquide, et l'on évite ainsi une partie des frais de piquage, du goudron solidifié dans le barillet.

FOURS ORDINAIRES

Les fours, suivant l'importance de l'usine et le système de chauffage employé, renferment une, deux, trois... jusqu'à onze cornues. Les fours les plus employés avec le chauffage au coke contiennent sept cornues ; ceux avec le chauffage des gaz de gazogène sont généralement à huit cornues, la huitième cornue occupant la place du foyer du four ordinaire à sept cornues. Dans un atelier de distillation, les fours sont établis sur la même ligne et forment des massifs, de quatre, six, huit fours simples ou doubles. On obtient ainsi une plus grande solidité, une moindre déperdition de chaleur, une main-d'œuvre plus économique, et une dépense de premier établissement moins grande. Dans les grandes usines les fours sont accolés dos à dos, et forment même des fours doubles dans les système de chauffage aux gaz de gazogène, avec récupérateur.

Les fours sont constitués par une chambre en briques réfractaires, composée de pieds droits réunis par une voûte cylindrique, ou un cintre surbaissé ; fermée par un mur de fond contre lequel s'appuie le fond des cornues et un mur de façade à travers lequel passent les têtes qui affleurent à la surface extérieure du masque.

Le massif des fours fortement chauffé se disloquerait rapidement dans les allumages et les extinctions successives ; mais on le maintient transversalement et longitudinalement par des armatures verticales, formées de fer double T scellées profondément dans le sol, et reliées entre elles par des tirants en fer rond ou carré. Les cornues sont supportées dans le four par des dispositifs en briques, ou des blocs réfractaires de formes spéciales, qui déterminent la circulation des flammes la plus favorable à l'uniformité de la température et à la meilleure utilisation du combustible. Autrefois, on laissait les flammes se répandre dans le four, monter à la partie supérieure et s'échapper par des ouvertures pratiquées dans la voûte ; aujourd'hui on emploie le système dit à flamme renversée, les gaz brûlés montent jusqu'à la voûte, qui est pleine, et redescendent le long des parois de chaque côté du four en léchant les cornues, jusqu'à deux ouvertures placées devant le

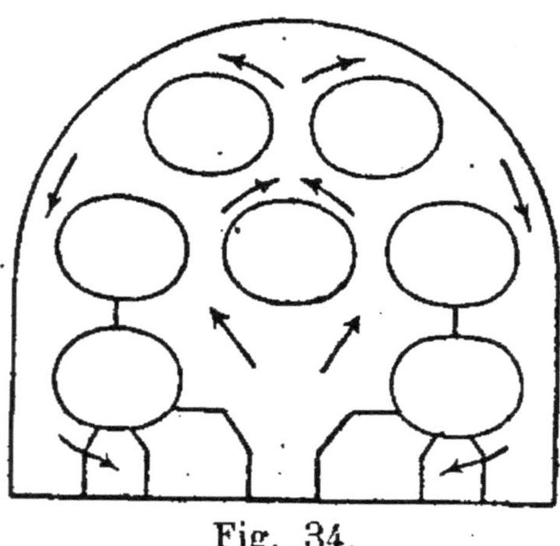

four, et munies de registres, qui conduisent à deux carneaux courant sous les deux cornues inférieures, d'où ils se rendent par une cheminée particulière qui fait la fourche dans la cheminée traînante (fig. 34).

Fig. 34.

Le chauffage des fours à cornues s'effectue le plus souvent au moyen de coke brûlé sur une grille. Le foyer est une chambre constituée par des pièces aussi réfractaires que possible, fermée devant par une porte, et dans laquelle l'air atmosphérique pénètre par en dessous à travers une grille. Au-dessous de la grille est placée une caisse en fonte, appelée cendrier, dont le côté antérieur est incliné vers l'extérieur et sort du four ; cette bâche est constamment pleine d'eau. La vapeur d'eau produite par la chaleur rayonnante du foyer refroidit constamment les barreaux, et est entraînée avec l'air appelé pour la combustion. Elle se décompose au contact du coke incandescent en produisant de l'hydrogène et de l'oxyde de carbone, qui brûlent ainsi dans le four en présence de l'air en excès, concourant ainsi utilement au chauffage. Gette cuvette a également une autre utilité, la surface de l'eau réfléchissant le foyer renseigne le chauffeur sur l'allure de la combustion, et l'état d'encrassement de la grille. On emploie pour le montage du foyer des blocs réfractaires de grandes dimensions dans le but d'éviter les joints nombreux auxquels s'attachent plus facilement les scories qui entraînent la destruction rapide des parois. Ces gros blocs présentent cependant l'inconvénient de ne pouvoir être cuits uniformément, et par suite de donner lieu à des retraits importants après la mise en feu. La partie postérieure du foyer est formée par un plan incliné, dont la pente commence à une hauteur de 0,10 à 0,15 au-dessus de la grille, et se continue jusqu'à la partie postérieure du four. Ce plan incliné sert à recevoir le coke incandescent pendant le décrassage de la grille et des parois du foyer.

Le foyer est recouvert d'une voûte en blocs réfractaires à travers laquelle sont ménagées des ouvertures pour le passage de la flamme et des gaz brûlés.

Cette disposition n'est pas générale, car certains directeurs d'usines à gaz trouvent plus avantageux le libre passage des flammes du foyer dans le four, et laissent le foyer ouvert par le haut. L'intrados de la voûte, quand il y en a, est distant d'environ 0,50 à 0,60 du dessus de la grille du foyer.

Les barreaux de la grille sont en fonte ou en fer forgé, on leur donne de préférence la forme rectangulaire (fig. 35), leur largeur varie de 40 à 90 m/m.

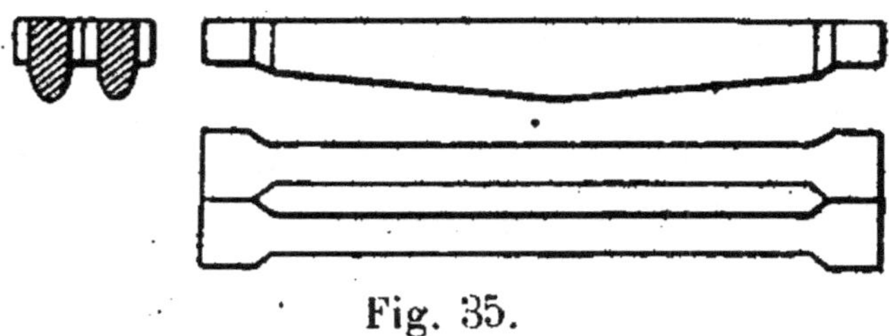

Fig. 35.

Le vide entre les barreaux varie avec le combustible employé ; il est de 10 à 20 m/m pour l'anthracite, de 25 à 35 pour le coke tout venant, et peut aller jusqu'à 45 m/m pour les charbons gras. On leur donne une inclinaison de 10 centimètres vers l'intérieur du four. Quant à la surface de la grille, au rapport des surfaces vides à la surface totale, il n'existe pas de règle pour les déterminer rationnellement.

La pratique du combustible employé est le seul guide : on conçoit, en effet, qu'un coke poreux et à forte teneur en cendres, doit nécessiter une surface plus grande qu'un coke dur et propre ; de même qu'un fort tirage et une grande épaisseur de combustible permettent une surface de grille moindre qu'un tirage faible et une couche de combustible moins épaisse. De là dans les surfaces de grille en usage des écarts très grands ; pour un four à sept cornues, on trouve des grilles de 1,500 à

4,000 centimètres carrés, des largeurs de 0,25 à 0,40 centimètres et des longueurs de 0,60 à 0,90 centimètres.

D'Harcourt donne le chiffre de 100 à 120 kilos de combustible (coke) par mètre carré et par heure. Il cite les excellents résultats donnés avec une grille composée de barreaux en fonte, longueur 0,80 à 0,90, placés au nombre de 5 dans un foyer de 0,45 à 0,50 de largeur. Les barreaux ayant 0,06 d'épaisseur et laissant entre eux le même vide, la surface totale des vides et des pleins était de 0 mq. 40 et la consommation d'un four à 7 cornues de 50 kilos à l'heure, on avait le rapport suivant :

$$\frac{\text{Consommation}}{\text{Surface grille}} = \frac{50}{0,4} = \frac{125}{1}$$

chiffre voisin de celui indiqué plus haut. La vitesse d'entrée de l'air sous la grille, en admettant un poids de 15 kil. d'air par kilo de coke, était :

$$v = \frac{50 \times 15}{0,20} = 1^{m}04$$

et l'on avait au-dessus du foyer un vide de 4 à 5 m/m d'eau. Dans ces conditions, la combustion était complète et sans formation d'oxyde de carbone.

Nous donnerons plus loin la description d'un four à 7 cornues à chauffage énergique et à grande production de gaz. Nous pouvons lui appliquer les calculs ci-dessus et voir s'il les confirme.

La surface totale de la grille est :

$$0,45 \times 0,85 = 0,3825$$

La consommation de coke par 24 heures est de 33 hectolitres, soit en poids environ 1,320 kilos.

La consommation est donc de :

$$\frac{55}{0,3825} = 143 \text{ kilos par } m^2 \text{ et par heure.}$$

La surface des vides égale celle des pleins.

Nous pouvons déterminer si la vitesse de l'air est comprise entre les limites admises généralement, la surface du vide $= 0,1912$.

Si le coke est brûlé avec un excès d'air de moitié, il faut environ 15 kilos d'air par kilo de coke.

Le poids d'air à $0°$ sera : $1320 \times 15 = 19800$.

Le volume correspondant 15,200 mc.

La vitesse de passage de l'air par seconde sera égale :

$$\frac{15200}{0,1912 \times 24 \times 3600} = 0^m92 \text{ à la seconde.}$$

C'est évidemment un minimum, car nous avons pris comme base un excès d'air de moitié, mais cet excès peut aller jusqu'à un chiffre correspondant à 18 kilos d'air pour le combustion d'un kilo de coke ; de plus, pour la simplification du calcul, nous avons supposé l'air à $0°$, il faudrait prendre comme température de l'air 20 ou $30°$ C.

On voit que dans ces conditions la vitesse de l'air serait un peu supérieure à 1 m., chiffre concordant avec les données résultant de l'expérience.

Dans le cas considéré, le tirage avec lequel on obtenait la meilleure utilisation du combustible était de 6 m/m dans le foyer.

Le tirage a une grande influence sur la composition des gaz brûlés, comme le font voir les résultats de nombreuses analyses faites dans un four à 7 cornues avec porte lutée :

TIRAGE	CO_2	O	TOTAL
6 m/m	13.1	4.4	17.5
7 m/m.	11	6	17
10 m/m.	11	8.1	

Théoriquement, pour obtenir une combustion parfaite, sans oxyde de carbone et sans excès d'air, il faudrait faire varier le tirage constamment avec la hauteur du combustible sur la grille, mais cela n'est pas réalisable dans la pratique.

Nous reviendrons plus loin sur la combustion dans les fours ; continuons la description. La porte du foyer ferme la partie antérieure du four, elle est ordinairement en fonte et composée de deux portes, l'une au-dessus de l'autre. La supérieure sert à l'introduction du combustible, et l'inférieure au service du foyer. Pour protéger les portes, on les double généralement avec des briques réfractaires, on fait aussi ce doublage en pièces réfractaires placées dans des châssis en fonte ; la hausse du milieu qui sépare les deux portes est également doublée avec une pièce réfractaire. Derrière la porte, on place souvent une plaque spéciale, sur laquelle repose la barre de fer quand on brasse le feu.

CHARGEMENT

La hauteur du combustible sur la grille est comprise entre 20 et 40 centimètres au maximum ; une plus grande épaisseur de combustible donnerait lieu à la transformation de l'acide carbonique formé en oxyde de carbone, qui occasionnerait ainsi une perte de combustible égale aux deux tiers de la quantité nécessaire. En effet, 1 kil. de carbone transformé en acide carbonique donne 8,080 calories, tandis que sa transformation en oxyde de carbone ne donne que 2,473 calories.

Pour éviter cet inconvénient, l'on employait quelquefois le dispositif suivant : l'on faisait circuler de l'air à travers des carneaux ménagés dans les piédroits du foyer, et on·l'amenait au-dessus du combustible; on obtenait de cette façon une notable économie de combustible ; mais avec cette marche la surveillance de la combustion était très délicate, et a fait renoncer aux avantages de ce procédé.

Suivant l'épaisseur du combustible adoptée, on charge toutes les heures ou toutes les deux heures.

Le piquage en-dessous de la grille se fait avec un crochet, et au-dessus avec une pince. Il a lieu toutes les quatre heures, entre les chargements des cornues.

Le décrassage complet du foyer se fait en général toutes les douze heures. On opère très vite pour éviter autant que possible le refroidissement considérable produit par l'afflux libre de l'air dans le four. On décrasse tous les fours d'une batterie en même temps, pour répartir l'appel d'air entre tous les foyers, empêcher le refroidissement trop considérable de chaque four, et le coupage du tirage sur les fours non décrassés.

Pour terminer, nous donnerons quelques analyses des gaz dans les foyers des fours ordinaires au-dessus du combustible, la porte *étant lutée* :

TEMPS APRÈS LE GARNISSAGE				
En minutes	10	15	20	25
Acide carbonique	11	12	13	15
Oxygène	12	7.5	6	4
Azote	77	80.5	81	81

quelques minutes avant le décrassage on avait :

Acide carbonique, 5 ; oxygène, 13 ; azote, 82.

MONTAGE DES CORNUES

Autrefois, dans le but de faire abandonner aux gaz brûlés le plus possible de leur chaleur, on croyait utile de les faire cheminer en lames minces et à travers des chicanes très étendues. On remplissait ainsi le four d'une grande masse de pièces réfractaires, qui diminuaient singulièrement la section de passage des gaz.

La vitesse de circulation de ceux-ci étant très grande, ils séjournaient très peu de temps dans le four, et en sortaient à une température très élevée ; de là une perte notable de calories. Comme nous le verrons plus loin, pour obtenir le meilleur rendement possible, il faut faire sortir le gaz à une température très voisine de celle absolument nécessaire pour assurer le tirage de la cheminée. L'expérience a montré que la condition nécessaire pour que les gaz abandonnent le plus facilement et le plus complètement leur chaleur, était de les faire circuler dans le four à la vitesse la plus faible possible pour assurer la combustion. Cette vitesse est relativement grande, car en faisant le calcul, un peu long pour trouver place ici, on trouve qu'elle est comprise entre 1 m. 5 et 1 m. 9 à la seconde ; les gaz ne séjournent donc que quelques secondes dans le four ; il y a lieu de rendre libre le plus grand espace possible pour diminuer encore cette vitesse. Au point de vue pratique, les carneaux étroits présentent l'inconvénient d'être bouchés rapidement et fréquemment par les cendres entraînées. Dans un four d'essai, lorsque la distance des cornues à la voûte était de :

0,02 il fallait nettoyer tous les 15 jours.
0,05 — — 2 mois.
0,08 — — 8 —

On donne aujourd'hui une largeur de 12 à 15 centimètres.

Les cornues doivent être soutenues seulement par deux murs transversaux et par une murette longitudinale continue qui sert à cloisonner le four pour le parcours du gaz. Ces maçonneries de barrage doivent être hermétiques pour empêcher les passages directs. Il est bon de ne pas continuer les supports transversaux jusqu'aux piédroits ni jusqu'à la voûte du four, parce que les dilatations de ces pièces sous l'influence de la haute température du four disloqueraient rapidement les voûtes et le massif, dont la réfection serait très onéreuse.

Il est bon de donner au mur de façade une épaisseur de 0,25 à 0,35, la perte de calories par rayonnement est moins grande, et l'on diminue ainsi l'une des causes les plus importantes de l'obstruction des colonnes montantes.

On dispose dans ce mur des regards avec bouchons réfractaires qui permettent de suivre la marche de la combustion et la répartition de la chaleur dans le four, de découvrir les fuites qui pourraient exister dans les cornues et d'opérer le nettoyage des carneaux. Ces regards sont placés au-dessus et entre les cornues et aux endroits nécessaires pour la manœuvre des registres destinés à régler le tirage dans le four.

On construit des voûtes pour des fours simples ou

pour des fours doubles ; dans ce dernier cas on évite une perte de chaleur considérable par le mur de fond. Mais le rampant et la cheminée traînante étant moins accessibles, on leur donne des sections plus grandes, qui permettent de ne les nettoyer que lors des extinctions.

CONSTRUCTION DES FOURS

Les fours doivent être bâtis sur un terrain bien sec, dans lequel les nappes d'eau sont à une assez grande profondeur. Au dessous de la partie qui doit être occupée par le four, on établit un massif épais en maçonnerie.

On se sert souvent pour cette construction de vieilles briques réfractaires, de morceaux de cornues provenant de la démolition d'intérieurs de four lors des remontages. Cependant, malgré la dépense plus élevée, il est préférable de faire ce massif en béton. Plus on emploiera des matériaux de bonne qualité, et plus on apportera de soins dans la construction du four; plus la durée en sera longue, et meilleur en sera le fonctionnement pendant l'exploitation.

En général on emploie pour le massif et pour toutes les parties des maçonneries non exposées directement au feu, les briques ordinaires utilisées dans le pays pour la construction. Toutes les parties exposées au feu sont faites en briques réfractaires, que l'on fait venir souvent à grands frais de très loin.

C'est une grande économie que de payer des produits très réfractaires même un prix très élevé ; le supplément de dépenses est largement compensé dans la suite par des frais d'entretien moindres et par une durée beaucoup plus grande. On emploie pour ces constructions des ouvriers spéciaux, et particulièrement habitués à ce genre de travail.

Dans le massif de fondation, on relie les matériaux au moyen du mortier de chaux ; dans le massif du four proprement dit, les briques sont posées avec de la terre à four, terre jaune formée d'argile, de silice et d'oxyde de fer, qu'on trouve presque partout et qui est très connue des fumistes. Cette terre, très variable de composition, doit être souvent mélangée avec du sable, parce qu'elle est généralement trop argileuse et donnerait un retrait trop considérable ; la pratique conduira au mélange le plus convenable pour éviter les dislocations dans le massif. Quant aux briques réfractaires qui forment le revêtement des fours et de toutes les parties exposées au feu, elles sont jointoyées au moyen d'un mortier de terre réfractaire très liquide appelé coulis ; il est formé de terre réfractaire crue broyée, dans la proportion d'un tiers avec un ciment réfractaire dans la proportion de deux tiers.

Ce ciment réfractaire est obtenu par la pulvérisation de briques très réfractaires, de morceaux de cornues provenant de la démolition des intérieurs de fours hors de service.

Il faut apporter tous ses soins à faire les joints aussi minces que possible, 5 millimètres au plus. On réduit ainsi beaucoup les mouvements provenant du retrait.

Les joints doivent être croisés soigneusement dans le sens de la largeur et de la longueur, de façon à éviter les lignes de jonction continues dont l'effet serait le plus funeste à la solidité et à la bonne conservation du massif.

Les briques sont placées à plat et par rangs avec des joints bien horizontaux. On emploie la disposition bien connue des fumistes, un rang de panneresses, c'est-à-dire mises dans le sens de la longueur, et un rang de boutisses, c'est-à-dire dans le sens de la largeur. Les dimensions des briques, 0,22 — 0,11 — 0,055 étant des multiples les uns des autres, permettent toutes ces combinaisons. Pour faciliter ce travail, et empêcher absolument la continuité des joints qui reviendraient fatalement au bout de quelques rangs, on se sert de briques spéciales : 0,22 — 0,055 — 0,055 et 0,22 — 0,11 — 0,025.

Les joints doivent être remplis exactement, et on ne doit laisser subsister aucun vide dans la maçonnerie.

On donne aux piédroits entre deux fours une épaisseur de quatre briques en largeur soit avec les joints environ 0,45. Ils sont généralement faits complètement en briques réfractaires ; les piédroits extrêmes formant culées ont environ 0,70 d'épaisseur avec seulement deux rangs de briques réfractaires, les autres en briques ordinaires.

La voûte est faite sur un cintre en bois, ayant un diamètre un peu moins grand que la distance des piédroits, pour permettre le décintrage.

Que l'on construise une voûte pour un four double ou simple, il est préférable de la faire sur toute la longueur du four jusqu'à affleurer les deux murs du massif. On établit le mur de fond sous la voûte de même que le mur de masque. On rend ainsi indépendantes les dilatations de la voûte et du fond et la voûte n'en dure que plus longtemps. Celle-ci est formée de deux rouleaux de briques indépendants.

Chacun d'eux est formé de briques sur champ, son épaisseur est donc de 0 m. 11. Le rouleau intérieur est en briques réfractaires, le rouleau extérieur en briques ordinaires. Le premier, subissant un retrait considérable, par suite de la chaleur très forte à laquelle il est exposé, peut s'éloigner du rouleau extérieur beaucoup moins chauffé ; on voit que leur liaison entraînerait des dislocations considérables qui se communiqueraient au massif. Les mouvements du rouleau intérieur sont donc localisés au grand avantage de tout le massif.

Quelquefois même pour éviter que les dislocations du premier rouleau ne se communiquent au second, on établit celui-ci en laissant entre son intrados et l'extrados du premier, une distance de cinq à six centimètres. Cet espace libre renfermant de l'air forme écran et diminue beaucoup la perte de chaleur par conductibilité à travers le dessus du massif, au grand avantage du barillet qu'il supporte.

On substitue également à la maçonnerie pleine du dessus du massif, une matière mauvaise conductrice de la chaleur, comme le sable, le poussier de mâchefer, etc., que l'on verse et que l'on tasse entre les parois surélevées de devant et derrière du four. On recouvre le tout d'un carrelage jointif.

Quelques constructeurs font le dessus du massif en briques creuses dans le même but, et obtiennent de ce fait une certaine économie de combustible.

Le four construit et le mur de fond qui ne doit pas avoir moins de $0^m 60$ dans les fours simples, pour éviter le plus possible la perte de chaleur, étant bâtis, on fait le montage des cornues dans le four.

On construit le foyer comme il a été dit, et les murs

supports des cornues de bas ; on donne une épaisseur de **0,22** à **0,33** au mur de support du fond des cornues dans les fours doubles, et seulement **0,11** aux autres. La cornue transportée devant le four sur un petit chariot appelé diable est supportée pendant son introduction dans le four par une chèvre de charpentier, mobile sur des rouleaux, ou mieux, montée sur roues. Préalablement, on a placé sur les murs qui doivent supporter la cornue des fers plats épais devant servir de chemins de roulement à des petits rouleaux (formés de tubes en fer creux). La cornue étant amenée à hauteur, le fond est appuyé sur l'un de ces rouleaux et introduit dans le four peu à peu, tantôt supportée par la chèvre, tantôt supportée par un tréteau pendant les déplacements de la corde de la chèvre le long de la cornue. Une fois en place, on la soulève avec des pinces pour enlever les bandes de fer et le rouleau.

Dans les grandes usines, la manœuvre est beaucoup plus rapide.

La cornue est chargée dans le magasin à cornues, sur un chariot, au moyen soit d'un petit pont roulant, soit d'un palan différentiel attaché aux poutres de la toiture, et amenée devant le four. Suivant que l'on fait le montage des cornues du bas, du milieu ou du haut, on emploie le chariot tel quel, ou modifié par des plateformes mobiles, lui donnant la hauteur du second ou du troisième rang. Il suffit alors de pousser dans le four la cornue, amenée à hauteur au moyen des chemins et des rouleaux indiqués plus haut.

Au fur et à mesure de la pose des cornues de chaque rang, on monte les murettes-supports des cornues du rang au-dessus.

Comme nous l'avons dit, ces murs ne doivent pas venir jusqu'aux piédroits ni toucher la voûte du four ; on doit laisser également un espace libre d'au moins 12 à 15 centimètres entre ces parois et les cornues voisines, nécessaire pour le passage libre des flammes ; on évitera ainsi les obstructions produites par les dépôts des cendres entraînées avec les fumées.

Les carneaux de départ des fumées, au nombre de deux pour chaque four de sept cornues, sont situés sous les cornues latérales ; ils doivent avoir une section de 450 à 650 centimètres carrés (et même 1.100 [0,25 — 0,44] comme dans l'exemple indiqué plus loin) ; on évite ainsi toute obstruction.

Au moment de la mise en marche, et au fur et à mesure de l'échauffement du four, on desserre peu à peu, dans certaines limites, les écrous des tirants qui réunissent les armatures, et on les resserre graduellement au moment des extinctions.

Un massif de fours construit suivant les règles indiquées plus haut, dure environ 15 à 25 ans, suivant la température à laquelle on monte ; l'intérieur et les cornues, de 18 mois à 2 ans, et même plus, suivant les soins qu'on apporte pour obtenir lors des extinctions nécessaires un refroidissement lent et graduel. Au bout de ce temps, on démolit l'intérieur, et on remonte à neuf, cornues, supports et foyer.

CHEMINÉES

Les cheminées d'usines à gaz sont ordinairement construites en briques. La forme ronde est préférable, elle donne moins de prise au vent ; la section circulaire est la plus favorable au mouvement des gaz, et le refroidissement y est moindre. Les cheminées octogonales viennent ensuite. Les moins bonnes sont les carrées, que quelques-uns préfèrent cependant pour la plus grande facilité de l'armaturer (fig. 36, p. 152). Les meilleures autorités conseillent de n'y pas mettre de chapiteau. Voici quelques données empiriques :

Le rapport du soubassement du socle à la hauteur totale H de la cheminée doit être compris entre 1/7 et 1/8.

Diamètre (ou côté) du socle au-dessus du sol : 1/10 à 1/11 de H.

Hauteur du socle : 1/5 à 1/4 H.

Inclinaison (ou fruit) du fût : 18 à 30 millimètres par mètre.

La paroi intérieure se fait par étage de 6 à 10 mètres de hauteur, dont l'épaisseur décroît par différence d'une demi-brique 0,11.

Le diamètre intérieur décroît à chaque étage à partir du bas, la différence totale étant 1/60 H environ.

Au-dessous de l'embouchure du carneau, on ménage un puits de $0^m,50$ à 1 mètre, où se ramassent les cendres folles, et que l'on peut nettoyer au moyen d'une porte fermée en temps ordinaire par une murette en briques.

Lorsque la section de la cheminée est constante du haut en bas, ou lorsqu'elle va en s'évasant depuis le bas vers le haut, la vitesse des gaz est moindre qu'avec les proportions précédentes et le tirage est sujet à être troublé par le vent. D'après M. de Reiche, la plus petite section d'une cheminée doit être au moins

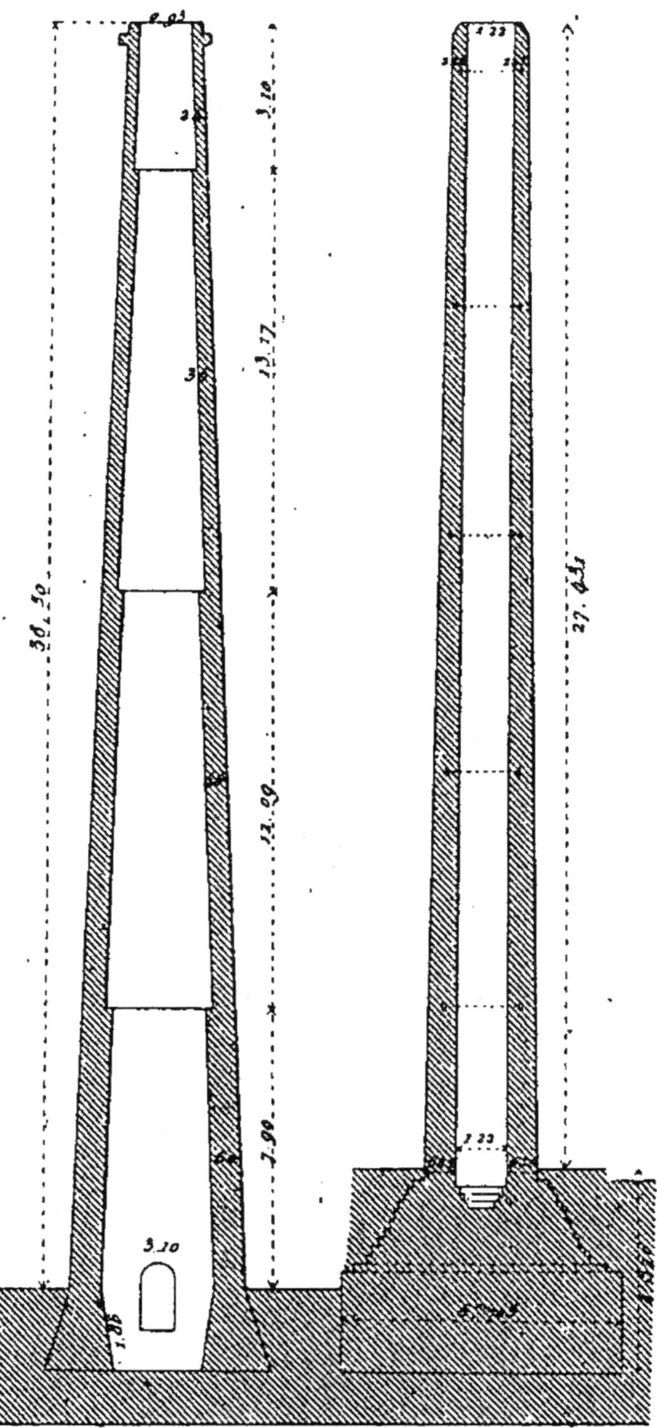

Fig. 36.

égale au 1/4 de la surface de la grille pour un feu de houille, et au 1/6 pour le lignite ou le coke.

La hauteur doit être égale à 25 fois le diamètre intérieur, avec un minimum de 16 mètres. On peut se contenter de hauteurs moindres, en forçant un peu la section : 10 mètres sont généralement suffisants pour obtenir un bon tirage.

Suivant les villes, des règlements de voirie imposent une hauteur minima pour les cheminées.

On peut calculer la hauteur et la section d'une cheminée au moyen des formules suivantes :

Si l'on désigne par H la hauteur de la cheminée, t la température de l'air extérieur, t' la température de l'air intérieur, α le coefficient de dilatation de l'air $= 0,00366$, h la hauteur génératrice de la vitesse v avec laquelle l'air passe à travers le foyer, s la section totale de tous les passages laissés à l'air pour arriver à la cheminée à travers la grille, S la section de la cheminée, on a :

$$h = \frac{H\alpha(t'-t)}{1+\alpha t} \qquad v = \sqrt{\frac{2g\alpha H(t-t')}{1+\alpha t}}$$

La vitesse $\dot{V}$ de l'air dans la cheminée sera :

$$V = v\left(\frac{s}{S}\right)$$

Le poids de l'air Q passant par seconde dans la section s sera, en appelant do la densité de l'air, à 0°, et sous la pression atmosphérique augmentée du poids de la colonne d'air contenu dans la cheminée à la température t'

$$Q = \frac{s d_0 \sqrt{2g\alpha H(t'-t)}}{1+\alpha t'}$$

On a calculé, dans le tableau suivant, les valeurs de h et de v dans un certain nombre de cas :

DIFFÉRENCES de température	HAUTEUR DES CHEMINÉES							
	10 mètres		15 mètres		20 mètres		30 mètres	
	h.	v.	h.	v.	h.	v.	h.	v.
200°....	7.36	10.9	10.9	14.6	14.6	16.9	21.9	21 »
300°....	10.9	14.6	16.4	17.2	21.9	21 »	32.9	25.4
400°....	14.6	16.9	21.9	21 »	29.2	23.9	43.9	29.3
500°....	18.3	18.9	27.4	23.1	36.6	26.8	54.9	32.8
1000°....	36.6	26.8	54.9	32.8	73.2	37.8	109.8	46.4

Nota. — Les colonnes surmontées de la lettre h contiennent, en mètres, les hauteurs motrices, formées d'air uniformément dense, pris à la température t'. Celles qui portent la lettre v donnent la vitesse dans les sections s en admettant que l'air y possède aussi la température t'. Pour avoir la vitesse à la température extérieure θ, il faudrait multiplier les valeurs de v par le rapport :

$$\frac{\sqrt{1 + \alpha\theta}}{\sqrt{1 + \alpha t'}}$$

ou même par :

$$\frac{1}{\sqrt{1 + \alpha t'}}$$

si l'on veut avoir la vitesse de l'air froid à son entrée dans les canaux sinueux de la chauffe.

La vitesse des gaz chauds dans la cheminée ne devrait pas dépasser 5 mètres par seconde, mais elle est toujours dépassée par économie de construction. Connaissant les volumes de gaz qui doivent la traverser, on calculera aisément la section à lui donner.

On peut également calculer la section d'une cheminée par la formule de Tredgold :

$$S = \frac{4}{5} \frac{K}{\sqrt{H}}$$

dans laquelle K représente le nombre de kilos de combustible qu'il faut brûler à l'heure sur la grille;

S la section en décimètres carrés à donner à l'orifice supérieur de la cheminée ;

H la hauteur de celle-ci en mètres, qui est généralement dans les villes imposée par des règlements de voirie.

Lorsqu'il n'y a aucune obligation de ce genre, on peut prendre 15 mètres pour la hauteur. L'économie de construction est notable, et, de plus, on a une moindre dépense de combustible pour le même travail. Comme application, nous calculerons les dimensions à donner à une cheminée desservant une batterie de 8 fours à 7 cornues adossés. La consommation journalière maxima de ce four étant de 32 hect. de coke environ, et l'hectolitre pesant 40 kilos, le poids de combustible brûlé par four est de 1,280 kilos, et, pour les huit fours de la batterie, $1{,}280 \times 8 = 10{,}240$ kil. en 24 heures, soit par heure :

$$\frac{10240}{24} = 426 \text{ kil. } 58.$$

Appliquant à ce cas la formule de Tredgold, et supposant la hauteur de la cheminée égale à 25 mètres, on trouve :

$$S = \frac{4}{5} \; \frac{426 \text{ k. } 58}{\sqrt{25}} = 68^{d2}25$$

ce qui correspond à une section carrée de :

$0^m,82$ de côté, soit, en chiffre rond, $0^m,85$.

Les cheminées carrées employées dans les usines sont presque toujours munies d'armatures. Celles-ci consistent en fers cornières embrassant les arêtes depuis le bas jusqu'en haut, et maintenus par des cadres en fer plat placés à des distances d'environ $1^m 50$ à 2 mètres. Ces fers plats portent un œil à l'une des extrémités et une partie filetée à l'autre.

La partie filetée de l'un s'engage dans l'œilleton de l'autre, etc.; on serre chaque carré avec les écrous vissant sur les parties filetées.

On donne le nom de *cheminée traînante* ou courante à la partie des carneaux qui relie les fours à la cheminée de l'usine : elle est placée suivant les systèmes sous le massif des fours (pour les fours adossés), soit en arrière à une distance quelconque (pour les fours simples).

Elle doit être étanche, sans coude, rétrécissement ou élargissement brusque, et assez large pour que l'on puisse y pénétrer pour la nettoyer ; toutes les parties doivent être accessibles, et l'on doit conserver la possibilité de se rendre compte par des regards de la marche du four.

Elle est munie à ses extrémités de regards bouchés par des plaques réfractaires, et couverts par des plaques en fonte comme les regards des égouts. De plus, si plusieurs cheminées courantes aboutissent à la même cheminée, chacune d'elles est munie d'un registre en tôle mobile dans des glissières verticales, permettant de l'isoler de la cheminée pendant l'extinction de la batterie correspondante, afin de ne pas refroidir la grande cheminée par l'appel d'air froid à travers la batterie éteinte.

CARNEAUX

On peut également calculer la section des carneaux se rendant de chaque four à la cheminée courante. S'il dessert deux fours dont la consommation de coke = $1280 \times 2 = 2,560$ kil. par 24 heures, on peut calculer le volume des fumées lorsqu'on connaît leur température à la sortie du four, leur composition et le volume produit par kilo de coke. Connaissant ainsi le volume débité à la seconde, on fera en sorte que la vitesse $= \dfrac{Vs}{S}$ soit compris en six et dix mètres en se rapprochant le plus possible de la première limite.

FOURS

Nous allons maintenant présenter quelques types de fours à grille employés actuellement.

Les fours à une, deux ou trois cornues, ne sont motivés que là où la consommation est si faible qu'avec des fours plus importants on ne pourrait suivre l'augmentation et la diminution de la consommation.

Four à deux cornues. — Le foyer est construit dans l'axe du four, les cornues placées symétriquement; l'espace libre entre elles pour le passage des flammes est de 0^{m}12 à 0^{m}15 ; les flammes se divisent à droite et à gauche, enveloppent le dessus des cornues, s'engagent dans les carneaux situés sous les cornues et reviennent en avant, passer par des ouvertures munies de registres pour s'en aller à la cheminée courante. Les gaz parcourent ainsi trois fois la longueur du four pour y laisser le plus possible de leur chaleur et empêcher la déperdition latérale de la chaleur du foyer. La grille a 0^{m}40 de largeur et 0^{m}80 de longueur.

Le *four à trois cornues* comprend deux cornues placées symétriquement par rapport à l'axe (comme dans le four à deux) et une cornue placée dans l'axe au dessus des deux autres.

Le *four à quatre cornues* comprend d'un côté le foyer, de l'autre une cornue, un deuxième rang de deux cornues symétriquement placées par rapport à l'axe et une cornue dans l'axe, au troisième rang.

Four à cinq cornues (fig. 37). — Les flammes sortent du foyer par des carneaux à droite et à gauche, sont refoulées par les petits murs continus qui supportent les cornues du haut, passent entre elles pour redescendre à droite et à gauche sous les cornues de côté et ensuite dans des carneaux avec retour de flammes vers le fond du four et de là dans les autres carneaux qui les ramènent sur le devant, aux ouvertures munies de registres qui les conduisent à la cheminée.

Four à six cornues. — La même disposition que le four à sept cornues, sauf la cornue du milieu au dessus du foyer qui est supprimée.

Four à sept cornues (fig. 38, 39, 40). — Employé

aujourd'hui dans les usines où la production est de
plus de 1200 mètres cubes par vingt-quatre heures.

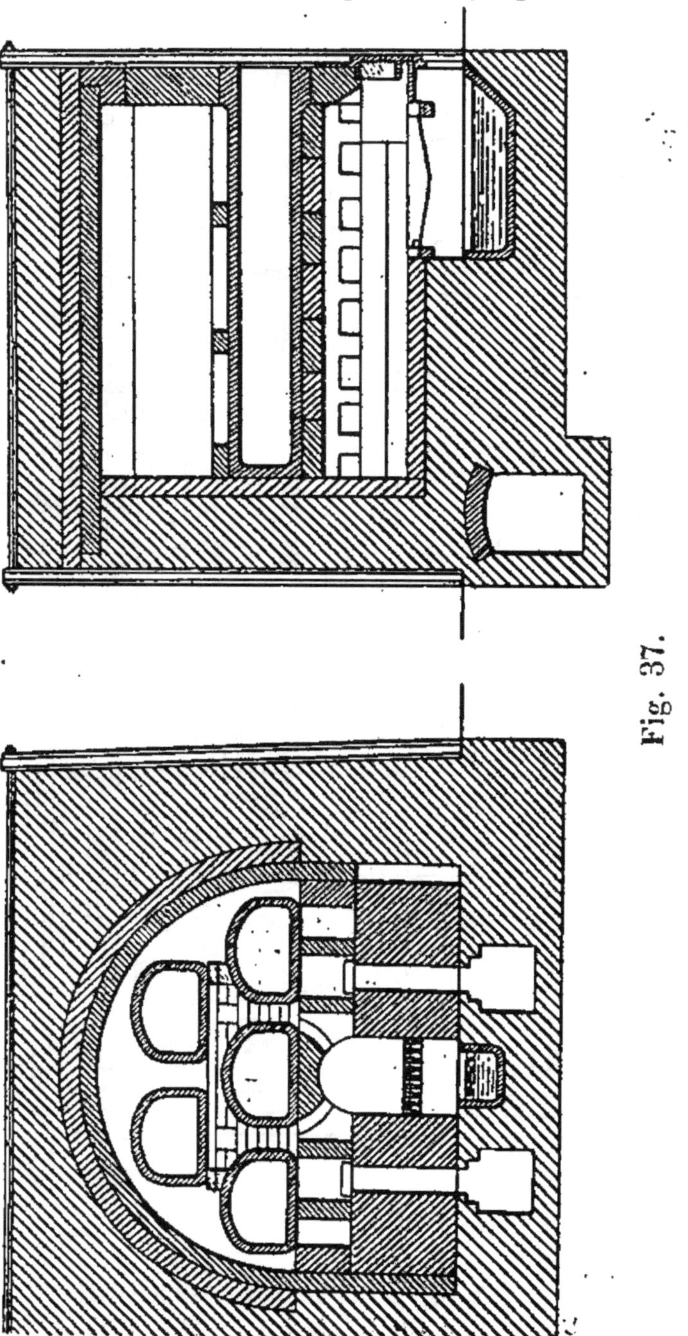

Fig. 37.

Il donne dans ces conditions la consommation minimum de coke par tonne de houille distillée. Même dans le

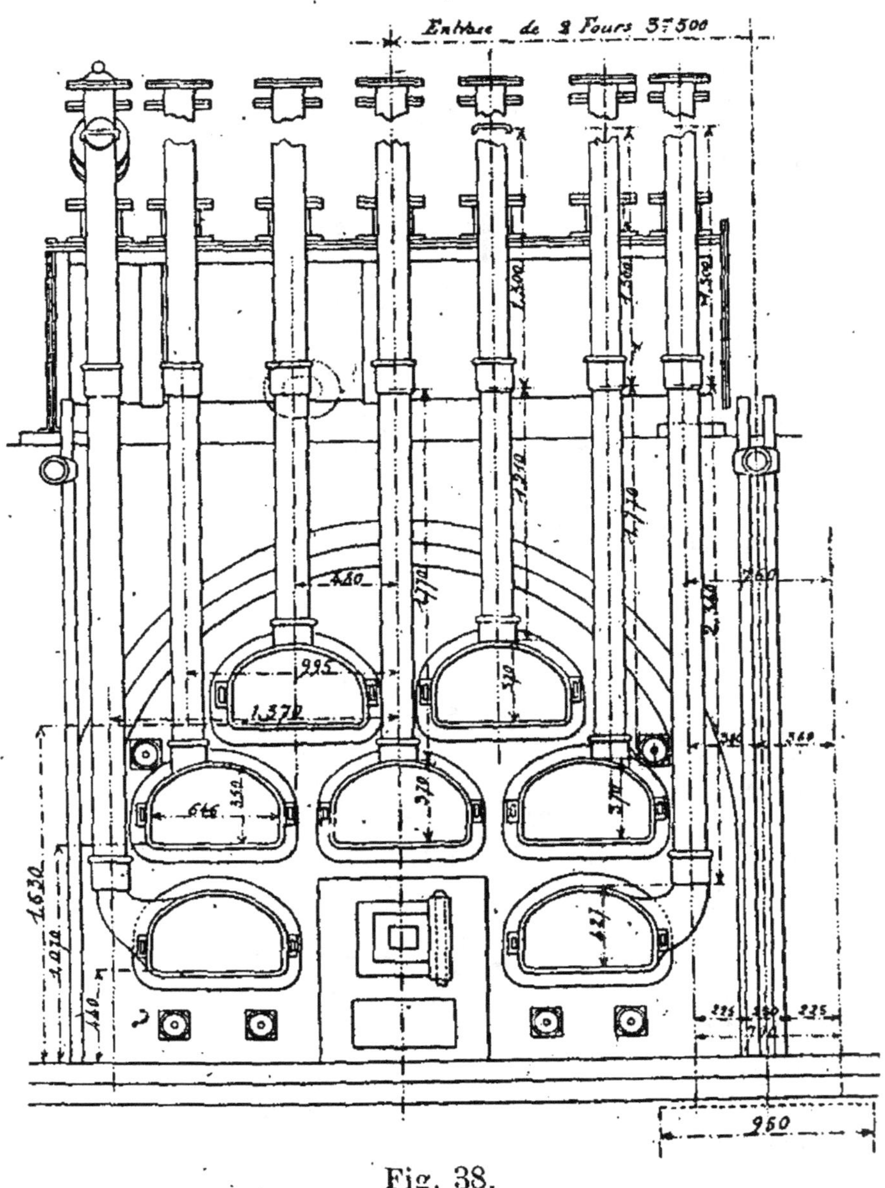

Fig. 38.

cas où la consommation journalière serait inférieure à celle indiquée plus haut, il serait préférable de pren-

Coupe CD
Coupe AB
480
630
820
1.300
2.600
450
Cheminée courante
pour 8 Fours doubles
1.600
1.088

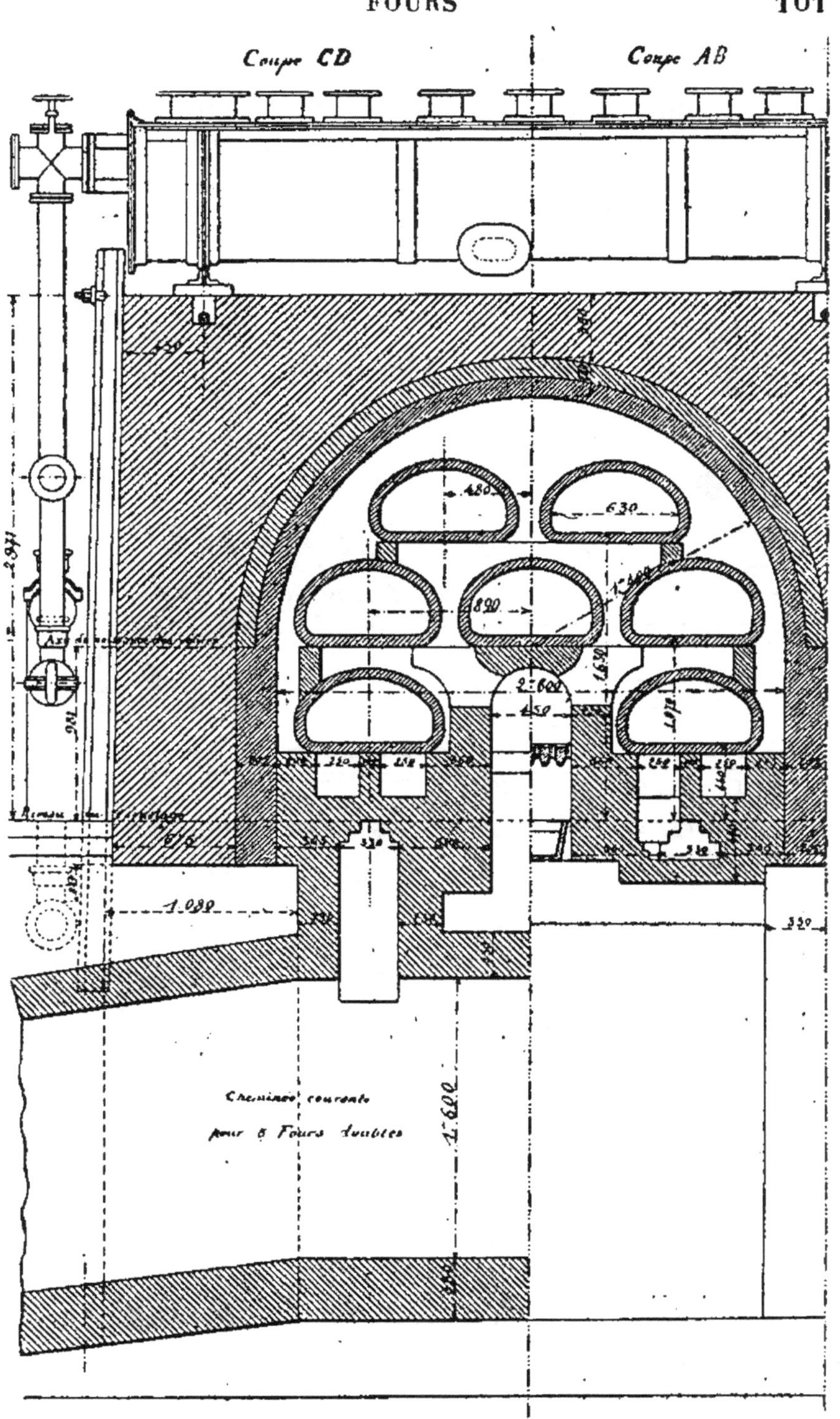

Fig. 39.

dre ce genre de four en réduisant les dimensions des cornues, en chauffant moins et en distillant en six heures au lieu de quatre heures ou quatre heures quarante-huit minutes.

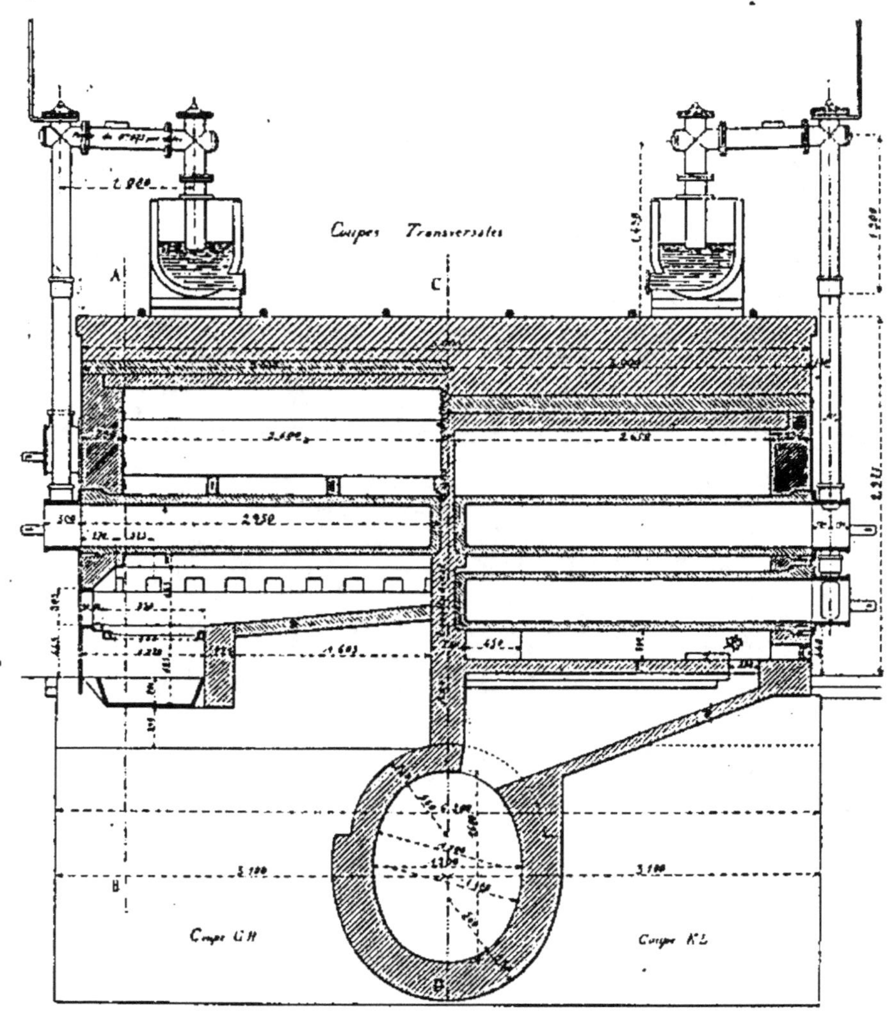

Fig. 40.

Nous indiquerons les chiffres de consommation que nous avons pu obtenir de l'obligeance de directeurs d'usines, pour des four d'importance très différente :

FOURS	CHARBON DISTILLÉ par jour et par four	COKE BRÛLÉ PAR FOUR	COKE BRÛLÉ pour 100 de la PRODUCTION
A 7 cornues. . . .	5.380	1.175 kil.	25.8
7 —	4.900	1.100 —	22.4
6 —	4.200	1.075 —	25.5
5 —	3.000	880 —	29.3
3 —	1.800	650 —	36.1
2 —	1.200	500 —	43.3

Nous indiquerons les résultats obtenus avec les
fours à sept cornues les plus employés, moyennes
de la pratique de longues années d'exploitation, avec
des fours très poussés comme chauffage et fournis-
sant de forts rendements en gaz :

Poids moyen de charbon distillé par
   cornue et par 24 heures . . . . .   750 à   900 kil.
Poids moyen de charbon distillé par
   journée de 12 heures et par homme   2.600 à 2.850 —
Rendement en gaz par 100 kil. . . .   28.4   à 31 m^3.
   —   de houille distillée. . . . .
   —   en coke par 100 kil. . . .   1.8   à   1.9 hect.
   —   en goudron par 100 kil. .   4.7   à   5.5 kil.
   —   en eaux ammoniacales. .   6.4   à 11   lit.
Poids de coke brûlé par 100 kil. de
   houille distillée. . . . .   19.8   à 21.6 kil.
Coke brûlé en volume par tonne de
   houille distillée . . . .   4.97 à   5.4 hect.
Coke brûlé en volume par 100^{m3} de gaz   1.75 à   1.9 —

La distillation opérée dans ces conditions fournissait un gaz d'un pouvoir éclairant voisin de 105 litres par Carcel.

CHAPITRE VI

ÉTUDE DE LA COMBUSTION DANS LES FOURS

Avant de décrire les perfectionnements successifs apportés à l'utilisation de la chaleur dans les fours, et les modifications profondes dans la manière d'employer le combustible, il nous paraît utile de présenter une étude sommaire des phénomènes de la combustion dans les fours ordinaires à grille et dans les fours à gazogène et à récupérateur. Nous y trouverons la justification de l'emploi des combustibles gazeux et les causes de l'économie de combustible réalisée dans ce système.

Nous pourrions faire les calculs qui suivent en partant de la composition exacte du coke : carbone, hydrogène, soufre, eaux hygrométriques, cendres, etc.; mais n'ayant en vue qu'une étude comparative, pour simplifier les calculs, nous supposerons le coke formé seulement de 85 parties de carbone pur et de 15 de déchets. Ces parties négligées pourront avoir quelque influence sur l'exactitude absolue des chiffres trouvés, mais n'apporteront aucun trouble à cette comparaison.

Nous supposons que les 100 kil. de coke tout-venant formés de 85 kil. de carbone pur, soient transformés complètement en acide carbonique en employant avec la quantité d'air strictement nécessaire. 1 kil. de carbone pur fournit dans ces conditions 8,080 calories.

Le coke considéré donne donc $85 \times 8,080 = 686,800$ calories.

Les gaz produits sont composés de :

$$\text{Acide carbonique } 85 \times \frac{22}{6} = 311^{k}7.$$

La quantité d'oxygène nécessaire pour cette transformation est de :

$$\frac{311.7 \times 16}{22} = 226^{k}7$$

et est accompagnée de 758 kil. 4 d'azote.

La température développée par cette combustion théorique dans un milieu athermane est donnée par la formule :

$$686800 = T\,(p\,c + p'\,c')$$

T étant la température cherchée,

p poids de l'acide carbonique, c sa chaleur spécifique $= 0,216$;

p' poids de l'azote, c' sa chaleur spécifique$= 0,244$, en appliquant, on a :

$$686800 = T\,[311.7 \,.\, 0,216 + 758.4 \,.\, 0,244]$$

$$T = \frac{686800}{252.4} = 2721°$$

Les volumes respectifs de ces gaz sont :

$$\text{Acide carbonique} = \frac{311.7}{1.977} = 20.6$$

$$\text{Azote.} \ldots \ldots = \frac{758.4}{1.256} = 79.4$$

$$\overline{100.0}$$

Les décimales négligées nous empêchent de retrouver exactement la composition de l'air :

$$\text{Oxygène.} = 20.93$$
$$\text{Azote . .} = 79.07$$

L'acide carbonique prend donc la place de l'oxygène sans changement de volume: Mais dans le four la combustion se fait toujours avec un excès d'air.

Pour calculer la température dans les conditions de la pratique, il est nécessaire de connaître la composition des gaz brûlés.

Nous prendrons la composition des gaz, trouvée par l'analyse, dans les conditions de la marche habituelle des fours :

Acide carbonique	15.6	en volumes
Oxygène	4.3	»
Azote	80.1	»
	100	»

La composition en poids est :

Acide carbonique	30.84	soit 22.4
Oxygène	6.15	4.5
Azote	100.60	73.1
	137.59	100 »

On voit tout d'abord que la température sera moins élevée, une proportion d'air importante étant venue refroidir les gaz.

Les **22** kil. **4** d'acide carbonique correspondent à 6 kil. 109 de carbone pur; calculons le poids donné par 85 kil. de carbone pur, autrement dit **100** kil. de coke tout-venant. Nous obtenons :

Acide carbonique	311^{k}7
Oxygène	62.6
Azote	1.017.1

Nous avons donc la formule :

$$686800 = T[311,6 . 0,216 + 62,6 . 0,217 + 1017,1 . 0,244]$$

$$T = \frac{686800}{329.05} = 2087°$$

On voit que dans ce cas la température n'est plus que les 76/100 de la première.

Les températures trouvées 2,721 et 2,087° sont utiles comme comparaison, mais ne sont pas les températures réelles des fours. Les phénomènes de dissociation et l'accroissement des chaleurs spécifiques avec la température dont nous n'avons pas tenu compte abaissent considérablement la température de la combustion. Des expériences faites avec toute la précision désirable, soit avec le thermomètre à air, le thermo-calorimètre Salleron ou le pyromètre Siemens indiqué plus loin, n'ont jamais fourni des températures supérieures à 1,600° dans les fours à gaz.

On admettait autrefois que l'excès d'air employé pour la combustion variait de 50 à 100 0/0. Avec les chiffres indiqués plus haut nous pouvons déterminer cet excès.

Dans le premier cas, les 311 kil. 7 d'acide carbonique contenaient 85 kil. de carbone qui, brûlés avec la quantité d'air strictement nécessaire, exigeaient 226 kil. 7 d'oxygène accompagnés de 758 kil. 4 d'azote, soit un poids d'air égal à 226.7 + 758.4 = 985 kil. 1.

Dans le second cas, on a 1,071.1 d'azote qui correspond à un poids d'air =

$$\frac{1071.1 \times 100}{77} = 1391 \text{ k. } 7$$

L'excès d'air est donc :

$$1391.7 - 985.1 = 406.6,$$

le rapport est :

$$\frac{406.6}{985} = 41\ 0/0$$

C'est un minimum.

On voit que le poids d'oxygène 320 de l'air, moins celui de l'acide carbonique 226 = 94 kil est notablement supérieur à celui trouvé dans le second cas 62.5 ; une partie a dû être employée à brûler l'hydrogène et le soufre du coke, dont nous n'avons pas tenu compte.

On peut essayer de chercher comment est utilisée la chaleur dans les fours et voir quelles pertes on peut essayer de réduire. Nous prendrons, comme base, la quantité de chaleur développée dans le four à 7 cornues indiqué plus haut :

Le coke brûlé par 24 heures. . .   1.180 kilos.
Charbon distillé . . . .   5.500   —
Gaz produit. . . . .   1.650 m³.
Coke produit. . .   1 hect. 8 = 72 k. par 100 k. de houille.

Ces 1,180 kil. de coke contiennent 1,003 kil. de carbone pur ; la quantité de chaleur dégagée = $1,003 \times 8,080 = 8,104,240$ calories.

1° Pertes par la cheminée

Des déterminations pyrométriques ont montré que les gaz des fumées quittent le four à 1,200°. En se reportant à la composition des gaz trouvés, la quantité de chaleur Q emportée est $= Q = 1,200\ (pc + p'c' + p''c'')$, nous avions trouvé pour le produit des chaleurs spécifiques par les poids du gaz pour un poids de carbone pur $= 85$ k. ou 100 kil. de coke tout-venant le nombre 329,05. Pour 1,180 k. on aura :

$$329,05 \times 11,80 = 3.882,8$$
$$Q = 1.200 \times 3.882,8 = 4.659.360$$

La perte est donc :

$$\frac{4.659.360}{8.104.240} = 57.4 \ 0/0$$

c'est-à-dire près des 3/5 de la chaleur développée dans le four.

2° Pertes par les produits de la distillation.

Le poids de coke obtenu =

$$5,500 \times 72 = 3,960 \text{ kil. coke}$$

et les autres produits de la distillation :

$$5,500 - 3,960 = 1,540 \text{ kil. gaz bruts}$$

qui s'échappent à une température d'environ 450° qui a été déterminée au moyen de thermomètres placés près de la tête de cornue, les chaleurs spécifiques des composés qui sortent de la cornue étant pour :

Hydrogène.	3,409
Acide sulfhydrique.	0,423
Azote	0,244
Acide carbonique.	0,216
Hydrogène bicarboné	0,404
— protocarboné.	0,593
Vapeur d'eau.	0,480
Ammoniaque.	0,508
Benzine.	0,375
Naphtaline.	0,415
Carbures $C^n H^{2n}$.	0,497
Bouillant	de 200 à 260

Comme l'on connaît les poids respectifs de ces éléments, on peut calculer leur chaleur spécifique moyenne. On trouve ainsi que l'on peut prendre sans s'éloigner beaucoup de la vérité le nombre 0,45 comme chaleur spécifique du gaz brut.

La quantité de chaleur que les produits gazeux emportent du four est donc égale à :

$$1,540 \times 0,45 \times 450 = 311,850 \text{ calories.}$$

Le coke emporte, sa chaleur spécifique étant 0,20 et la température moyenne de la cornue 1,275°, une quantité de chaleur égale à $3,960 \times 0,20 \times 1,275 = 1,009,800$ calories.

La somme de ces deux pertes $= 1321650$ calories et le rapport $\dfrac{1321650}{8104240}$ soit 16.3 % de la chaleur totale.

3° Pertes par les maçonneries

On ne fait pas intervenir la perte par la sole et les piédroits, car on admet que cette perte est compensée par la chaleur qui rayonne de la cheminée courante et des rampants ; mais seulement la perte par le *masque* et la partie supérieure du massif.

Péclet admet que la chaleur perdue par m^2 et par heure à travers une paroi solide est donnée par la formule :

$$Q = \frac{t \times k}{e}$$

k coefficient de conductibilité de la paroi ;

e son épaisseur ;

t la différence de température entre les deux faces de la paroi.

La façade du four a 0 mèt. 35 d'épaisseur, la température extérieure est de 150° et la température intérieure 1,275 :

$$t = 1275 - 150 = 1125°.$$
$$k = 0,68.$$
$$Q = \frac{0,68 \times 1125°}{0,35} = 2185 \text{ cal. par m}^2 \text{ et par heure.}$$

Le calcul de la surface du four donne 5.81, moins la surface du foyer 0,32 et la surface des têtes des 7 cornues 1.44. On a donc comme surface de rayonnement $= 4^{m2},05$.

La quantité de chaleur perdue par rayonnement, par 24 heures, est :

$$Q = 2,184 \times 24 \times 4.05 = 212,284 \text{ calories.}$$

La perte est égale à :

$$\frac{212284}{8104240} = 2.6 \ 0/0.$$

Le dispositif qui consiste à diminuer cette perte en portant l'épaisseur du masque à 0.60, ce qui abaisse la température extérieure du masque à 50°, ne diminue la perte que de 1 0/0 environ, mais occasionne des bouchages nombreux des colonnes montantes. Il est donc sans intérêt.

La substitution des briques creuses a donné une économie de 1.5 0/0, mais a les mêmes inconvénients.

4° Pertes par la partie supérieure du massif

En faisant la même hypothèse et introduisant comme épaisseur dans la formule de Péclet $e = 60$, on trouve que la perte est d'environ 1.5 0/0.

5° Pertes par le foyer

Elles sont multiples.

La perte provenant de la vaporisation de l'eau hygrométrique du coke environ 10 0/0, soit dans le cas présent 118 kilos d'eau. Il faut :

1° Une quantité de chaleur pour vaporiser cette eau ;

2°. Pour élever la température de la vapeur de 100° à la température du milieu.

Cette dépense de caloric est donnée par la formule de Regnault :

$$Q = 606.5 - 0.695\ T,$$

T étant la température du milieu. Mais on voit que Q devient nulle quand T atteint :

$$\frac{606.5}{0,695} = 870°$$

La température du four étant supérieure à celle-ci, il n'y a pas lieu d'appliquer cette formule ; il suffit de considérer la chaleur spécifique.

La chaleur nécessaire pour élever 118 kilos d'eau à la température du four 2,087° est égale à 118 kil. $\times$ 0,48 $\times$ 2,087 $=$ 118,207 calories.

La perte $=$

$$\frac{118.207}{8.104\ 240} = 1.45\ 0/0.$$

En second lieu, il y a la perte de chaleur résultant des mâchefers extraits à la température du foyer.

En nous reportant plus haut, leur poids $=$

$$\frac{1180 \times 15}{100} = 153^k.$$

La chaleur qu'ils emportent, en supposant leur chaleur spécifique égale à celle du coke, 0,20 :

$$153 \times 0,20 \times 2,087 = 63,862.$$

$$\text{perte } \frac{63.862 \times 100}{8.104.240} = 0,8 \ 0/0.$$

L'eau du cendrier entraîne également une perte, mais cette eau, décomposée dans le foyer, restitue dans le four la même quantité de chaleur, par la combustion de l'hydrogène qu'elle avait fourni.

En résumé, la répartition des pertes paraît être la suivante :

Par la cheminée.		57.4
» les produits de la distillation coke.	⎱	
» » gaz. .	⎰	16.3
Par les maçonneries façade. . . .	2.6 ⎱	
» massif supér 1.5	⎰	4.1
Par le foyer eau.	1.45 ⎱	
» mâchefer	0.8 ⎰	2.2
Pertes diverses, résultant de l'ouverture du foyer, pendant les garnissages et le décrassage ; l'ouverture des cornues pendant le délutage et le chargement qu'on peut évaluer sans exagération à		7.0
Total		87.0

On voit que l'on n'utilise réellement pour la distillation que 13 0/0 de la chaleur développée dans le foyer.

Etudions chacune de ces pertes et voyons si on peut les réduire.

Par le coke déluté

Il semble que si l'on chargeait les foyers avec du coke sortant des cornues, on pourrait gagner quelque chose. Il ne resterait que la perte résultant du coke non employé au chauffage, éteint sur le carreau de la cour. On peut faire le calcul :

Les 1,180 kilos de coke employés au chauffage du four, introduits dans le foyer au rouge-cerise, soit environ 800°, feraient récupérer une quantité de chaleur égale à

$$1,180 = 0,20 \times 800 = 188,000 \text{ calories.}$$

De plus, ce coke ne contenant pas d'eau, nous gagnerions 118,207 calories que nous avions perdu dans le foyer. Le gain total serait donc de :

$$\frac{306.207}{8.104.240} = 3.7 \ 0/0.$$

Cette économie avait déjà été réalisée par quelques directeurs d'usines, et l'est également aujourd'hui dans l'emploi des fours à générateurs, entre autres le Schilling, le Klönne et le Liégel, dans lesquels on charge directement les gazogènes avec le coke sortant des cornues.

On a pu également, comme nous l'avons indiqué plus haut, réduire la perte par le masque, en donnant à la maçonnerie une épaisseur plus forte ou en employant les briques creuses. L'économie était de 1,5 0/0.

En donnant au massif une plus grande épaisseur ou en employant des matières peu conductrices (sable, etc.), on pourrait réduire de 1 0/0.

En mettant un écran devant les colonnes montantes et en faisant circuler entre lui et le four l'air destiné à alimenter le foyer on a pu gagner environ 5 0/0.

Ces diverses économies :

Masque	1.5
Maçonnerie (massif)	1.0
Coke	3.7
Air (alimentation du foyer)	5.0
Se chiffrent par un total de.	11.2 0/0

La perte totale, sauf celle de la cheminée et des diverses serait de :

11,2 au lieu de 22,6.

C'est tout ce que l'on peut gagner en dehors de la perte considérable résultant de la chaleur emportée par les gaz dans la cheminée.

Perte par la cheminée

Cette perte considérable (57,4) peut être réduite. Nous allons voir comment.

Nous suivrons pour ce travail la méthode si clairement exposée par M. Melon, dans un travail présenté au congrès de la Société technique du gaz en 1881, dans lequel il a utilisé les expériences publiées antérieurement par la Société industrielle de Mulhouse.

La totalité de la perte indiquée plus haut constitue-t-elle une perte réelle? Non, car une partie sert à déterminer le tirage dans la cheminée. Le problème revient donc à déterminer la perte réellement perdue, inutilisée sans profit. On a vu par expérience que le tirage d'une cheminée atteignait son maximum lorsque la température des gaz chauds était d'environ 500 degrés. On peut d'ailleurs la déterminer par le calcul.

Nous avons trouvé plus haut que si H désigne la hauteur de la cheminée, T la température des gaz chauds, θ la température extérieure, la vitesse d'écoulement des gaz chauds au haut de la cheminée est :

$$(1) \qquad V = \sqrt{2g\,H\,\alpha\,\frac{T-\theta}{1+\alpha\theta}}$$

et la vitesse d'accès de l'air à la partie inférieure :

$$(2) \qquad V' = \sqrt{2g\,H\,\alpha\,\frac{T-\theta}{1+\alpha T}}$$

Considérons cette deuxième formule et pour simplifier, supposons $\theta = 0$

$$V' = \sqrt{2g\,H}\sqrt{\frac{\alpha T}{1+\alpha T}}$$

Si nous supposons que T croisse indéfiniment, la valeur $\sqrt{\dfrac{\alpha T}{1+\alpha T}}$ tend vers l'unité, par suite V' tend vers sa limite $\sqrt{2g\,H}$.

Si nous construisons la courbe de cette vitesse, nous aurons la forme ci-dessous (fig. 41), les températures étant portées en abcisse :

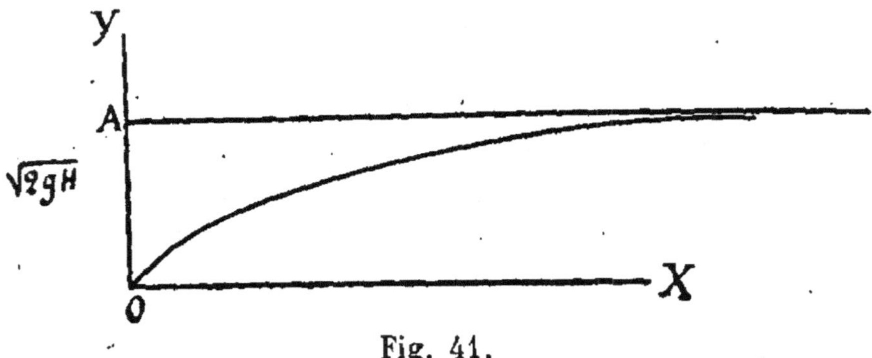

Fig. 41.

De plus en prenant les valeurs du facteur $\dfrac{\alpha\,T}{1+\alpha\,T}$ qui sont :

T	$\sqrt{}$
50°	0,409
300°	0,739
400°	0,785
500°	0,805
1.000°	0,895
1.200°	0,905
1.500°	0,926

nous voyons que la vitesse croît rapidement avec la température jusqu'à 400°, puis très lentement jusqu'à 1,200° ; au-delà, les variations sont très faibles.

Mais il n'y a pas que la vitesse d'accès d'air froid au pied de la cheminée qui soit à considérer, il est aussi important d'étudier les variations de la quantité d'air froid appelé.

Si S est la section moyenne de la cheminée, le volume des gaz chauds est :

$$Q = V.S = S\sqrt{2gH\alpha\,\frac{T-\theta}{1+\alpha\theta}}$$

ou dans le cas où nous avons pris $\theta = 0$

$$Q = S\sqrt{2gH\alpha\,T.}$$

Pour avoir le volume d'air froid :

$$Q_0 = \frac{Q}{1+\alpha\,T}$$

il suffit de diviser le précédent radical par le binôme de dilatation :

$$Q_0 = \frac{S}{1 + \alpha T} \sqrt{2gH\alpha T} = S\sqrt{2gH} \sqrt{\frac{\alpha T}{(1 + \alpha T)^2}}$$

Nous remarquons de suite que le second radical est susceptible d'un maximum qui a lieu pour $\alpha T = 1$ d'où $T = \dfrac{1}{\alpha} = 273°$. Quand T croît indéfiniment Q_0 tend vers 0, la courbe a donc la forme ci-dessous (fig. 42) :

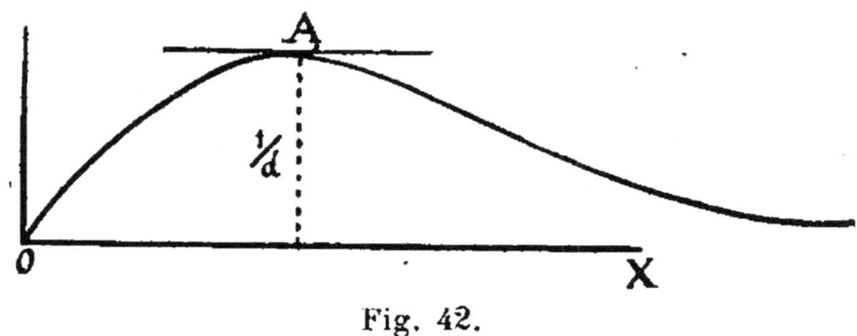

Fig. 42.

Une cheminée appelle donc une certaine quantité d'air froid qui va en croissant jusqu'à 273° et puis diminue constamment vers zéro.

De la première formule, nous avons déduit que la vitesse d'accès de l'air froid croît rapidement jusqu'à 500° et insensiblement au-delà. Nous concluons qu'une cheminée donnée atteint son maximum de puissance quand la température moyenne des gaz qu'elle contient est de 500° environ : c'est-à-dire qu'elle les reçoit à une température voisine de 500 à 600°.

Par suite, si dans une cheminée qui reçoit les gaz à 1,200° nous pouvions, par un artifice quelconque, ramener la température de ces gaz à 600°, nous augmenterions la puissance de cette cheminée, puisque nous diminuerions leur vitesse $\sqrt{2gHT}$, et que la vitesse diminuée correspond à une diminution des frottements et des pertes de charge.

L'observation suivante faite sur une cheminée

$$H = 15^m \quad S = 0^{m2}75 \quad S' = 0^{m2}60$$

confirme bien ces déductions.

Lors de la mise en marche, on a relevé les chiffres suivants :

Après 12 heures de marche T =		200°	Tirage	$7^{m/m}$
» 24	»	500°	»	$10^{m/m}$
» 36	»	600°	»	$11^{m/m}5$
» 48	»	1.000°	»	$11^{m/m}5$

Bien que la température ait augmenté régulièrement jusqu'à **1,000°** et plus, le tirage n'a pas varié ; il avait atteint son maximum pour une température des gaz de 600° environ.

C'est donc cette température de 600° qu'il faut laisser aux gaz à leur entrée dans la cheminée.

On voit que la moitié environ de la perte par la cheminée que nous avons trouvée est employée à assurer le maximum de tirage.

Elle est de **2,329,680** calories.

Si nous les utilisions, nous réaliserions une économie de :

$$\frac{2.329.680 \times 100}{8.104.240} = 28.8 \; 0/0$$

C'est-à-dire, dans le cas qui nous occupe, une économie de **339** kil. de coke en 24 heures par four à 7 cornues.

Dans ce but, on chercha à utiliser pour distiller une matière susceptible de donner du gaz, la quan-

tité de chaleur que possèdent les gaz entre 1200°
(sortie du four) et 600° nécessaire seulement pour
assurer le tirage de la cheminée.

M. Croll, en Angleterre, avait construit un système de four pour cet objet (fig. 22). Le four était
divisé en deux parties sur une certaine hauteur, par
un mur longitudinal construit dans l'axe. Du côté droit
se trouvait le foyer, et au-dessus de lui deux cornues
superposées en terre réfractaire; les flammes mon-
taient autour de ces cornues jusqu'à la voûte et redes-
cendaient de l'autre côté du four, où étaient placées
deux cornues superposées en fonte. La différence de
conductibilité de ces cornues compensait la différence
des températures des gaz qui les chauffaient. Cet
essai, quoique rationnel, n'est pas entré dans la pratique.

On a cherché également à utiliser la chaleur des
gaz brûlés, à chauffer des chaudières à vapeur pour
le service de l'usine.

Cette application, faite avec intelligence, a donné
de bons résultats. Dans l'une d'elles, les gaz brûlés
provenant de 4 fours chauffaient une chaudière four-
nissant de la vapeur à une machine de 25 chevaux.
Par leur passage à travers les chicanes entourant la
chaudière, la température des gaz s'abaissait d'environ 300°.

On s'est rendu compte, d'après la quantité de vapeur produite, que l'économie correspondait au poids
de charbon employé, quand on ne se servait pas des
gaz brûlés pour ce chauffage.

M. Melon a utilisé ces gaz brûlés à chauffer l'air
destiné à l'alimentation du foyer; il faisait passer
l'air dans des tuyaux en fonte autour desquels circu-

laient les fumées, ou dans des chambres, formantdérivation sur la cheminée, et garnies avec des blocs réfractaires système Lencauchey, Gaillard et Haillot, etc.

L'air ainsi porté à une température élevée (400°), était distribué sous les grilles par l'intermédiaire d'une boîte en fonte qui fermait l'ouverture du cendrier.

Le système de chauffage à l'air chaud est parfaitement applicable aux fours ordinaires, mais il est indispensable d'avoir des cheminées puissantes pour vaincre la résistance qu'éprouve l'air à travers les nombreuses chicanes que l'on doit lui faire parcourir pour obtenir un effet utile. Aussi M. Melon faisait-il remarquer que l'emploi d'un ventilateur pour insuffler l'air dans les foyers serait plus économique que le tirage des cheminées. Il donne à l'appui ce calcul :

Pour un four consommant 1,200 kilos de coke en 24 heures, il est nécessaire d'amener $15 \times 1,200 = 18,000^{m3}$ d'air froid sous la grille. Or, un bon ventilateur peut débiter $3,000^{m3}$ d'air par heure et par cheval-vapeur, soit $72,000^{m3}$ en 24 heures.

En admettant qu'un cheval-vapeur consomme 3 kil. de coke par heure, soit 72 kilos en 24 heures, la force nécessaire à l'alimentation d'air d'un foyer correspondrait seulement à la consommation de 18 kilos de coke en 24 heures. Dans l'état actuel, nous avons montré que le tirage correspondait à une température de 600° pour les gaz chauds, soit 2,329,680 calories, soit encore à :

$$\frac{2329680}{8080} = 288 \text{ kil. de coke.}$$

Une consommation de 18 kilos au lieu de 288 kilos, voilà le rapport de l'économie existant entre l'emploi du four soufflé par ventilateur et l'emploi du four muni de sa cheminée d'appel.

Et même, si l'on emploie le soufflage, il est inutile d'envoyer les gaz chauds dans la cheminée à 600°; on pourrait employer la majeure partie de la chaleur des gaz brûlés à distiller du charbon dans des cornues en fonte, et même distiller dans ces cornues les charbons reconnus comme distillant le plus facilement à basse température.

Il est à souhaiter que des essais soient faits dans ce sens.

La solution à laquelle on s'est arrêté maintenant pour l'utilisation de la chaleur des gaz brûlés, est l'emploi des fours à gazogène et à récupérateur ; on fait non seulement une économie de ce fait, mais on obtient encore la combustion avec un moindre excès d'air, nouvelle cause d'économie.

Nous étudierons la combustion dans les fours Siemens à gazogène et récupérateurs développés, comme les emploie la Compagnie Parisienne du gaz, qui donnent à peu près le maximum des économies réalisées.

FOURS SIEMENS

Nous fournirons, dans le cours de ce travail, des renseignements inédits, résultats d'études faites par nous sur ces fours à l'usine d'Ivry.

Les prises de gaz du générateur étaient faites au-dessus du générateur dans le carneau de départ, près de la voûte, au moyen d'un tube à circulation d'eau. On opérait les analyses sur la cuve à mercure, et l'on dosait l'hydrogène au moyen de l'eudiomètre de Bunsen ; les gaz étaient ramenés à la température de 0° et à la pression de 760^{mm} ; on a tenu compte également de la tension de la vapeur d'eau à la température de l'expérience :

GAZ SORTANT DU GAZOZÈNE   EN VOLUMES

Acide carbonique	0,05.8
Oxyde de carbone.	0,26.2
Hydrogène	0,09.2
Azote.	0,58.8
	1.00.0

Combustion dans le générateur

La teneur en azote des gaz combustibles étant 0,058, le volume d'oxygène contenu dans l'air introduit en même temps est égal à :

$$\frac{0,58.8 \times 20.93}{79.07} = 0.155.$$

L'oxygène contenu dans les gaz combustibles est 0,058 d'acide carbonique, contenant 0,05.8 d'oxygène 0,26.20 d'oxyde de carbone,   »   0,13.1   »

Oxygène en totalité. . . 0,18.9

L'excès d'oxygène 0,18.9 — 0,15.5 = 0,03.4, provient de la décomposition de l'eau qui alimente le foyer du générateur.

Le volume d'hydrogène fourni par la décomposition de l'eau est donc = 0,034 × 2 = 0,068. La différence 0,092 — 0,068 = 0,024 représente l'hydrogène contenu dans le coke employé.

TABLEAU DE LA COMBUSTION DANS LE GÉNÉRATEUR (en volumes)

Éléments			Produits		
Vapeur de carbone.	0,160 (1)				
Eau. . .	0,068	{ Oxygène . . . . . 0,034 (2) { Hydrogène 0,068 (3)	(1) Carbone. . . . 0,029 (2) (4) Oxygène . . . 0,058	}	0,058 acide carbonique.
Air. . .	0,743	{ Oxygène . . . . 0,155 (4) { Azote. 0,588 (5)	(1) Carbone. . . . 0,131 (2) (4) Oxygène . . . 0,131	}	0,262 oxyde de carbone.
Hydrogène du coke. .	0,024 (6)		(3) (6) 0,092 Hydrogène (5) 0,588 Azote		
	0,995			1.000	

MÊME TABLEAU (en poids)

Éléments			Produits		
Vapeur de carbone de l'acide carbonique et de l'oxyde de carbone.	0,1730 (1)		(1) Carbone. . . 0,0318 (2) (4) Oxygène. . . 0,0829	}	0,1147 acide carbonique.
Eau. . . .	0,0530	{ Oxygène. . . . . 0,0471 (2) { Hydrogène. . . . 0,0059 (3)	(1) Carbone. . . . 0,1412 (2) (4) Oxygène. . . 0,1873	}	0,3285 oxyde de carbone.
Air. . . .	0,9616	{ Oxygène. . . . . 0,2231 (4) { Azote. 0,7385 (5)			
Hydrogène	0,0023 (6)		(3 (6) 0,0082 Hydrogène. (5) 0,7385 Azote.		
	1.1899			1.1899	

On peut déjà tirer de là quelques conséquences :

1° La proportion en poids de l'hydrogène au carbone, dans le coke, est :

$$100 \, \frac{0,0023}{0.173} = 1.3 \; 0/0 \, ;$$

2° La quantité d'eau décomposée par kilo de coke =

$$100 \times \frac{0.053}{0.173} = 30 \; 0/0 \text{ ou } 0_k300 \, ;$$

3° Volume du gaz produit par kilo de coke =

$$\frac{100}{0.173} = 5^{m3}77 \, ;$$

4° Le poids de 1^{m3} de gaz est 1 kil. 189 ;

5° Volume d'air employé par kilogramme de coke (dans le générateur) $= 4^{m3},640$;

6° Poids d'air employé (id.) :

$$\frac{0,9166}{0.173} = 5^k298.$$

Chaleur développée dans le générateur

1 kilo de carbone produisant 3 kil. 677 d'acide carbonique développe 8,080 calories. Un mètre cube d'acide carbonique obtenu aura produit :

$$\frac{8080 \times 1.9774}{3677} = 4345 \text{ calories.}$$

De même 1 kilo de carbone produisant 2 kil. 333 d'oxyde de carbone et 2,474 calories, un mètre cube d'oxyde de carbone obtenu aura produit :

$$\frac{2.474 \times 1.254}{2.333} = 1.329 \text{ calories}$$

La combustion que nous étudions aura développé dans le générateur une quantité de chaleur égale :

Acide carbonique. . . . $0,058 \times 4.345 = 252$
Oxyde de carbone . . $0,262 \times 1.329 = 348$

$$\text{Total. . . . . } 600 \text{ calories.}$$

Or les 0,173 de carbone auraient produit par une combustion complète :

$$0,173 \times 8.080 = 1.397 \text{ calories,}$$

donc cette combustion partielle a produit dans le générateur $\dfrac{600}{1.397} = 42$ 0/0 de la chaleur qui aurait été produite par la combustion complète de la même quantité de carbone.

Répartition de la chaleur développée

Pour produire 1 kilo d'hydrogène par décomposition de l'eau, il faut dépenser 34,462 calories. Pour produire un mètre cube, on dépensera :

$$34,462 \times 0,08958 = 3,087 \text{ calories}$$

Notons qu'il faut bien prendre le chiffre de 34,462 calories, puisque l'eau est amenée au générateur à l'état liquide et qu'on peut la supposer à 0° sans erreur sensible.

La production de 0,068 d'hydrogène provenant de la décomposition de l'eau absorbera

$$0,068 \times 3,087 = 200 \text{ calories.}$$

La chaleur emportée par les gaz à leur sortie du générateur sera :

Gaz	Poids dans 1^{m3}	Chaleur spécifique	
CO^2	$0,1147 \times 0,216$	$= 0,02477$	
CO.	$0,3285 \times 0,247$	$= 0,08113$	
H	$0,0082 \times 3.409$	$= 0,02795$	
Az..	$0,7385 \times 0,244$	$= 0,18019$	
		$0,31404$	

Les gaz quittant le générateur à 905° (moyenne
d'un grand nombre de déterminations) emporteront
une quantité de chaleur égale à :

$$0,31404 \times 905 = 284 \text{ calories.}$$

Résumé de la chaleur développée dans le générateur

Décomposition de l'eau. .	210 pour 0/0	35.00
Emportée par les gaz. . .	284 —	47.40
Perdue par la vaporisation de l'eau non décomposée, par le rayonnement et les mâchefers	106 —	17.6
	600	100.0

Combustion dans le four

La quantité d'oxygène nécessaire pour brûler un
mètre cube des gaz combustibles venant du générateur est égale à :

0,262 d'oxyde de carbone exigent..	0,131
0,092 d'hydrogène	0,046
Total d'oxygène nécessaire. . .	0,177

qui sera accompagné de $\dfrac{0,177 \times 79.07}{20.93} = 0,664$ d'azote.

C'est-à-dire qu'il faudra un volume d'air égal à

$$0,177 + 0,664 = 0,841.$$

Les gaz brûlés seront donc composés :

Acide carbonique. 0,320
Vapeur d'eau. 0,090
Azote 0,588 + 0,664 . . . . 1.252
$$\overline{}$$
1.662

L'eau disparaissant dans l'analyse, il ne reste
que :

Acide carbonique. 0,320
Azote. 1.252
$$\overline{}$$
1.572

Si nous nous reportons à l'analyse des gaz brûlés :

Acide carbonique. 0,172
Oxygène. 0,029
Azote. 0,799
$$\overline{}$$
1.000

nous voyons que l'acide carbonique entre pour
0,172. Donc le volume des gaz brûlés résultant de
la combustion de un mètre cube de gaz combustibles =

$$\frac{1 \times 0,320}{0,172} = 1^{m3}860$$

L'excès $1,860 - 1,572 = 0,288$, représente l'air en
excès, qui est composé de :

Oxygène 0,061
Azote 0,227
____
0,288

La composition des gaz brûlés doit être :

Acide carbonique	0.320	0.172
Oxygène	0.061	0.033
Azote	1.469	0.795
	_____	_____
	1.860	1.000

Si nous comparons cette composition avec l'analyse des gaz brûlés l'erreur est inférieure à 1/2 0/0. Les analyses des gaz combustibles et des gaz brûlés étant faites à des moments quelconques, les moyennes ne peuvent dépasser cette précision. Ces différences tiennent à la variabilité incessante de la composition des gaz.

Nous donnons ci-après (page 190) le Tableau de la Combustion dans le four. Ce tableau indique la composition en volumes des gaz brûlés, ainsi que leur composition en poids :

TABLEAU DE LA COMBUSTION DANS LE FOUR

Composition en volumes des gaz brûlés

Un mètre cube de gaz combustibles
- Acide carbonique 0,058 (1)
- Oxyde de carbone 0,262 (2) $+$ Oxygène 0,131 (3)
- Hydrogène 0,092   »   »   0,046
- Azote. 0,588 (4)

Air nécessaire à la combustion 0,841
- Oxygène 0,177 (3)
- Azote. 0,664 (4)

Air en excès 0,288
- Oxygène 0,061 (3)
- Azote. 0,227 (4)

(1) Acide carb. 0,058 { 0,320 acide — 0,262 carbonique } 0/0 0,172

Vapeur d'eau 0,092 disparaît dans l'analyse

(3) Oxygène en excès... 0,061 . . . . 0/0 0,033

(4) Azote..... 1.479 . . . . 0/0 0,795

1.860   1.000

Composition en poids

	Acide carbonique	Par kilo de gaz brûlés	Pour 100 kilos de combustib.

Un mètre cube de gaz combustibles
- Acide carbonique.. 0,1147
- Oxyde de carbone. 0,3285 $+$ Oxygène 0,1874 donne Ac. carb. 0,5159
- Hydrogène . . . . 0,0082 $+$ Oxygène 0,0658
- Azote. 0,7385

Air nécessaire à la combustion 1m30871
- Oxygène. 0,2532
- Azote. 0,8339

Air en excès 0m33723
- Oxygène. 0,0872
- Azote. 0,2851

Acide carboniq. 0,1147 } 0,6306   0,238   366k0

Vapr d'eau 0,0740   0,0740   0,028   43k0

Oxygène en excès 0,0872   0,033   50k7

Azote.......... 1.8575   0,701   1078k0

2k6493   1.000   1537k7

Résultats

1° La proportion de l'air en excès à l'air utile pour la combustion secondaire est égale à :

$$\frac{0,288}{0,841} = 34.2 \ 0/0$$

2° La proportion de l'air en excès sur l'air total =

$$\frac{0,288}{1.129} = 25.5 \ 0/0$$

3° Le volume total d'air introduit par mètre cube de gaz combustibles = 1,129 ;

4° Volume des fumées par kilo de coke :

$$\frac{1.86}{0,1730} = 10^{m3}750$$

5° Volume de l'air introduit dans le four par 1 kilo de coke :

$$\frac{1129}{1.73} = 6^{m3}52.$$

Répartition de l'air entre le générateur et le four (en volumes)

Générateur		0,743	39.6 0/0
Four. { Air utile.		0,841	44.9
{ » en excès. . .		0,288	15.5
		1.872	100,0

L'excès d'air est donc de 15,5 0/0.

C'est ce chiffre et non celui de 25,5 0/0 qu'il faudrait prendre pour faire la comparaison avec les fours ordinaires.

Si nous laissons de côté l'air en excès qui est inévitable dans la pratique, la répartition entre le générateur et le four se fait ainsi :

Générateur.	0,743	46.91
Four.	0,841	53.09
	1.584	100.00

Chaleur développée dans le four

1^{m3} de CO^2 produit, correspond à **4345** calories.

1^{m3} de CO » » 1329 »

Donc 1^{m3} de CO transformé en CO^2 donnera **3016** calories.

La chaleur dégagée sera donc :

Pour 0,262 de CO $= 0,262 \times 3016 =$ 790

» 0,092 de H $= 0,092 \times 3087 =$ 284

1074 calories.

Pour calculer la température de combustion, il faut avoir la quantité de chaleur amenée des récupérateurs dans le four, et étudier le rôle de ces appareils.

Chaleur emportée par les gaz à leur sortie du four

Acide carbonique. .	$0,6306 \times 0,216 = 0,1362$
Oxygène	$0,0872 \times 0,218 = 0,0190$
Azote.	$1.8575 \times 0,244 = 0,4532$
Vapeur d'eau . . .	$0,0740 \times 0,475 = 0,0351$
	0,6485

Les gaz quittant le four à 1200° emportent une quantité de chaleur $=$

$$0,6435 \times 1200 = 772 \text{ calories.}$$

Chaleur emportée par les gaz dans la cheminée

Les gaz sortant du récupérateur à 560° (résultat d'expérience) emportent donc :

$$0{,}6435 \times 560 = 360 \text{ calories.}$$

Chaleur laissée dans le récupérateur par les gaz brûlés

$$= 772 - 360 = 412 \text{ calories.}$$

Chaleur prise au récupérateur par l'air destiné à la combustion

Cette chaleur, abstraction faite des pertes par rayonnement, est égale à la chaleur abandonnée par les gaz dans leur passage à travers les récupérateurs. Nous allons déterminer la température théorique que devrait avoir l'air à son entrée dans le four :

Le poids d'air correspondant à 1^{m3} de gaz combustible du générateur qui passe dans le générateur est égal :

Air utile 1.0871
» en excès. 0,3723
                                            ——————
                                              1.4594

La température devrait donc être égale à :

$$1.4594 \times 0{,}2375 \times T = 412$$

$$T = \frac{412}{0{,}3466} = 1185°$$

La température moyenne de l'air à son entrée dans le four a été trouvée égale à 1040°.

La différence de température peut être attribuée à la perte de chaleur due au rayonnement des parois ; on a ainsi le moyen de la calculer :

$$0{,}3466 (1185 - 1040) = 50 \text{ calories.}$$

Cette perte rapportée à la chaleur totale dégagée dans le générateur (316) et dans le four (1074) =

$$\frac{50 \times 100}{1390} = 3.5 \; 0/0.$$

Chaleur totale dans le four au moment de la combustion

Chaleur développée dans le four. . .	1074	calories
» apportée des récupérateurs .	412	»
» apportée du générateur dans le four	284	»
	1770	calories

La chaleur laissée dans le four est égale à celle-ci moins celle emportée dans les récupérateurs :

$$772 = 998 \text{ calories.}$$

Température de combustion dans le four

Si l'on ne tient pas compte du phénomène de dissociation (dont nous dirons un mot plus loin), la température sera :

$$T = \frac{1700}{0,6435} = 2641°$$

Ce chiffre est indiqué simplement comme point de comparaison avec le même calcul fait à l'occasion des fours ordinaires. En pratique, il est beaucoup plus bas.

Résumé de l'ensemble de la combustion

Chaleur produite dans le générateur 600
»   absorbée par la décomposition
de l'eau. . . . . 210 ⎱
»   perdue par le rayonnement . . 106 ⎰   316
»   apportée du générateur par le gaz entrant dans le four. 284
»   produite par la combustion dans le four   1074

1358

»   ramenée des récupérateurs par l'air. .   412

»   totale dans le four. 1770
»   restant dans le four. 998

772

»   cédée aux récupérateurs. 412

»   emportée dans la cheminée. 360

En nous appuyant sur ces calculs déduits de la marche des fours à gazogène, nous allons les comparer avec ceux des fours ordinaires.

Nous prendrons comme base le four à huit cornues, que nous décrirons plus loin.

Le coke brûlé par 24 heures et par foyer = 1.120 k.

Charbon distillé.   6.632^k
Gaz produit . .   1.976^{m3}
Coke produit. .   1^{h}8 = 72^k par 100^k de houille distillée.
Coke brûlé par 100^k de houille distillée. .   15^{k}2 à 16^k.

Ces 1120 kilos dégagent, quelle que soit la forme de la combustion, 9,049,600 calories.

Pertes par la cheminée

Les poids des gaz brûlés produits par leur chaleur spécifique par 11.20 :

$$Co^2 \quad 366k \times 0,216 = 79.05$$
$$Ho \quad 43 \times 0,475 = 20.42$$
$$O \quad 50 \times 0,218 = 10.90$$
$$Az \quad 1,078 \times 0,244 = 263.03$$
$$\overline{373.40} \times 11.20 = 4.182$$

Les gaz brûlés quittant le four à 560° emportent une quantité de chaleur égale à :

$$4.182 \times 560 = 2,341,920.$$

La perte est donc de :

$$\frac{2341920}{9049600} = 25.8$$

Pertes par les produits de la distillation

Le poids du coke obtenu $\quad 6632 \times 72 = 4.775$ k.

» de gaz et autres $\quad 6632 - 4775 = 1.857$ k.

qui s'échappent à une température de 450° en faisant de même que précédemment.

Le coke emporte :

$$4775 \times 0,20 \times 1275 = 1217625 \text{ calories.}$$

Les gaz bruts emportent :

$$1857 \times 0,45 \times 450 = \underline{376020} \quad »$$
$$1593645 \text{ calories.}$$

$$\text{Perte} : \frac{1593645}{9049600} = 17.5$$

Pertes par les maçonneries

Les températures étant sensiblement les mêmes, on peut admettre les mêmes pertes :

Pour le masque : **2.6.**

Pour le massif : **1.5.**

Pertes par le foyer du générateur

Nous pouvons déterminer le pourcentage ; il n'y a pas lieu de tenir compte de la vapeur d'eau décomposée dont la chaleur est récupérée dans le four. La perte dans le générateur par le rayonnement du massif, etc., est 106, dont le rapport à la chaleur totale développée dans le générateur et dans le four :

$$600 + 1074 = 1674$$

$$\frac{106}{1674} = 6\ \%$$

En résumé, la répartition des pertes est :

Par la cheminée.	25.8
Par les produits (gaz . . . .) de la distillation. . (coke. . . . .)	17.5
Par la maçonnerie façade.	2.6
» ». massif.	1.5
Par le foyer du générateur	6.0

Pertes diverses résultant de l'ouverture des cornues pendant le délutage et le chargement, du garnissage et du décrassage du générateur ; comme il y a une cornue de plus, que le garnissage se fait toutes les quatre heures, que nous n'avons pas tenu compte de l'eau non décomposée entraînée au moment du décrassage, évaluons ces pertes largement à 15.0

____

68.4

La différence à 100 donne l'économie réalisée par ce système de chauffage, c'est-à-dire 31,6 0/0.

En pratique, l'économie varie entre 20 et 25 0/0 du coke employé au chauffage, parce que la température est bien moins élevée que celle calculée, par suite des phénomènes de dissociation, des variations dans l'allure du générateur, etc.

Il semble résulter des essais que plus le moment de la prise est éloigné du garnissage, plus la température est élevée dans le générateur, et que cette combustion plus vive produit des gaz combustibles plus riches en acide carbonique et en hydrogène et plus pauvres en oxyde de carbone :

	30′ après le garnissage	1 heure	2 heures
Acide carbonique . .	6.1	4.9	7.2
Hydrogène	7.5	6.1	8.0
Oxyde de carbone . .	26.1	27.2	25.8

Pour rendre ces résultats plus frappants, on a calculé, en s'appuyant sur les chiffres fournis par de nombreuses analyses, les compositions des gaz en prenant comme termes de comparaison des pour cent exacts en acide carbonique :

Acide carbonique	Hydrogène	Oxyde de carbone
5 0/0	6.2	26.5
6 0/0	7.3	25.0
7 0/0	8.3	25.0

Ces variations sont dues en grande partie à l'influence de la vapeur d'eau, qui sera étudiée plus loin. Il suffit, comme exemple à l'appui de cette opinion, de citer la composition des gaz combustibles du générateur Schelling, dans lequel l'introduction de la vapeur d'eau est poussée aussi loin que possible :

	Four Schilling	Four Siemens
CO^2	8.6	5.8
H	15.0	9.2
CO	20.6	26.2
Az	55.8	58.8
	100.0	100.0

Vitesse des courants gazeux dans le four

Pour permettre la comparaison avec d'autres fours, nous donnerons les renseignements qui suivent :

Vitesse des gaz combustibles à la sortie du générateur.	1ᵐ465 à la seconde	
Id. à l'entrée dans le four.	2.380	»
Vitesse des gaz brûlés à la sortie du four :	5.09	»
Id. à la sortie du récupérateur, départ de la cheminée.	7.40	»
Vitesse de l'air à l'entrée du récupérateur	1.55	»
Id. à l'entrée dans le four.	2.90	»

Limite de la température

D'après les effets de la récupération obtenus plus haut, on pouvait croire à première vue, qu'il devait être possible d'élever à volonté la température de la combustion à un très haut degré, puisque l'accroissement qui est produit dans le four par l'action du chauffage préalable de l'air, vient s'ajouter chaque fois à l'actif des gaz sortant du four et par là aux autres chambres de récupération ; de sorte qu'à chaque tour du registre, un nouvel accroissement semblerait devoir se produire. Mais il y a une limite, déterminée par les phénomènes de dissociation qui se produisent à haute température. Lorsque les produits gazeux ont atteint une certaine température, ils commencent à se décomposer peu à peu en leurs parties constituantes élémentaires et d'autant plus que la température est plus élevée. Cette action de dissociation, antagoniste des forces chimiques de combinaisons, absorbe de la chaleur, et la température des produits de la combustion atteint, par suite, sa limite au moment où la dissociation consomme précisément autant de chaleur que la combustion en produit. Nous donnerons un exemple du résultat de ces phénomènes.

Si nous calculons la température obtenue en brûlant les gaz du générateur avec de l'oxygène pur et à la température de 905°, nous trouvons.... 2650°

Avec la quantité d'air strictement nécessaire 1975°

Avec la quantité d'air en excès trouvée plus haut.......................... 1892°

Si nous faisons les calculs en appliquant les lois de la dissociation et la variation des chaleurs spécifiques (suivant les expériences de Mallard et Lechatellier), calculs dont nous ne pouvons donner le détail ici, nous trouvons 1765°.

Dans ces calculs nous n'avons pas tenu compte de l'eau non décomposée qui passe à travers le générateur, qui refroidit la combustion dans le four et emporte une notable quantité de chaleur dans la cheminée.

Ces causes diverses paraissent devoir fournir l'explication de la différence entre l'économie théorique fournie par le calcul 31,6 0/0, et l'économie pratique constatée 20 à 25 0/0.

Il nous reste à ajouter un mot sur la quantité d'eau à introduire dans le générateur et son rôle.

On peut calculer le minimum d'eau à introduire dans le générateur; ce minimum aurait lieu pour une marche en oxyde de carbone seul, sans excès d'air. Il serait, dans le cas étudié, de 0^k190 par kilo de coke, et la température de combustion dans le générateur serait également la plus basse possible.

Le maximum de vapeur d'eau décomposée qui correspondrait à la marche en acide carbonique seul, avec la température la plus élevée possible dans le générateur (nullement désirable), serait 1 kil. 172. La quantité qu'il serait préférable d'atteindre, compatible avec la bonne marche du four, serait 0 kil. 445 qu'on obtiendrait par une alimentation rationnelle et méthodique.

Nous avons pu faire quelques essais de chauffage desdits fours avec du coke absolument sans eau (coke restant dans les cornues lors de l'extinction d'une batterie) et sans alimentation d'eau des foyers.

Malgré les difficultés de cette marche (obstruction du générateur par les mâchefers fondus par la haute température développée dans le générateur, qui a obligé à marcher avec un plus grand tirage) on a obtenu confirmation des calculs faits; on trouve par le calcul que la dépense de combustible doit être supérieure de 18 0/0 à celle obtenue avec alimentation au générateur de la quantité d'eau indiquée plus haut.

Les essais en grande fabrication ont donné 17,3 0/0, ce qui paraît justifier la marche suivie dans cette étude. Les avantages de l'alimentation d'eau sont donc les suivants :

1° Economie de 18 0/0 sur la marche à sec ;

2° Diminution notable de la quantité d'air à introduire, l'oxygène nécessaire étant fourni par l'eau ; il résulte de là que la quantité de gaz inerte (azote) est moindre, et que la perte de chaleur de ce fait est beaucoup diminuée ;

3° Refroidissement considérable du générateur résultant de la décomposition de l'eau ; obstruction moindre des grilles par les mâchefers refroidis : tirage nécessaire moins élevé pour la combustion, et par suite, réduction des introductions d'air en excès ;

4° Température et tirage moins élevés, qui diminuent la teneur en acide carbonique des gaz combustibles ;

5° Puissance calorifique d'un mètre cube de gaz combustibles plus grande ; et par suite température de combustion plus élevée dans le four.

Il faut ajouter à cela les avantages généraux auxquels nous ont conduits les calculs théoriques confirmés par la pratique.

Economie de combustible résultant du chauffage de l'air au moyen des fumées, qui ne quittent plus le récupérateur qu'à 560°. — Réduction de l'excès d'air pour la combustion 15 à 20 0/0 au lieu de 41 0/0, trouvés plus haut (et même 50 et 100 0/0 pour les fours ordinaires). — Température plus élevée dans les fours, d'où résulte une puissance plus grande de fabrication. — Grande facilité de réglage de la température et de la quantité de chaleur nécessaire. — Régularité de la température et, par suite, du travail de distillation tant au point de vue de la quantité que de la qualité du gaz. — Réduction de la main-d'œuvre et facilité de surveillance. — Emploi de combustibles médiocres, car on a pu marcher couramment en mélangeant au coke soit 60 0/0 de grésillon, soit 15 0/0 de poussier, soit 10 0/0 d'huiles lourdes ou de goudron.

Ce genre de four présente cependant quelques inconvénients :

1° Il coûte beaucoup plus cher de premier établissement (sauf pour les modèles réduits) ;

2° Il nécessite un emplacement beaucoup plus grand dans les ateliers de distillation ;

3° Il présente, au début, une certaine difficulté de réglage pour la bonne répartition des gaz combustibles dans le four ;

4° Il demande quelques soins lors des allumages, pour éviter les explosions résultant des gaz combustibles et de l'air qui peuvent former des mélanges détonants ;

5° Les générateurs placés sous le sol, chauffent beaucoup le carrelage des ateliers et peuvent être une gêne pour les ouvriers chargeurs.

FOURS A GAZOGÈNE

DESCRIPTION DU FOUR SIEMENS

Dans le premier modèle de fours Siemens, construit par la Compagnie Parisienne, à l'usine de Vaugirard, on produisait les gaz combustibles dans un gazogène placé en dehors du four et assez loin, que l'on amenait dans les fours par de longs tuyaux en tôle courant le long des ateliers de distillation. Les gaz brûlés traversaient deux récupérateurs, dont l'un servait plus tard au chauffage des gaz combustibles avant leur entrée dans le four, et l'autre, l'air destiné à la combustion dans le four. Pour diminuer les frais de premier établissement et le refroidissement des gaz combustibles dans ces longs tuyaux, entre le gazogène et le four, on plaça le générateur devant le four et pénétrant même un peu en dessous le massif. On supprima le chauffage des gaz combustibles, qui, par cette disposition du gazogène, n'étaient pas refroidis avant leur entrée dans le four.

Le modèle construit à Ivry et à Clichy, se compose d'un gazogène a (fig. 43, 44 et 45), avec grilles à gradins b, en deux parties, et deux orifices de chargement à double tampon c au niveau du sol de la halle des fours. Le coke versé dans le générateur par ces orifices s'accumule en talus ayant une épaisseur d'environ 1 mètre à 1 m. 20 sur la grille. Celle-ci est formée de barreaux en fer plat épais, à travers lesquels passe l'air nécessaire à la combustion ainsi que la vapeur d'eau évaporée sur la sole au-dessous de la grille.

Les gaz combustibles produits dans le gazogène, après leur passage sous la voûte, s'accumulent dans les deux chambres c, en communication par le canal d, puis descendent par le carneau vertical e jusqu'aux deux carneaux f et f' qui les amènent à l'autre extrémité du massif des fours. Là, ils rencontrent le registre g qui ouvre ou qui ferme l'orifice par lequel ils peuvent monter de f dans la chambre h, pénétrer dans le canal supérieur k, et s'échapper dans le four par les orifices l, après leur mélange avec l'air chaud sortant au même point de la chambre m du récupérateur ; ou le registre g' qui remplit le même but relativement à la chambre m' du récupérateur.

L'air froid pris dans le sous-sol pénètre dans le récupérateur par l'orifice n et se trouve distribué par

le canal *o* dans tous les compartiments de la chambre
à briques *m*. L'air chaud s'échappe dans le four par
les orifices *l*.

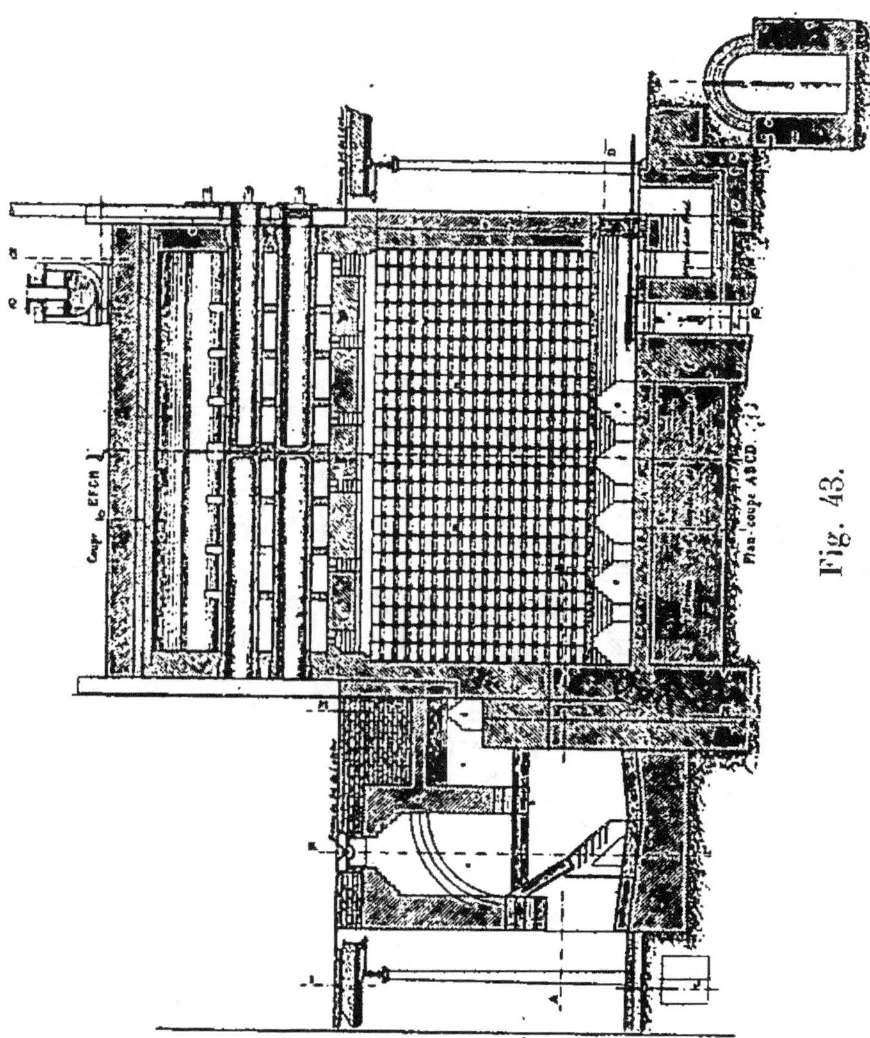

Les produits de la combustion sortent du four par les
orifices *l'*, se répandent dans la chambre *m'* du récupérateur et gagnent par le canal *o'* l'orifice *p'* muni d'un registre *q'*, descendent par la cheminée *r*, suivent les canaux *s'* et *t'* et enfin la cheminée traînante de la batterie.

Fig. 44.

Pour chaque chambre, les orifices d'entrée d'air froid et de sortie des fumées sont fermés alternativement par le même registre q ou q'.

Les flèches marquées sur les coupes transversales OP, QQ', RR', indiquent le parcours de l'oxyde de carbone, de l'air et des fumées en supposant que la combustion des gaz se produit à gauche du four, et la sortie des fumées à droite

Le registre g est ouvert, g' fermé, q recouvre l'orifice de sortie des fumées, laissant libre l'entrée d'air froid dans la chambre m, et q' recouvre au contraire l'entrée

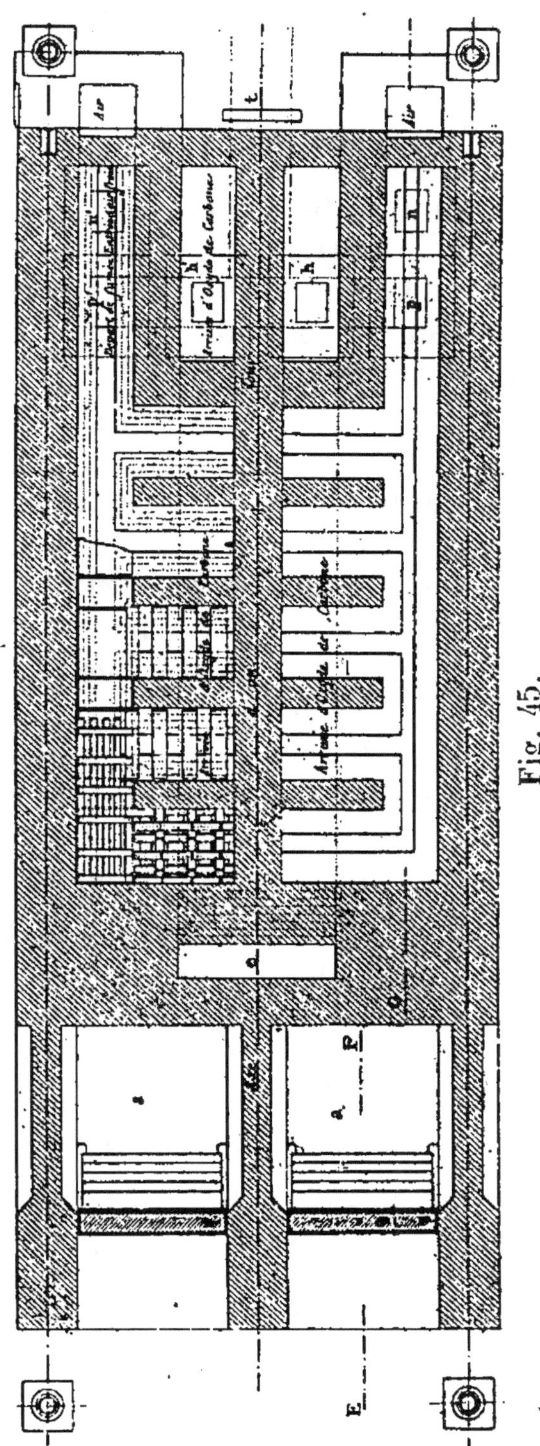

d'air froid n' pour laisser sortir les fumées de la chambre m' et gagner la cheminée r'.

Les registres g, g', q, q' sont reliés entre eux par un système d'engrenages coniques et de crémaillères. Il suffit de tourner un volant tantôt dans un sens, tantôt dans un autre pour renverser les courants d'oxyde de carbone, d'air et de fumée.

Les registres pour l'air et l'oxyde de carbone placés d'un même côté sont toujours ouverts ou fermés ensemble, et si un orifice quelconque est ouvert dans une chambre, l'orifice correspondant de l'autre chambre est fermé.

Les deux chambres m et m' du récupérateur servent alternativement au passage des fumées et au chauffage de l'air. Le changement des registres se fait toutes les heures.

Ces fours donnent des résultats excellents; on est arrivé à ne brûler que quatre hectolitres de coke par tonne de houille distillée, c'est-à-dire 16 0/0 du poids du charbon distillé, au lieu de 20,4 0/0 que donnent les fours ordinaires. L'économie réalisée est donc de 22 0/0, on est même arrivé dans certains cas spéciaux à 28 0/0.

Ces fours, construits avec soin, ont une grande durée. Ils peuvent faire sans remontage des services de 30, 40 et même 50 mois en quatre ou cinq campagnes.

Malgré ces qualités, ils ne peuvent être employés que dans les grandes usines, leur prix de premier établissement étant très élevé, et pouvant dépasser de 550 à 800 francs par cornue le prix de revient des fours ordinaires, ainsi que le montre le tableau suivant :

PRIX PAR CORNUE	FOURS ORDINAIRES	FOURS SIEMENS			
	fr.	fr.	fr.	fr.	fr.
Bâtiment seul	483	719	780	877	1.057
Bâtiment avec four. .	934	1.485	1.263	1.424	1.730

L'on est obligé de tenir compte du prix du bâtiment, ce genre de fours entraînant la construction de bâtiments à étages et à grandes fondations.

Aussi a-t-on cherché dès le début des simplifications à ce système, pouvant le rendre moins onéreux, même au prix d'une moins grande économie de chauffage. Nous indiquerons à peu près dans l'ordre historique les fours construits dans ce but.

SYSTÈME PONSARD ET LENCAUCHEZ

Dans ces fours, les renversements périodiques des courants de gaz combustibles et brûlés ont été supprimés. Les produits de la combustion à leur sortie du four, passent dans un récupérateur unique spécial. Il consiste en briques réfractaires, qui sont en partie massives et en parties creuses et qui forment deux sortes de carneaux verticaux dans cet espace. Les parois verticales des carneaux sont établies en briques massives et traversées par des briques creuses, de manière que les vides de ces dernières forment, au-dessus de chaque canal se trouvant dans l'intervalle, la communication avec le canal suivant. Comme les carneaux servent alternativement, les uns pour les gaz brûlés allant de haut en bas, les autres pour l'air atmosphérique allant de bas en haut, tous les carneaux de chaque catégorie sont ainsi reliés au-dessus

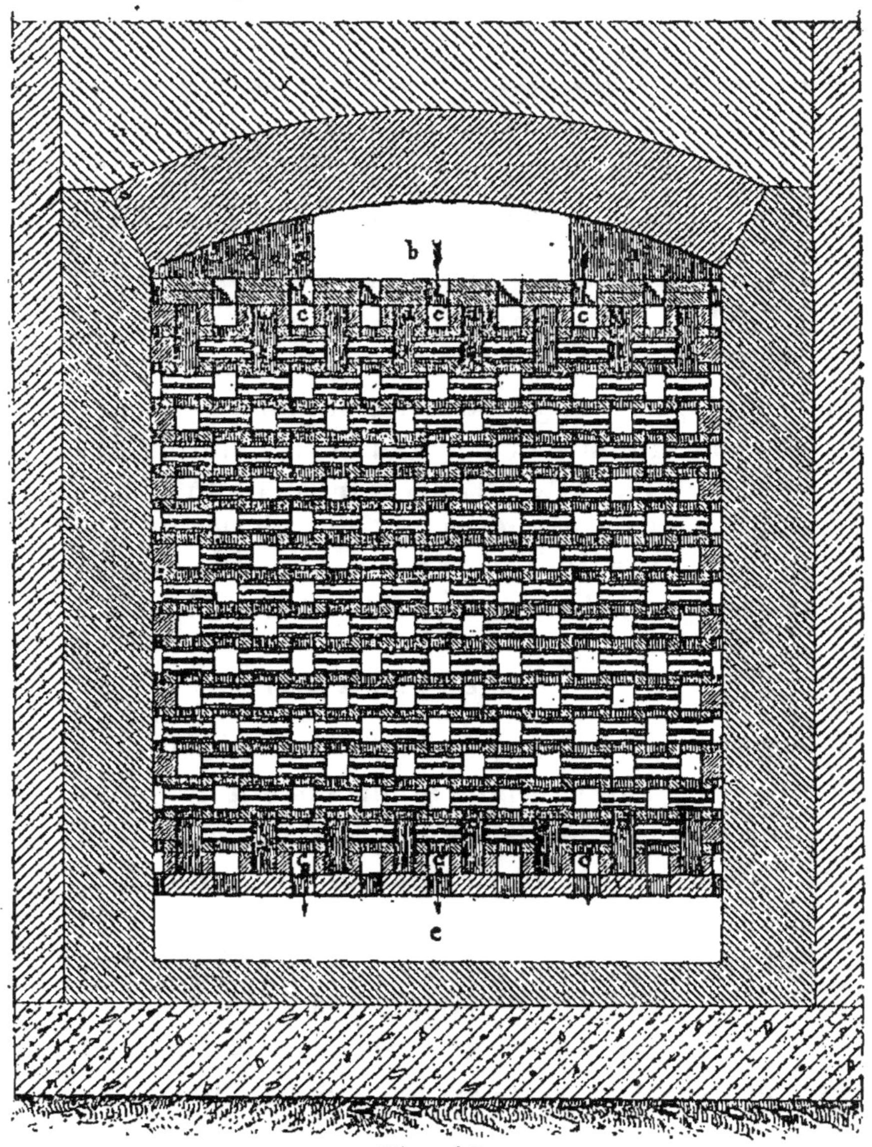

Fig. 46.

d'eux par des briques creuses. Pour établir un lien bien solide, les extrémités des briques creuses sont munies de rainures que l'on remplit de ciment (fig. 46 et 47).

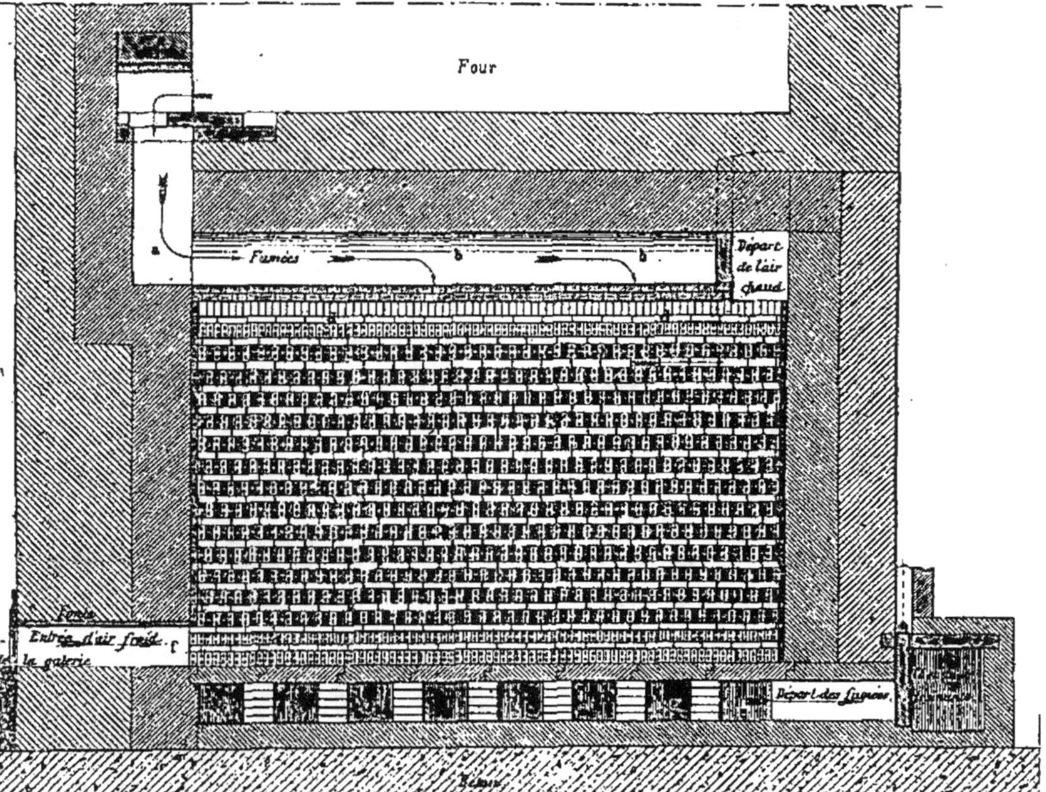

Fig. 47.

a, orifices par lesquels les gaz brûlés chauds, provenant du four, débouchent sous la voûte *b* du récupérateur.

b, voûte du récupérateur.

c, première série d'intervalles dans lesquels circulent les gaz brûlés chauds.

d, seconde série d'intervalles dans lesquels passe l'air à chauffer.

e, chambre inférieure du récupérateur en communication avec la cheminée traînante par un orifice muni d'un registre.

f, entrée de l'air froid dans le bas des intervalles *d*.

g, sortie de l'air chaud du récupérateur.

Malgré les bons résultats donnés par ce four, il a
été abandonné. Il se produisait dans le récupérateur
des dislocations qui déterminaient des passages directs
de l'air destiné à la combustion dans la cheminée.
Les inventeurs ont alors adopté le récupérateur système Gaillard et Haillot. Le principe du récupérateur est le même, mais les pièces sont faites dans le
but de diminuer considérablement le nombre des joints.
Il n'y a plus que 5 pièces par mètre carré de surface
de chauffe. La dilatation peut se faire librement, les
joints faits d'une façon spéciale
ne s'ouvrent pas, et la faible épaisseur des parois (15 m/m) en terre
extra-réfractaire ont assuré une
longue durée à ces appareils qui
ont été très appliqués.

Ce four est représenté fig. 48
et 49.

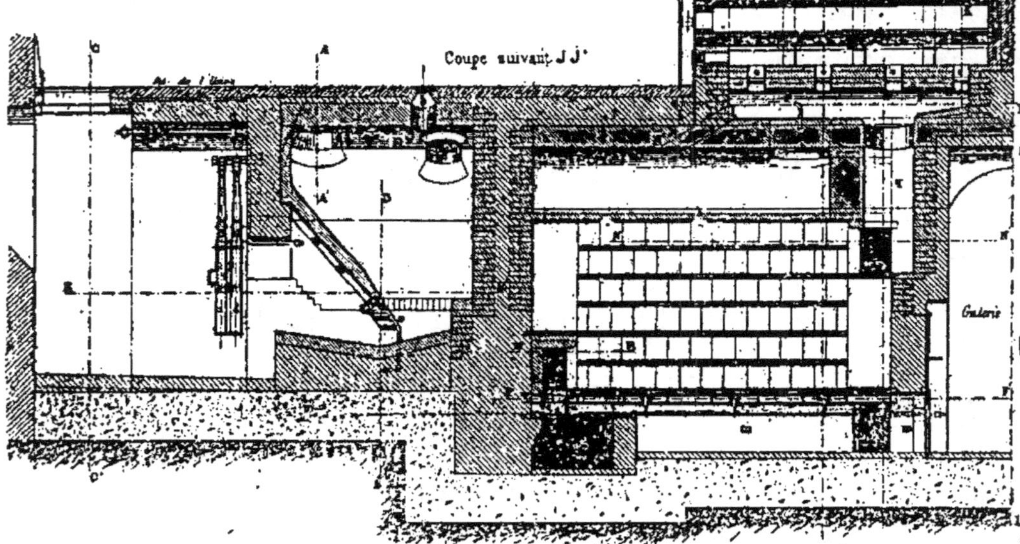

Fig. 48.

J
Carrelage
Sable
Briques creuses
G
G'
h
q
q'
m
m
J'
Carrelage
Sable

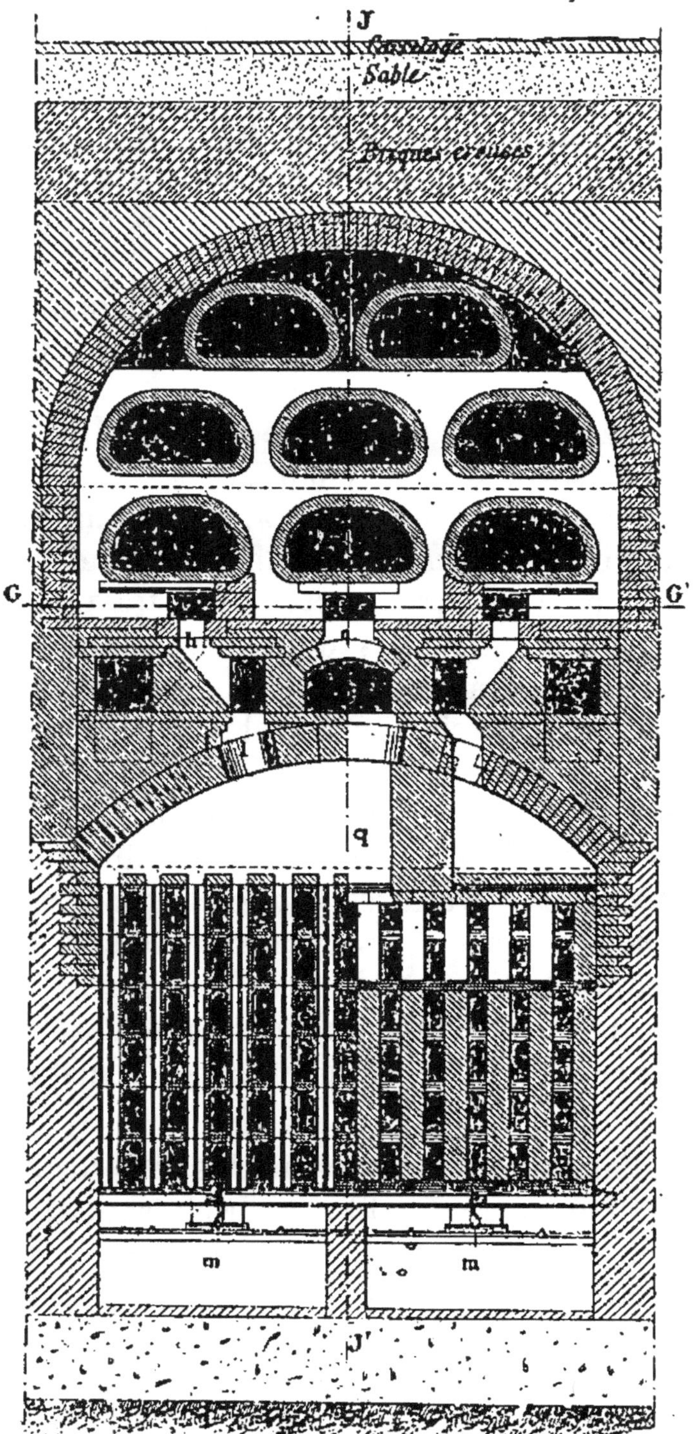

Fig. 49.

a a, tampons de chargement du gazogène.

b, trou du regard avec tampon en fonte.

c, grille à gradins, barreaux en fer.

d d, écrans mobiles pour protéger les ouvriers contre le rayonnement direct du foyer pendant le décrassage.

L'oxyde de carbone produit dans le gazogène pénètre par l'ouverture *e* dans le canal *f*, qui l'amène aux brûleurs.

g, orifice de sortie de l'oxyde de carbone.

h, orifice de sortie de l'air chaud.

L'air chaud provient du canal *k*, en communication par l'ouverture *l* avec la chambre supérieure du récupérateur, où l'air arrive après avoir traversé les conduits verticaux ménagés dans les briques qui composent le récupérateur.

m, entrée de l'air froid sous le plancher du récupérateur.

Les produits de la combustion aboutissent au canal *n*, placé au-dessous de la cornue du milieu, descendent par les ouvertures *o* dans le canal *p*, et, de là, par la cheminée *q*, jusqu'aux premières rangées de conduits horizontaux du récupérateur.

A leur sortie du récupérateur, ces produits pénètrent dans le canal *r* et s'échappent par les registres *s* dans la cheminée traînante *t*.

Les essais faits avec des fours doubles à 8 cornues distillant 14 tonnes de houille et produisant 4,200 mètres cubes de gaz par 24 heures, ont donné :

Four Ponsard, 17^k8 de coke par 100 k. de houille distillée.

Four Lencauchey, 17^k2 de coke par 100 k. de houille distillée.

Ce dernier réalisait donc une économie de 14 0/0
sur le four ordinaire consommant 20 kil. par tonne.
Le prix de construction de ces fours, déjà moins élevé
que celui des fours Siemens, l'était encore trop pour
les usines de moyenne importance.

FOUR MULLER ET EICHELBRENNER

MM. Muller et Eichelbrenner simplifièrent ce système. Le générateur à gaz (fig. 50, 51 et 52), au lieu
d'être construit en contrebas de la halle, fut établi
à peu près au niveau du sol et adossé à la partie postérieure du four.

L'oxyde de carbone arrivait par un carneau horizontal d (occupant la place du foyer et de l'autel des
fours ordinaires), dont il s'échappait par un certain
nombre d'ouvertures e placées à la partie supérieure.
L'air comburant arrivait par deux carneaux latéraux
au premier après avoir circulé dans quelques carneaux (briques creuses) disposés dans la maçonnerie du four sur le côté du foyer, et chauffés par les
gaz brûlés circulant autour avant leur départ dans
la cheminée.

L'élévation de température ainsi communiquée à
l'air était peu élevée. C'était donc plutôt un four avec
chauffage au gaz presque sans récupération de chaleur. Mais cette disposition était si simple et si
peu coûteuse qu'elle pouvait être installée facilement
dans toute usine à gaz existante, même la plus petite, où elle réalisait une économie notable de combustible et de main-d'œuvre sur les anciens fours.

Cette installation imparfaite obtint un grand succès,
et donna l'impulsion aux nombreux efforts qui furent faits, dans le but d'étudier le chauffage au gaz

et de l'introduire d'une façon générale dans les usines à gaz.

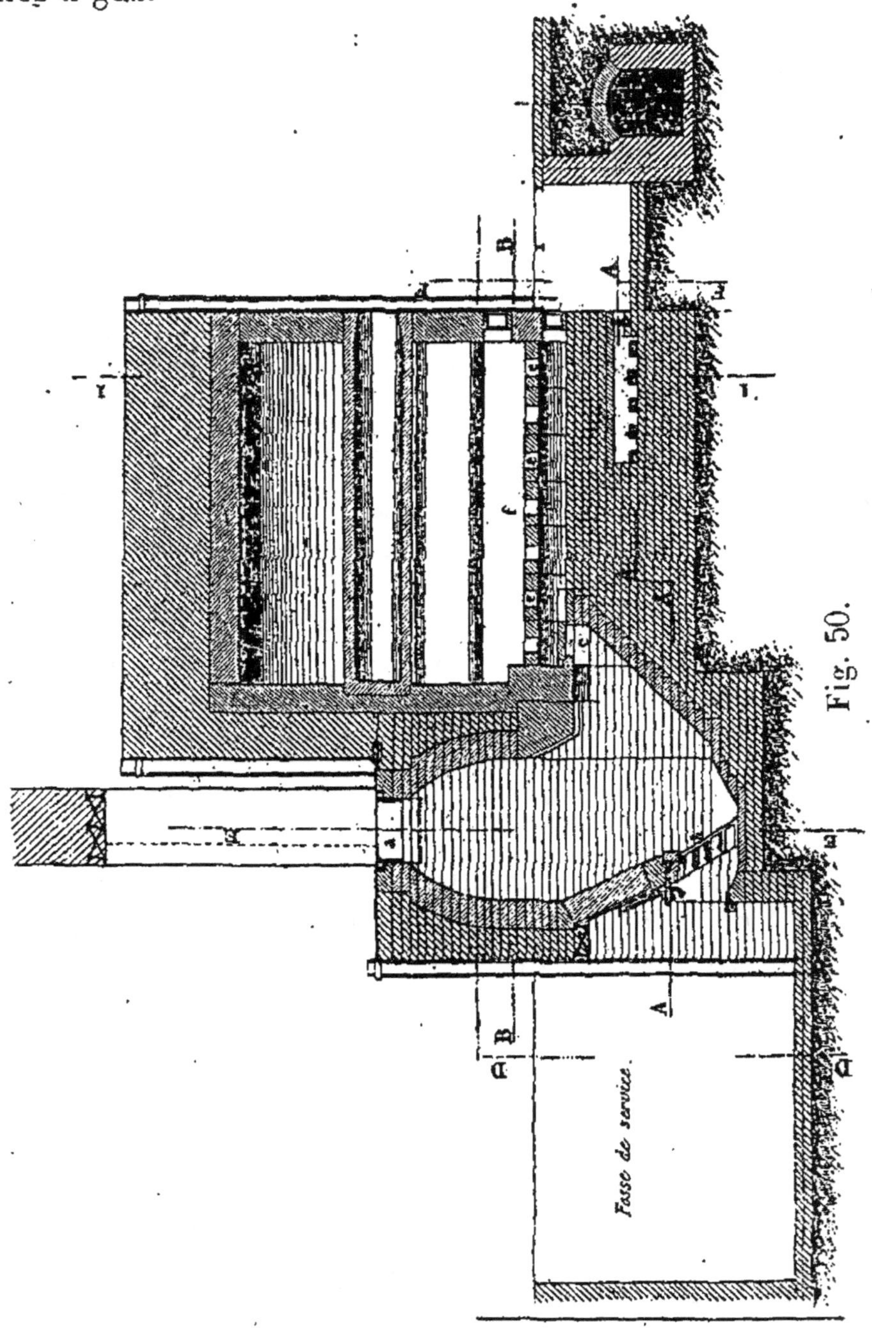

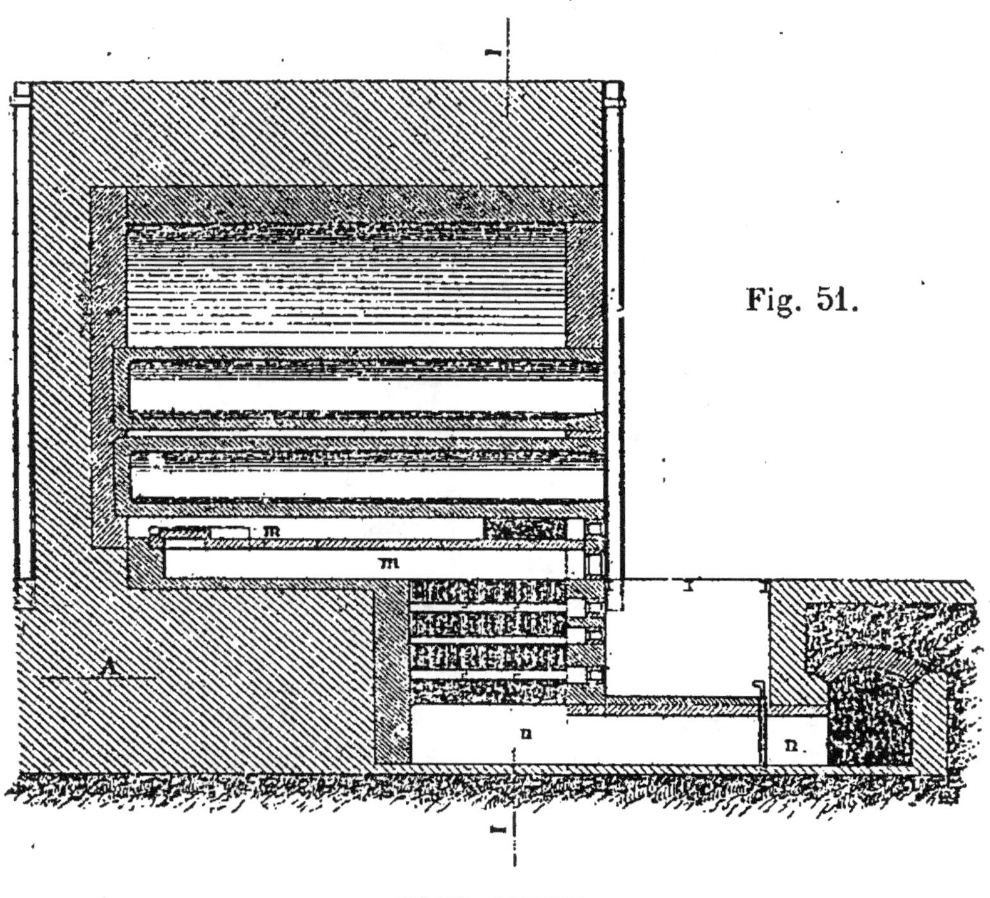

FOUR LIEGEL

A peu près à cette époque, Liegel en Allemagne construisit un four à combustion économique (fig. 53).

Le combustible, brûlé d'abord au moyen d'une quantité limitée d'air, est transformé en oxyde de carbone, dont la combustion est achevée dans le four avec de l'air préalablement chauffé.

Le four se distingue d'abord par la forme du générateur, et par l'emplacement choisi pour celui-ci : il fait partie du four même ; c'est une disposition que nous n'avons pas encore rencontrée dans les types indiqués jusqu'ici. Et chose également nouvelle, les

Gaz. Tome I.   13

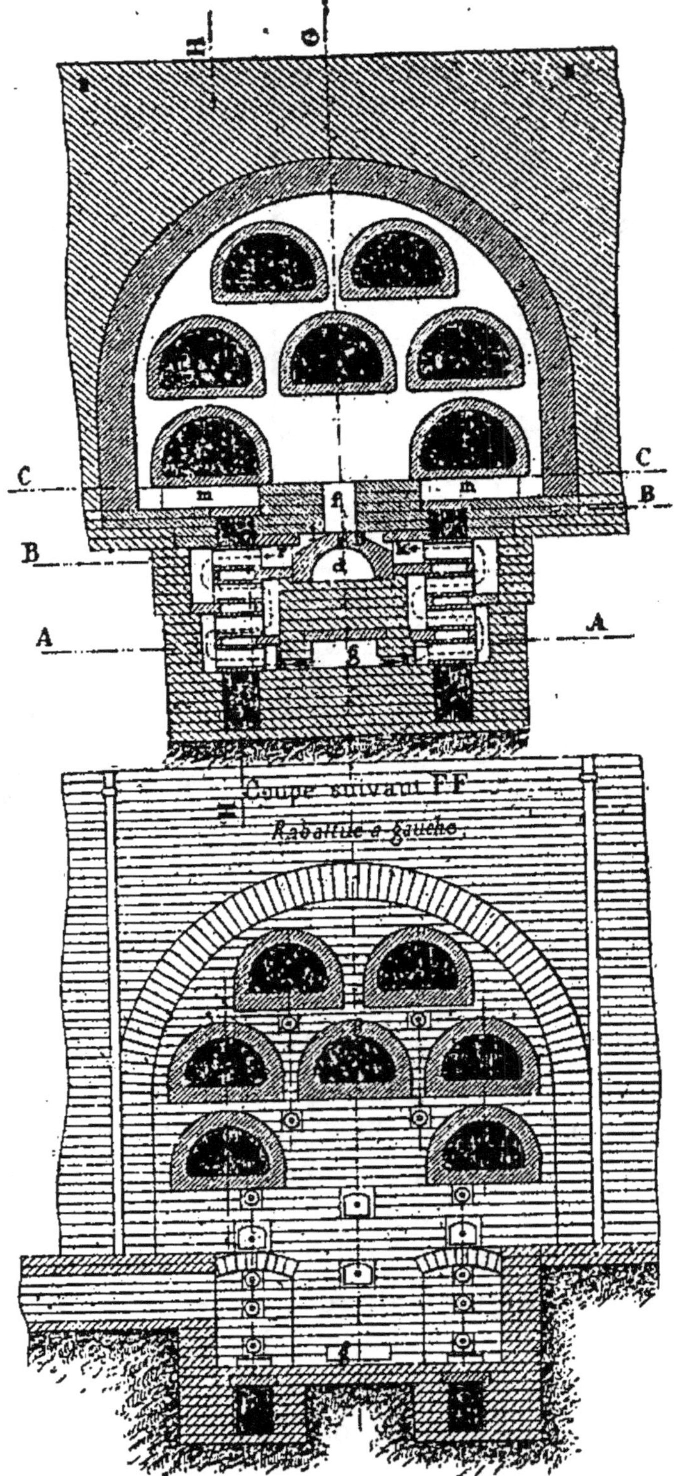

La construction est supposée faite en briques ayant les
dimensions suivantes : Long.r 220 Larg.r 110, Ep.r 60

Fig. 52.

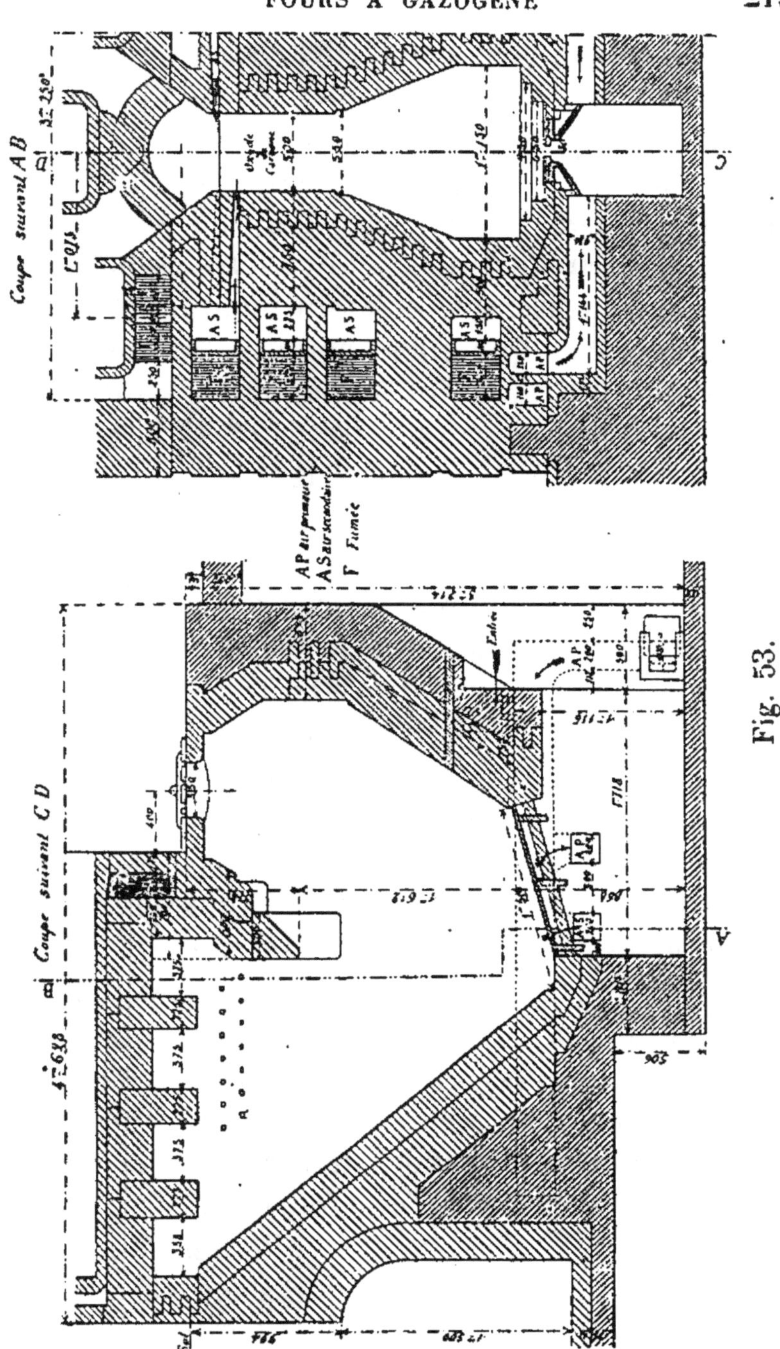

Fig. 53.

scories du coke tombent d'elles-mêmes hors du foyer à l'état liquide.

Les gaz s'élèvent des deux côtés, entre les cornues du milieu et les cornues latérales, descendent entre ces dernières et la voûte du four, arrivent devant, tout près de la façade du four, pénètrent dans des carneaux situés sous les cornues de côté, d'où ils se rendent dans le canal principal disposé derrière les fours. La construction se voit dans le dessin indiqué figure 53. Nous signalerons quelques points : le foyer est élargi en un générateur qui partant en haut d'une largeur de 0,50 arrive vers le bas à $1^m,150$; l'arrivée de l'air ne se fait que par une fente étroite de 0,08 de largeur sur 1 mètre de longueur (variable avec la nature du combustible). Cette fente est débarrassée toutes les demi-heures environ des scories adhérentes. Au-dessus de la fente se trouvent des pièces mobiles que l'on peut retirer dans le cas d'engorgements accidentels. Le chauffage de l'air secondaire a lieu sur le côté du foyer dans trois carneaux, et cet air est distribué en dessus du foyer par un grand nombre de petites ouvertures dans le but d'obtenir un mélange plus intime. L'air primaire qui arrive par un registre placé devant le foyer est chauffé avant de pénétrer sous la grille, par son passage à travers deux carneaux A P situés de chaque côté du générateur. Le devant du foyer est fermé. Le remplissage du générateur se fait toutes les deux heures. On pousse le coke avec une perche pour reporter la combustion en arrière de la grille.

La durée de marche de ces fours est d'environ 20 mois, supérieure d'un tiers à celle des fours ordinaires. La consommation du coke a été en moyenne de 17 kil. par 100 kil. de charbon distillé.

Le prix depremier établissement est plus élevé d'environ 10 0/0 sur celui des fours ordinaires ; cette dépense est donc rapidement amortie. Nous compléterons ces renseignements dans une étude d'ensemble.

FOURS OECHELHAUSER

Aussitôt après les essais du four Muller et Eichelbrenner, on chercha en Allemagne un dispositif pouvant convenir aux petites usines. OEchelhauser construisit un four (fig. 54, 55 et 56), n'ayant à peu près que

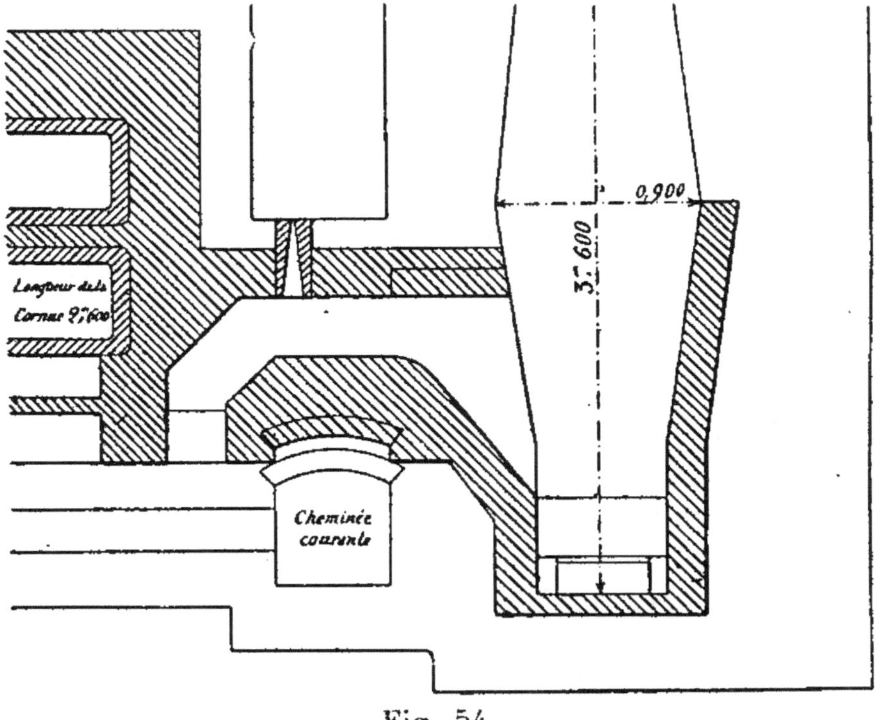

Fig. 54.

les avantages du gazogène. Il maintint la disposition du générateur placé à la même hauteur que le four à cornues, ou presque. Il limita le chauffage de l'air à une circulation de l'air dans des carneaux noyés dans la maçonnerie inférieure du four. Puis il agença ces dispositions suivant les conditions spéciales à chaque usine.

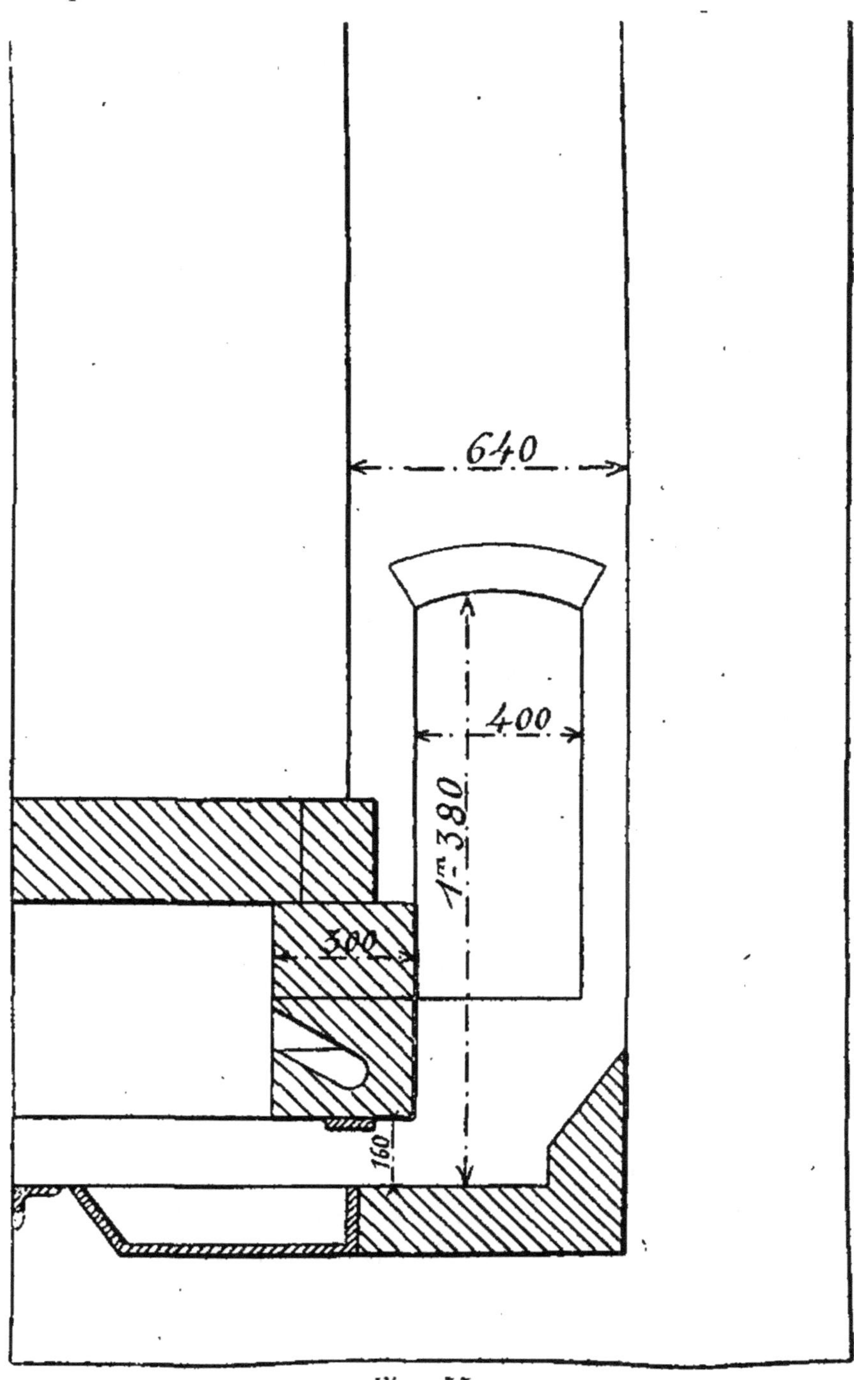

Fig. 55.

Le générateur n'a
pas de grille, mais
porte sur deux côtés
opposés des ouver-
tures par lesquelles
l'air entre et par où
l'on enlève les sco-
ries. Les rebords su-
périeurs des fentes
à air sont formés
de briques réfrac-
taires qui reposent
sur des traverses en
fer et avancent dans
l'intérieur du foyer
de 7 à 8 centimètres
au-dessous de la pa-
roi du générateur;
de sorte qu'elles
rétrécissent encore
l'ouverture infé-
rieure du gazogène.
Cette disposition a
pour but de protéger
la paroi de celui-ci et
de permettre la ré-
paration de la seule
pièce exposée au
coup de feu. Au-des-
sus du canal de dé-
part, le générateur
se rétrécit. Cette par-
tie contient le coke

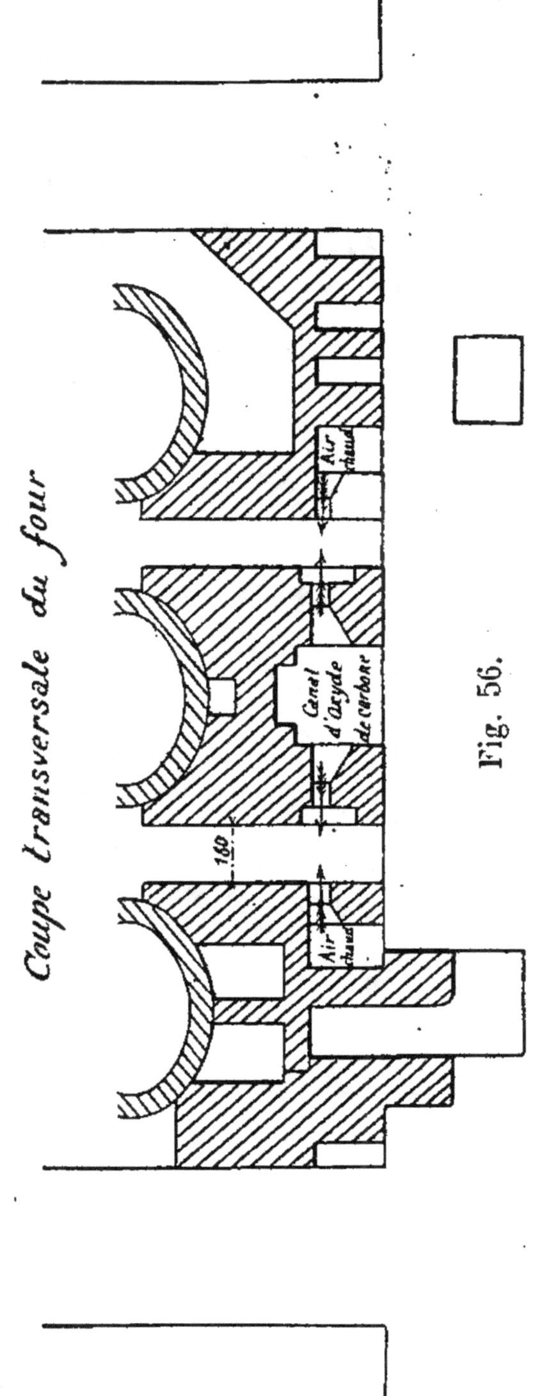

Fig. 56.

d'alimentation et est fermée en haut par un couvercle
en fer avec levier et contrepoids.

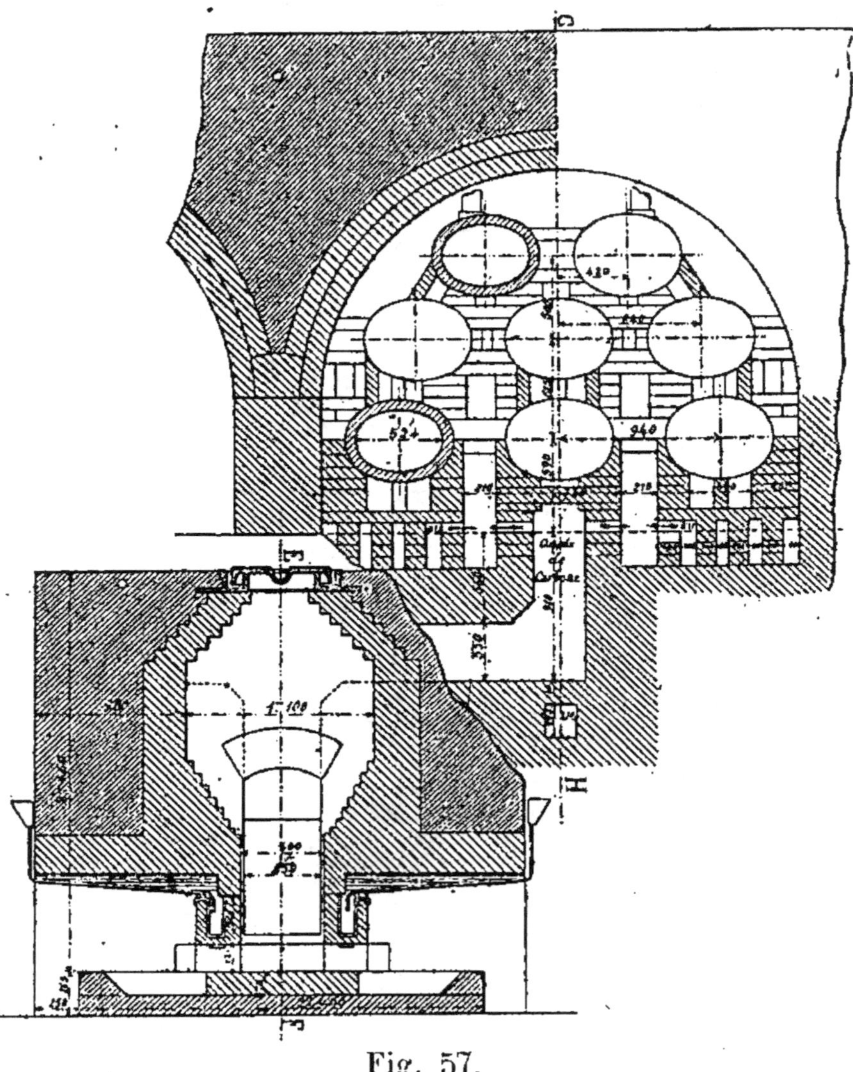

Fig. 57.

Le canal de distribution des gaz combustibles se
trouve dans chaque four sous la cornue du milieu;
il est percé latéralement de fentes horizontales au
nombre de huit, qui débouchent dans les chambres
de combustion placées de chaque côté.

Les carneaux à air sont situés de chaque côté de cette chambre. L'air entre par le devant du four des deux côtés, tout près de la maçonnerie de la voûte. Ces carneaux forment un système de chicanes, dans lesquelles l'air circule en zigzag jusqu'à ce qu'il arrive au mur de fond du four dans les deux carneaux à air précédemment indiqués.

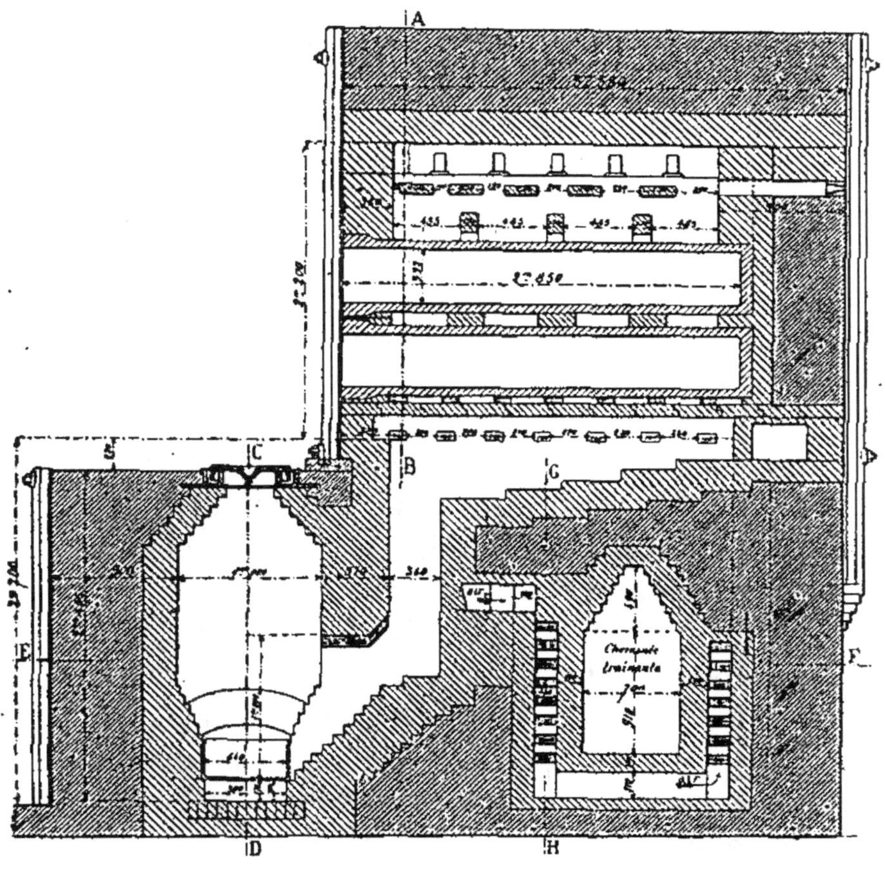

Fig. 58.

L'air débouche dans la chambre par huit ouvertures correspondant à celles du canal des gaz combustibles. La combustion se fait dans une espèce de chambre où les pièces réfractaires protègent les cornues contre les coups de feu.

Ce genre de four plus économique que les fours ordinaires, car il consomme 17 à 18 0/0 du poids de la houille distillée, a donné de bons résultats, même au point de vue de la durée de la construction.

Sa durée est d'environ 25 à 30 mois sans remontage dans le four. Depuis, Œchelhauser a développé un peu plus la récupération (fig. 57) en commençant à chauffer l'air, au moyen d'une circulation dans des carneaux entourant la cheminée courante (fig. 58).

Cette idée a été également appliquée par Tiefhank à Magdebourg.

FOUR HASSE-DIDIER

Le four construit par M. Hasse, directeur des usines municipales à gaz de Dresde, est indiqué dans les figures 59 et 60 :

Le gazogène est placé hors du four même, la grille est horizontale, et au-dessous se trouve un bac à eau où tombent les cendres. La porte du cendrier ferme hermétiquement.

L'air primaire est chauffé de la manière suivante : la maçonnerie du gazogène est à doubles parois, entre lesquelles sont logés des canaux où circule l'air primaire, qui s'échauffe par la chaleur du gazogène perdue par conductibilité. Le gazogène reste relativement froid à l'extérieur ; le sous-sol est, par suite, moins chauffé et plus tolérable pour les chauffeurs. L'air primaire ainsi chauffé, entre de chaque côté du foyer, au-dessous de la grille, mélangé à de la vapeur d'eau. Cette vapeur est produite dans deux petites chaudières placées de

chaque côté dans un des canaux de récupération où circule l'air secondaire. Le combustible gazeux entre par

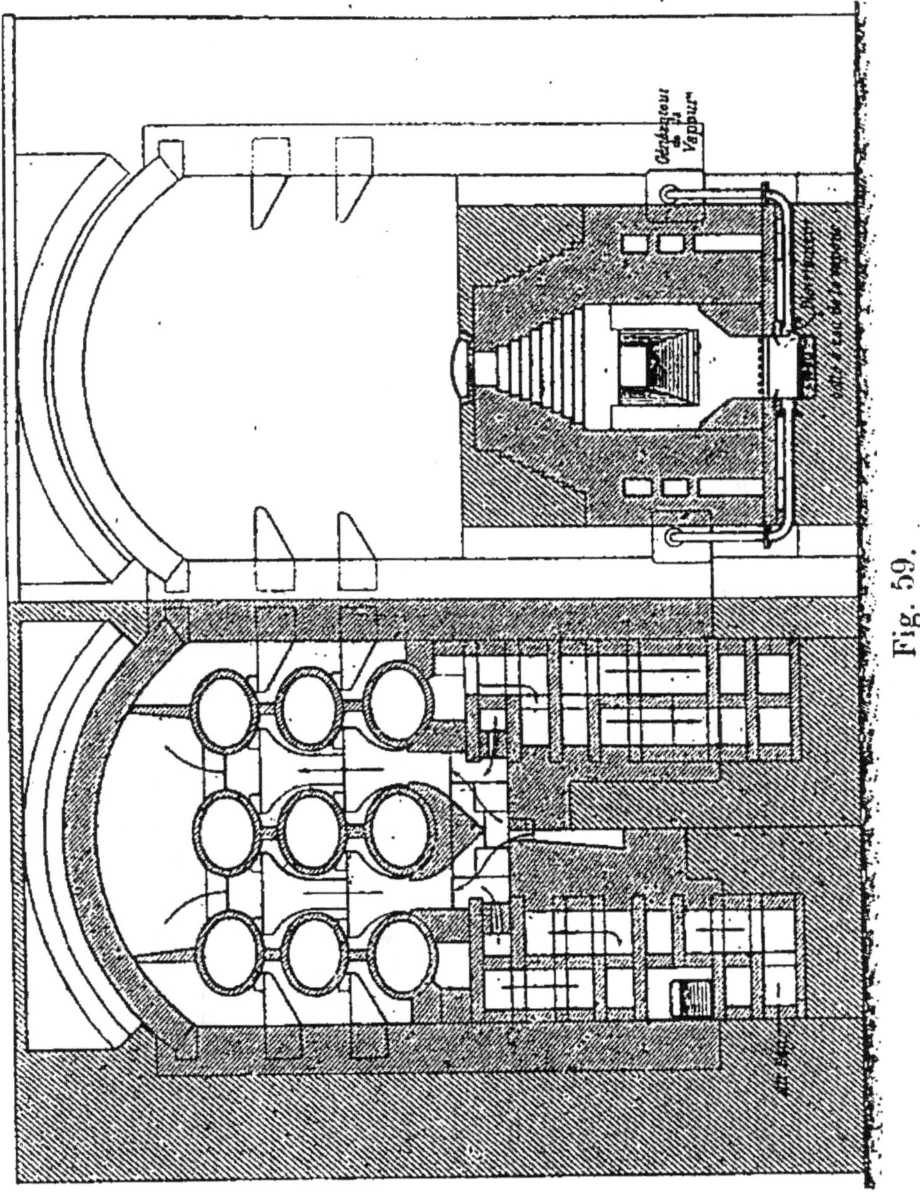

une large fente dans le milieu et dans toute la longueur
du four, dans un sens vertical (de bas en haut), tandis
que l'air secondaire chaud arrive dans une direction

horizontale par une série de cinq ouvertures de chaque côté. A cet endroit la combustion des gaz combustibles se fait progressivement ; la chaleur dégagée se répand uniformément dans tout le four et les cornues sont chauffées d'une façon très uniforme.

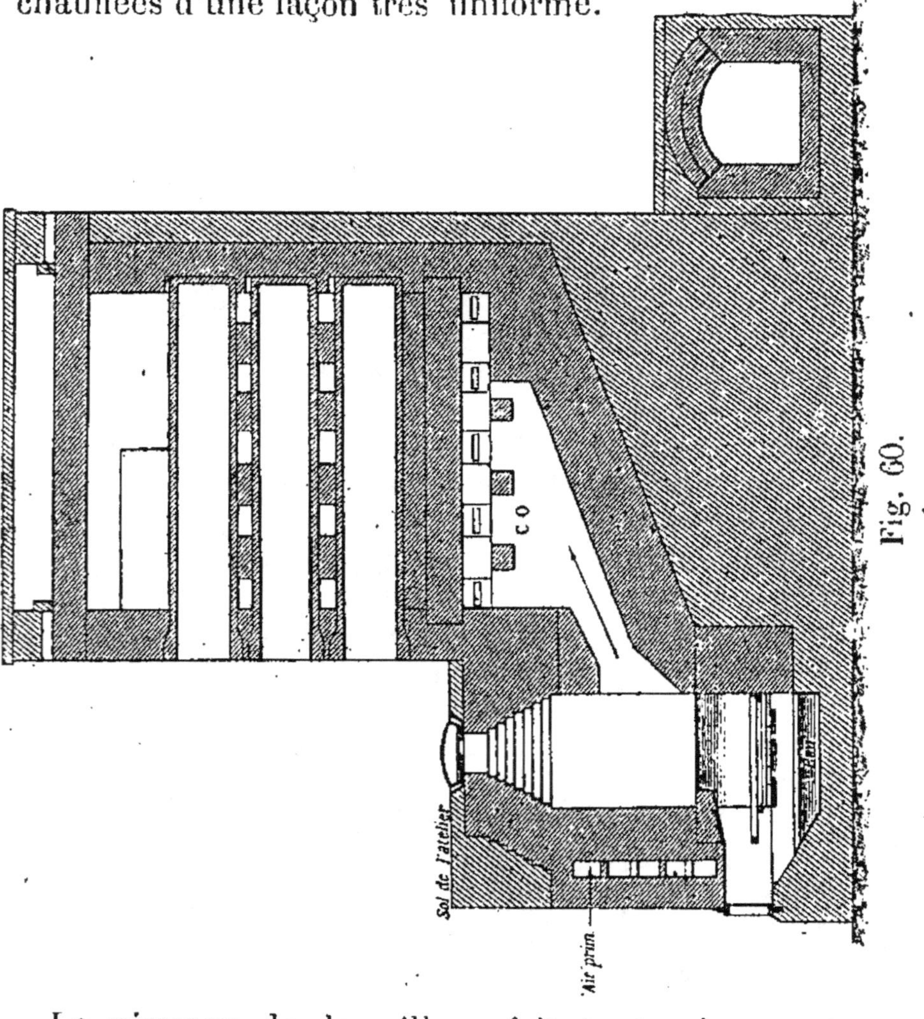

Le piquage de la grille se fait toutes les quatre heures ; le décrassage une fois par vingt-quatre heures. Ce système a donné et donne aujourd'hui d'excellents résultats. La durée de ce four sans remontage est d'environ 30 à 35 mois.

FOUR GRAHN, A ESSEN

Schilling a signalé le four Grahn, établi à Essen en 1877. Nous donnerons le four définitif construit en 1882 à Essen.

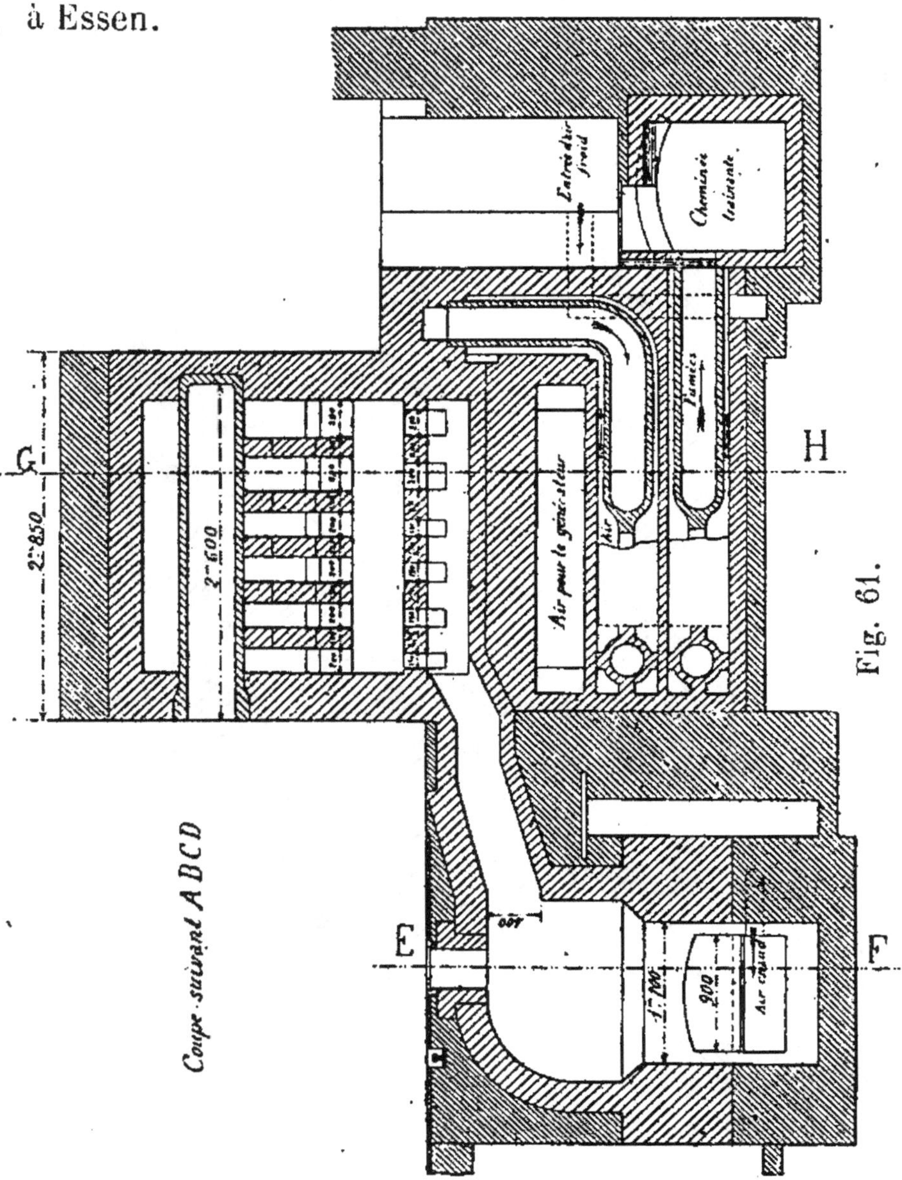

L'air destiné à la combustion dans le gazogène entre derrière le four (fig. 61), et vient se chauffer dans des carneaux situés à la partie supérieure du récupérateur placé sous le four. Le gazogène est à l'extérieur du four, il est fermé et l'air chaud arrive sous la grille, en même temps que de la vapeur d'eau ; le tout réglé par des registres et des robinets.

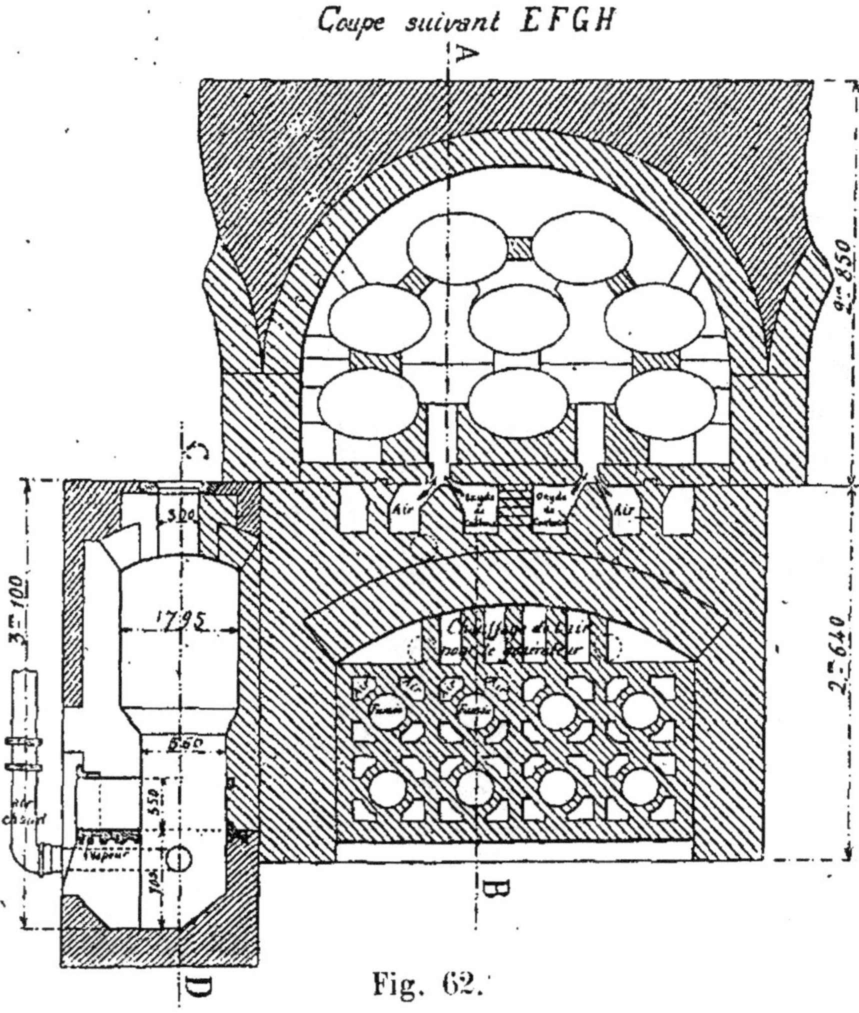

Fig. 62.

Le coke est versé par une ouverture placée dans l'axe et fermé par un tampon. Les crasses se réduisent en petits morceaux et en poudre, et sont enlevées facilement. L'air destiné à la combustion dans le four passe dans des tuyaux en terre réfractaire et les fumées autour de ces tuyaux. La combustion se fait dans la fosse de chaque côté de la cornue du milieu (fig. 62) ; les gaz et l'air arrivent par des fentes disposées en face les unes des autres. Ces fours marchent depuis lors et donnent de bons résultats.

FOUR SCHILLING

Nous arrivons maintenant au four construit à Munich et modifié après les études et les essais de Schilling, aidé de Bunte, ingénieur-chimiste (fig. 63, 64, 65 et 66). Il réunit, avec celui de Didier, tous les perfectionnements possibles pour la meilleure utilisation de la chaleur :

Chauffage de l'air primaire destiné au gazogène ;

Chauffage de l'air secondaire destiné à la combustion dans le four ;

Chauffage de l'eau pour obtenir de la vapeur à l'entrée du gazogène.

Le générateur se trouve en avant du four et fait partie du même massif, il est rétréci à sa partie inférieure pour recevoir sur l'un des côtés du fond une assise pour les barreaux de grille que l'on y fait glisser provisoirement pendant le décrassage. On a choisi le foyer à grille parce que la fusion et l'écoulement de la crasse ne pouvaient être obtenus avec le coke employé, qui était très riche en cendres, et ne permettait pas l'emploi du générateur à fente. Avec une grille bien nettoyée et en amenant de la vapeur d'eau, on peut maintenir la température assez basse dans le générateur pour que, même dans ses parties inférieures, il ne se produise pas d'agglomération solide des crasses, mais seulement une agglomération de résidus poreux, qui permettent encore le passage de l'air et peuvent être enlevés facilement.

Lorsque l'agglomération des résidus sur la grille est devenue assez forte pour qu'il soit nécessaire de l'enlever, on introduit, par des ouvertures disposées dans ce but à une certaine hauteur, les faux barreaux qui soutiennent par intérim le contenu du générateur, et permettent qu'on sorte les barreaux de grille proprement dits et qu'on enlève les résidus de la combustion sans interrompre la marche du générateur.

Avec cette marche, il suffit de donner un faible tirage pour obtenir une production uniforme de gaz comme quantité et composition.

On introduit de la vapeur d'eau, obtenue en chauffant l'eau au moyen des gaz brûlés, avant leur départ à la cheminée. Cette disposition présente l'avantage que la quantité de vapeur d'eau produite dépend directement de la quantité de combustible gazéifié dans le générateur ou de la quantité et de la température des fumées produites.

Si le générateur consomme et que le four brûle plus de combustible, il sera également vaporisé par les gaz sortants une quantité d'eau relativement plus grande, et il est ainsi créé, en quelque sorte, une régularisation automatique qui influe favorablement sur le maintien d'un fonctionnement continu et uniforme.

De plus, cette vapeur décomposée refroidit le gazogène, et cette chaleur perdue est transportée et retrouvée dans le four par la combustion de l'hydrogène et de l'oxyde de carbone provenant de cette décomposition.

Le mélange de vapeur d'eau et d'air avant son entrée dans le générateur est bien uniforme, et régularise la combustion et la formation des scories dans le foyer du générateur.

Description du four

Le gazogène se compose de quatre parties :

1° Un dispositif pour la vaporisation de l'eau ;
2° Un espace pour les cendres ;
3° Une chambre de gazéification ;
4° Une capacité d'emplissage.

L'air destiné au générateur entre par une ouverture A réglable par un registre, se mélange avec la vapeur d'eau qui s'élève de la boîte à eau B, passe par les canaux $C\ C_1\ C_2\ C_3$, s'échauffe au contact de leurs parois chauffées par les gaz des fumées sortants, sort sous la grille plate D et pénètre par l'espace à cendres L dans la couche de combustible.

Les gaz qui se forment par la combustion du charbon et la décomposition de l'eau, oxyde de carbone, acide carbonique, hydrogène et azote, arrivent dans le four par le canal $F\ F_1$ et se rencontrent dans les brûleurs $G\ G_1$ avec l'air chauffé au préalable qui sort du régénérateur.

Les gaz de combustion H parcourent le four dans le sens des flèches, le quittent au bout du canal L et pénètrent dans l'appareil de régénérateur.

Ils passent par les canaux $M\ M_1\ M_2\ M_3$ qui se trouvent entre les carneaux $N\ N_1\ N_2\ N_3\ N_3$ pour le chauffage préalable de l'air secondaire, puis à travers M_4, par les parois duquel le mélange d'air et de vapeur d'eau, qui va vers le gazogène, se trouve chauffé; passent en M_5 sous la boîte à eau, où ils abandonnent de la chaleur pour la vaporisation de l'eau, et pénètrent par M_6 dans le canal des fumées O.

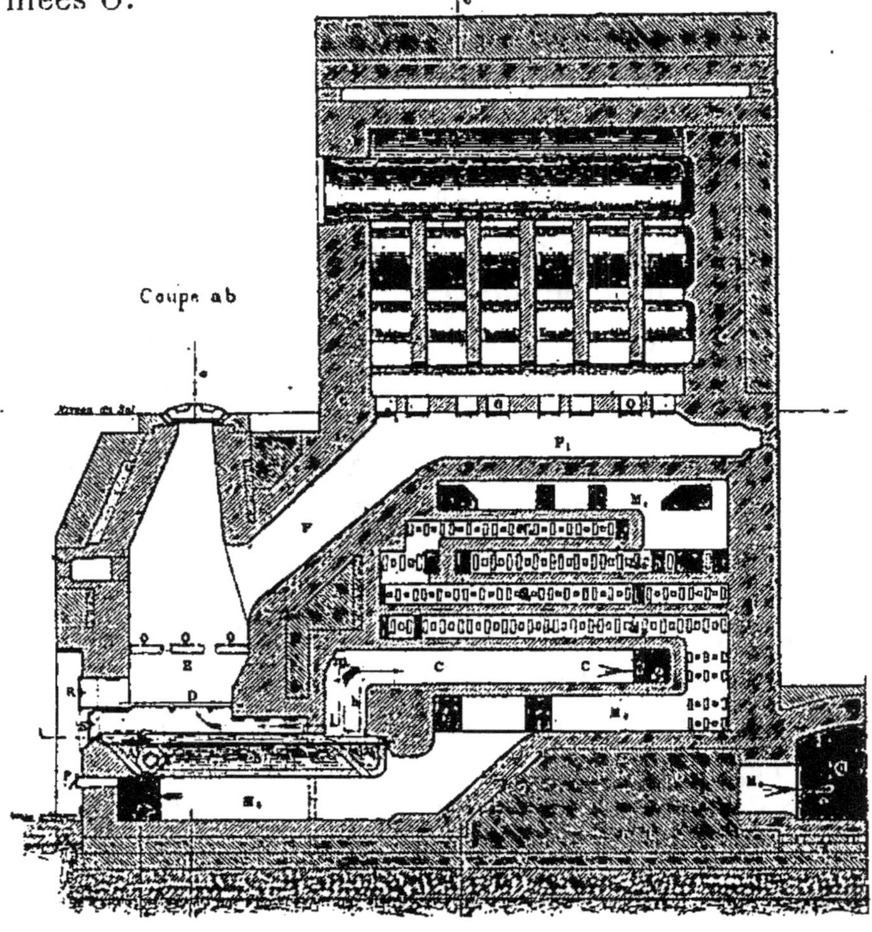

Fig. 63.

Les gaz qui doivent absorber de la chaleur dans des canaux circulent en sens contraire des gaz (qui doivent en abandonner) qui se meuvent dans les canaux voisins. La chaleur emportée hors du four est d'abord employée, à chauffer l'air secondaire pour le four,

puis l'air primaire pour le gazogène, et, en dernier
lieu, la vapeur d'eau pour celui-ci.

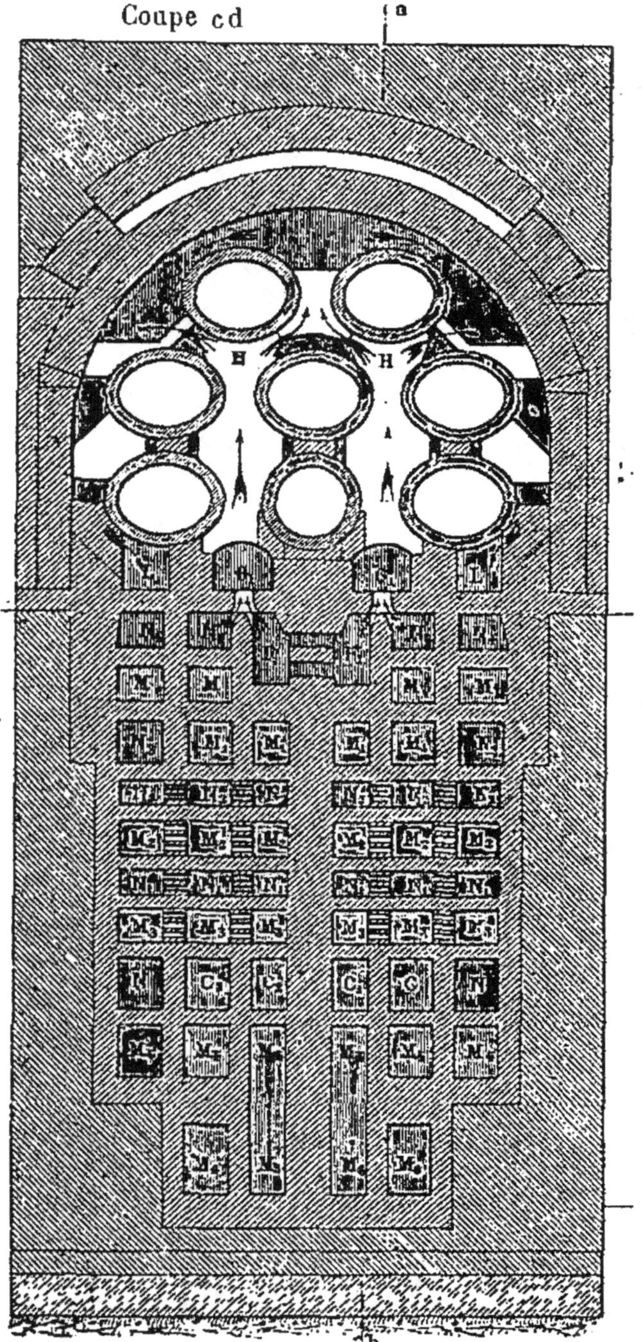

Fig. 64.

Le registre pour le réglage du tirage de la cheminée se trouve derrière le régénérateur, et non

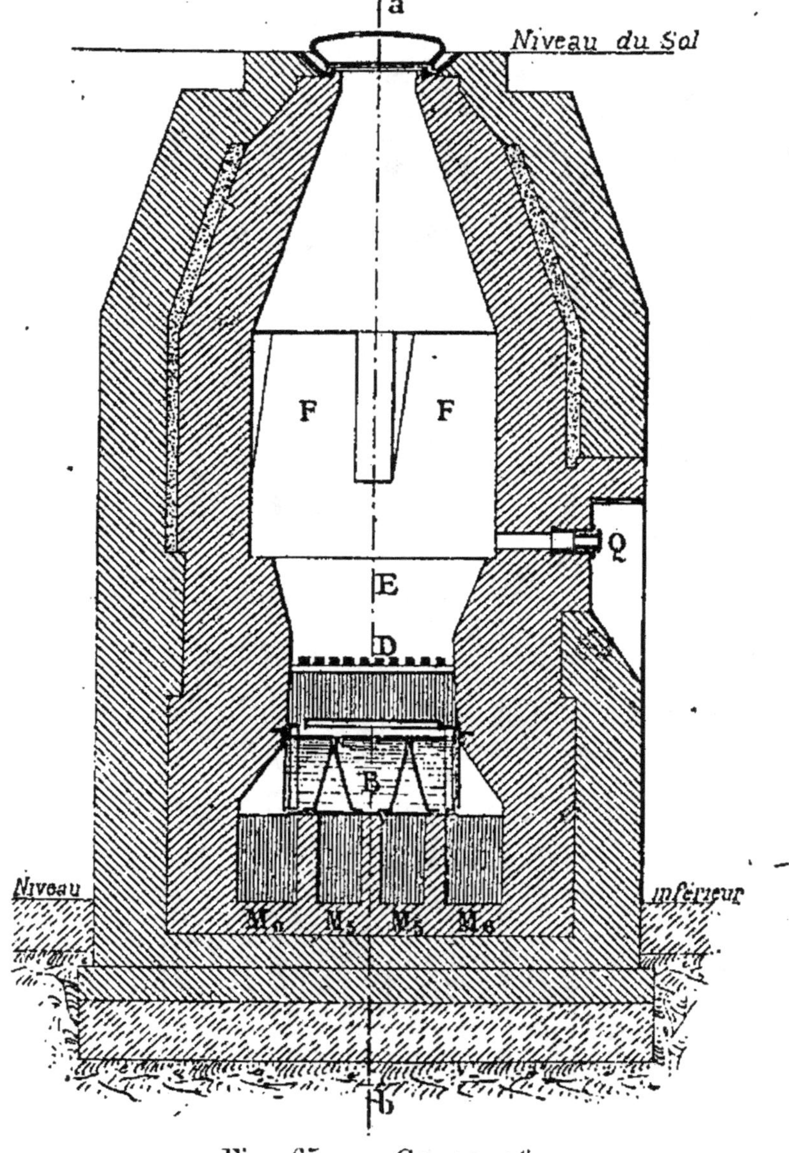

Fig. 65. — Coupe ef.

derrière le four, afin que la différence de pression dans les carneaux puisse être rendue aussi faible que possible.

N
C₃ C₂ C₁ C
N
Air
et
vapeur
Air
Air
Coupe iklm
T
Air
A
B
Eau
C₃
C
T
B
Coupe gh

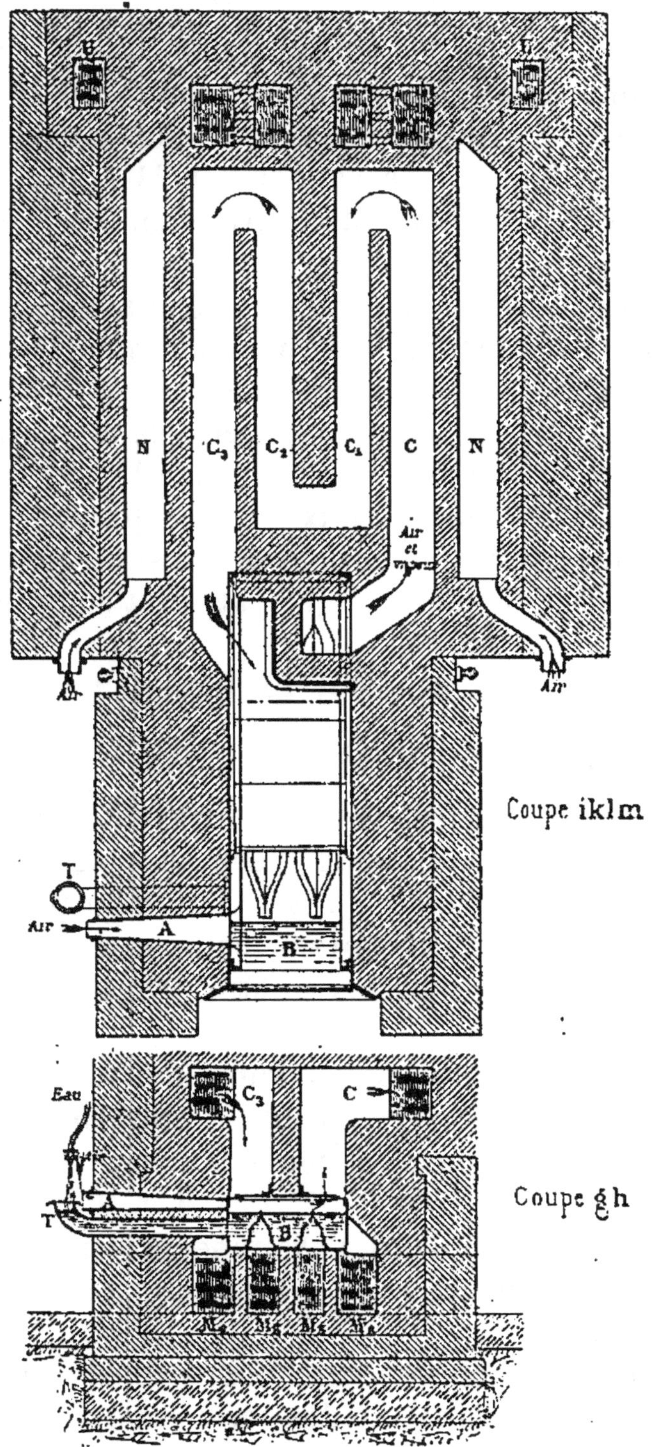

Fig. 66.

La surface de chauffe de la boîte à eau sous le gazogène est déterminée de manière à produire une quantité de vapeur suffisante pour toutes les circonstances (1,000 à 1,300 kil. de vapeur par 24 heures), afin d'empêcher complètement la formation des scories.

, Afin de pouvoir régler ou réduire la quantité de vapeur d'eau correspondant à une consommation quelconque, et à n'importe quelle espèce de coke (suivant la fusibilité plus ou moins grande des cendres), il existe un clapet mobile P, par lequel de l'air froid peut être mélangé aux gaz des fumées et réduire la température de ces dernières jusqu'au point nécessaire pour que la vaporisation atteigne le degré voulu.

Le décrassage du foyer peut se faire toutes les 24 heures avec du coke à 15 0/0 de cendres, et peut même être prolongé jusqu'à 36 et 48 heures.

L'eau est amenée en B par une arrivée continue en T ; un trop plein laisse couler l'eau en excès. La consommation de combustible est de 11 0/0 du poids de la houille distillée. Ces fours se comportent bien en service et peuvent marcher quatre ans sans remontage. :

Nous dirons, à ce propos, quelques mots sur la composition des gaz que l'on peut obtenir en employant l'eau, comme dans les fours Didier et Schilling.

Il nous semble utile d'abord d'examiner la composition chimique que devrait avoir théoriquement un combustible gazeux.

En comparant les chiffres théoriques avec ceux que l'on obtient dans l'analyse des gaz combustibles, des gazogènes des différents systèmes, nous pourrons juger leurs valeurs relatives.

La composition du combustible gazeux, résultant de la décomposition de la vapeur d'eau par le carbone pur, est donnée par l'équation (notation atomique) :

$$C + H^2 O = CO + H^2$$

remplaçant par les poids atomiques :

$$12 + 18 = 28 + 2$$

Pour décomposer une quantité d'eau donnant 1 kil. d'hydrogène, il faut dépenser 34,180 calories.

Pour 2 kil. d'hydrogène........ 68.360 calories.
La combustion de 12 kil. de carbone en oxyde de carbone donne 2,141 calories × 12.............. 25.692   —

Il nous manque donc.......... 42.668 calories.

Cette perte devra être couverte par l'oxydation d'une certaine quantité de carbone au moyen de l'air atmosphérique produisant de l'oxyde de carbone (et non de l'acide carbonique qui diminuerait la valeur calorifique du combustible gazeux).

Il faut, pour cela, brûler en oxyde de carbone :

$$\frac{42268}{2141} = 19 \text{ k. } 93 \text{ de carbone.}$$

la quantité d'oxygène nécessaire =

$$\frac{19.93 \times 16}{12} = 26 \text{ k. } 57$$

qui provient de 115 k. 52 d'air atmosphérique formés de : oxygène, 26 k. 57 ; azote, 88 k. 95.

L'équation précédente devient :

$$12^k\ \underline{C} + 19^k93\ \underline{C} + 18^k\ \underline{H^2O} + 115^k52\ \underline{air} =$$
$$\underbrace{28 + 19.93 + 26.57}_{74^k50\ \text{de}\ \underline{CO}} + 2^k\ \underline{H} + 88.95\ \underline{Az}$$

La composition du combustible en poids est :

$$
\begin{aligned}
CO &= 45.14\\
H &= 1.21\\
Az &= 53.65\\
&\overline{100}
\end{aligned}
$$

ou en volumes :

$$
\begin{aligned}
CO &= 39.07\\
H &= 14.65\\
Az &= 46.28\\
&\overline{100.00}
\end{aligned}
$$

Si l'on compare les compositions des gaz des générateurs de différents systèmes :

	LIEGEL	SCHILLING		DIDIER	SIEMENS	THÉORIE
Oxyde de carbone	23.70	22.50	20.6	26.7	26.2	39.7
Hydrogène . .	0.55	15.0	15.0	10.3	9.2	14.65
Azote	67.05	54.1	55.8	56.4	58.8	46.28
Acide carbonique	8.70	8.40	8.6	6.6	5.8	
	100.00	100.00	100.0	100.0	100.0	100.00

L'on voit que le four Schilling est supérieur aux fours Siemens et Didier qui sont à peu près équivalents.

Comparons les gaz brûlés :

	LIEGEL	SCHILLING	DIDIER	SIEMENS	THÉORIE
Acide carbonique	17.35	18.45	18.0	17.2	20.6
Oxyde de carbone. . . .	1.95	0,6	0.0	0.0	
Oxygène	2.25	1.94	2.4	2.9	
Azote.	78.45	79.55	79.6	79.9	79.4
	100.00	100.00	100.0	100.0	100.0

On voit que le four Schilling garde sa supériorité, il contient le plus d'acide carbonique et le moins d'oxygène.

La composition théorique des gaz brûlés serait en volume, en faisant le calcul et en supposant toute la vapeur d'eau condensée :

$$CO = 20.6$$
$$Az = 79.4$$

Nous terminerons cette étude déjà trop longue pour le présent manuel et trop courte cependant par rapport au sujet traité, en donnant le résumé des expériences faites par Schilling et le docteur Bunte, sur la demande de « l'Union des techniciens allemands pour l'eau et le gaz » qui peuvent servir de guides dans l'établissement d'un projet de four.

Ces résultats ont été lus au Congrès de 1879, à Brême, par M. Grahn. Les expériences ont été faites avec deux espèces de générateurs : le gazogène à fente, et le gazogène à grille.

Résultats du gazogène à fente
sans vapeur d'eau

1° La consommation de coke pour chaque espèce de coke croît dans un rapport assez régulier avec le tirage ;

2° Un tirage différent est nécessaire pour brûler la même quantité de cokes différents dans le même temps. Cette différence s'applique à la fois à l'espèce et à la grosseur des morceaux ;

3° La proportion d'acide carbonique dans les gaz du gazogène croît avec le tirage, et en même temps la température de ces gaz s'élève. Comme exemple : entre un gaz de chauffage contenant 1,9 0/0 d'acide carbonique et un autre contenant 5,8 0/0, la différence de température était de près de 500°. — Dans le premier cas le tirage était de 1 millimètre et dans le second de 7 à 10 millimètres ;

4° Plus l'excès de température des gaz de chauffage sur la température extérieure est grande, ou plus la vitesse des gaz est faible, plus le refroidissement sera fort, toutes autres conditions étant égales d'ailleurs. — Remarque : on comprend, d'après cela, qu'un gaz de chauffage obtenu avec un tirage élevé, bien qu'une grande partie de son oxyde de carbone soit déjà transformé en acide carbonique avant le four et non dans le four, ait malgré cela économiquement plus de valeur qu'un gaz obtenu avec un faible tirage, d'une teneur plus faible en acide carbonique ;

parce que, par suite de la vitesse plus grande avec laquelle il passe dans le canal, le refroidissement n'agit pas aussi défavorablement sur lui ;

5° Toutes les différentes qualités de coke donnent, dans des conditions de tirage égales, des gaz de chauffage de nature chimique à peu près égale ;

6° Il ne se produit une augmentation essentielle de l'acide carbonique que lorsque la hauteur de combustible traversée par l'air est descendue à 0 m. 50 et au-dessous, et cela aussi bien avec un tirage faible qu'avec un plus fort (0 m. 75 paraît la hauteur convenable) ;

7° Il résulte qu'avec la plupart des cokes l'évacuation des scories à l'état liquide dans le générateur à fentes, n'offre pas de difficultés.

Résultats des fours à grille avec accès de vapeur d'eau

Dans le foyer à fente, l'on ne pouvait introduire de la vapeur d'eau qui aurait empêché la fusion des scories et bouché la fente. Ici ce n'est pas le cas :

1° Avec chaque sorte de coke on peut, en amenant une quantité convenable de vapeur d'eau, atteindre le point où les résidus de la combustion ne fondent plus jusqu'à donner une scorie agglomérée, mais descendent sur la grille en une masse poreuse, friable ;

2° Le tirage dont on a besoin pour produire, par 24 heures, une certaine quantité de gaz combustibles dans le générateur à grille avec vapeur d'eau, est en général un peu plus élevé que dans le générateur à fente ;

3° Les gaz des générateurs obtenus par voie humide avec arrivée de vapeur d'eau ont une valeur de chauffage plus élevée que ceux obtenus sans arrivée d'eau par la voie sèche ;

4° Le travail avec générateur à grille et arrivée de vapeur offre par conséquent de grands avantages, d'une part, par la conservation meilleure de la maçonnerie qui n'est plus en contact avec les scories liquides, d'autre part, par la production d'un gaz donnant plus de calories en brûlant dans le four.

Depuis ces travaux, on a poussé beaucoup plus loin ces recherches. On a étudié les avantages de la simple ou de la double récupération ; c'est-à-dire le chauffage de l'air seul, nécessaire à la combustion secondaire (dans le four), ou le chauffage de l'air primaire (pour la combustion dans le gazogène) et de l'air secondaire; puis la quantité et la manière d'introduire la vapeur d'eau dans le générateur. On est arrivé aux conclusions suivantes, beaucoup plus précises que les précédentes :

1° En supposant la température de l'air primaire humide constante : l'utilisation du combustible diminue avec la quantité d'eau injectée dans la simple récupération, mais augmente dans la double récupération. La température maxima de la combustion dans le four, diminue toujours quand la quantité d'eau injectée augmente, que l'on fasse usage ou non de la double récupération (voir plus loin). En considérant différents gazogènes ayant même température des gaz à la sortie, l'utilisation du combustible est d'autant meilleure que l'air primaire humide arrive à une température plus élevée. Pour des fours chauffés à la même température, l'utilisation du combustible est d'autant meilleure que l'on décompose plus d'eau au gazogène, ce qui montre qu'il y a intérêt à augmenter le plus possible la température de l'air primaire humide.

Nous avons vu que dans un four à double récupération, l'utilisation du combustible est d'autant meilleure que la quantité de vapeur d'eau injectée au gazogène est plus grande, bien que la température développée dans le four soit moins élevée ; mais dans un four à double récupération, la température est toujours suffisante. On voit donc que dans un four à double récupération, il y a avantage à injecter au gazogène une quantité de vapeur d'eau supérieure au minimum indiqué pour la conservation de la maçonnerie du gazogène et la facilité du décrassage de la grille. En pratique, on augmentera progressivement la quantité de vapeur d'eau injectée, jusqu'à ce que la température des fumées au départ ait atteint la valeur au-dessous de laquelle il serait imprudent de descendre pour le tirage. Ne pouvant donner dans ce volume tous les types construits à ce jour, nous indiquerons seulement les noms de leurs auteurs, qui permettent au lecteur de s'y reporter en cas de besoin. En France, les fours Vacherot, Eichelbrenner, Monnier, de Lachomette, Lerat, Radot, etc.; en Allemagne, les fours Klönne, Golbeck ; en Angleterre, les fours Livesey, Stevenson, Valon et Frille, Somerville.

Il nous reste, pour finir, à dire un mot des brûleurs. Au sortir du gazogène, le gaz combustible pénètre dans le four par un canal horizontal régnant sur toute la longueur du four, et percé d'un certain nombre d'orifices de dégagement. L'air nécessaire à la combustion arrive par une autre série d'orifices placés à côté des premiers. Ces deux séries d'orifices dont l'ensemble constitue le brûleur, peuvent avoir des dispositions variées, qui se réduisent cependant à deux types. On peut faire arriver le gaz et l'air dans le même plan en inclinant les courants l'un sur l'autre, ou en les brisant par une dalle placée au-dessus.

Si en même temps on introduit une quantité d'air assez considérable, on aura une combustion complète, une flamme courte et une forte chaleur à l'entrée. Cette localisation de la chaleur développée, présente des inconvénients au point de vue de la durée des parties les plus chauffées ; elle a en outre l'inconvénient de distribuer d'une façon très inégale la chaleur dans le four, il faut donc l'éviter.

Si, au contraire, on dirige les deux courants d'air et de gaz parallèlement, de façon à n'opérer leur mélange complet qu'après un certain parcours, on pourra diminuer l'excès d'air introduit : la flamme obtenue sera plus longue, et les diverses parties du four seront chauffées plus également. On obtiendra donc une meilleure répartition de la chaleur développée, surtout si l'on a soin de ménager au-dessus des brûleurs une chambre de combustion assez spacieuse, dans laquelle la flamme peut prendre son développement en contact avec les parois des cornues: La vitesse convenable de sortie de l'air et des gaz par les brûleurs est de trois mètres environ par seconde (vitesse calculée en tenant compte de la température des deux courants gazeux).

CONDUITE DES FOURS

FOURS ORDINAIRES

Mise en marche. — Les registres du four étant très peu ouverts, ainsi que les regards du haut du four, on allume sur la grille un feu de houille qu'on mène tout doucement; il s'établit par ces ouvertures un léger tirage, suffisant pour cette faible combustion. On marche ainsi pendant 24 heures, au bout de ce temps, on ouvre un peu plus les registres, on bouche les regards et on mêle un peu de coke à la houille; 24 heures après on ouvre progressivement les registres, et on pousse le feu de plus en plus jusqu'à obtenir la température convenable pour la distillation. Elle varie entre le rouge cerise clair et le rouge orange clair qui est la meilleure pour le rendement. Cette marche progressive évite les fentes des cornues produites par les brusques variations de température et les retraits inégaux dans le four.

Les cornues avaient été préalablement chargées de houille; cette charge et quelques suivantes donnent un mauvais rendement, mais le goudron produit à cette basse température, ainsi que le graphite résultant de la décomposition du gaz, bouchent les pores des cornues. A partir de ce moment, la distillation prend une allure régulière.

On procédait ainsi autrefois pour la mise en marche qui durait de 36 à 48 heures; aujourd'hui on est plus expéditif, elle se fait en 18 ou 24 heures, à tort je crois, pour la bonne conservation du massif et du four.

On entretient le régime favorable à la bonne exploitation par une combustion rationnelle du coke. Quand cela n'est pas, on constate très souvent, dans les cheminées courantes, une température plus élevée que dans le four même. Elle provient de la trop grande production d'oxyde de carbone qui ne trouve pas assez d'air pour se brûler à l'intérieur du four. Il est donc intéressant d'empêcher cet oxyde de carbone de se produire.

On a reconnu qu'il faut que l'épaisseur de combustible soit d'environ 0,25 centimètres. Avec seulement 0,20, tout le coke se transforme complètement en acide carbonique, mais la chaleur développée dans le foyer est trop grande et amène la détérioration des parois, sans chauffer les cornues extrêmes.

La grosseur du coke employé, a une certaine importance, de même que le coke trop petit empêche le passage de l'air nécessaire à la combustion, le coke tout-venant, par contre, donne de trop grands passages, qui permettent à un excès d'air d'entrer dans le four et de le refroidir notablement.

On obtient un excellent résultat avec le coke passant à travers un anneau de 5 à 6 1/2 centimètres, avec une épaisseur de 25 centimètres et un tirage de 1 1/4 millimètre de vide. Il y a lieu de remarquer ici que l'emploi des voûtes recouvrant les foyers ne paraît pas la meilleure solution.

La chaleur rayonnante considérable est perdue pour le chauffage des cornues au grand désavantage des pièces du foyer et de la grille sur laquelle les mâchefers fondus se prennent en masse. Aussi avons-nous dit plus haut qu'un certain nombre de directeurs d'usines suppriment la voûte et même la cornue du milieu. Ils obtiennent ainsi une meilleure répartition de la chaleur dans le four et une distillation beaucoup plus régulière dans toutes les cornues.

Le tirage nécessaire étant moins grand, on n'a plus ces courants violents de flammes à travers les piédroits des voussoirs, qui sont si funestes aux cornues, et la durée du four augmente très notablement. Dans tous les cas, il faut éviter avec soin les fissures dans la façade du four par lesquelles s'introduit l'air attiré par le tirage, et dont l'effet est de diminuer la quantité d'air introduite par la grille et de refroidir considérablement le devant des cornues.

Les moyens les plus pratiques, pour boucher ces ouvertures sont : soit de badigeonner soigneusement la façade avec un coulis de terre à four, soit de le goudronner fortement de temps en temps.

Dans le même but, on veillera à la fermeture exacte des portes du foyer et même du cendrier, l'ouverture de celui-ci augmente sans profit la consommation de coke d'au moins 2 hectolitres par 24 heures. La fermeture ou l'ouverture fait varier le tirage de 2 m/m en plus ou en moins.

On charge le foyer généralement toutes les deux heures. Le décrassage deux fois par 24 heures ; il doit être fait avec soin au moyen d'un crochet à pince (fig. 70 et 72), la grille doit être complètement dégagée du mâchefer sur les côtés pour lui conserver toute sa surface, et sur le fond pour empêcher l'obstruction du carneau de départ des flammes.

Pour entretenir le feu clair, on pique la grille en dessous avec un crochet, nommé grinchoir (fig. 71);

on se guide sur l'état du foyer que l'on voit réfléchi dans l'eau du cendrier.

M. Eichelbrenner donne quelques résultats obtenus en marche normale avec divers combustibles employés au chauffage :

Chauffage d'un four à 7 cornues

1° Avec les anciennes grilles et coke tout-venant, la dépense était par **24** heures. . . . . '. 880 kilos.

2° Avec du coke à l'anneau 5—6 1/2 et en élevant la bâche et tenant les portes du cendrier presque fermées. . . . . . 740 —

3° Avec les voussoirs supprimés. . . 670 —

4° Avec coke et charbon, après avoir percé une ouverture de **20** $^{m}/_{m}$ de diamètre dans la porte (coke . . . . . . 100 —
du foyer . . . . .) charbon. . . . . 400 —

FOUR A GAZOGÈNE

Mise en feu. — On peut faire un allumage lent ou brusque. Dans le premier cas, on allume du feu sur la grille du gazogène, mais en prenant soin de ne pas la couvrir jusqu'en haut. Lorsqu'il est bien allumé, on remplit le gazogène de coke, le registre de communication avec le four étant fermé, on laisse le tampon de chargement ouvert; on met quelquefois un tuyau en tôle pour augmenter le tirage; lorsque la masse de coke est en feu, on ferme le tampon et on essaye d'allumer l'oxyde de carbone par un des regards supérieurs du gazogène.

Si le gaz ainsi allumé brûle pendant une heure sans s'éteindre, il est bon à mettre au four. On allume alors un feu du bois devant le four, en face le carneau de dégagement de l'oxyde de carbone ou à proximité des petites ouvertures par lesquelles il s'échappe, et on ouvre un peu le registre de communication du four au gazogène.

Cette précaution a pour but d'allumer l'oxyde de carbone aussitôt sa sortie du gazogène. Pour éviter les explosions, on a soin d'ouvrir tous les regards du four. Cette marche dure, suivant le système de four, de un jour à trois jours.

On règle alors les registres d'oxyde de carbone pour rendre la combustion uniforme dans le four, et le registre du four à la cheminée qui règle le tirage.

Cette méthode présente quelques inconvénients. Comme il y a peu de tirage dans le gazogène, les gaz refluent quelquefois sous la grille, et si elle est au-dessous du sol elle peut déterminer des accidents d'asphyxie aux ouvriers placés dans ces soussols.

La méthode suivante, plus expéditive et plus brusque, permet une rapide mise en marche dans des fours ayant déjà servi. Malgré les apparences elle ne produit pas plus de dislocations que l'autre. On commence, douze heures avant le chargement du gazogène, par allumer des petits foyers disposés devant le masque en face des carneaux d'arrivée de l'oxyde de carbone, on les alimente avec du charbon à longue flamme, de façon à chauffer les parois qui seront léchées par l'oxyde de carbone à sa sortie du générateur. Après douze heures, on verse dans les générateurs du coke incandescent provenant du délutage d'autres cornues de fours voisins, de façon à avoir une épaisseur de combustible d'environ 25 centimètres sur la grille ; l'on donne un fort tirage (10 et 12 m/m) dans le four. La couche de combustible sur la grille n'étant pas épaisse, il se produit surtout de CO_2, le peu de CO formé vient se brûler au contact des parois chaudes indiquées plus haut, ou est emportée rapidement dans la cheminée. Au bout de deux heures, on charge avec du coke froid les générateurs que l'on remplit presque.

Au bout de douze heures, les parois intérieures du four sont assez chaudes pour enflammer l'oxyde de carbone, on supprime les petits foyers, on ferme les regards et on diminue un peu le tirage (5 m/m).

La température monte dans le four et l'on règle alors les registres d'oxyde de carbone et le tirage de la cheminée.

Les cornues, contrairement à l'autre méthode, n'étaient pas chargées, mais fermées par des murettes en morceaux de briques et terre à four, et un trou fermé par une brique, pour surveiller l'élévation de la température à l'intérieur. Au bout de 24 heures, on fait tomber ces murettes et on charge avec de la houille.

Le tirage dans les fours ordinaires est de 3 à 5 millimètres et dans les fours à gazogène de $1^{mm}1/2$ à 4^{mm}, suivant les systèmes.

On peut se rendre compte du tirage convenable en ouvrant un regard de la façade du four, s'il y a aspiration, le tirage est trop fort, si les flammes sortent, il est insuffisant.

Dans les fours ordinaires, il faut nettoyer à des intervalles réguliers les carneaux inférieurs et les passages entre les cornues inférieures et les piédroits, les cendres qui se déposent obstruant le passage et nuisant à la bonne marche du four en diminuant le tirage. Si on augmente celui-ci pour rétablir la bonne marche, la vitesse des gaz étant plus grande dans le four, la consommation pour le chauffage augmente.

Si l'on peut, il est également avantageux de faire tomber les cendres qui couvrent les cornues et diminuent leur conductibilité calorifique.

La haute température qui existe dans les cornues produisant la décomposition d'une partie du gaz carburé, il se dépose sur les côtés et à la partie supérieure de la cornue une couche de carbone très dense, appelé graphite, ou charbon de cornue. Cette couche augmente peu à peu, et finit par être assez épaisse pour devenir un obstacle au délutage, et empêcher la transmission de la chaleur du four dans la cornue. On les dégraphite successivement dans chaque four. On peut employer plusieurs procédés. On brûle ce graphite en établissant un courant d'air dans la cornue au moyen d'un petit carneau en briques que l'on établit sur la sole de la cornue jusqu'au fond. On ferme la cornue avec plusieurs rangs de briques pour protéger le joint de tête et on fait un carneau débouchant dans la colonne montante (que l'on ouvre en haut). Cette colonne forme cheminée d'appel, l'air passe dans la cornue, brûle le graphite et sort par le haut de la colonne.

La température produite par cette combustion serait assez élevée pour rougir la fonte de la tête si l'on n'avait pris les précautions indiquées pour la protéger.

Ce procédé est long et laisse la cornue inutilisée pendant assez longtemps, de 24 à 36 heures.

Il en est un autre plus expéditif : on laisse la cornue vide, ouverte pendant 4 à 6 heures et l'on dirige avec une pompe un jet d'eau violent sur les parties les plus épaisses du graphite. Ce refroidissement brusque le décolle en partie et il est alors assez facile de le faire tomber avec la pince (fig. 75).

Lorsque l'opération a été répétée plusieurs fois, le graphite fixé dans les fentes et les parties rugueuses provenant des éclats précédents est plus difficile à enlever, on l'attaque, dans ce cas, à l'aide du marteau à piquer, et l'on répare la cornue aux fentes et aux trous produits.

Pour les réparer, on gratte avec une pince (fig. 73) les lèvres de la fente ou les bords du trou, on lave avec un jet d'eau et on introduit dans la fente, avec une palette en fer (fig. 74), un coulis peu serré composé de terre réfractaire et de ciment réfractaire, on appuie le plus possible avec la palette pour garnir la fente, et on lisse avec soin la surface. Si le trou est assez grand, on y introduit des morceaux de briques taillés *ad hoc*, et on garnit les vides avec le coulis. La réparation dépend de l'habileté de l'ouvrier, qui peut quelquefois remplacer une partie de la sole ou du plafond par des dispositions spéciales dans chaque cas.

Lorsque l'importance du trou met la cornue hors de service, on construit dans cette cornue, près du joint de tête, un mur en briques de **22**, afin d'éviter la perte de chaleur, et le four continue à fonctionner.

Arrêt d'un four. — Lorsqu'il doit être remis en feu ultérieurement, il faut le refroidir lentement, pour assurer la conservation des cornues. On pourrait arriver à ce résultat en diminuant progressivement le feu et le tirage pendant quelques jours, mais il y aurait ainsi une perte de combustible.

On peut employer d'autres moyens.

La dernière charge faite dans le four étant épuisée, on ouvre les cornues et, au lieu de retirer le coke, on construit en arrière de la tête, dans chacune d'elles, avec de vieilles briques, un mur de $0^m,22$ garni avec de la terre à four. On ferme les registres du four. On garnit tous les regards, les portes du foyer et du cendrier de terre à four et on replace les tampons garnis de terre sur les cornues, comme à l'ordinaire.

La chaleur diminue lentement et l'on évite les dislocations des cornues, des supports et du foyer.

Plus simplement, le garnissage du foyer et la charge étant faite, on diminue le tirage de plus en plus rapidement, on lute les portes du foyer du cendrier et les tampons des regards avec de la terre. La distillation du charbon absorbe une grande partie de la chaleur, et le refroidissement du coke et de l'intérieur se fait doucement et sans inconvénient.

Avant de remettre un four en service, on a soin d'enlever le graphite des cornues, de les réparer avec soin, ainsi que le foyer ; ces réparations sont faciles puisque, le four étant froid, l'ouvrier peut s'introduire dans ces diverses parties.

Lorsque le four hors de service est refroidi, on fait écouler le goudron du barillet, qui est encore fluide, on évite pour plus tard une main-d'œuvre importante de nettoyage de cet appareil.

On démonte les colonnes montantes et les traverses, que l'on nettoie de suite ; on enlève le brai qui fond en les chauffant sur un feu de coke dans une position inclinée, et ce qui reste attaché aux parois se brûle à l'air ; on enlève les résidus avec une raclette.

On démonte les têtes de cornue et on démolit l'intérieur du four, à l'exception de la devanture du foyer, on fait le triage des briques pour les remontages ultérieurs.

Nous avons parlé du barillet plus haut, il nous reste à ajouter un mot.

Siphon. — Le barillet sert de réservoir aux premières condensations ; on évacue celles-ci au moyen d'un appareil appelé siphon.

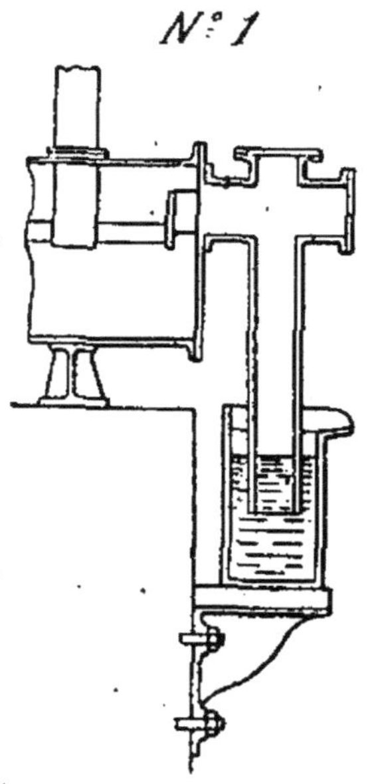

Fig. 67.

On peut prendre le dispositif n° 1 (fig. 67) ; le n° 2 (fig. 68) me paraît préférable, parce qu'il permet un démontage facile en cas d'engorgement ; une sorte de registre, simple lame de tôle glissée dans le joint, permet de régler le niveau dans le barillet.

On peut avoir deux évacuations, la précédente et une autre par le bas, qui permet de temps en temps de faire écouler les brais lourds, en tenant toujours la garde au moyen d'une alimentation d'eau plus abondante à ce moment.

Pour éviter la chute dans le barillet de la terre à four des joints des plongeurs, on descend la bride plus bas, en laissant un cordon élevé, et l'on coiffe d'une calotte en fonte, au lieu d'une simple plaque-bouchon (Voir les figures représentant les fours).

Déchargement des cornues. — Le four ayant été

mis en marche et le charbon distillé, on procédera au délutage des cornues (opération appelée ainsi parce qu'on détruit, en l'exécutant, le lut des cornues).

On commencera par préparer la charge en pesant et mélangeant les charbons des différentes espèces, reconnus aptes à donner un bon rendement et un pouvoir éclairant conforme au cahier des charges contractées avec la municipalité.

On prépare d'avance également, en les garnissant de

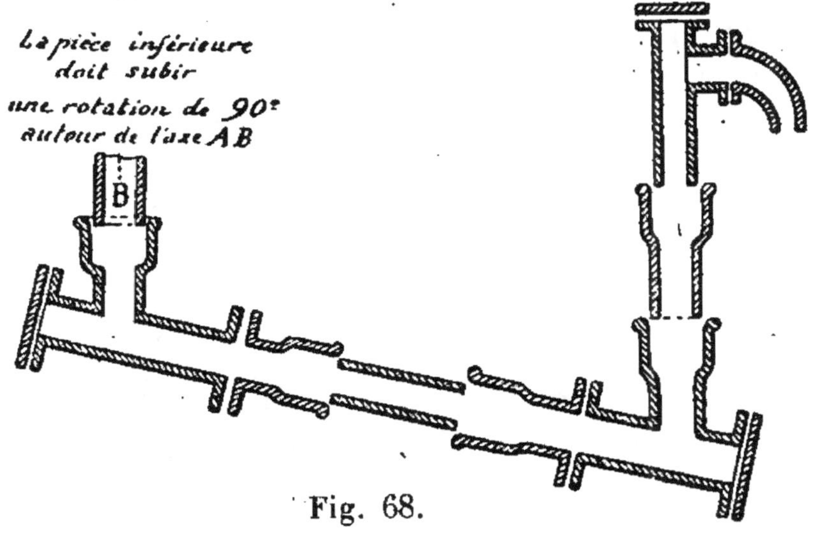

Fig. 68.

terre à four, les tampons nécessaires pour les cornues à charger. Ceci fait, il faut ouvrir les cornues les unes après les autres pour les décharger et les recharger immédiatement. Il faut avoir soin de ne pas enlever brusquement les tampons. En effet, la cornue étant pleine de gaz, il pourrait se former avec l'air, au moment de l'ouverture, un mélange détonant qui, en s'enflammant, projetterait au loin le tampon. On desserre la vis de serrage, sans retirer la traverse, de manière à laisser sortir un mince filet de gaz, que l'on allume avec l'un des bouchons de regard du four ; on desserre progressivement la vis, et on enlève la traverse et le tampon. On nettoie avec une raclette (fig. 75) la surface de la bride de tête de la cornue, on s'assure à l'aide d'une sonde en fer (fig. 76) que le tuyau montant n'est pas bouché à la partie inférieure, on le débouche s'il y a lieu.

Le déchargement se fait au moyen d'un crochet à lame plate perpendiculaire à l'axe ; l'ouvrier le pousse à plat jusqu'au fond de la cornue, le tourne vers le bas, accroche ainsi la masse de coke et la tire vers lui. Le coke tombe dans une brouette à coke (marmite) en tôle, disposée pour pouvoir être basculée au moyen d'une tringle de tirage (fig. 69). Le coke

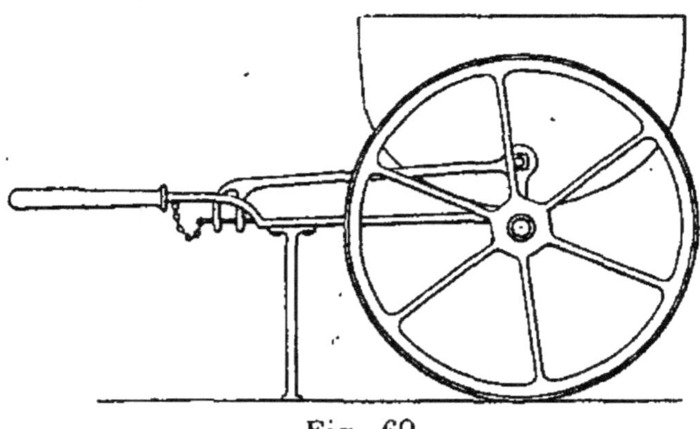

Fig. 69.

incandescent est emporté au dehors de la salle des fours et éteint avec de l'eau. (Voir plus loin les machines à déluter). Le délutage étant terminé, on fait le chargement.

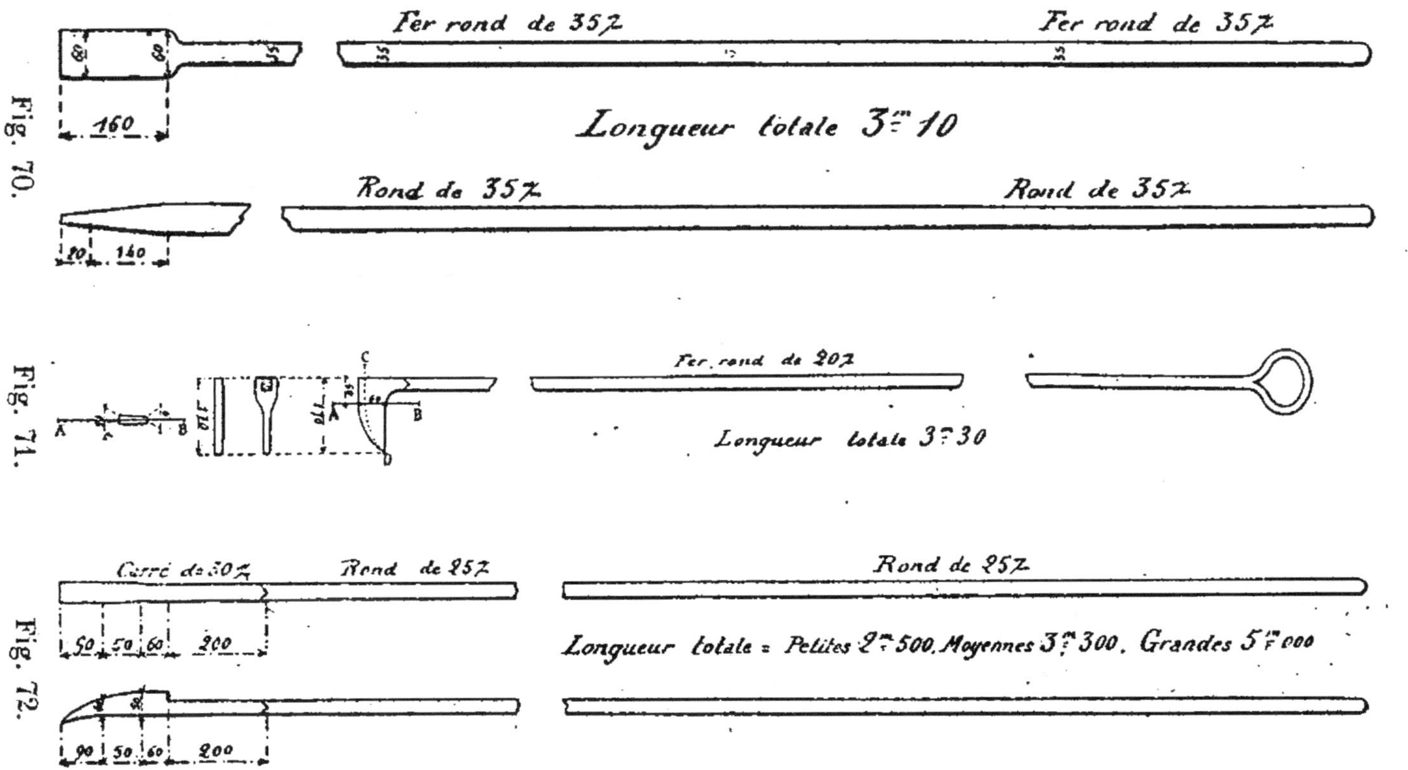

Fer rond de 35%
Fer rond de 35%
Longueur totale 3ᵐ10
Rond de 35%
Rond de 35%
Fig. 70.
Fer rond de 20%
Longueur totale 3ᵐ30
Fig. 71.
Carré de 30%
Rond de 25%
Rond de 25%
Longueur totale = Petites 2ᵐ500. Moyennes 3ᵐ300. Grandes 5ᵐ000
Fig. 72.

Fig. 73.
Rond de 27⅒
Fer rond de 25⅒
Fer rond de 22⅒
Fer rond de 20⅒
1ᵐ50
1ᵐ00
Longueur totale 3ᵐ950
A
B
Fig. 74.
Fer rond de 27⅒
4ᵐ235
250
Longueur totale 4ᵐ650
300
160
45

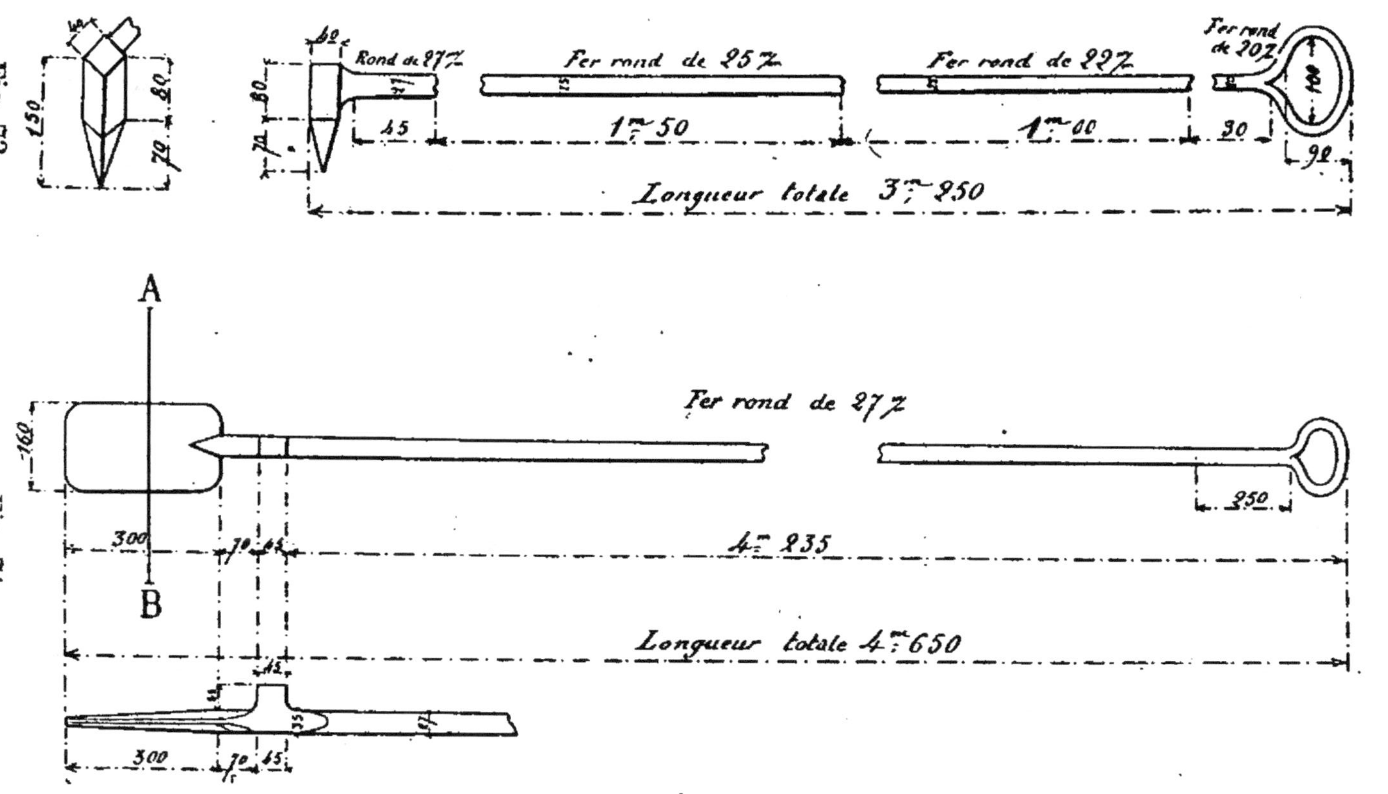

Fig. 73.

Fig. 74.

En général, on charge de suite chaque cornue, après l'avoir délutée, pour éviter de perdre du temps pour la distillation.

Chargement des cornues. — Le chargement se fait de différentes manières. A la pelle, l'ouvrier prend le charbon à un tas préparé à l'avance devant le four (il se sert d'une pelle plate à manche droit, dite à ballast) et l'envoie avec force jusqu'au fond de la cornue ; il a soin de lancer le charbon bien horizontalement, afin qu'il ne vienne pas heurter le plafond de la cornue, ce qui nuirait à la régularité de la charge ; il continue ainsi, en diminuant progressivement la force de son jet de pelle, ayant soin en même temps de lancer le charbon alternativement à droite ou à gauche afin d'obtenir une couche bien régulière jusqu'à environ 0^m25 du joint de tête de la cornue.

Si l'on a deux ouvriers chargeant ensemble, l'un

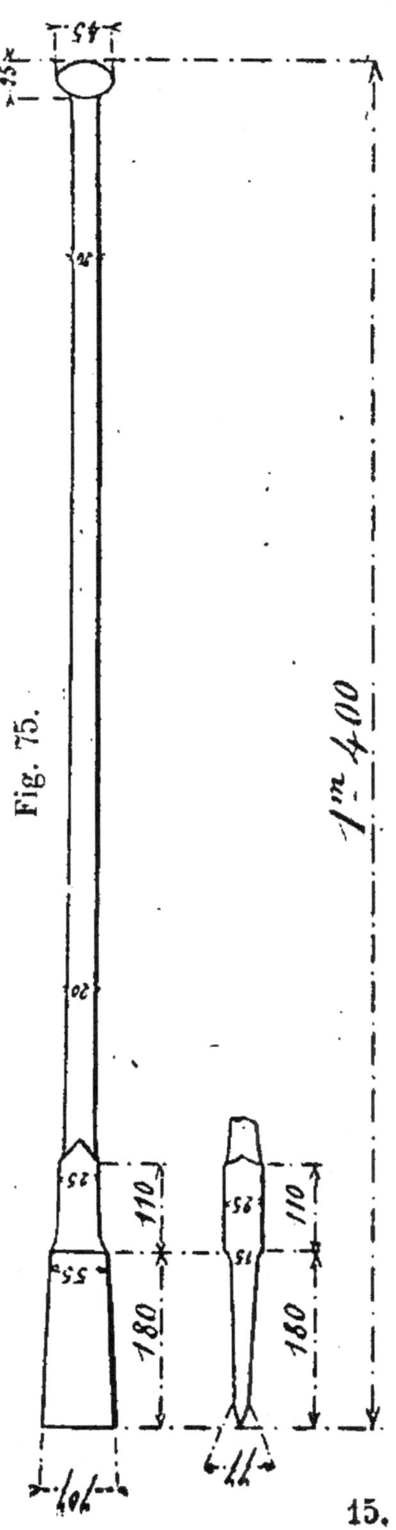

gaucher, l'autre droitier, on a l'avantage d'une charge plus rapide et, par suite, d'une perte moins grande de gaz pour la charge tout entière.

Aussitôt la charge terminée, on bouche immédiatement la cornue avec un des tampons préparés d'avance. On place ensuite la traverse et on serre énergiquement la vis pour obtenir un joint bien étanche.

Ce travail demande des ouvriers habiles et soigneux, pour pouvoir

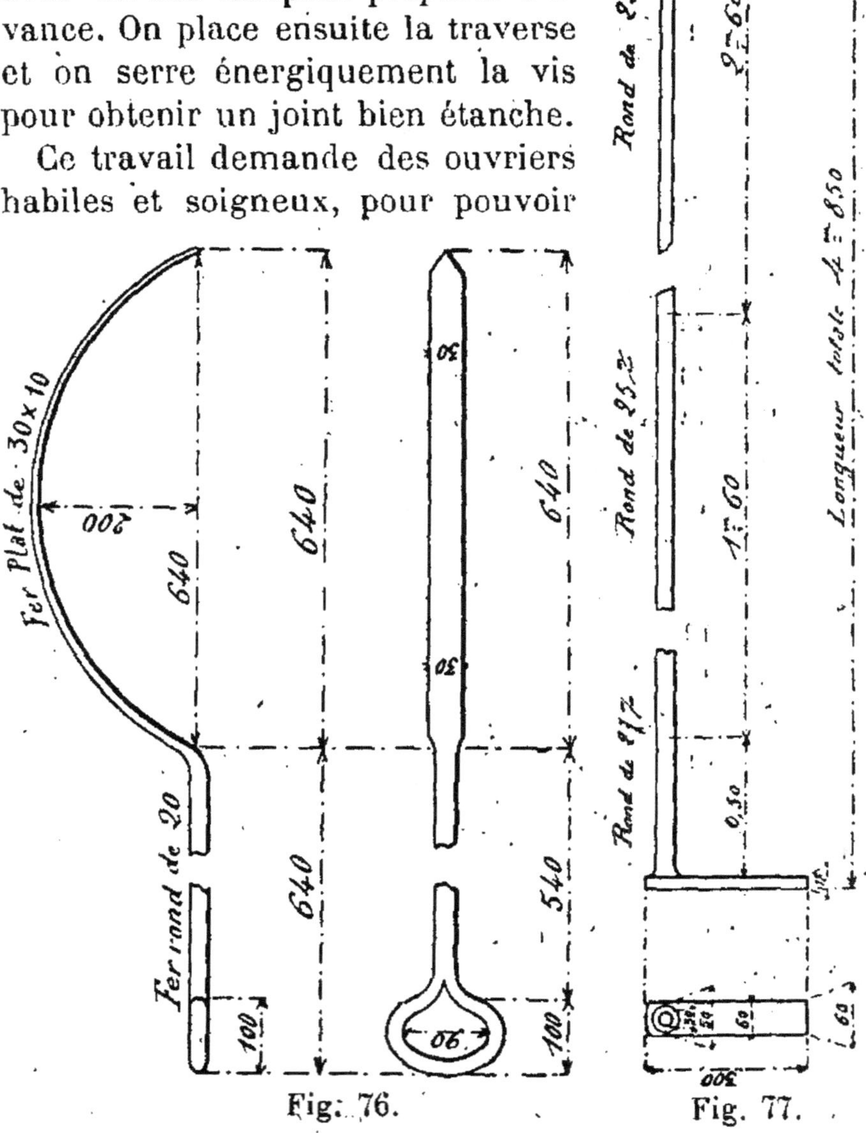

Fig. 76.   Fig. 77.

obtenir une couche de charbon d'épaisseur uniforme dans la cornue, et, de plus, la répartition dudit charbon dans chaque cornue, en rapport avec sa température.

Aussi on emploie souvent le chargement à la cuillère de Clegg (fig. 78). La charge entière de la cornue est mise dans une cuillère demi-cylindrique en tôle portant un manche d'environ 1 mètre, avec une traverse de 1 mètre servant de poignée.

Fig. 78.

Les ouvriers 1 et 2 chargent la cuillère et passent une traverse dessous, le n° 3 saisit la traverse extrême et les deux premiers amènent l'extrémité antérieure dans l'embouchure de la tête, le n° 3 l'enfonce, la retourne et la retire, les 1 et 2 reçoivent l'extrémité antérieure sur la traverse, la cuillère est ramenée au tas de houille, et la deuxième charge commence de la même manière.

Pour éviter les fuites du joint de la tête des cornues résultant des dislocations apportées par les chocs répétés de la cuillère contre la sole de la cornue, on peut disposer devant les cornues un chevalet mobile formé de deux montants verticaux, réunis par des entretoises et portant des rouleaux, sur lesquels les manœuvres posent la cuillère pour la pousser dans la cornue. On obtient ainsi moins de fatigue des ouvriers et une meilleure conservation du matériel.

Ce chevalet se déplace devant les cornues, et plus facilement, si l'on veut, sur des rails.

On peut encore employer un simple chariot mobile portant un moufle, et se déplaçant sur un chemin formé d'un fer T au-dessus des fours.

Ce procédé, excellent avec des petites cornues, répartit mal la charge dans les grandes cornues, et il faut égaliser avec un crochet avant de mettre le tampon.

Le chargement et le déchargement des cornues constitue un travail si pénible que, de tout temps, on a cherché à lui substituer l'emploi de moyens mécaniques. La première tentative dans ce sens fut la cornue de Clegg avec toile sans fin, puis la cornue à piston de Brunton. Ces deux systèmes sont décrits dans le *Traité* de Clegg et dans *King's treatise on gaz* de Newbigging ; vint ensuite Green en 1860, ensuite Dunbar et Nicholson, puis Best et Holden, à Dublin. De nos jours, la cornue verticale de Porter et Lane, avec hélice intérieure, a été établie dans le même but.

Mais toutes ces dispositions, qui donnent d'excellents résultats, au point de vue de la quantité et de la qualité du gaz produit, sont d'un entretien dispendieux et ne fournissent qu'un coke très inférieur dont la vente est à peu près impossible. Aussi ont-elles été abandonnées.

Plus récemment, M. Coze, à Reims, après plusieurs années d'essais, a construit un four à 9 cornues, à chargement et déchargement automatiques, chauffé par le gaz, dont nous dirons quelques mots.

Les cornues sont inclinées de 30° et cette pente assure une charge régulière, quelle que soit la composition du combustible comme grosseur,

Le charbon est amené sur le four par des wagonnets, qui laissent tomber le charbon verticalement dans la cornue.

M. Coze dit que les fines glissent sur le plancher de la cornue, tandis que les gaillettes, en tombant du wagonnet, ricochent du plancher de la cornue sur son toit et se trouvent ralenties dans leur chute. La cornue doit être assez basse pour que cet effet se produise. Si elle a trop de hauteur, le charbon s'accumule dans le bas. Ce système a été appliqué à quatre fours de neuf cornues, et M. Coze signale une économie de 33 0/0 sur la main-d'œuvre. Quant au coût de premier établissement, il pense que le supplément serait au plus de 200 francs par cornue.

La question du chargement et du déchargement mécanique avait été résolue de façon complète pour les fours à coke (système Pauwels et Dubochet).

Dans un premier système, les fours à coke avaient deux mètres de large et sept mètres de long, ils contenaient six tonnes de houille, la sole était inclinée et permettait le facile défournement.

Dans un second système, la sole était horizontale et le défournement se faisait au moyen d'un poussoir très puissant mû par des treuils, qui refoulait le coke dans des étouffoirs en maçonnerie. La carbonisation durait 72 heures, le rendement en coke de four employable pour la métallurgie était de 62 à 70 0/0. Le rendement en gaz était d'environ 10 0/0 inférieur à celui des cornues, de même qualité ou plutôt supérieur comme pouvoir éclairant. Ces fours, qui existaient à la Compagnie Parisienne dans les usines de la Villette et d'Ivry, ont été démolis et remplacés par des fours à cornues, qui utilisent bien mieux la surface du terrain occupé.

MACHINES A CHARGER

Les desiderata d'une bonne machine à charger sont les suivants :

1° Elle ne doit pas exiger une disposition spéciale de four ou une forme particulière de cornue ; elle doit pouvoir s'employer quel que soit l'état de propreté intérieure des cornues ;

2° Elle doit être aussi légère que possible et ne pas être sujette à se détériorer sous l'action de la chaleur et de la poussière de la halle des fours. Elle doit pouvoir être réparée facilement en cas d'accident ;

3° Elle ne doit pas absorber une force motrice trop considérable, eu égard à l'importance du travail exécuté ;

4° La cuillère de chargement et le ringard ou crochet de délutage doivent être légers, faciles à guider et susceptibles de prendre les mêmes mouvements que ceux qu'on obtient à la main ;

5° Son prix d'achat doit être assez bas, pour que l'économie qu'elle peut réaliser sur la main-d'œuvre ordinaire, soit supérieure à l'intérêt et à l'amortissement du capital représenté par l'acquisition de l'appareil.

La *machine Foulis* (fig. 79) est celle qui remplit le mieux ces conditions. Elle est composée de deux appareils, l'un destiné à l'extraction du coke, l'autre au chargement de la cornue. On emploie comme force motrice l'eau sous pression qu'on obtient au moyen d'une pompe actionnée par une machine à vapeur et d'un accumulateur chargé d'un poids mobile, faisant équilibre à une colonne d'eau d'environ 80 mètres.

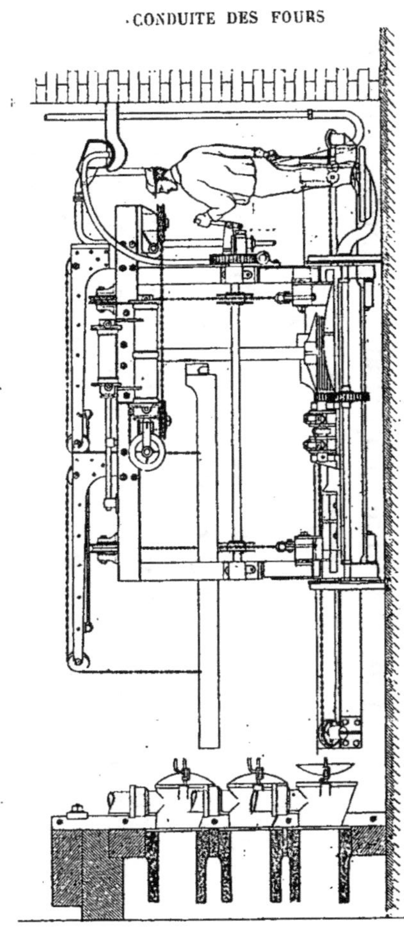

Fig. 79.

MACHINES A DÉCHARGER

Système Foulis. — La machine à extraire le coke se compose d'un tube cylindrique, dans lequel peut se mouvoir un piston, dont la tige porte le crochet de déchargement (fig. 80). Ce cylindre est suspendu dans un châssis, au moyen d'une chaîne passant sur une poulie, qui permet d'élever ou d'abaisser le crochet dans l'intérieur de la cornue. Lorsque le levier de la valve de changement de marche est dans la position correspondant à la marche en avant, il appuie sur la partie postérieure du cylindre et fait passer le crochet au-dessus du coke, lorsque le levier correspond à la marche en arrière : il soulève le derrière du cylindre et enfonce le crochet dans le coke ; en même temps, l'eau contenue derrière le piston est chassée par un tube qui la déverse sur le coke extrait dont il commence l'extinction. Le crochet peut être présenté en face de chacun des étages de cornues, et le bâtis se déplace parallèlement aux fours.

La machine à charger se compose de trois cylindres hydrauliques, dont un donne le mouvement de translation le long des fours, le second le mouvement à la cuillère et le troisième sert à manœuvrer les cuillères pleines de charbon.

Les cuillères sont remplies dans le magasin à charbon, d'où elles sont amenées près de la machine sur de petits wagonnets ; elles sont soulevées par une grue et déposées sur un taquet qui les embraye sur la tige du piston moteur. La cuillère est alors poussée dans la cornue ; arrivée à l'extrémité, elle est renversée par l'action de l'eau sur le piston propulseur, puis tirée en arrière ; la charge est faite. Il paraît que les

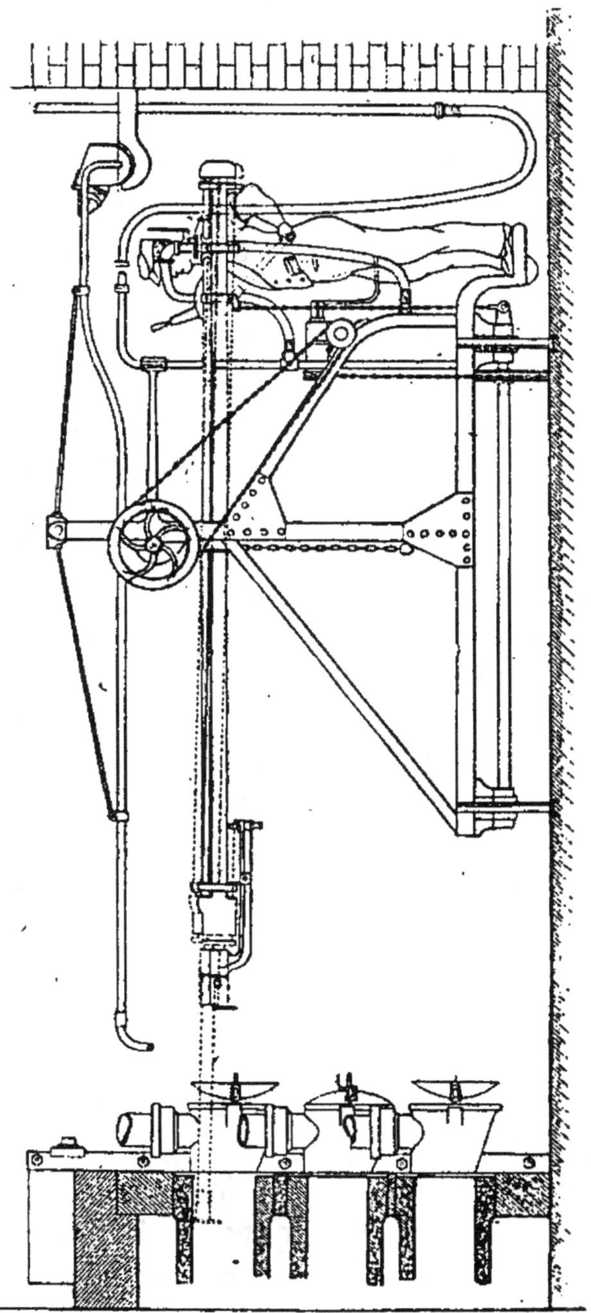

Fig. 80.

résultats sont bons ; quatre hommes vident et chargent 60 cornues par heure et peuvent travailler deux heures de suite sans être fatigués. Le prix élevé de ces machines en restreint l'emploi aux grandes usines qui peuvent les faire travailler au moins huit heures sur vingt-quatre. Cette machine pourrait être simplifiée en faisant faire le chargement du charbon dans les cuillères par des hommes et sur place.

La seconde machine est celle de *Warren et Wates*. Elle se compose d'un bâti susceptible de se mouvoir parallèlement aux fours. Une plateforme mobile supporte la cuillère et le crochet. Une vis sans fin permet d'élever et d'abaisser cette plateforme et de la maintenir à la hauteur des cornues à desservir. Le poids total de l'appareil ne dépasse pas 1500 kilos ; sa largeur est de 1 m. 50 et sa longueur 3 mètres. La force motrice est empruntée à un câble de coton qui se meut le long du mur de la salle des fours à la vitesse d'environ 29 mètres par seconde. Ce câble reçoit son mouvement d'un moteur fixe placé en dehors des fours. Le mouvement imprimé par le câble à la poulie horizontale de la machine, est transmis, soit en avant, soit en arrière à la plateforme, au crochet ou à la cuillère, en manœuvrant le levier d'embrayage correspondant. La tige du crochet est fixée sur un pignon mû par la vis sans fin, régnant sur toute la longueur de la plateforme ; il est guidé par une barre passant dans un support fixe, que tient le chef de manœuvre. La cuillère est actionnée de la même façon, elle est renversée au moyen de la vis de tête qui passe dans un collier fixe. Ce renversement de la cuillère se fait automatiquement, ainsi que l'inversion

du mouvement pour ramener la cuillère en arrière
lorsqu'elle est vidée. Cette machine, excellente pour
le chargement, ne permet pas pour le déchargement
les mouvements variés du crochet, comme la machine Foulis.

Quelques mots encore sur la *machine West.* —
Elle ne s'applique qu'à des cornues à fond plat et
ouvertes aux deux extrémités. La charge se met
dans un petit wagonnet dont le fond formé de lames
mobiles peut s'ouvrir à un moment donné. Sur le
devant du wagon, se trouve une plaque mobile dans
le sens vertical et formant chasse-coke. La cornue
étant ouverte, on y introduit le wagon qui pousse
devant lui la charge précédente et la fait sortir par
l'autre extrémité de la cornue. La cornue étant vide,
et le wagonnet chargeur à bout de course, en faisant faire une demi-révolution au manche de l'appareil, on ouvre les lames mobiles du fond et la charge
se répartit sur la sole de la cornue pendant la marche arrière. Ces manœuvres se font à la main, il n'y
a de disposition mécanique que pour le remplissage
du wagon. Il y a quelques inconvénients : l'appareil
ne peut pas servir avec toutes les formes de cornues,
il ne s'applique qu'à de petites charges, la qualité du
coke est moins bonne.

Cette machine convient à la production du gaz de
Cannel-Coal, ou de schistes bitumineux qui doivent
être distillés par de petites charges fréquemment
répétées.

MACHINE A CHARGER

Système Ross. — Consiste en une trémie contenant
le charbon et dont le bec inférieur est dirigé horizontalement à la hauteur de la cornue; derrière et dans

ce plan se trouve un tube perpendiculaire percé de petits trous par lesquels on envoie de la vapeur d'une façon intermittente. Le charbon est projeté par la vapeur dans les cornues, et il suffit de régler l'introduction de la vapeur et de la diminuer peu à peu pour répartir successivement le charbon sur toute la longueur de la cornue ; la pratique de cette manœuvre s'acquiert très rapidement. La charge d'une cornue (140 à 160 kilos), se fait en huit à dix secondes. La trémie est portée sur un bâti qui porte également la chaudière à vapeur et qui repose sur des roues, permettant le déplacement devant les fours. Les déplacements de la trémie sont opérés au moyen d'un cylindre à vapeur dont l'action se transmet par chaînes et poulies. La machine prête à fonctionner pèse 4 tonnes.

Il serait désirable d'arriver à de bonnes solutions, car ces machines rendraient le service indépendant de l'habileté et de la bonne volonté des ouvriers, mais encore réaliseraient une économie importante sur la main-d'œuvre.

La régularité et la rapidité des manœuvres ne peuvent qu'être favorables à la puissance de production des fours et à la durée des cornues. Ce serait le complément de l'emploi du chauffage des fours au moyen des gazogènes.

Durée de la distillation

Elle varie suivant les usines, de quatre à six heures. Le chauffage est plus économique, et le matériel est mieux employé, quand on pousse les fours à haute température et que l'on distille en 4 heures ou 4 heures 48. Si l'on veut obtenir en même temps qu'une grande quantité de gaz, un bon pouvoir éclairant, on est conduit à de fortes charges. La hauteur d'étalement est d'environ dix à quinze centimètres.

CHAUFFAGE DES FOURS AU MOYEN DU GOUDRON

Lorsque ce produit est d'une vente difficile, il y a avantage à s'en servir comme combustible. On avait autrefois fait des essais (fig. 81) sans grands ré--sultats.

On trouva plus tard que les conditions à remplir étaient les suivantes :

1° L'alimentation de goudron au foyer doit être continue et régulière ;

2° Les arrivées d'air doivent fournir le volume

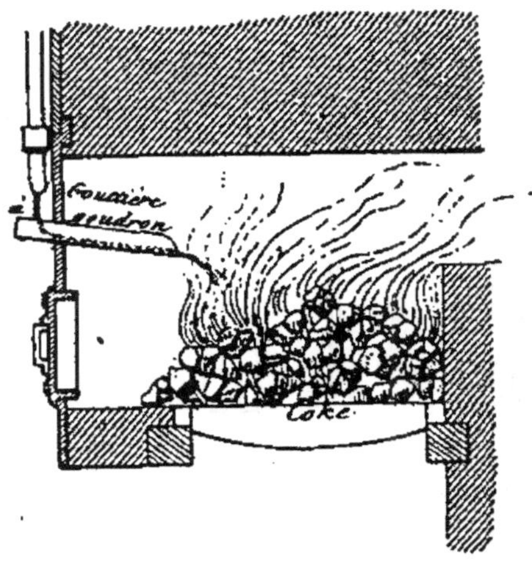

Fig. 81.

nécessaire à la combustion, et surtout être disposées de manière à le mêler le plus intimement possible aux vapeurs combustibles ;

3° Ce combustible pouvant développer une température de combustion assez intense pour endommager le four, il est essentiel que les ouvriers ne soient pas maîtres de dépasser la température maxima que l'on s'est fixée.

On a adopté plusieurs dispositifs :

Système Letreust. — M. Letreust a imaginé de faire le réglage (fig. 82) au moyen d'un petit aju-

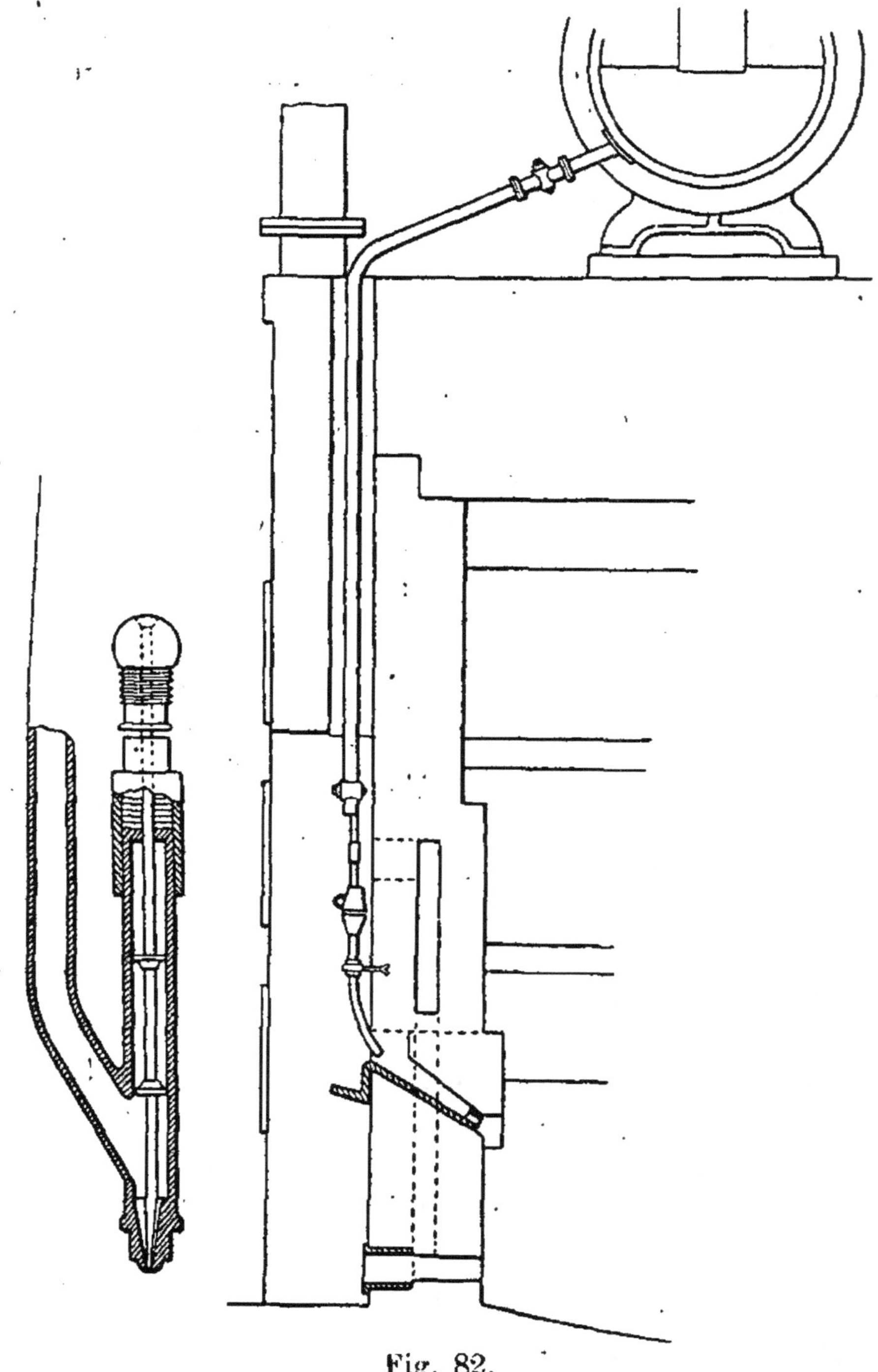

Fig. 82.

tage à aiguille, qui donne un écoulement uniforme ; on peut faire disparaître les obstructions en imprimant à l'aiguille un mouvement de va-et-vient.

Le goudron étant pris dans le barillet, la hauteur de charge est constante. Pour éviter que le goudron ne manque dans le barillet, on y envoie du goudron de la citerne à goudron au moyen d'une pompe, et l'on fait écouler l'excès par le fond du barillet pour renouveler le goudron et l'empêcher de s'épaissir sous l'influence de la chaleur.

L'air nécessaire à la combustion arrive par un tuyau au niveau de la sole du foyer, sur le devant du four ; un tirage de 10 $^{m}/^{m}$ environ fait pénétrer l'air à une assez grande vitesse pour diviser le goudron en gouttelettes, ce qui facilite sa gazéification et sa combustion complète.

Une fois les conditions de bonne marche obtenues, par le réglage de l'injecteur et de *l'entrée de l'air*, la négligence du chauffeur conduit soit par l'excès ou le manque de goudron à un abaissement de température du four.

La consommation a été de 12 0/0 du poids de la houille distillée, avec une production de gaz supérieure à celle du four à grille ordinaire. On comprend en effet la supériorité du chauffage au goudron ; il est continu, sans les intermittences de décrassage du foyer, qui font varier la température du four (le four a marché 434 jours réguliers). La conduite du four consiste à piquer le champignon qui se fait sur la tôle et à nettoyer le tuyau à goudron pour éviter l'arrêt de l'alimentation. De plus la capacité calorifique du goudron est de 10,800 calories au lieu de 8,080 du coke transformé en CO_2 et l'excès d'air qu'on peut régler est beaucoup plus faible.

On peut régler l'écoulement du goudron au moyen d'un régulateur. M. Rouget a imaginé un dispositif qui donne satisfaction. Il se compose de deux cuves, entrant l'une dans l'autre, l'une en fonte qui sert de réservoir au goudron et l'autre en tôle mince. Cette dernière est équilibrée par deux contrepoids et mobile par rapport à la première.

Un trou percé dans la partie supérieure de la cuve est raccordé avec le tube de départ du goudron. Le goudron s'écoulera donc de la cuve en fonte comme un trop-plein, au fur et à mesure qu'il tombera de l'eau dans la cuve en tôle. L'écoulement de l'eau étant bien réglé, l'écoulement du goudron s'ensuivra. On peut vider la cloche dans les cendriers au moyen d'un siphon. On peut avoir deux appareils semblables pour éviter toute interruption.

Système Alleau. — De nombreux essais ont été faits par M. Alleau à la South Metropolitan Company. Son système consistait en un petit réservoir en fonte 0,45 — 0,15 formant générateur, qui était logé dans un des regards de la façade du four. L'eau arrivait goutte à goutte dans cet appareil, chauffé au rouge, et sortait en vapeur pour se rendre au moyen d'un tube en fer de petit diamètre, à l'entrée du foyer ; une petite soupape commandée par la tension d'un ressort servait à régler l'introduction de cette vapeur qui rencontrait le goudron à la sortie d'un robinet de réglage et l'entraînait vers le foyer, où elle le projetait. Ce système avait des inconvénients, avec les eaux calcaires, le générateur s'encrassait promptement et se détériorait. Une autre difficulté venait du réglage de la vapeur qu'il était difficile de marier avec le goudron. Trop forte, elle le refoulait ; trop faible, le goudron seul s'écoulait et le bout du tube s'encrassait rapidement et assez fortement pour nécessiter un démontage.

Système Lemerle. — M. Lemerle, à Elbeuf, emploie de la vapeur, qu'il surchauffe dans un petit cylindre comme celui indiqué plus haut, et du goudron tamisé avant son entrée dans le cylindre d'alimentation placé sur le four.

Le brûleur à broche facilite le réglage (fig. 83), la vapeur surchauffée pulvérise le goudron et en assure la combustion. L'installation a été faite dans un four ordinaire, et l'on pouvait reprendre à volonté et aussitôt le chauffage au coke. La dépense de goudron était d'environ 11 à 12 0/0 en poids de la houille distillée.

M. Dauge, à Angers, emploie également un injecteur de goudron (fig. 84), à vapeur ou à air sous pression, ou même de l'air chaud sous pression. La bâche d'alimentation est sur les fours. Pour obtenir le goudron bien liquide, elle est alimentée par la pompe des citernes, et le goudron est chauffé à 50°.

On garde le chauffage au coke pour la mise en feu du four, et l'on continue après le chauffage au moyen du goudron. Pour obtenir une bonne pulvérisation, il faut que la pression de la vapeur soit comprise entre 3 et 4 atmosphères à l'injecteur.

Le tirage dans le four doit être de 10 à 12 millimètres. La consommation pour le chauffage, compris le charbon employé pour produire la vapeur, est de 13,94 0/0 en poids du charbon distillé.

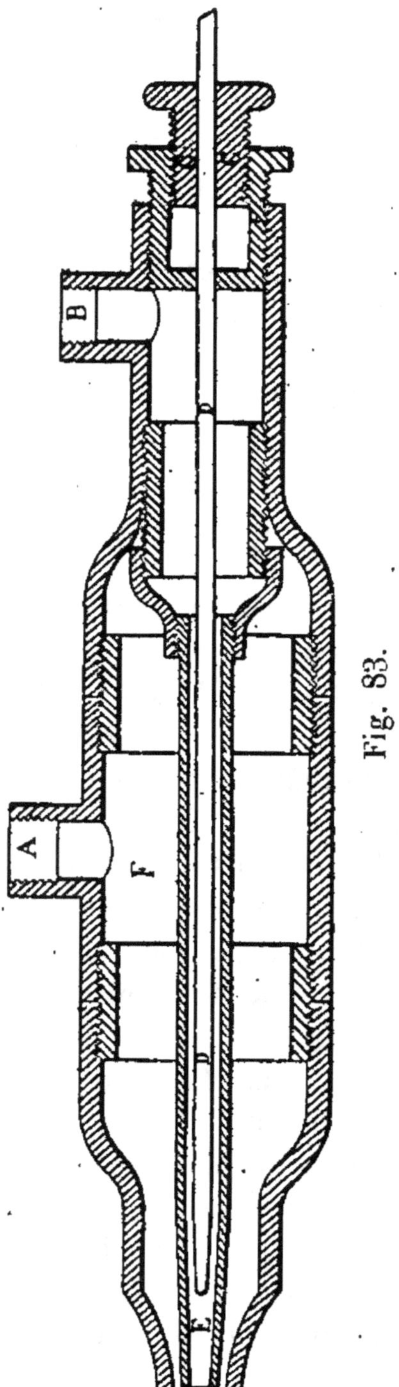

Légende de la figure 83.

A, arrivée de la vapeur ou de l'air surchauffé ;

B, arrivée du goudron ;

C, presse-étoupe ;

D, aiguille servant à régler l'écoulement du goudron et à dégager les obstructions du tube ;

E, tube d'écoulement des huiles ou du goudron ;

F, chambre de vapeur servant à élever la température des produits à brûler.

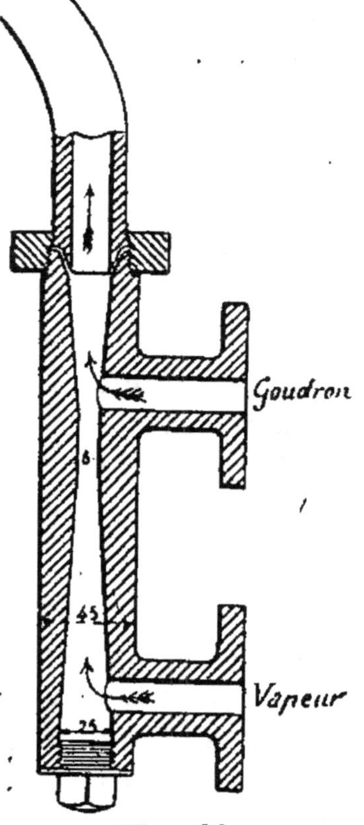

Fig. 84.

M. Radot a appliqué le chauffage au goudron à des fours à récupérateur et a obtenu de bons résultats : 12,17 0/0 en goudron du poids de la houille distillée.

Système Drory. — M. Drory a également construit un four avec chauffage au goudron, au moyen de l'air chaud comprimé ou de la vapeur, avec un appareil pulvérisateur de goudron ou d'huile. L'appareil pulvérisateur (fig. 85 et 86) consiste en un manchon cylindrique de 19c/m de long, de 6cm de diamètre, partie en fonte et partie en fer forgé, divisé en deux par une cloison perpendiculaire à l'axe.

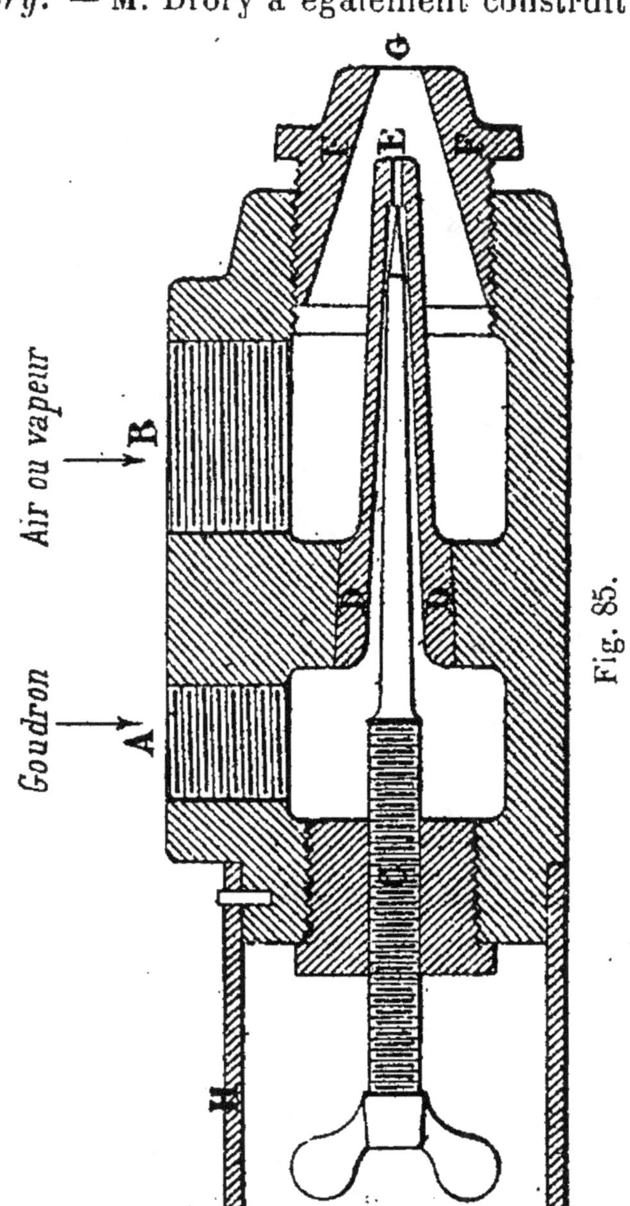

L'air entre à une pression de 250 millimètres de mercure dans la cavité antérieure ; le goudron dans la chambre postérieure et passe dans l'autre au moyen d'un tube placé au milieu du corps ; il est

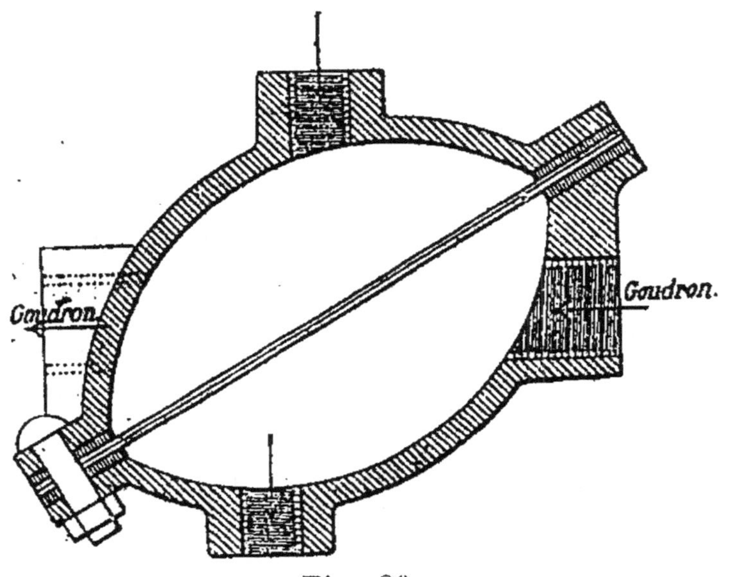

Fig. 86.

entraîné à son entrée par l'air qui y passe et poussé ensuite par l'embouchure (en forme de jet), il passe par l'ouverture G et est pulvérisé. Dans le tube de communication entre les deux chambres fonctionne à son extrémité une aiguille de réglage de l'écoulement du goudron. La pièce d'embouchure peut être plus ou moins vissée et permet le réglage de la distance entre l'ouverture d'écoulement du goudron et l'ouverture de l'embouchure, et, par suite, l'intensité de la combustion. Les avantages sont les suivants : dans un four à 7 cornues, on emploie 1,200 kil. de coke par 24 heures ; avec une installation simple, où le goudron tombe sur une plaque métallique et brûle en ce seul point, la consommation est de 750 kil. de goudron, en sorte que 100 kil. de goudron équivalent à 166 kil. de coke.

Avec le pulvérisateur décrit, on n'emploie plus que 500 kil. de goudron, en sorte que 100 kil. de goudron équivalent à 250 kil. de coke.

La combustion est totale et sans fumée, les flammes remplissent le foyer sur toute la longueur de la cornue, et la chaleur est répartie uniformément.

La pression de 250 m/m est un minimum, on l'obtient à l'aide d'un ventilateur ou d'une pompe à air actionnée par le moteur de l'extracteur. Si l'on peut obtenir 350 $^m/_m$ de pression, la combustion du goudron est complète et sans aucun résidu. L'air est chauffé à 100° par son passage à travers un tuyau placé dans un carneau voisin du four.

Entre le réservoir à goudron et l'injecteur, on place un filtre pour retenir les corps solides qui pourraient empêcher le bon fonctionnement de l'aiguille. En hiver, le goudron est chauffé par la vapeur à une température de 20 à 30°. On détermine l'allumage du goudron avec quelques pelletées de coke incandescent. La consommation de coke a été de 7 kil. par 100 kil. de houille distillée.

APPAREILS POUR DÉTERMINER LA TEMPÉRATURE DES CORNUES ET DES DIVERSES PARTIES DU FOUR

On se sert depuis longtemps dans les usines à gaz de l'appareil suivant ; il se compose d'un vase en bois (figure 87) cerclé de fer, d'une contenance de 10 litres. Ce vase est posé à terre, ou sui-

vant le cas, sur un trépied. Un couvercle mobile
percé d'un trou circulaire, et muni d'une sorte de

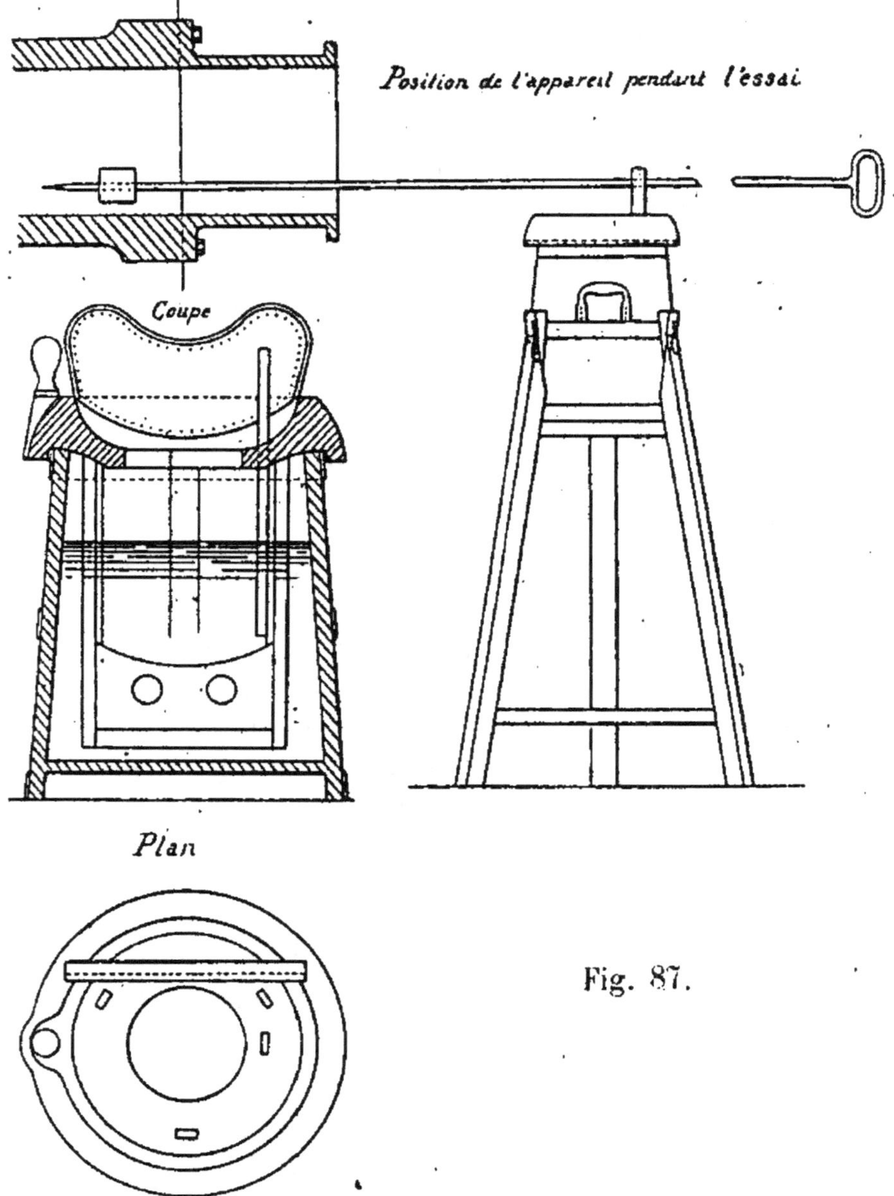

Fig. 87.

panier en bois, est posé sur le vase. Le couvercle
porte sur sa face supérieure un manneton et une

planchette évidée formant arrêt. Il est percé d'une
entaille destinée à recevoir le thermomètre qu'un
coin de bois maintient en place. Un cube en fer du
poids de 2 kil. et une tringle en fer de 2 mètres de
long environ et de $15^m/_m$ de diamètre, complètent cet
appareil. On opère de la manière suivante : la tringle
est introduite dans le trou percé au centre du morceau
de fer, que l'on dépose dans l'endroit dont on cherche
la température. On enlève la tringle et on referme
le tampon de la cornue ou l'ouverture du carneau.

Le trépied étant placé sur un sol de niveau, on enlève le couvercle et les trois chevilles et on remplit le
vase d'eau jusqu'à la hauteur des trois trous (si le
vase est bien de niveau, l'eau sort par les trois trous).
On remet les chevilles, puis on replace le couvercle.

On fixe le thermomètre au point de repère (la tige
dépasse le couvercle de 8 à 10 centimètres). On saisit le manneton et on fait tourner le couvercle cinq
à six fois, on relève le thermomètre et on note le degré. On remet le thermomètre au point de repère.
Le vase ainsi préparé est porté vis-à-vis et à 0,50
de la cornue ou du carneau. On enlève le fer au
bout de 20 minutes.

On fait pénétrer la tringle de 0^m10 environ dans
le trou percé au centre du morceau de fer. On soulève la tringle doucement sans la tirer et on la pose
dans l'encoche de la traverse qui surmonte le couvercle. On recule et on tire vivement la tringle en
arrière en lui conservant la position horizontale. La
traverse faisant arrêt, le fer tombe dans l'eau ; il est
reçu par le panier, la tringle est déposée à terre
(cette partie de l'essai ne dure pas plus de 2 à 3 secondes).

On saisit de nouveau le manneton et on lui fait faire 8 à 10 révolutions, on relève le thermomètre et on note le degré. L'expérience est terminée. Du chiffre représentant le degré de l'eau après l'essai, on retranche le chiffre trouvé avant l'essai.

On cherche dans un tableau préparé d'avance le chiffre correspondant à la différence de température de l'eau. On note ce chiffre, on y ajoute le degré du thermomètre après l'essai, le total donne la température cherchée (le thermomètre employé donne facilement 1/4 de degré).

Le tableau a été construit comme suit :

t_0 la température initiale et t_1 la température finale de l'eau. La température est donnée par la relation :

$$T = P \left(\frac{t_1 - t_0}{p\,c} \right) + t_1$$

$$P = 10 \text{ kilog.} \quad p = 2 \text{ kilog.} \quad c = 0,126$$

$$T = 39.68 \, (t_1 - t_0) + t_1$$

Si on trouve pour une expérience $t_0 = 11°$ $t_1 = 42°$ différence 31°, on déduira :

$$31° \times 39.68 + t_1 = 1230 + 42 = 1272°$$

Mais on a supposé ici la chaleur spécifique du fer constante. Des travaux récents ont montré les variations considérables de cette chaleur avec la température. On peut représenter par la formule suivante la chaleur spécifique entre deux températures t_1 et $t_2 =$

$$C \, (t_1 - t_2) = 0,105907 + 0,00003269 \, (t_2 + t_1) +$$
$$0,0000000110795 \, [t_2^2 \times t_1^2 \times (t_2 + t_1)^2]$$

Si l'on fait les calculs avec les deux formules, on trouve de notables différences.

t_1-t_0	$\frac{P}{pc}(t_1-t_0)$		t_1-t_0	$\frac{P}{pc}(t_1-t_0)$		t_1-t_0	$\frac{P}{pc}(t_1-t_0)$		t_1-t_0	$\frac{P}{pc}(t_1-t_0)$	
1	39	42	11	436	442	21	833	737	31	1230	977
2	79	84	12	476	475	22	873	763	32	1269	998
3	118	121	13	515	508	23	912	794	33	1309	1015
4	158	164	14	555	539	24	952	814	34	1349	1039
5	198	205	15	595	569	25	992	840	35	1388	1060
6	237	246	16	634	599	26	1031	865	36	1428	1079
7	277	295	17	674	628	27	1071	887	37	1468	1100
8	316	336	18	714	657	28	1111	910	38	1507	1119
9	356	372	19	753	685	29	1150	932	39	1547	1136
10	396	407	20	793	712	30	1190	954	40	1587	1158

On voit que les erreurs dans le voisinage de 1,000 à 1,200, qui sont les températures les plus usuelles dans l'industrie du gaz, sont de 150° à 250° trop élevées.

PYROSCOPES ET LUNETTES PYROMÉTRIQUES

On peut employer des boîtes de Chamotte d'environ 0^m,10 de diamètre dans les compartiments desquels on place différents pyroscopes ; on les dispose dans les cornues ou dans les fours dont on veut déterminer la température.

Les pyroscopes du docteur Seger, directeur de la station d'essai céramique de la manufacture royale de Berlin, sont des alliages fusibles, dont la température de fusion est connue et indépendante de la nature réductrice ou oxydante de la flamme.

Pour les températures comprises entre les points de fusion de l'argent et de l'or, on emploie des alliages de ces deux métaux en proportions déterminées. On a remarqué que chaque 20 0/0 d'or en plus doit produire une augmentation du point de fusion de 23°.

960°.	argent pur.		
983	80 0/0 argent,	20 0/0 or.	
1006	60 »	40 »	
1029	40 »	60 »	
1052	20 «	80 .»	
1075	or pur.		

Pour les températures plus élevées, on emploie des alliages d'or et de platine :

1100°	95 0/0 or,	5 0/0 platine.	
1143	90 »	10 »	
1177	85 »	15 »	
1211	80 »	20 »	

Au-delà de 1,200, les pyroscopes sont formés de kaolin, marbre blanc, feldspath.

Ces pyroscopes sont numérotés de 1 à 20.

Le n° 4, par exemple, a la composition suivante :

Quartz	54
Kaolin	25.9
Marbre	34
Feldspath	85.55

Les numéros supérieurs sont obtenus par l'élévation de la teneur en argile et en acide silicique. Nous indiquons quelques chiffres donnés par ces pyroscopes :

N^{os}	1	5	10	15	20
	1250	1266	1410	1555	1700

LUNETTES PYROMÉTRIQUES

L'échelle de Pouillet donne les températures correspondantes aux nuances, mais l'insuffisance des observations directes nécessite l'emploi d'instruments donnant la valeur exacte de la nuance :

Echelle de Pouillet

COULEUR DU PLATINE OU DU FER

Rouge naissant	525°
» sombre.	700
Cerise naissant	800
Cerise.	900
» clair.	1000
Orangé foncé	1100
» clair.	1200
Blanc.	1300
» soudant	1400
» éblouissant.	1500

La lunette pyrométrique de MM. Mesuré et Nouël est fondée sur le principe suivant :

« Si chaque nuance lumineuse était constituée par une lumière homogène, elle serait définie par sa longueur d'onde, et cette dernière pourrait avoir comme mesure la rotation imprimée au plan de polarisation par une lame de quartz perpendiculaire à l'axe. »

Il suffirait donc de faire traverser au rayon considéré un système composé d'un polariseur, d'un quartz et d'un analyseur, et la nuance lumineuse serait définie par l'angle sous lequel l'analyseur déterminerait l'extinction du rayon émergent.

Mais la lumière émise par les corps incandescents n'est pas homogène. Son spectre ne contient, pour la température du rouge naissant, que les rayons les moins refrangibles, jusqu'à ce que toutes les couleurs du spectre de la lumière blanche y soient représentées.

Appliqué à une lumière composée, le système précédent ne peut déterminer l'extinction du faisceau émergent pour aucune position de l'analyseur, mais la rotation de l'analyseur fait apparaître une série de teintes de couleur et d'intensité variables.

Dans le cas de la lumière blanche, une des teintes ainsi observée et particulièrement remarquable, est celle dite *teinte sensible.* Comme on le sait, elle est violacée et vire au bleu ou au rouge pour une très faible rotation de l'analyseur dans un sens ou dans l'autre.

La lumière du corps incandescent donne de même une teinte sensible, et l'angle de rotation qui l'a fait apparaître varie avec la composition de la lumière et, par suite, avec la température du corps. Il est d'autant moindre, que la température est moins élevée.

La mesure de cet angle peut, par suite, servir à déterminer la température, et c'est ce que réalise la lunette pyrométrique (fig. 88).

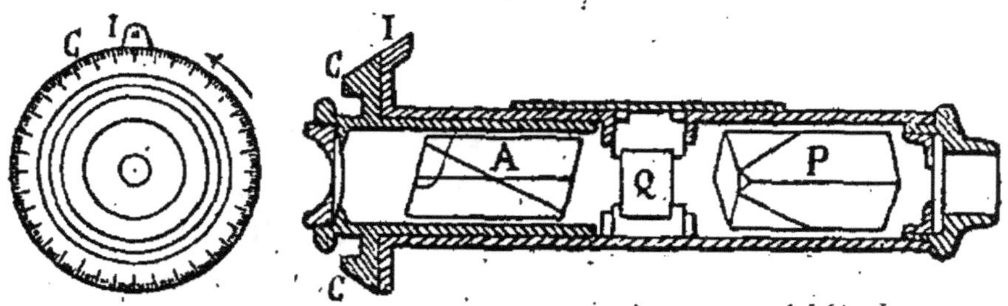

Fig. 88.

Elle se compose d'un prisme de Nicol polariseur P, d'une plaque de quartz Q taillée perpendiculairement à l'axe et d'un prisme de Nicol analyseur A. Le polariseur est fixe par rapport au corps de la lunette. L'analyseur peut recevoir un mouvement de rotation et entraîne un cercle C divisé en degrés, qui se meut devant un index fixe I.

L'appareil est réglé pour marquer le zéro de la graduation lorsque le quartz, étant ôté, l'analyseur est amené à l'extinction.

Pour les températures extrêmement élevées, la teinte sensible est d'un gris violacé, elle vire du rouge au bleu.

Pour les températures moins élevées, elle passe du rouge au vert, et sa couleur est d'un gris particulier.

Enfin, pour des températures moindres, elle passe au jaune-verdâtre.

Les températures correspondant aux teintes observées dans la lunette sont les suivantes :

Rouge cerise naissant		800°
» cerise.		900
» » clair.		1000
Jaune orange		1100
Jaune.		1200
» clair		1300
Blanc soudant.		1400
» éblouissant . . .	1500 1600	1700

PYROMÈTRE THERMO-ÉLECTRIQUE

M. Le Chatelier a étudié avec soin le pyromètre thermo-électrique, dont le principe est basé sur l'échauffement d'une soudure donnant lieu à une intensité de courant dépendant uniquement de la température.

Le couple, composé de platine pur et de platine additionné de 10 0/0 de rhodium, a été reconnu par M. Le Chatelier comme donnant des indications toujours comparables entre elles. Ce couple, fait avec des fils de 1/2 millimètre, présente une résistance de 2 ohms par mètre courant de couple, c'est-à-dire de fil double.

M. Le Chatelier emploie. un galvanomètre d'au moins 200 ohms de résistance, du système à cadre mobile de MM. Desprez et d'Arsonval, disposé dans une boîte mobile.

Ce pyromètre permet de faire des mesures de températures concordantes à moins de 10°. Il est employé à la Compagnie parisienne du gaz.

PYROMÈTRE ÉLECTRIQUE DE SIR WILLIAMS SIEMENS

Ce savant est arrivé, par de nombreuses et longues recherches, à trouver une formule représentant la relation entre les variations de la résistance d'un conducteur et sa température. Il en a fait l'application immédiate à la mesure des hautes températures.

Le principe de la méthode consiste à mesurer les résistances d'un conducteur à une température connue T_1 et ensuite à une température inconnue T_2.

Ces résistances étant déterminées, on peut trouver la valeur T_2.

La résistance pyrométrique est constituée par un fil de platine de 1/4 de millimètre de diamètre dont la résistance par unité de longueur est connue. Ce fil est enroulé autour d'un cylindre en terre réfractaire sur lequel on a fait venir deux gorges héliçoïdales parallèles. Des renflements de ce cylindre servent à le maintenir au centre de son enveloppe métallique et à empêcher le contact entre celle-ci et le fil de platine. Les deux fils de platine, logés dans les gorges héliçoïdales, sont réunis et soudés à l'extrémité du cylindre réfractaire. Depuis l'autre extrémité des cylindres et dans toute la longueur qui doit être introduite dans le four, les fils sont en platine ; au-delà ils sont en cuivre et entourés par des tuyaux en terre de pipe, ils aboutissent à deux bornes fixées sur un bloc de terre réfractaire formant obturateur du tube pyrométrique ; un troisième fil de platine part du point de jonction des deux autres et aboutit également dans ce bloc.

Pour évaluer la température d'une enceinte, on y enfonce le pyromètre. Le fil de platine s'échauffe à travers la paroi métallique et, au bout de deux à trois minutes, se met en équilibre de température avec l'enceinte. Si on mesure alors la résistance de la bobine pyrométrique, on pourra calculer la valeur de cette température au moyen de la formule trouvée.

Le procédé le plus exact de mesurer la résistance d'un conducteur est fourni par le pont de Wheatstone muni d'un galvanomètre sensible. Mais cette méthode n'est pas d'un emploi facile pour l'usage industriel, et lorsqu'il s'agit de températures élevées, les variations de la résistance du fil de platine sont assez grandes pour qu'on puisse se contenter d'une méthode moins rigoureuse. C'est pourquoi W. Siemens a proposé l'emploi du voltamètre différentiel (fig. 89).

Le principe sur lequel il s'appuie est le suivant :

Lorsqu'on fait passer un courant électrique à travers de l'eau acidulée, elle se décompose en ses éléments gazeux. Le volume de gaz qui se dégage pendant l'unité de temps est proportionnel au courant employé et peut lui servir de mesure. On pourra donc comparer les valeurs de deux courants différents en mesurant les volumes que chacun d'eux dégage dans le même temps.

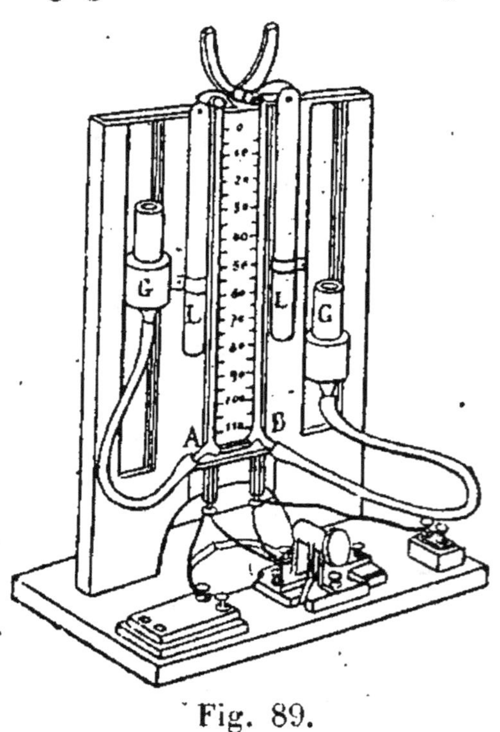

Fig. 89.

Le voltamètre différentiel est formé de deux tubes A B de verre semblables de $2^{mm}1/2$ de diamètre intérieur, fixés contre un support vertical en bois. Entre les deux tubes se trouve une échelle divisée en millimètres. Chacun des tubes porte à sa partie inférieure un renflement de 6^{mm} de diamètre, fermé par un bouchon de liège paraffiné, à travers lequel passent les fils de platine formant les électrodes. Chaque tube est muni à sa partie inférieure d'une tubulure latérale reliée par un tube de caoutchouc aux réservoirs G et G' mobiles entre deux glissières verticales. Les tubes A B, dont les bords supérieurs sont rodés, peuvent être fermés hermétiquement au moyen d'obturateurs en caoutchouc qui viennent s'appliquer sur le bord, où ils sont maintenus par les poids LL'. En soulevant ou en abaissant ces poids, on établit ou on intercepte la communication entre l'intérieur des tubes et l'atmosphère.

En avant des voltamètres et sur le même support se trouvent une résistance connue en maillechort, un commutateur et un bloc portant deux bornes d'attache pour les fils.

Après avoir rempli les réservoirs G G' d'eau acidulée au 1/10 d'acide sulfurique, on soulève les deux contrepoids L L' et on remplit les tubes A et B jusqu'au zéro de l'échelle en déplaçant les réservoirs mobiles dans leurs glissières. Les obturateurs étant abaissés et l'appareil étant relié à la batterie et au pyromètre, on procède aux déterminations.

Les connexions entre le voltamètre et le pyromètre s'établissent au moyen de trois fils de cuivre isolés. Quand l'appareil ne fonctionne pas, les deux ressorts touchent les segments d'ébonite du commutateur. En faisant décrire à celui-ci un quart de cercle à droite ou à gauche, on ferme le circuit, et le courant passe soit dans un sens, soit dans l'autre, et la décomposition de l'eau s'effectue. Afin d'éviter la polarisation des électrodes, on renverse le courant toutes les dix secondes en faisant faire un demi-tour au commutateur. On maintient le courant jusqu'à ce que le niveau soit descendu jusqu'à 50° de l'échelle des tubes. En déplaçant les tubes G et G', on ramène la pression intérieure des tubes à la pression extérieure, et on lit les volumes V V' qui permettent, en appliquant les formules de W. Siemens, de trouver la température de l'enceinte étudiée.

D'ailleurs, pour plus de commodité, on a construit une table à double entrée, qui permet de trouver immédiatement la température correspondant aux volumes v et v' observés.

CHAPITRE VII

CONDENSATION

La condensation, c'est-à-dire la séparation des gaz des produits liquéfiables par le refroidissement (goudrons, eaux ammoniacales), est le résultat de deux phénomènes bien distincts quant à leur principe, mais se produisant simultanément dans les mêmes appareils. Les deux phénomènes sont :

1° La condensation proprement dite ou passage des vapeurs à l'état liquide ;

2° La condensation mécanique ou précipitation des gouttelettes liquides restées en suspension dans le gaz à la suite de la liquéfaction des vapeurs.

Dans son passage à travers le barillet, le gaz dépose une partie du goudron et de l'eau ammoniacale qu'il contient. Il se refroidit ensuite dans les condenseurs jusqu'à la température ordinaire. Le temps, la manière dont se fait ce refroidissement et cette première condensation ont une grande importance, relativement à la valeur du pouvoir éclairant du gaz. Autrefois on s'empressait de condenser le plus rapidement possible, et cela au moyen du refroidissement le plus brusque que l'on pouvait imaginer. Comme conséquence de cette méthode, les résultats de la distillation étaient des plus incertains et on ne s'expliquait pas les différences trouvées, variables avec la température extérieure, la saison, l'exposition des conduites au vent, etc., avec une quantité d'autres facteurs dont chacun paraissait avoir une influence dont on ne se rendait aucun compte.

En 1867, le Révérend V. Bowditch publia (*The analyses Technic alvaluation, purification and use of coal gas*) dont nous traduirons quelques passages. Le premier chapitre commence ainsi :

« Jusqu'à ce jour, les principes de la science ont eu
« peu de rapports avec les méthodes de condensation
« employées ; pourvu que le gaz ait été amené à une
« certaine température avant de passer aux scrubbers
« et épurateurs, le but était considéré comme suffi-
« samment atteint. Un ingénieur a exprimé en ces
« termes l'opinion générale :

— « En outre, pour opérer la séparation de toutes
« les vapeurs condensables, avant de permettre au gaz
« d'entrer à l'épuration, l'on doit le diriger dans un
« jeu de condenseurs ou refroidisseurs, à travers
« lesquels il faut le faire circuler jusqu'à ce qu'il
« soit ramené à la température de l'atmosphère am-
« biante. » —

« Il n'est pas de routine plus fâcheuse que celle
« communément adoptée, car il serait bien facile à la
« plupart des ingénieurs d'augmenter considérable-
« ment le pouvoir éclairant du gaz qu'ils fabriquent,
« rien qu'en employant un meilleur mode de conden-
« sation. L'augmentation de puissance éclairante ré-
« sultant d'une meilleure méthode de condensation

« s'obtient presque sans bourse délier, tandis qu'en
« enrichissant le gaz par l'adjonction de Cannel-Coal,
« la dépense est considérable. Qu'une certaine quan-
« tité d'hydrocarbures légers, au lieu d'être mélan-
« gée au goudron, soit vendue avec le gaz, le gou-
« dron en vaudra probablement moins, et la diffé-
« rence entre son ancienne et sa nouvelle valeur, à
« supposer qu'elle s'abaisse, représentera la dépense
« employée pour produire l'excès de pouvoir éclai-
« rant ; mais, même à ce prix, cet excès de pouvoir
« éclairant sera obtenu à meilleur compte que par
« tous les autres moyens à la disposition des produc-
« teurs du gaz.

« Les principes mêmes de la question sont fami-
« liers à si peu de personnes que je me propose de
« les exposer avec quelques détails dans le but de
« les rendre clairs. A proprement parler, le but de la
« condensation est d'extraire du gaz les substances
« provenant de la distillation et qui, pour une raison
« ou pour une autre, ne participent point à sa puis-
« sance lumineuse, et d'y retenir toutes celles qui
« peuvent concourir à ce pouvoir éclairant et doivent
« par conséquent être distribuées avec le gaz. L'eau
« et la plupart des composés que l'eau tient en disso-
« lution sont des éléments inutiles et ne doivent pas
« être conservés dans le gaz. Les hydrocarbures les
« plus lourds seraient utiles comme illuminants,
« mais ne pouvant être distribués sous forme de gaz,
« doivent être écartés. Mais les gaz et les hydrocar-
« bures légers sont utiles et peuvent être distribués,
« et par conséquent, de ceux-là il ne faut distraire
« que ce qui est absolument nécessaire pour obtenir
« l'extraction rationnelle des composés qui doivent

« disparaître, soit comme inutiles au pouvoir éclai-
« rant, soit comme non susceptibles d'être distribués.
« De tous ces éléments, les plus utiles au pouvoir
« éclairant lorsqu'ils brûlent avec le gaz, sont les va-
« peurs d'hydrocarbures légers et tous les soins doi-
« vent être pris pour les maintenir dans le gaz en
« aussi grande proportion que possible. Tous les
« hydrocarbures connus sous la dénomination de
« naphte ont été obtenus par la distillation du
« goudron de gaz : J'en conclus qu'ils avaient
« été séparés du gaz par les procédés de conden-
« sation actuellement en usage dans nos usines à
« gaz.

« Des expériences faites au laboratoire de la Cité
« ont prouvé que quatre grains (0 gr. 259) de naphte,
« ajoutés à un pied cube (28 litres) du gaz courant
« de Londres augmentent son pouvoir éclairant de
« 25 0/0 et que 10,77 grains (0 gr. 968) ajoutés à un
« pied cube (28 litres) du même gaz augmente son
« pouvoir éclairant de 77 0/0. De telle sorte que le
« desideratum de tout fabricant de gaz devrait être
« de maintenir dans le gaz, la plus grande propor-
« tion de ces vapeurs que son charbon lui fournira et
« qu'il pourra distribuer.

« Actuellement, la plupart des directeurs d'usine
« à gaz emploient les moyens les plus efficaces qu'ils
« peuvent trouver pour enlever au gaz ces vapeurs
« d'hydrocarbures. Ils refroidissent leur gaz et les
« vapeurs d'hydrocarbures jusqu'à 21° C. et même
« plus bas et le plus vivement possible. Ils n'ont pas
« l'air de soupçonner que ce faisant, ils permettent aux
« huiles lourdes de se séparer du gaz, entraînant avec
« elles ces vapeurs d'hydrocarbures légers, qu'ils

« devraient retenir dans le gaz au prix des plus
« grands efforts.

« Pour se rendre compte de cela, il est nécessaire
« de savoir quelque chose de la nature et des pro-
« priétés de cette substance complexe appelé gou-
« dron. Le tableau suivant (voir page 299), où les
« substances sont classées par rapport à leurs points
« d'ébullition, permettra de s'en faire une idée.

« L'on pourrait objecter que les huiles lourdes ne
« sauraient être entraînées par le gaz. Ceci est une
« erreur. J'ai retiré du gaz qui m'arrive chez moi,
« une certaine quantité d'huiles lourdes dont le point
« d'ébullition était si élevé qu'une cornue en verre
« de Florence, dans laquelle je les distillais, s'amollit
« et perdit partiellement sa forme avant que l'huile
« eût disparu.

« En résumé, le barillet doit être maintenu à une
« température convenable et celle-ci doit être pro-
« longée suffisamment pour permettre aux composés
« les moins volatils de se condenser et de passer à la
« citerne à goudron, et aux plus volatils de continuer
« leur chemin avec le gaz ; ou ce qui est mieux, un
« appareil spécial maintenu à une température dé-
« terminée doit être interposé entre le barillet (tou-
« jours maintenu chaud) et les appareils de purifica-
« tion, dans lequel le gaz et les hydrocarbures légers
« puissent se séparer des composés plus lourds ; on
« pourra ainsi distribuer avec le gaz une plus grande
« proportion de vapeurs d'hydrocarbures que peut
« abandonner le goudron. Je n'en veux pour preuve
« que le procédé bien connu qui consiste à injecter
« dans les conduites des huiles de naphte que le gaz
« recueille au passage et transporte jusqu'aux becs. »

Goudron de gaz

DÉSIGNATION DES SUBSTANCES			FORMULES	POINTS d'ébullition	POIDS spécifiques	POIDS spécifiques de la vapeur
NEUTRES	BASIQUES	ACIDES				
Hexélène			$C^{12} H^{12}$	55°c		2.911
Heptylène			$C^{14} H^{14}$	80-85	0,714	3.397
Benzol			$C^{12} H^{6}$	80	0,882	2.698
Butyl			$C^{8} H^{9}$	106	0,705	4.070
Toluol			$C^{14} H^{8}$	110	0,872	3.182
	Pyridine		$C^{10} H^{5}$ Az	115		
	Picoline		$C^{12} H^{7}$ Az	133	0,995	
Cumol			$C^{16} H^{10}$	140	0,866	3.666
	Lutidine		$C^{14} H^{9}$ Az	154		
Amyl			$C^{10} H^{11}$	155	0,774	4.992
		Butyrique	$C^{8} H^{8} O^{4}$	164	0,96	
Cymol			$C^{18} H^{12}$	170	0,853	4.151
	Collidine					
	Aniline		$C^{12} H^{7}$ Az	182	1.028	
		Phénique	$C^{12}H^{5}O$ HO	187	1.065	
	Toluidine		$C^{14} H^{9}$ Az	198		
Caproyl			$C^{12} H^{13}$	202	0,756	5.897
		Grésylique	$C^{14}H^{7}O$ HO	202		
Naphtaline			$C^{20} H^{8}$	210	1.048	4.528
	Xylidine					
	Cumidine					
	Quinoline		$C^{18} H^{7}$ Az	235	1.081	4.519
	Cymidine					
	Lépidine		$C^{20} H^{9}$ Az	271	1.072	5.14
	Cryptidine					
Paranaphtale			$C^{30} H^{12}$	310		6.78
Métanaphtale						
Chrysène						
Pyrine						
Paraffine						

« La perte de pouvoir éclairant que subit le gaz
« lorsqu'on le fait passer à travers l'huile lourde
« froide, et l'impuissance de cette même huile chauf-
« fée à agir sur lui, est la meilleure preuve de ce
« que j'avance.

« Le gaz barbotant dans de l'huile lourde chauffée
« à 220° ne perd rien de son pouvoir éclairant ; dans
« l'huile lourde, à la température ordinaire, il aban-
« donne presque tous ses principes éclairants. Dans
« la condensation actuelle, on ne fait pas autrement.

« Toutes les huiles, l'eau, le gaz sont refroidis en-
« semble ; il s'ensuit que toute facilité est donnée aux
« huiles lourdes de dissoudre les plus légères, tandis
« que ces huiles lourdes auraient dû être condensées
« en premier lieu, et à une température telle,
« qu'elles ne puissent nuire au gaz ; puis ensuite le
« gaz et les vapeurs légères ramenées à la tempéra-
« ture ordinaire convenable pour l'épuration. La mé-
« thode indiquée plus haut diminuerait sûrement les
« dépôts de naphtaline dans les conduites de gaz.
« Les composés les plus lourds du goudron ont une
« grande affinité pour la naphtaline aux températures
« élevées, et ceux-ci, en se condensant, peuvent
« l'entraîner avec eux. »

Il n'y a rien à ajouter à cette exposition magistrale
des principes et de la méthode à suivre.

Nous allons voir les essais tentés pour arriver à de
bons résultats. Depuis cette époque, un grand nombre
d'ingénieurs n'ont fait qu'appliquer les principes indiqués par le R. P. Bowditch. Mais les expériences faites
dans des conditions peu définies, souvent peu ra-
tionnelles et mal observées ont conduit à des résultats contradictoires, dont une analyse précise révèle

les erreurs de méthode et les observations incomplètes.

Beaucoup également, ne connaissant pas ces travaux, ont redécouvert mille fois ces principes, d'ailleurs rationnels presque *à priori*.

Je ne citerai que les noms avec les sources :

Expérience de MM. Farmer et Smith, faites à l'usine de Newhaven (Amérique), sous la direction de Mr Shermann (1874) ;

Essais du Major Dreser ;

Analyseur de MM. Young et Aïtken, en 1875 ;

Condenseur Warner, qui consistait en un cylindre chauffé avec des plateaux, les hydrocarbures lourds se condensaient à la partie inférieure, les légers, qui pouvaient se condenser à la partie supérieure, tombaient en gouttelettes et étaient à nouveau absorbés par le gaz ascendant.

En 1877, M. Monnier recommandait d'interposer, entre le barillet et le réfrigérant, un analyseur de vapeur, consistant en un cylindre de grand diamètre préservé du refroidissement, soit en le mettant sur les fours parallèlement au barillet, soit en l'enveloppant d'un corps mauvais conducteur. Au sortir du barillet, le gaz était dirigé dans ce tube où il circulait avec une faible vitesse, sans se refroidir, mais en y laissait déposer la plus grande partie des huiles à point d'ébullition élevé qu'il tenait en suspension. Le point délicat et sur lequel on n'est pas d'accord, est le degré de température convenable à laquelle il faut opérer la condensation dans le barillet et dans les appareils disposés entre lui et les réfrigérants.

C'est ce point qui est traité dans une étude de

M. Patterson, publiée par le journal *Of Gas ligting* (1879-1880) :

« Une question intéressante est la détermination
« de la température à laquelle le contact entre le
« gaz et le goudron est sans effet sur le pouvoir
« éclairant, c'est à cette température qu'il faut main-
« tenir le barillet.

« Diminution ou suppression de la garde pendant
« la distillation, ou garde hydraulique pour éviter le
« barbotage dans le goudron.

« La première partie de son étude consiste dans
« les recherches pour supprimer le barbotage dans
« le goudron ou dans l'eau du barillet, nuisible au
« gaz, la suppression des plongeurs et l'étude des
« dispositifs donnant satisfaction à ce desiderata. Il
« est conduit ensuite à indiquer le récepteur qu'il lui
« semblerait préférable, à savoir :

« Un tube collecteur, large tuyau recevant le gaz
« de chaque colonne montante, ou en d'autres termes,
« quelque chose de semblable, extérieurement, au
« barillet actuel, mais où il n'y aurait ni cloison ni
« obstacle, maintenant le goudron condensé en grande
« quantité et sous une grande épaisseur. Le récep-
« teur ou collecteur serait simplement une chambre
« à gaz, le goudron condensé serait constamment
« enlevé par le bas et envoyé aux citernes, laissant
« le gaz seul circuler le long de la conduite.

« Plus grande sera la distance entre le gaz et le
« goudron, mieux cela vaudra. Une température
« élevée tendra à permettre aux hydrocarbures légers
« de rester dans le gaz ; dans le barillet ordinaire elle
« est nuisible :

« 1° Elle épaissit le goudron et le transforme en
« brai, diminuant ainsi sa valeur commerciale ;

« 2° Provoque les obstructions dans les conduites ;

« 3° Et sature le gaz de plus d'humidité. »

Dans le collecteur nouveau, ces inconvénients du
fait de la température ne peuvent se produire,
puisqu'il n'y a pas d'eau susceptible de se vaporiser,
et que le goudron est immédiatement enlevé et sans
contact avec les plongeurs. Ce collecteur pourra donc
être maintenu à une température élevée, et grâce à
cela les hydrocarbures légers maintenus volatils
resteront dans le gaz en plus grande quantité qu'auparavant. Ces travaux étaient donc connus de la plupart des gaziers qui les avaient pris plus ou moins en
considération dans leurs exploitations.

Comme conséquence des essais qu'il avait faits
dans son usine de Saint-Etienne, M. Cadel posa en
principes :

1° Il faut éviter le contact entre le gaz et le goudron, de manière à mettre le premier à l'abri de
l'action nuisible de l'autre ;

2° Là où le contact ne peut être évité, comme sur
les parois des tuyaux, il faut qu'il ait lieu à une
haute température ; mais surtout pas à froid ; par
suite, ces tuyaux doivent être mis à l'abri de la température extérieure ;

3° Il faut condenser la plus grande partie du goudron à chaud, c'est-à-dire quand son contact n'est
pas nuisible.

On a donc cherché à supprimer le contact du gaz
et du goudron dans le barillet. Les plongeurs en contact seulement avec l'eau dont on alimentait les barillets, on trouva les résultats suivants :

Pouvoir éclairant.

Gaz barbotant dans le goudron . .   98 à 100 litres.
   »   »   »   l'eau . . . . .   85 l. en moyenne.

Ces résultats furent obtenus : avec barillet isolé pour chaque four, pendant un hiver rigoureux. La température de l'eau dans le barillet s'abaissait à 6° en fin de distillation.

Les mêmes expériences répétées dans des temps plus chauds ont donné des différences moins sensibles dans le titre.

Le bénéfice est différent suivant les circonstances qui peuvent faire varier la température du goudron et peut-être aussi le mode d'écoulement.

Si le goudron s'écoule par le bas du barillet, le gaz barbote dans un goudron qui se renouvelle constamment et son action sur le gaz est plus grande que dans le cas où l'écoulement du goudron se fait par en haut; dans ce cas celui-ci est bientôt saturé de produits condensables et n'a plus dès lors d'influence sur le gaz.

Si l'on fait l'essai, avec de petits barillets établis chacun pour plusieurs fours, tous les fours étant en feu, la température du liquide dépassera 80° et l'on sera dans les bonnes conditions indiquées plus haut.

Si une partie seulement des fours est en feu, le goudron risque fort d'être assez froid pour altérer la qualité du gaz et cela d'autant plus que la température sera plus basse et le barillet plus éloigné du four.

Essais prolongés de M. Cadel.

M. Cadel avait établi sur ses fours un faux barillet de 0,80, et placé entre lui et le condenseur jeu d'orgue, un collecteur de grande longueur, avec réfrigérant à circulation d'eau.

Au mois d'août, tous les fours étant en marche, les liquides étaient très chauds dans les barillets, les faux barillets travaillaient au maximum, le gaz en sortait à 80°, l'eau des réfrigérants avait 30 à 40° et n'abaissait la température du gaz qu'à 55°, le gaz arrivait à 40° à l'entrée du condenseur jeu d'orgue d'où il sortait à 20 ou 25°, température extérieure. Cette marche, conforme au principe de la méthode, donna un gaz à 85 lit. 2.

Dans les mêmes conditions, on obtint :

Septembre	Octobre	Novembre	Décembre	Janvier
90	94	92.5	91.5	92.80

Cette différence résultait de l'influence de la température extérieure.

En 1878, le diamètre du faux barillet fut porté à $1^m,75$, et il fut entouré d'une enveloppe ainsi que les tuyaux de communication avec le barillet ; l'on augmenta également la longueur des collecteurs. Au mois de décembre, par un froid de 12 à 17° au dessous de zéro, le titre moyen fut de 85 lit. 3 avec 24 fours en marche. C'était une amélioration de 6 litres sur décembre 1877, et on obtenait le même titre qu'en août 1877.

Dans les mois suivants on éteignit une partie des fours, le pouvoir éclairant baissa ; mais ensuite, en été, avec une température extérieure plus élevée, on revint au titre de 85,3. L'action de la température extérieure apparaît comme très importante. Le meilleur pouvoir éclairant a lieu en été et en hiver, le plus mauvais en automne et au printemps. Ceci peut s'expliquer par l'influence du goudron déposé sur les parois des tuyaux. La température de ce goudron subit à travers la mince épaisseur des parois les influences atmosphériques. En été, cette influence diminue par l'élévation de la température extérieure ; en hiver, elle est d'un effet relativement moindre, à cause de la plus grande quantité de gaz qui passe dans les tuyaux.

Le titre du gaz variait très sensiblement non pas avec la température du gaz lui-même dans les tuyaux, mais avec la température extérieure, le vent, la pluie ou le soleil, c'est-à-dire avec la température des parois des tuyaux et, par suite, du goudron qui y était déposé.

Ainsi, avec une température de 18 à 20° et un temps clair, on avait du gaz à 85 à 86 litres.

Le lendemain, avec 10 à 12° et vent du nord, on avait 90 à 92 litres.

On a constaté également que le titre du gaz se relève brusquement par une hausse subite de la température extérieure ; c'est l'influence des goudrons condensés qui s'étant saturés à froid d'hydrocarbures légers, les rendent au gaz sous l'influence de la chaleur.

Autre expérience à l'appui de ceci :

On a fait passer le gaz du faux barillet de 0,80 dans celui de 1,75 dont les fours étaient éteints ; on a constaté le premier jour une diminution notable du titre qui est tombé à 93,5, malgré deux jets de vapeur qui maintenait le gaz à 80°. On voit l'effet des goudrons condensés le long des parois du faux barillet de 1ᵐ75 ; ces parois ont mis longtemps à s'échauffer à cause de la moindre quantité de gaz, les goudrons refroidis ont détérioré le gaz ; cette action a diminué au fur et à mesure que les parois se sont échauffées. En effet, le lendemain, le pouvoir éclairant s'est amélioré de deux litres, et il a continué à s'améliorer les jours suivants. D'autre part, on a obtenu une augmentation de pouvoir éclairant en enveloppant sur une longueur de 40 mètres, les tuyaux de 0,50 placés entre les deux barillets.

Enfin en faisant passer le gaz à la sortie des faux barillets, tantôt dans les réfrigérants à eau de 120 mètres de surface, tantôt dans un condenseur jeu d'orgue de 290 mètres, on a perdu 1 litre 1/2 provenant sans doute des goudrons déposés contre les surfaces plus considérables des jeux d'orgues.

On a pu constater que les goudrons qui se déposent les premiers et qui ne contiennent pas de benzols sont beaucoup plus nuisibles que ceux riches en essences légères qui se déposent plus loin ; au point qu'on n'a pu obtenir une différence notable de pouvoir éclairant par la suppression en plein hiver d'un condenseur jeu d'orgue de 700 mètres, placé après l'extracteur et qui recevait du gaz refroidi à 35 ou 40°.

En règle générale, on doit avoir des appareils de condensation de grand volume et de surface minimum, les recouvrir d'une enveloppe à l'abri des influences atmosphériques, et même il serait bon qu'ils fussent chauffés extérieurement comme peut l'être le faux barillet en l'encastrant dans le massif des fours.

Les surfaces doivent être telles que le goudron y adhère le moins possible. La forme circulaire est défectueuse, la 1/2 circonférence inférieure laissant écouler le goudron lentement jusqu'au fond, prolon-

geant ainsi le contact du goudron et du gaz. Une forme
à fond plat serait préférable en mettant une couche
d'eau sur le fond pour masquer le goudron. Les barillets retenaient 40 à 45 0/0 des condensations, les
faux barillets 1/3 de la quantité totale ; c'est la partie condensée à chaud qui forme 78 0/0 du tout ; le
reste déposé à froid forme 22 0/0.

Le tableau ci-contre indique la composition des
divers goudrons obtenus.

Depuis, nombre d'essais ont été faits dans les
usines de province et de l'étranger, pour l'application
de cette méthode. Malheureusement, les observations
incomplètes, souvent inexactes, le peu de souci de
rendre les essais comparables ; les renseignements
incomplets sur les volumes des canalisations consi-
dérées comme remplissant une fonction donnée, leur
surface ; le volume de gaz qui y passe, les températures du gaz, du goudron, des parois des tuyaux dont
on n'a pas tenu compte, ont conduit à des résultats
contradictoires qui n'infèrent nullement, cependant,
les principes et les essais qui précèdent.

Quelques-uns ont été des directeurs heureux, ils
ont fait de la condensation à chaud sans le savoir, et
en ont tiré les avantages, sans s'en douter. Il faut
insister sur le point suivant : les conditions de marche sont absolument différentes entre les grandes et
les petites usines. Dans les premières, le barillet
commun à une batterie de quatre à six fours à
sept ou huit cornues, reçoit une quantité considérable de condensation et le gaz y garde toujours une
température assez élevée, 50 à 80° ; il pénétre ensuite dans de longs collecteurs (établis primitivement
pour réunir le gaz produit par les différentes batte-

	GOUDRON des BARILLETS	GOUDRON LOURD	GOUDRON LÉGER	GOUDRON DES PELOUZE (placés dans un essai) après le faux barillet
Huiles légères.	0,65 Riches en acide phénique et un peu en huile, naphtaline, distillant de 180 à 210.	0,77 Sans benzol.	12.37 Huiles légères, riches en benzol.	0.75 Huiles légères, sans benzol.
Huiles lourdes.	8.50 Sans naphtaline.	22.50 Huiles lourdes liquides. 7.50 Naphtaline.	9.65 Huiles lourdes liquides. 18.40 Naphtaline.	5.30 Huiles lourdes liquides. 8.30 Naphtaline.
Brai . .	89 0/0	67 0/0		

ries, et nullement dans une intention de condensation rationnelle, quoi qu'on en dise), de grand diamètre, 0,70 à 0,80, et de grande longueur, 2 à 300 mètres, recouverts d'enduits isolants dans certaines usines, ou circulant à l'intérieur de la halle des fours, où la température est élevée, et allant souterrainement jusqu'aux appareils réfrigérants. A l'usine d'Ivry, on avait :

	Hiver	Été
Surface des collecteurs par 1000^{m3} et par 24 h.	4.3	11.10
Volume　　　　　》　　　　　》　　　　　》	0,80	2.10
Surface des collecteurs souterrains.	2.9	7.6
Volume　　　　　》　　　　　》　　.	0,35	0,84

La température s'abaisse seulement de quelques degrés pendant ce parcours, elle varie, suivant les moments de la charge, de 41 à 65° dans le collecteur et le gaz arrive dans le jeu d'orgue à la température de 50 à 55°. Or, dans tout ce parcours, on a recueilli : dans le barillet, 54 0/0 ; dans le collecteur aérien et souterrain, 26 0/0 ; soit en tout 80 0/0 de la totalité des condensations, et cela au-dessus de 50°; ce sont les conditions mêmes de la condensation à chaud. En effet, d'après les expériences de M. Sainte-Claire Deville, ingénieur de l'usine expérimentale de la Compagnie Parisienne, on sait que 100 kilos de charbon produisent environ 30^{m3} de gaz contenant 39 gr. de benzine par mètre cube, soit en tout 1 kil. 17. D'autre part, 100 kilos de charbon produisent 5 kil. 3 de goudron qui donnent par la distillation 1,5 0/0 de leur poids de benzol, soit en tout 0 kil. 079. Ainsi 100 kilos de houille produisent 1 kil. 249 de benzol répartis dans le gaz comme il suit:

Dans le gaz 1 kil. 170, soit....... 94 0/0
—   goudron 0,079, soit...... 6 0/0

En d'autres termes, un mètre cube de gaz contenant 39 gr. 20 de benzol est accompagné de 0 kil. 176 de goudron contenant 2 gr. 65 de benzol.

On voit, dans ce cas, le peu d'intérêt que présente le desiderata de rendre au gaz le benzol contenu dans le goudron recueilli dans ces conditions.

De plus, on remarque que près de la moitié du goudron est condensé dans le barillet sans retenir de benzol ; on constate que les 2 gr. 65 de benzol indiqués ci-dessus se trouvent dissous dans moins d'un décilitre de goudron, tandis que le volume de gaz ayant la même contenance en goudron représente un volume 670 fois plus considérable.

La plus grande partie de goudron se trouve condensée, mais non la totalité dans les conditions de la condensation dite à chaud. Il paraît douteux que la totalité du goudron puisse être condensée à cette température et que l'achèvement de la condensation puisse se faire autrement qu'à une température basse.

La condensation devra donc être menée de façon à laisser dans le gaz le plus possible de benzine et de toluène par une condensation à chaud faite à une température intermédiaire entre celles qui conviendraient le mieux à chacun de ces carbures. Mais, d'autre part, il faut enlever le plus possible de vapeur de naphtaline, ce qui exigerait une condensation faite à froid, c'est-à-dire un contact suffisamment prolongé du gaz avec les goudrons froids. Pour tenir compte de ces deux nécessités opposées, on devra opérer la condensation à une température moyenne que l'expérience a indiquée comme étant comprise entre 50 et 60°. Mais la naphtaline est peu volatile; son point d'ébullition est à 210°, par suite, très éloigné de celui de la benzine + 80°,5. On peut donc faire la condensation à cette température (60°), qui est suffisante pour maintenir dans le gaz une forte proportion de benzine et de toluène, tout en étant suffisamment basse pour assurer l'élimination presque totale de la naphtaline. Jusqu'à 60° on peut laisser, sans inconvénient, le gaz le plus possible en contact avec le goudron pour éliminer la naphtaline.

Cette première condensation à chaud effectuée, le gaz refroidi isolément laissera condenser une petite quantité de goudrons légers, qu'il faudra séparer au fur et à mesure de leur formation. Il faudra effectuer une condensation progressive à partir de cette température initiale du goudron.

On pourrait faire cheminer les liquides condensés en sens inverse du gaz, ils subiraient ainsi une véritable distillation fractionnée au profit du pouvoir éclairant.

C'est, en réalité, cette méthode qui a été appliquée fortuitement dans les grandes usines. Elle résulte des conditions mêmes de la distillation et de l'exploitation.

L'importance de la distillation et des variations de la température extérieure (base de la condensation) ayant lieu en sens inverse, il résulte, la majeure partie du temps, un régime moyen favorable à ce travail.

Il n'en est pas de même dans les petites usines, où les variations sont plus considérables, et dans lesquelles ce régime moyen ne peut s'établir. On pourra y arriver cependant, par une étude sérieuse de chaque installation, par le soin que l'on mettra à faire varier, suivant la température et la production, la surface des faux barillets et des collecteurs de l'usine. C'est au directeur de chaque usine à étudier son outil, à le perfectionner et à le suivre pour obtenir le meilleur rendement possible par le soin et l'attention qu'il portera à sa marche.

En résumé, la condensation devra comporter deux opérations : la condensation proprement dite ou le passage des vapeurs à l'état liquide. On l'obtiendra en faisant passer le gaz d'abord dans le barillet, sans barbotage dans le goudron, mais dans de l'eau ordinaire ou de l'eau ammoniacale (qui s'enrichira en sels ammoniacaux) dont on alimentera constamment le barillet. La température du gaz devra, dans le barillet, être comprise entre 55 à 60°, le goudron étant à 80°.

On continuera la condensation, soit dans un faux barillet d'un volume maximum et d'une surface minimum dont la température sera voisine de celle à laquelle le gaz sort du barillet ; soit dans des collecteurs de grands diamètres placés à l'intérieur des ateliers de distillation, recouverts d'isolants pour les rendre moins accessibles aux variations de la température extérieure.

Le gaz devra avoir à la sortie de ces appareils une température d'environ 50°. Il pourra être alors envoyé dans les réfrigérants, qui achèveront de l'amener à la température ordinaire, avant de procéder au lavage et à l'épuration. Il sera indispensable de multiplier dans tous ces appareils, faux barillets, collecteurs, les orifices d'évacuation du goudron, pour l'enlever au fur à mesure qu'il se déposera. Ou si cela est possible, il sera avantageux de faire circuler le goudron en sens inverse du gaz, pour permettre à celui-ci de lui enlever la petite quantité de benzol qu'il contient, ou tout au moins pour conserver au gaz une teneur constante en l'enrichissant à l'entrée, des carbures qu'il laissera déposer pendant son parcours dans ces appareils.

Le gaz, à sa sortie des collecteurs, est conduit aux réfrigérants.

Nous indiquerons les appareils pour refroidir le gaz et l'amener à la température extérieure. Il existe un grand nombre d'appareils répondant à ce but; mais souvent la manière dont ils opèrent pour arriver à ce résultat est des plus funestes au pouvoir éclairant du gaz. Nous indiquerons les avantages et les inconvénients des divers systèmes, et ceux qui nous paraissent les plus convenables à employer pour conserver au gaz son pouvoir éclairant. ◊

RÉFRIGÉRANTS

Les réfrigérants, en même temps qu'ils ramènent le gaz à la température ordinaire, commencent la condensation dite mécanique, c'est-à-dire la précipitation des gouttelettes liquides restées en suspension dans le gaz à la suite de la liquéfaction des vapeurs. Les tuyaux réfrigérants peuvent rayonner leur chaleur dans l'air, ou être immergés entièrement dans de l'eau, qui n'éprouve d'autres mouvements que ceux résultant de son échauffement. Le tableau ci-après fait connaître, d'après d'Hurcourt, les quan-

tités de chaleur perdues en une heure par une surface d'un mètre carré :

EXCÈS de TEMPÉRATURE	QUANTITÉ DE CHALEUR PERDUE PAR MÈTRE CARRÉ de surface extérieure de tuyau en tôle	
	rayonnant dans l'atmosphère	plongé dans l'eau
Pour un excès de temture de . . . . 10°	.85 calories	881 calories
Id. . . . 20°	181 »	2661 «
Id. . . . 30°	287 »	53535 »
Id. . . . 40°	404 »	89444 »
Id. . . . 50°	532 »	134375 »

Ce tableau montre les différences très grandes
entre les quantités de chaleur perdues par mètre
carré suivant que le tuyau est exposé à l'air, ou
plongé dans l'eau. La longueur des tuyaux peut être
réduite beaucoup dans le second cas, d'autant que
l'on est obligé d'établir une circulation continue
pour renouveler l'eau qui s'échauffe, et conserver à
l'appareil son efficacité maximum. Dans ce cas, on
peut donner aux tuyaux une longueur dix fois moindre que lorsqu'on emploie l'air seul comme réfrigérant.

S'il est important d'avoir des réfrigérants suffisants, il faut éviter également une trop grande
puissance de condensation, car dans ce cas il se
```
```

produit des obstructions formées en majeure partie de carbonate et de sulfhydrate d'ammoniaque. On aurait de ce fait également une diminution du pouvoir éclairant du gaz, résultat de la condensation de carbures légers.

Surface du condensateur

Pour un condensateur rayonnant simplement dans l'atmosphère, d'Hurcourt donne le chiffre de 1^{m2} de surface extérieure par mètre cube de gaz à refroidir par heure.

Pour un condensateur continuellement refroidi par un filet d'eau froide, il donne 1^{m2} de surface pour 6 mètres cubes de gaz à refroidir par heure. Dans un grand nombre d'usines, où l'hiver le condensateur rayonne simplement dans l'atmosphère, et où l'été (au moment de la production minimum) on arrose les tuyaux avec un filet d'eau, l'on donne de $0^{m2}5$ à $0^{m2}75$ par mètre cube de gaz à refroidir par heure. La vitesse du gaz dans ces appareils ne doit pas dépasser $0^m,30$ à la seconde.

Il est facile d'après cela de calculer les dimensions d'un condensateur; on se donne le diamètre des tuyaux, connaissant la surface nécessaire, d'où on tire leur longueur. Si l'on a pris le système des jeux d'orgues, il suffit, en cas d'augmentation de la production, d'ajouter un tronçon au-dessus des autres pour revenir aux conditions normales.

Il nous reste maintenant à examiner les différents genres de condensateurs.

CONDENSATEUR ORDINAIRE
Jeux d'orgue

Les condensateurs qu'on emploie le plus généralement sont dans le genre de celui qui est représenté
figures 90 et 91, en élévation et en plan : *a*, tuyau de

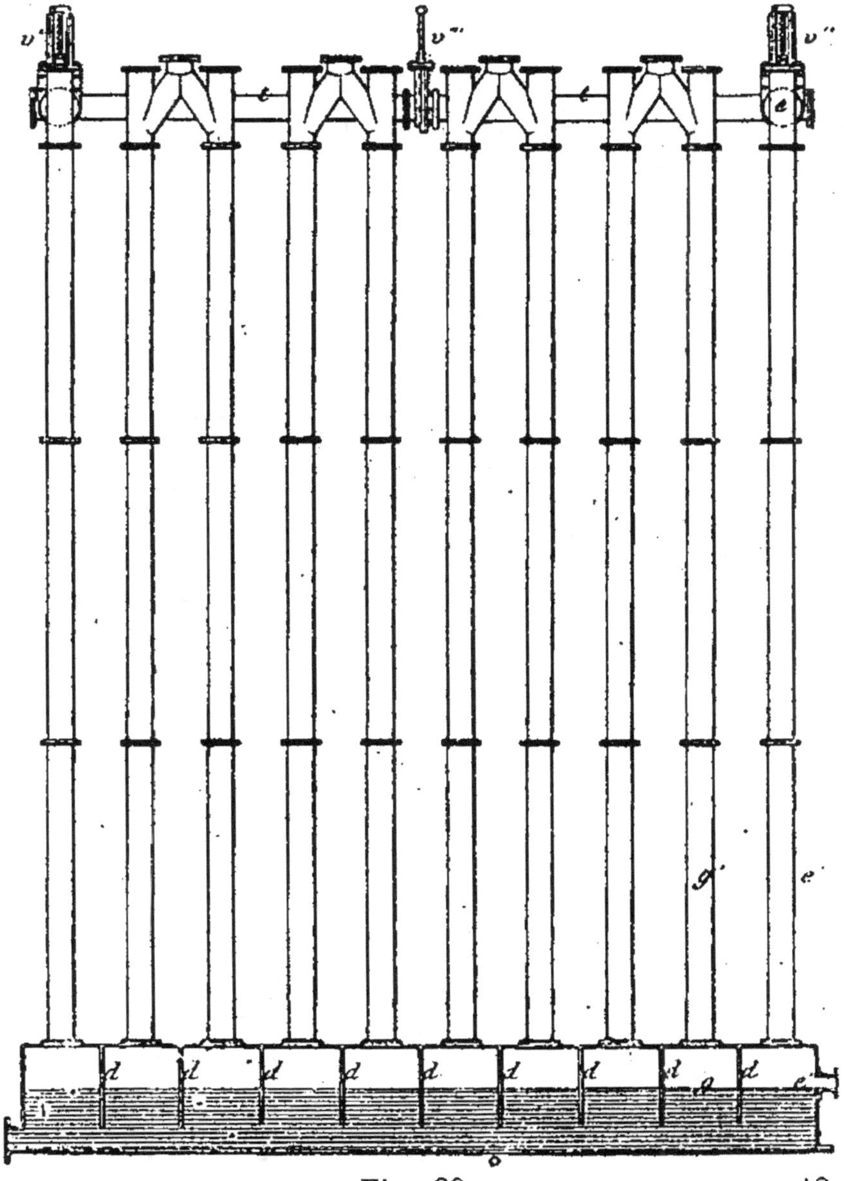

Fig. 90.

trop-plein des liquides condensés ; ce bout de tuyau se raccorde au moyen d'un siphon avec la conduite générale qui reçoit les condensations et les conduit aux citernes ; b' tampon de nettoyage de la caisse du condensateur ; t, t tuyaux raccordés avec trois valves sèches placées plutôt en bas qu'en haut ; v''' est la valve de passage direct en cas d'obstruction de l'appareil ; $d\,d$ plaques de séparation, qui ne permettent qu'à deux tuyaux de communiquer. Si v''' est fermée, et $v'\,v''$ ouvertes, le gaz arrive $e\,e'$, descend dans le compartiment e'', remonte par le tuyau e''', redescend dans le second compartiment g par le tuyau f, passe dans le tuyau g', etc., jusqu'à sa sortie par le tuyau s.

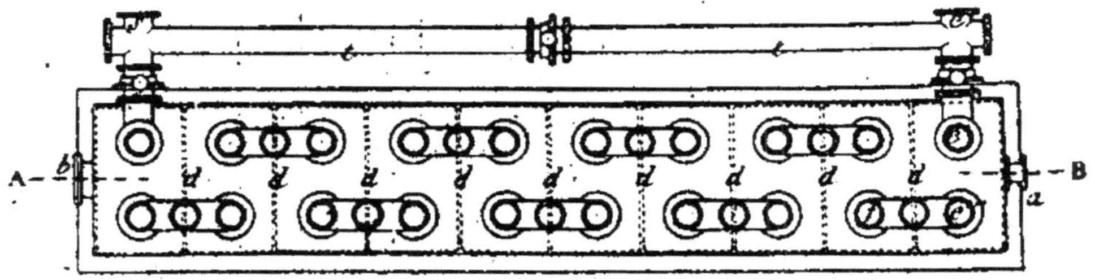

Fig. 91.

Si les tuyaux se bouchent, on enlève les plaques qui sont au sommet et on les débouche au moyen d'un courant d'eau et de raclettes. On a donné différentes dispositions à ces tuyaux (figures 92 à 97) ; dans la figure 92 on voit que le gaz arrive a et sort en b. Sur l'un de ces passages on branche perpendiculairement vers le bas un tuyau de trop-plein qui n'est pas indiqué. La figure 94 représente un condensateur qui n'a qu'une rangée de tuyaux.

Dans les figures 95 et 96, on voit que les bouts

de tuyaux viennent plonger dans une caisse à goudron. Les condensations s'écoulent par un siphon non représenté.

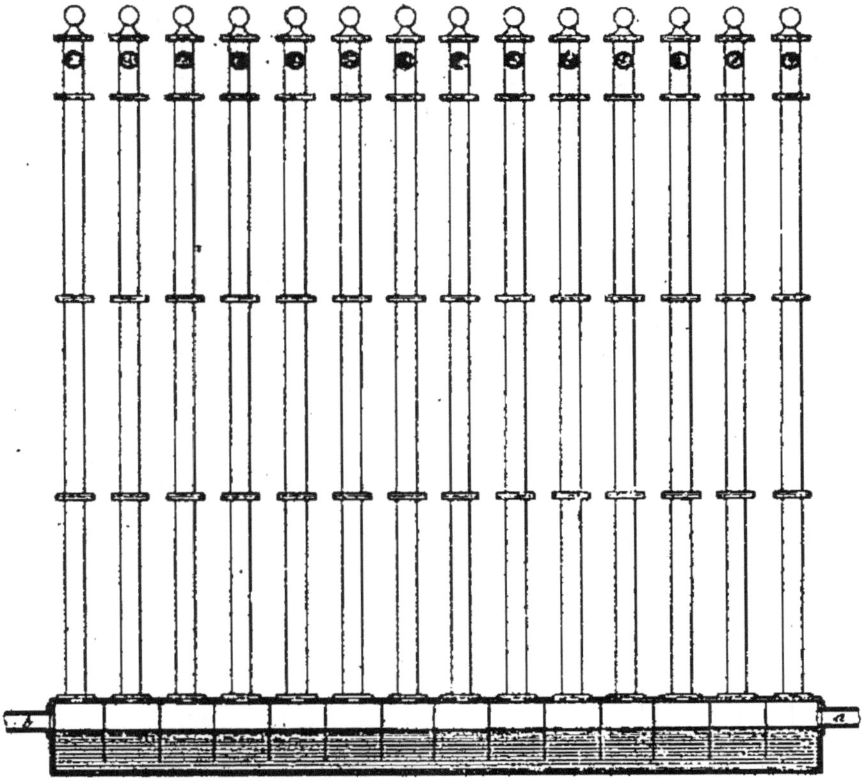

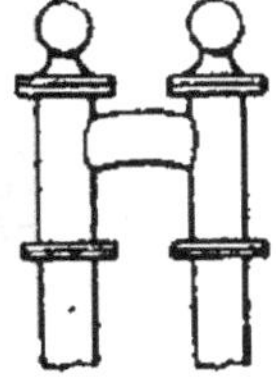

Fig. 92.

Fig. 93.

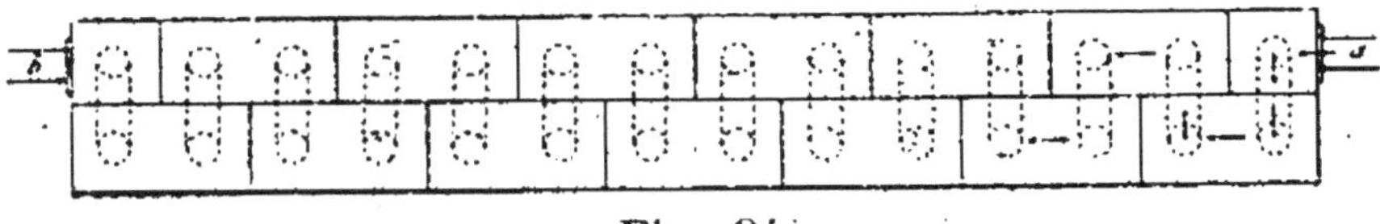

Fig. 94.

Ces appareils, quoique très employés, sont cependant bien défectueux pour le but qu'on se propose.

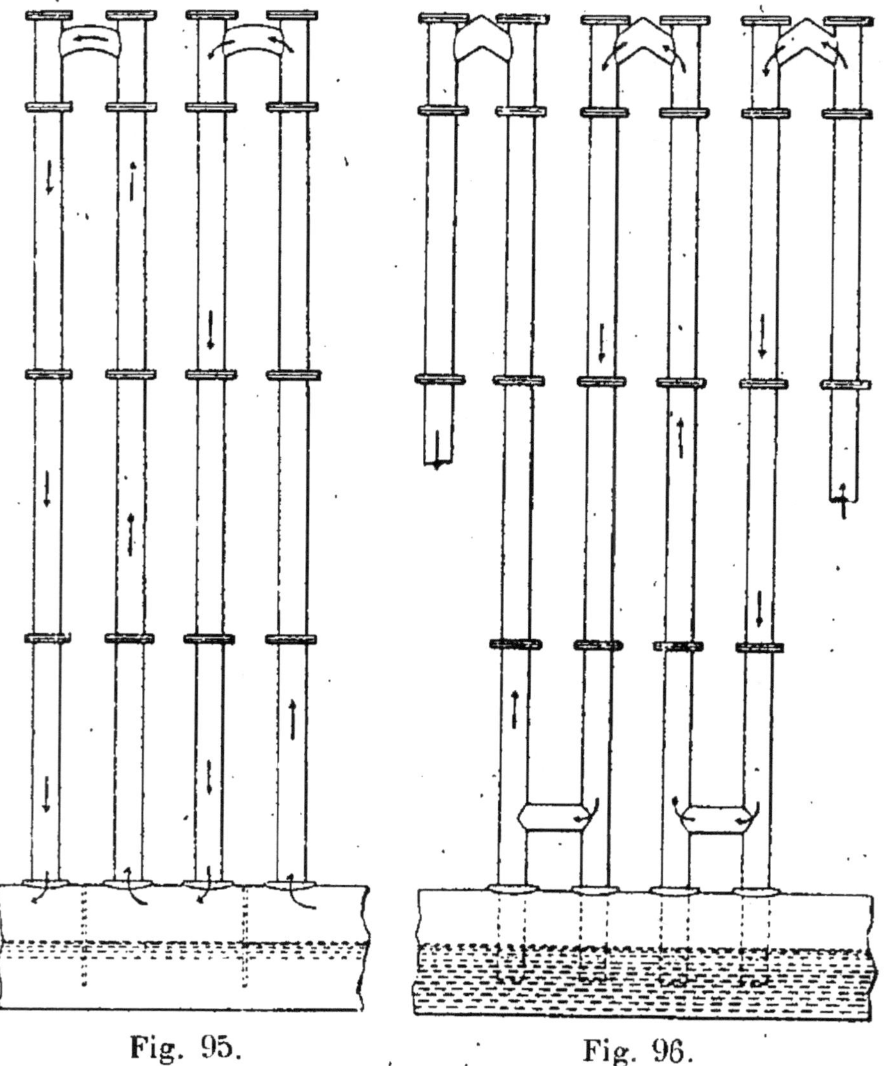

Fig. 95.   Fig. 96.

Leur seul avantage est d'offrir, sous un faible volume, une surface refroidissante considérable, d'être d'une installation facile et peu coûteuse. Mais avec eux il faut renoncer à obtenir, par rayonnement seul dans l'air, la réfrigération à plus de 4 ou 5° au-des-

sus de la température ambiante. Si on fait le calcul,
on trouve qu'il faut en effet une fois et demie plus

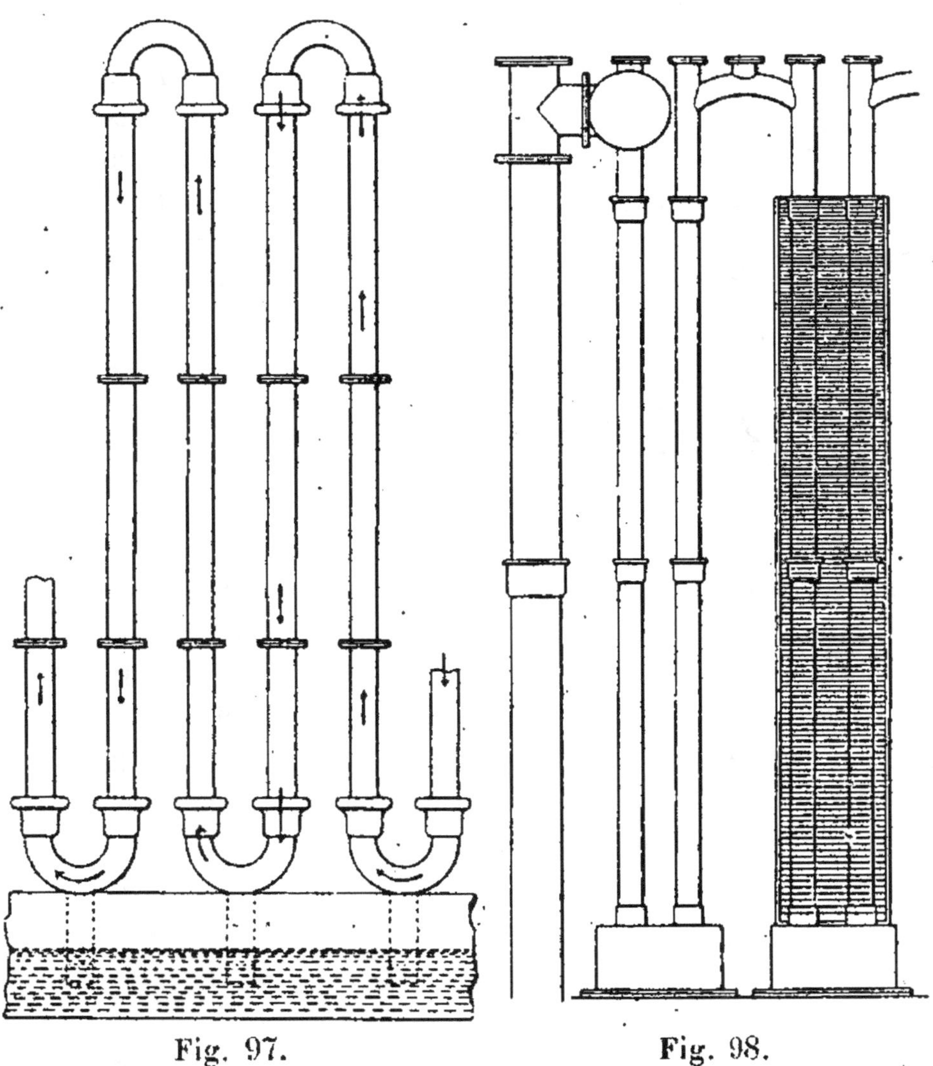

Fig. 97.   Fig. 98.

de tuyaux pour refroidir le même volume de gaz.
de 16° à 12° par exemple, que pour l'amener de 39°
à 16°.

Aussi faut-il toujours refroidir avec de l'eau, ou employer les tuyaux entourés d'un manchon avec circula-

tion d'eau, dont l'efficacité est six fois plus grande que les premiers. Ce moyen peut être employé pour augmenter sans frais la puissance réfrigérante, dans une usine dont la production s'accroît. Les figures 98 et 99 représentent un condensateur par immersion employé fréquemment ; la dépense d'eau est de 3 à 5 mètres cubes par 1,000 mètres cubes de gaz et par 24 heures.

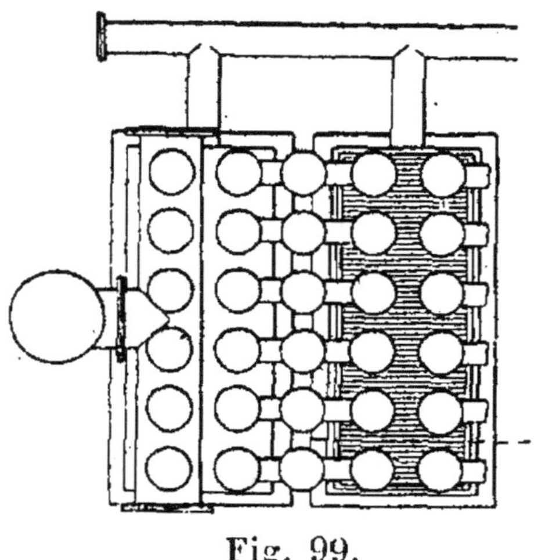

Fig. 99.

Ce refroidissement par l'eau permet d'opérer à une température à peu près constante, tandis qu'avec le rayonnement par l'air seul on arrive, par suite des variations de la température extérieure, à avoir des appareils tantôt assez froids pour arrêter les principes utiles au pouvoir éclairant, tantôt assez chauds pour laisser aller aux colonnes à coke des quantités de goudron qui les bouchent.

CONDENSATEUR ANNULAIRE DE MM. KIRKHAM ET WRIGHT

Pour donner plus d'efficacité à ces appareils les inventeurs ont imaginé un condensateur à ventilation : le gaz passe dans l'intervalle annulaire compris entre deux tuyaux. Ce condensateur (fig. 100) est refroidi extérieurement par le rayonnement, et il s'établit dans le tuyau central un courant d'air qui augmente l'action réfrigérante. Il suffit d'une surface de

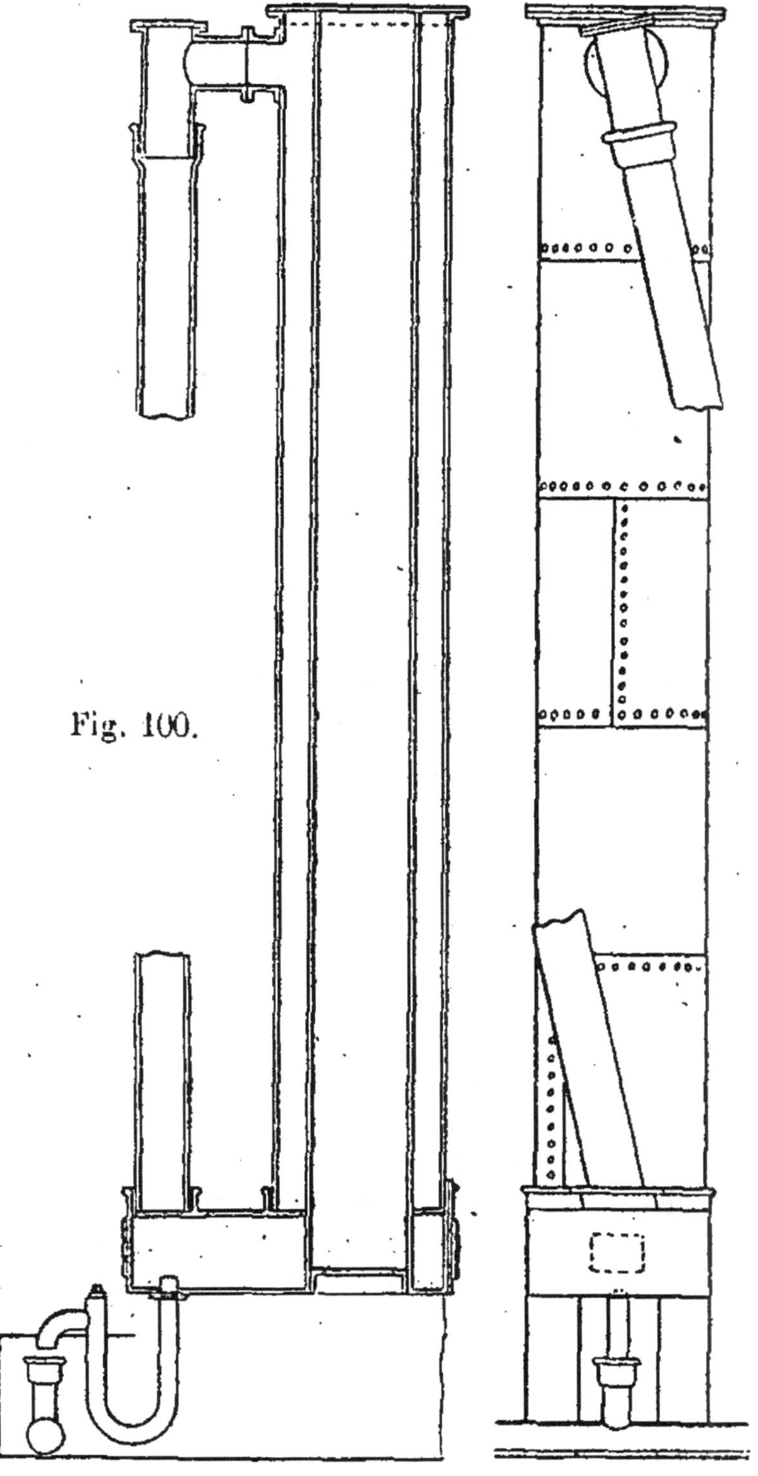

Fig. 100.

$0^{m2}2$ à $0^{m2}3$ par mètre cube à refroidir et par heure, lorsque la couche de gaz entre deux tuyaux est inférieure à 0,05.

Hislop les a complétés en refroidissant les dernières colonnes au moyen de manchons d'eau, et les tubes intérieurs au moyen d'une pulvérisation d'eau.

En fait, tous ces appareils refroidis ou non par l'eau, sont de mauvais appareils au point de vue de la condensation mécanique. La circulation verticale du gaz s'oppose au dépôt des gouttelettes de goudron, dont la majeure partie est entraînée au-delà des derniers tubes et se trouve ainsi au contact du gaz froid. De plus, la rétrogradation des huiles légères n'y est pas possible.

On emploie également des tuyaux horizontaux annulaires doubles, avec circulation de l'air dans le tuyau intérieur.

Ils peuvent être refroidis extérieurement par un écoulement d'eau. On peut établir dans ce système la circulation des produits condensés en sens inverse du gaz, pour obtenir un gaz à peu près constant, dont nous avons parlé plus haut.

L'évacuation des goudrons doit se faire tous les 4 ou 5 mètres. Quels que soient les appareils employés, il ne faut pas les mettre dehors, exposés aux variations des influences atmosphériques; il est préférable et rationnel de les mettre dans des hangars fermés, pour rester maître des conditions dans lesquelles on veut les faire travailler, et reconnues bonnes après expériences et essais.

COLONNES A COKE OU SCRUBBERS

Les appareils précédents, tout en commençant la condensation mécanique, avaient surtout pour but le refroidissement du gaz. Nous allons nous occuper spécialement des appareils employés pour retenir les globules de goudron que le gaz tient en suspension, et qu'il est nécessaire de lui enlever avant l'épuration.

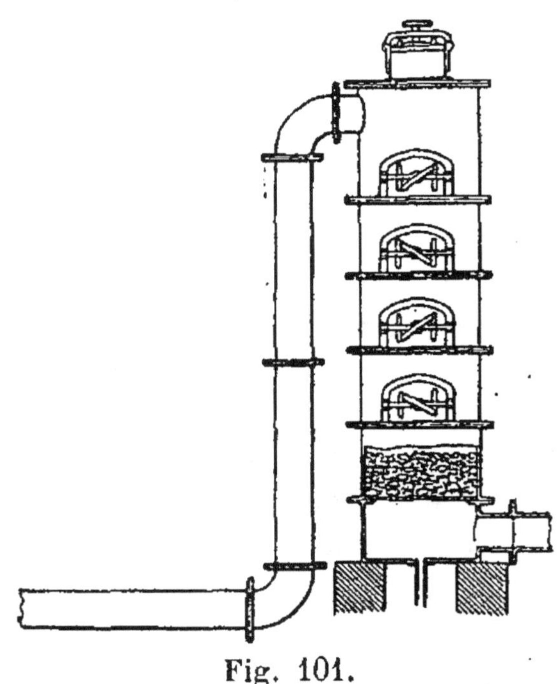

Fig. 101.

La colonne à coke employée comme condensateur (nous verrons plus loin qu'elle peut servir aussi de laveur) est formée d'un grand cylindre en fonte ou en tôle, fermé des deux bouts, rempli de morceaux de coke, dans lequel le gaz s'introduit par un tuyau placé sur le côté, un peu au-dessus du fond inférieur, et dont il sort par un autre tuyau qui se trouve également ment sur le côté, à la partie supérieure (fig. 101 et 102).

Si l'on alimente d'eau la colonne, l'introduction se fait par un siphon placé sur le couvercle, et le départ par un siphon placé en bas. Deux grandes ouvertures, l'une en haut, sur le couvercle, l'autre en bas, sur le côté, servent au besoin à introduire et à retirer le coke. Elles sont fermées par des tampons analogues à ceux des cornues.

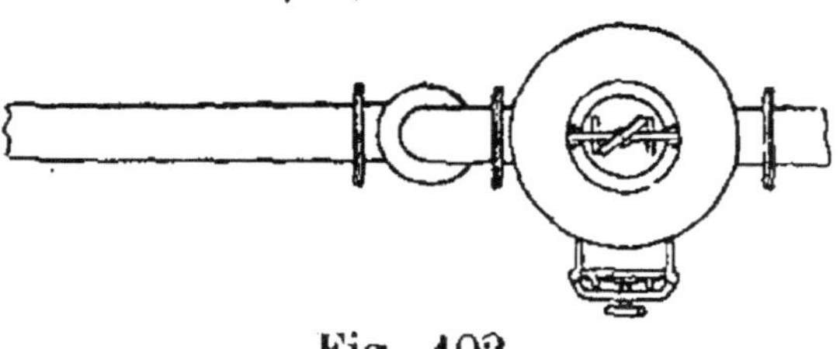

Fig. 102.

Pour obvier à l'écrasement du coke et rendre moins difficile l'enlèvement du vieux coke, on fait, avec des grilles, plusieurs divisions horizontales dans la colonne à coke et à chacune de ces divisions correspond une porte. On préfère souvent au coke, qui s'empâte facilement, des morceaux de meulière, briquetons, ou cailloux moyens.

CONDENSEUR, S. JOHN

Le condenseur S. John, de New-York, est un condenseur proprement dit (fig. 103); il est formé de caisses rectangulaires reliées entre elles par des tuyaux extérieurs et contenant intérieurement un certain nombre de tuyaux plongeurs qui débouchent dans les plateaux supérieurs, de telle façon que la surface enveloppante des tuyaux extérieurs soit égale à celle des tuyaux intérieurs. La plonge ou lut peut varier au moyen de valves ou de robinets, qui règlent l'écoulement du goudron et des eaux ammoniacales à travers toute la série des caisses.

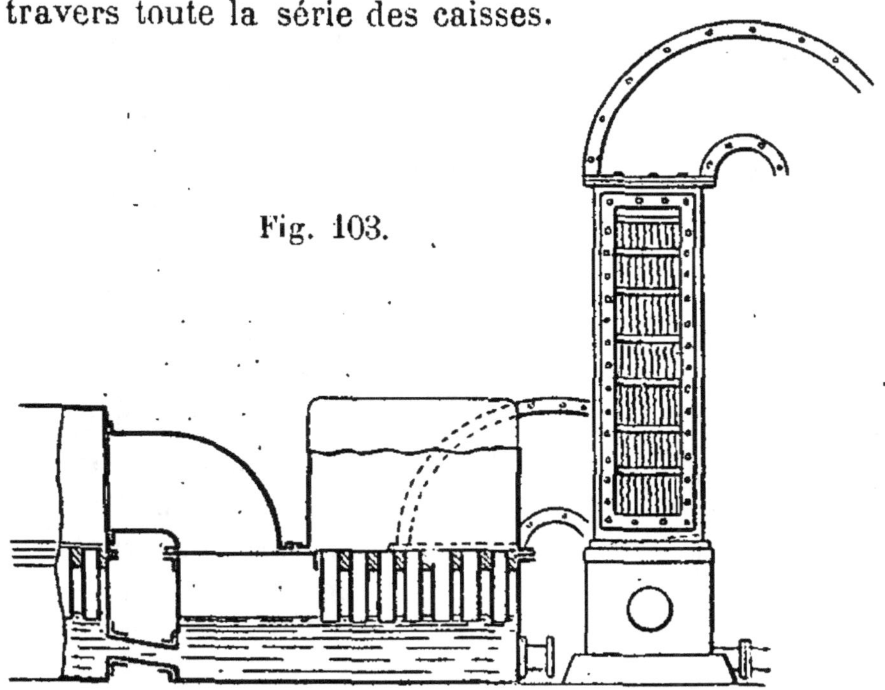

Fig. 103.

Le gaz, le goudron et les eaux ammoniacales se rendent à la sortie de la halle de distillation dans les premières caisses, où ils pénètrent par la partie supérieure, pressent sur le liquide, s'élèvent en barbotant dans les tubes plongeurs pour se rendre dans la caisse suivante, traversent successivement toutes les autres, puis sont amenés dans des caisses verticales, munies intérieurement de lames de fonte, qui présentent une surface considérable de condensation, et de là dans des scrubbers ou des laveurs destinés à arrêter l'ammoniaque.

Les résultats d'une année d'exploitation aux usines de Rochdale ont été : augmentation de pouvoir éclairant, suppression des dépôts de naphtaline et diminution des frais d'épuration.

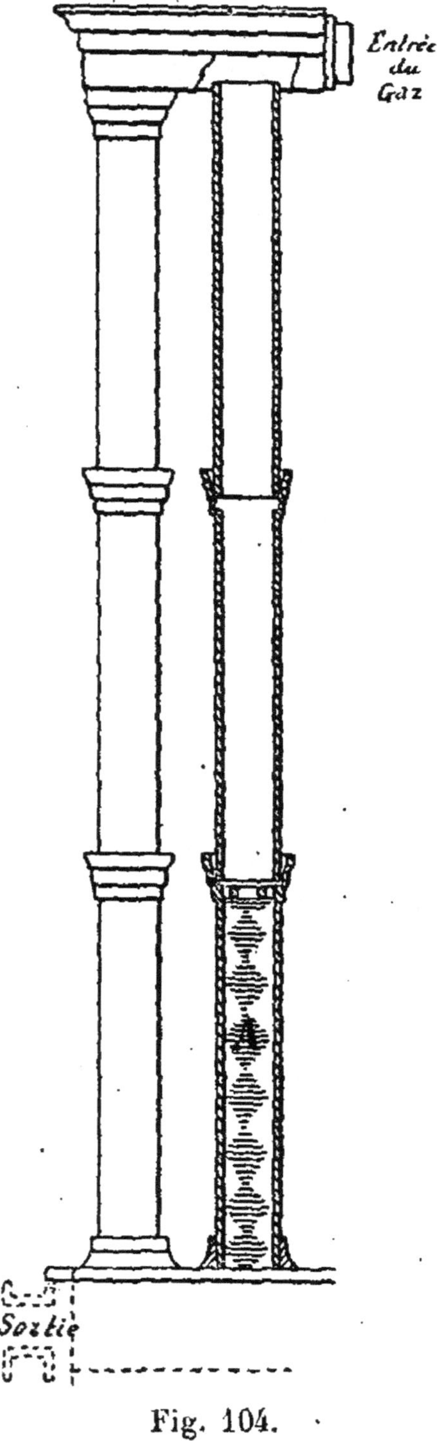

Fig. 104.

CONDENSEUR CLELAND

Il est formé (fig. 104, 105 et 106) de tuyaux verticaux à trois tronçons; dans le tronçon inférieur se trouvent des lames de bois formant une surface hélicoïdale, sur laquelle se déposent l'eau et le goudron; le gaz arrive par la partie supérieure et sort par le bas; la fig. 104 représente deux tuyaux; on peut en mettre toute une série, suivant l'importance de la fabrication.

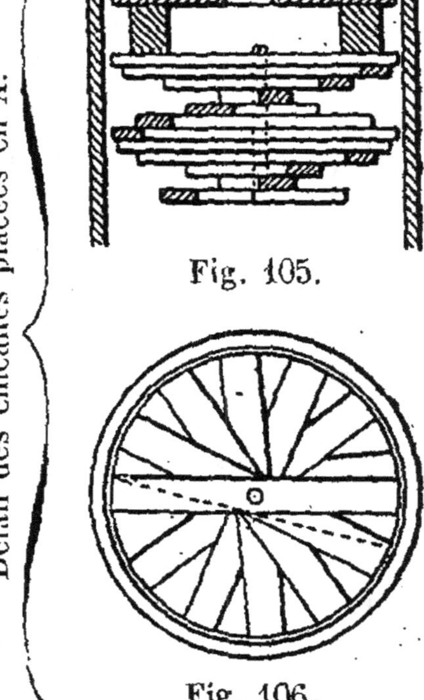

Fig. 105.

Fig. 106.

CONDENSEUR A TUBES

Il consiste en caisses en fonte accolées et fermées (fig. 107 et 108) ; des tubes horizontaux traversent les parois de ces chambres et sont ouverts aux deux extrémités.

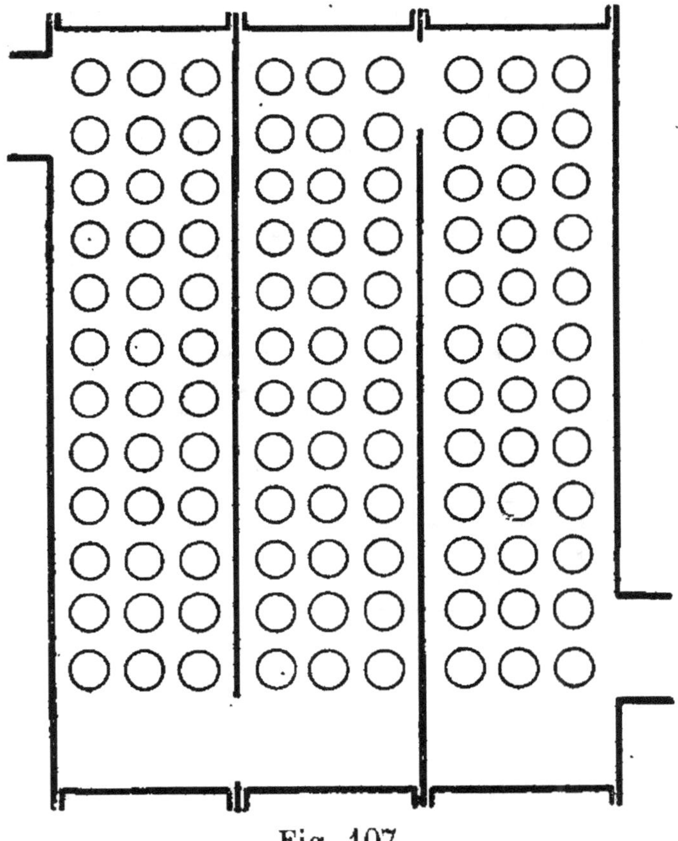

Fig. 107.

L'air extérieur passe à travers ces tubes, le gaz circule sur les parois extérieures de ces tubes dans les chambres et passe successivement, au moyen de chicanes, de bas en haut et de haut en bas ; les condensations sont recueillies à la partie inférieure et s'écoulent à l'extérieur.

Les appareils décrits plus haut sont de véritables condenseurs et étaient les seuls en usage autrefois. Plus récemment, l'on fit usage d'appareils opérant à la fois la condensation et le lavage, mais on s'aperçut qu'ils étaient très nuisibles au pouvoir éclairant du gaz. De nombreuses études et expériences ont montré qu'il ne faut laver le gaz que lorsqu'il est amené à la température ordinaire, et qu'il a abandonné à peu près toutes les matières condensables à cette température et les matières en suspension. Le lavage dans ces conditions, non seulement n'est pas nuisible, mais peut même donner un accroissement de pouvoir éclairant, comme nous allons le voir.

Fig. 108.

Avant de décrire les scrubbers laveurs, les laveurs proprement dits, nous montrerons les avantages du lavage rationnel et méthodique du gaz.

A la sortie des condenseurs, le gaz contient encore du carbonate, du sulfhydrate d'ammoniaque, de l'acide carbonique et de l'hydrogène sulfuré. On s'en débarrasse en mettant à profit la solubilité de ces sels. Le lavage est déjà un commencement d'épuration, on retient, en effet, une grande partie de l'ammoniaque à l'état de carbonate et de sulfhydrate très solubles dans l'eau. Mais il y a certaines précautions à prendre pour arrêter la presque totalité des sels ammoniacaux sàns porter atteinte au pouvoir éclairant du gaz :

1° Le contact du gaz et du liquide doit être suffisamment prolongé ;

2° La quantité d'eau employée doit être réduite au strict nécessaire.

Il faut donc donner aux appareils de grandes dimensions, afin que le gaz y séjourne un temps suffisant, et s'y meuve avec une très faible vitesse au contact d'un grand développement de surfaces constamment mouillées par un liquide absorbant. Et, de plus, opérer un lavage méthodique, c'est-à-dire que le liquide absorbant doit se mouvoir en sens inverse du gaz.

COLONNES A COKE

Pour arriver à ce résultat, on a employé au début les colonnes à coke, dans lesquelles on faisait couler de l'eau sous forme de pluie au moyen de dispositifs convenables. Le scrubber Mann, dont la capacité totale était égale à 0,006 du volume maximum du gaz qui le traversait en 24 heures, était rempli de coke réparti sur trois étages de claies. Il était alimenté par de l'eau pure à raison de 40 à 50 litres par tonne de houille distillée. Cette eau était distribuée uniformément au moyen d'un plateau tournant perforé de trous et recouvert de brindilles de bouleau. L'eau arrivait au plateau par des tourniquets hydrauliques qui la répandaient sur les brindilles de bouleau, d'où elle tombait en gouttelettes sur le coke à travers la plaque perforée du plateau tournant.

Nous avons parlé plus haut des inconvénients du coke, aussi M. Liversey a-t-il apporté une modification heureuse à cet appareil. Elle consiste à remplir le scrubber de grillages en bois superposés. Ces grillages sont formés de voliges de 6 millimètres environ d'épaisseur sur 20 à 25 centimètres de largeur, placées sur champ ; l'écartement est donné au moyen de tasseaux de 12 millimètres environ d'épaisseur ; les rangs successifs de grillage sont séparés par des traverses de 5 centimètres environ de côté. Cette manière de garnir les scrubbers augmente à la fois les surfaces de contact et les sections des passages de gaz. Ainsi, tandis que pour 1 mètre cube de scrubber, le coke ne présente que 30 mètres carrés de surface avec 50 0/0 de vide sur la section transversale, les grillages en planches donnent 100 mètres carrés avec 66 0/0 de vide.

En Angleterre, on donne à ces appareils des dimensions très grandes. Chaque tronçon à brides de ces colonnes a 2 mètres de diamètre et $1^m,50$ à 2 mètres de hauteur ; on les superpose jusqu'à des hauteurs de 15 à 20 mètres.

Par une disposition rationnelle de ces appareils, on peut non seulement enlever au gaz la totalité de l'ammoniaque, mais aller plus loin. Car non seulement l'ammoniaque fixe, en se dissolvant, retient une quantité équivalente des acides carbonique et sulfhydrique, mais il est possible, en utilisant les affinités chimiques de ces corps, de retenir dans les scrubbers la majeure partie de l'acide carbonique libre contenu dans le gaz. A cet effet, au lieu d'alimenter les scrubbers avec de l'eau pure, on dispose trois colonnes, dont la dernière seule reçoit de l'eau pure ;

l'eau ammoniacale produite par ce lavage, mêlée aux eaux provenant de la condensation, est repassée sur la 2e colonne, et, après celle-ci, sur la 1re. L'ammoniaque ayant plus d'affinité pour l'acide carbonique que pour l'hydrogène sulfuré, l'acide carbonique décompose une partie du sulfhydrate d'ammoniaque contenu dans les eaux ammoniacales en formant des carbonates d'ammoniaque qui seront arrêtés dans la dernière colonne ; quant à l'hydrogène sulfuré mis en liberté, il sera arrêté par les épurateurs à l'oxyde de fer.

Nous indiquerons plus loin les essais d'un procédé de purification complète du gaz au moyen de l'ammoniaque.

LAVEURS

Nous continuons la description des laveurs proprement dits.

Le principe de ces appareils consiste à forcer le gaz à traverser une couche de liquide d'une certaine hauteur ; dans ce contact, il abandonne de l'ammoniaque, de l'acide carbonique et de l'hydrogène sulfuré.

Il faut diviser le gaz et le faire traverser l'eau à l'état de bulles, soit en disposant des échancrures sur les tuyaux d'arrivée, soit en le forçant à traverser des plaques perforées de trous.

Un des premiers laveurs employés autrefois, et représenté fig. 109, se composait d'une cuve en fonte contenant de l'eau et une plaque perforée placée à quelques centimètres au-dessous du niveau de l'eau. Le tuyau d'arrivée du gaz débouchait sous cette plaque, celui-ci se divisait en globules pour passer à travers l'eau et sortait par un tuyau placé à la partie supérieure. Les condensations et l'eau d'alimentation étaient évacuées par un orifice muni d'un siphon placé à la partie inférieure.

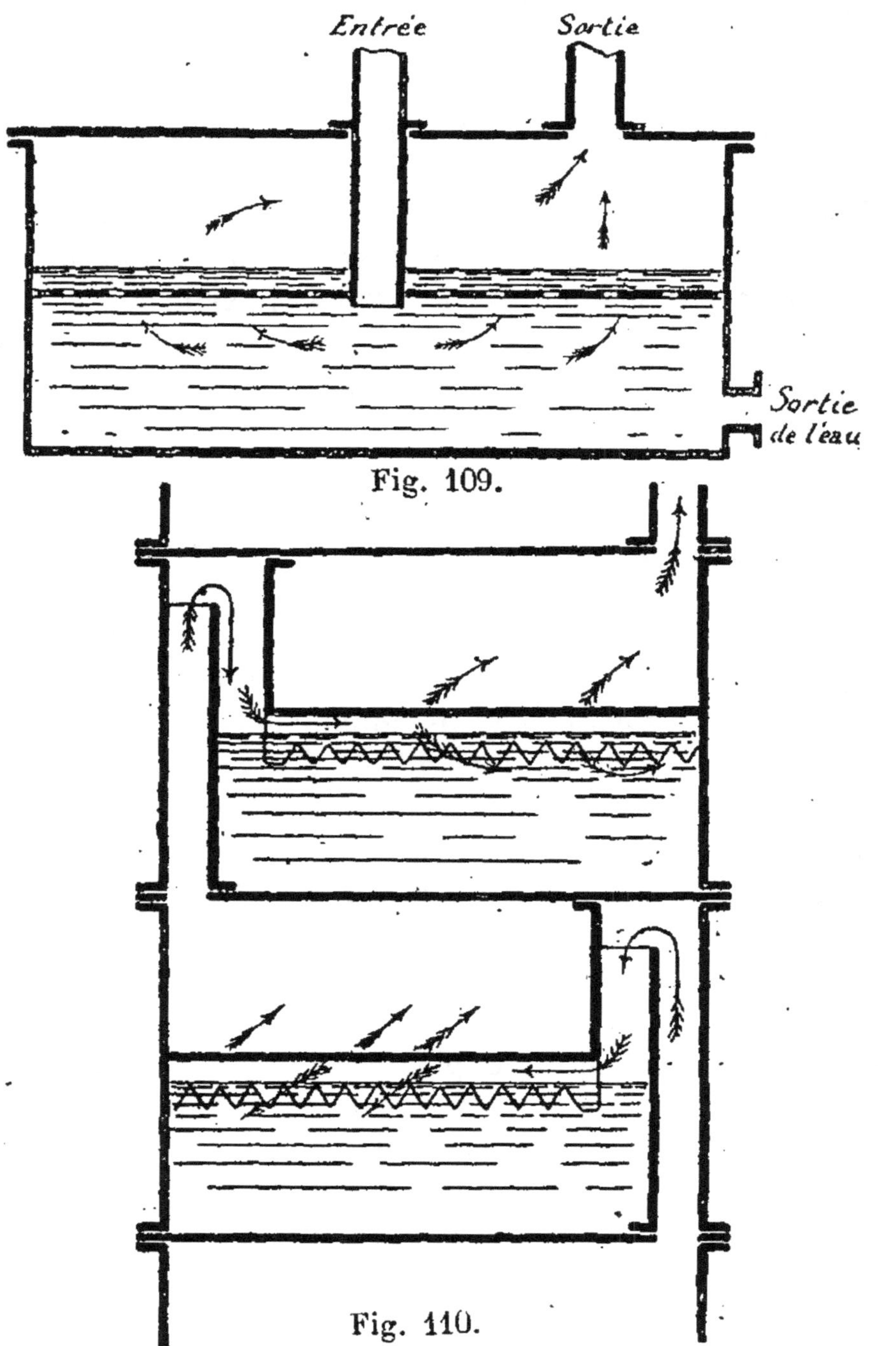

Fig. 109.

Fig. 110.

LAVEURS CATHELS, GOOD ET SAVILLE

Ce laveur (fig. 110), est une variante et se compose de plusieurs anneaux placés les uns au-dessus des autres ; le gaz passe à travers l'eau, et est divisé par une sorte de peigne qui sert de bord à chaque chambre.

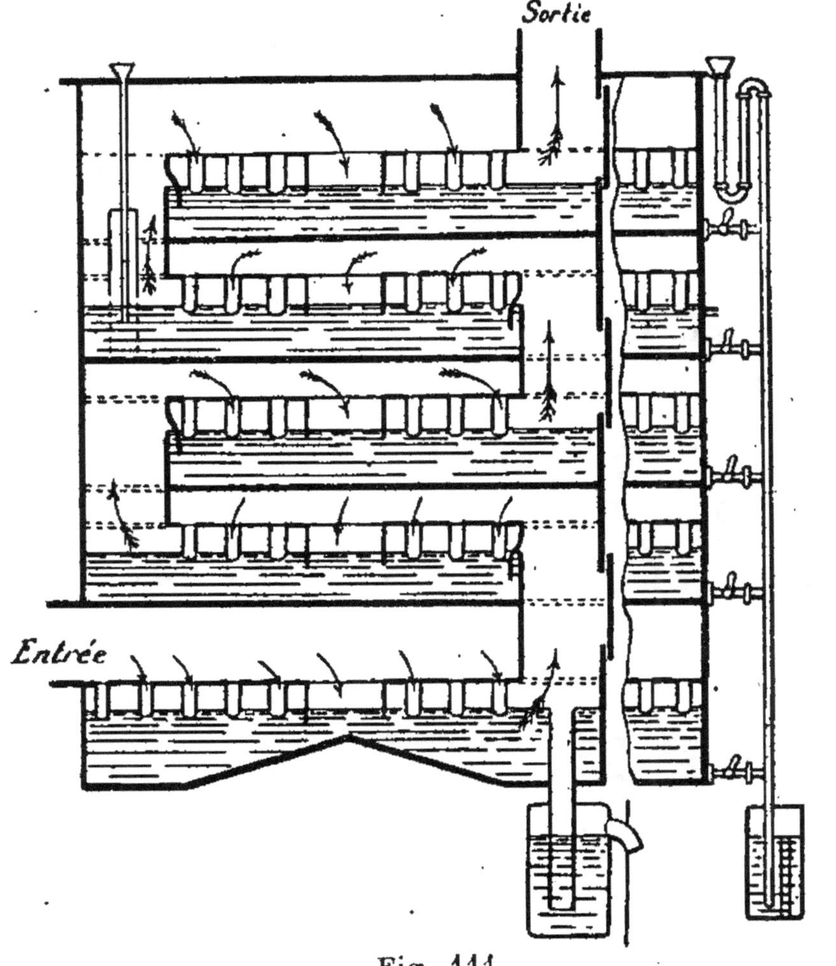

Fig. 111.

Le laveur Good (fig. 111), et le laveur Saville (fig. 112), sont fondés sur le même principe, mais avec une multiplication des surfaces mouillées et les fractionnement répété du gaz.

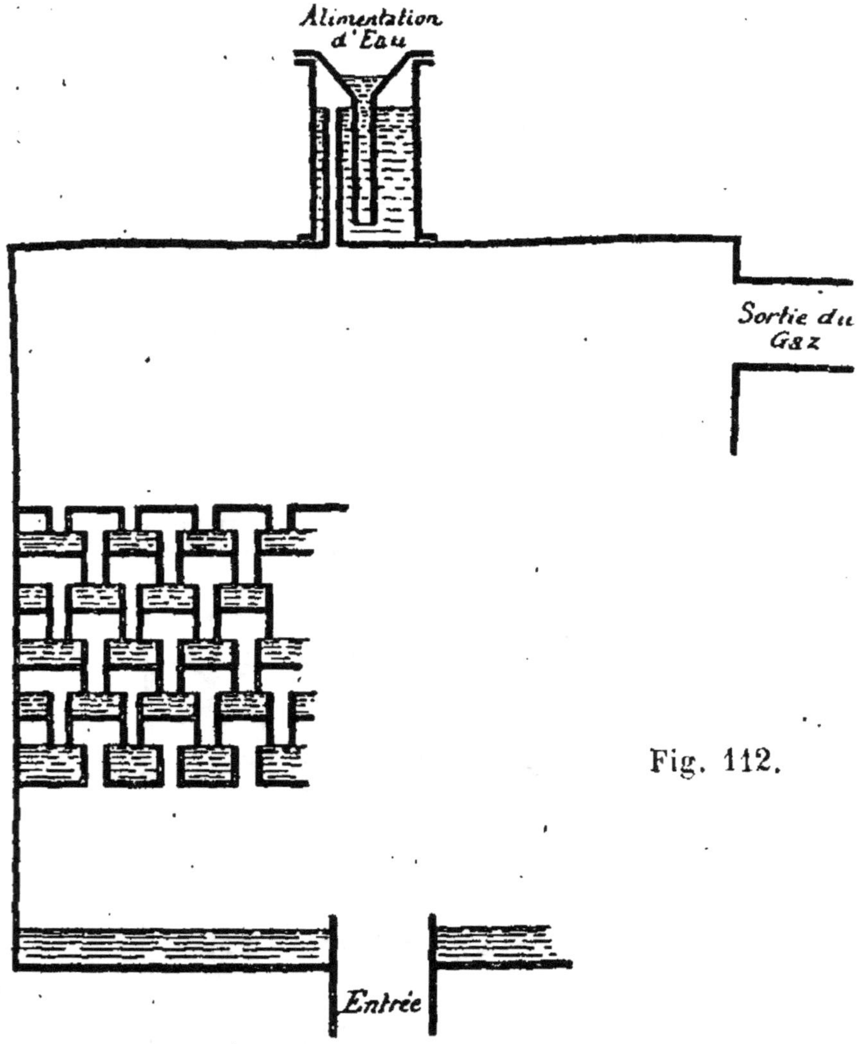

Fig. 112.

SCRUBBER CHEVALET

Le système de scrubber dit « rationnel », de M. Chevalet, est construit spécialement pour les moyennes et petites usines. Il est destiné à enlever au gaz la totalité de l'ammoniaque et autres produits solubles. Il consiste (fig. 113) en une colonne renfermant du coke et des copeaux toujours humides ; mais pour que les effets en soient constants, il est nécessaire que les scrubbers soient toujours arrosés, soit par des eaux ammoniacales, soit par de l'eau pure. Si les matériaux sont bien disposés, on peut obtenir en bas une eau ammoniacale pesant 6 à 7° et même 11° B.

Dans la plupart des usines, ou la quantité de gaz est trop grande pour la quantité d'eau qui coule, et le gaz est mal lavé ; ou c'est l'eau qui est en trop grande quantité et les résidus sont trop pauvres pour être traités avantageusement. On peut remédier à ces inconvénients par une construction rationnelle et une exploitation attentive des bonnes conditions de marche.

Le scrubber rationnel se compose d'un cylindre ou colonne creuse en tôle ou en fonte. Dans cette colonne se trouvent des cuvettes en fonte espacées les unes des autres de 0^m,20 environ. Ces cuvettes sont percées d'un grand nombre de trous ou cheminées, ayant une hauteur un peu moindre que celle des bords de la cuvette. Ces cuvettes sont montées bien horizontalement et se supportent les unes les autres.

Les matières placées entre les cuvettes peuvent être des copeaux de bois si le gaz à laver n'est pas acide, du coke ou de la pierre ponce si le gaz est acide. Le nettoyage du scrubber se fait en soulevant toutes les cuvettes au moyen d'un palan fixé à l'anneau de la tige de fer portant une plaque d'arrêt.

Avec cet appareil, lorsqu'on arrête l'arrivée de l'eau, celle-ci monte par capillarité entre les matières déposées dans les cuvettes, et le gaz, en s'élevant, rencontre ces surfaces humides sur lesquelles ses

Coupe verticale
D
E
Eau pure
Sortie des gaz
C
C
A
B
B
x
y
Entrée des gaz
Coupe horizontale par xy.
Eau ammoniacale
c
c
d
d

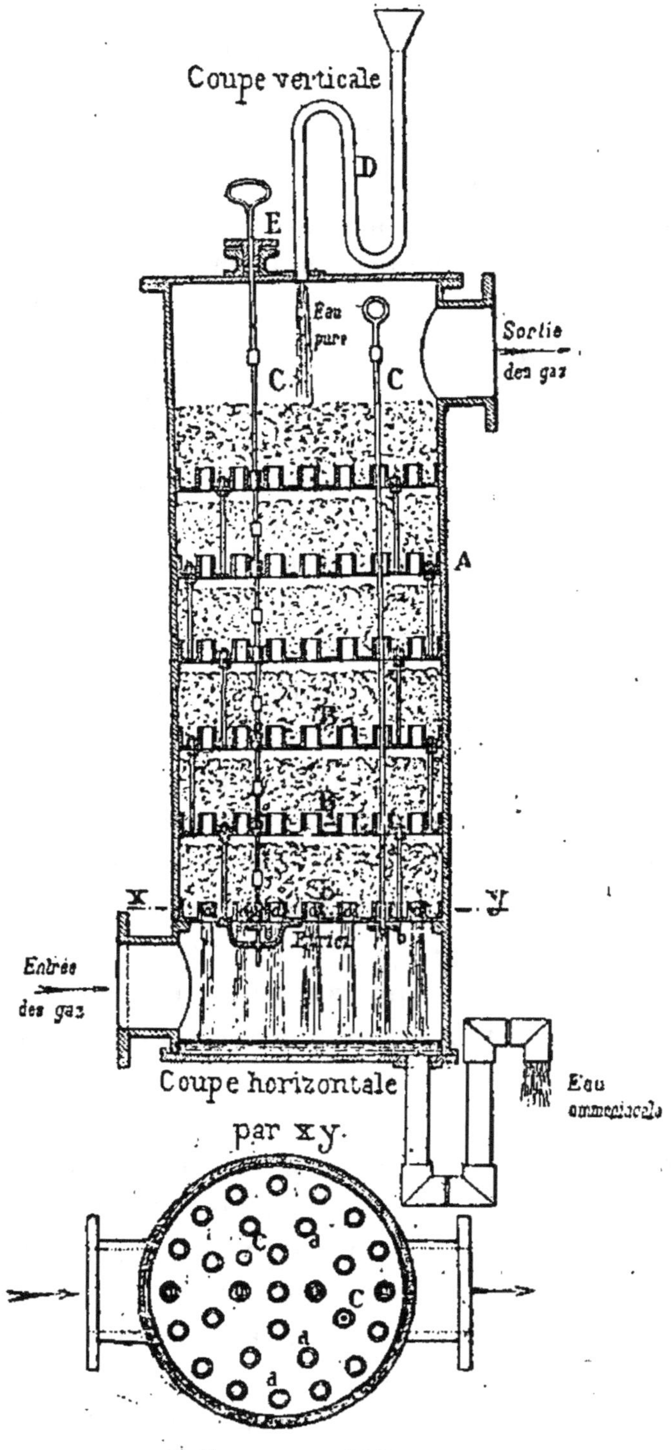

Fig. 113.

principes solubles pourront se dissoudre. Les effets
sont les mêmes que si l'on faisait couler constamment
de l'eau dans le scrubber.

Les quantités d'eau à verser se calculent d'après la
quantité de gaz fabriquée par jour, et le degré qu'on
désire donner à l'eau. En même temps que l'on enlève tout l'ammoniaque au gaz à basse température, ,
on enlève une quantité d'acide carbonique qu'on peut
évaluer à 1/2 0/0 environ.

LAVEUR PADDON

Il consiste (fig. 114) en une caisse en fonte dans
laquelle tourne un arbre mis en mouvement par une

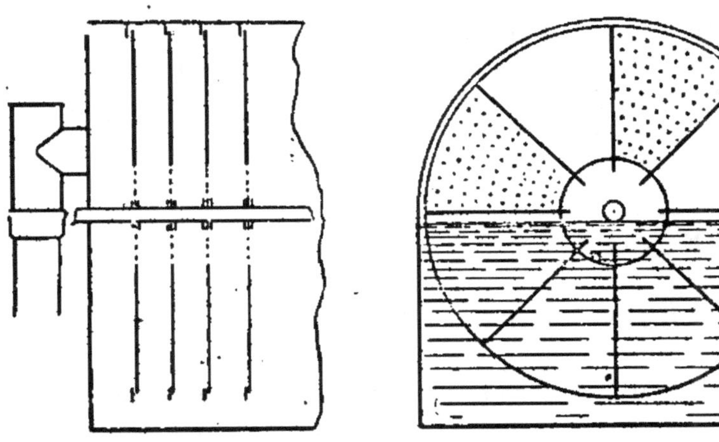

Fig. 114.

transmission, provenant d'une machine à vapeur ou
d'une machine à gaz : cet arbre porte des plaques
annulaires percées de trous. Ces plaques, par le mouvement de rotation, sont constamment mouillées, le
gaz qui les lèche abandonne l'ammoniaque, une partie de CO^2 et de HS qu'il contient.

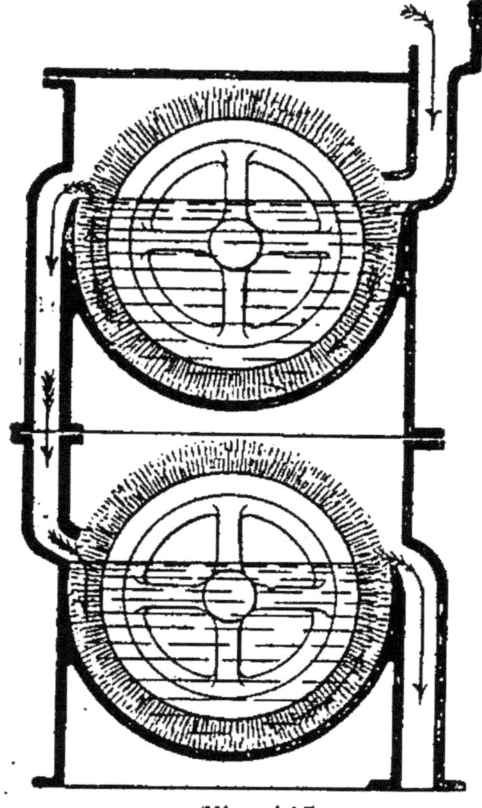

Fig. 115.

LAVEUR SCRUBBER ANDERSON

Consiste (fig. 115) en brosses circulaires montées sur des arbres qui tournent dans l'eau ; pour passer d'une caisse à l'autre, le gaz est emprisonné dans ces brosses, et, au contact de l'eau, il subit ainsi un lavage énergique.

LAVEUR SCRUBBER KIRKHAM-HULETT ET CHANDLER

Se compose (fig. 116-117) d'une cuve en fonte en forme de ⌂ dont les dimensions sont les suivantes :
Hauteur, $2^m,10$;
Largeur, $1^m,80$;
Longueur, $4^m,80$.
Ce modèle peut épurer $28,000$ ^{m3} par 24 heures.
La cuve en fonte est divisée en huit compartiments par des roues de $0^m,45$ de largeur, formées de feuilles de tôles roulées en spirales. Ces roues sont fixées sur un axe mis en mouvement par une machine à gaz ; la vitesse est de 4 à 15 tours à la minute et les roues

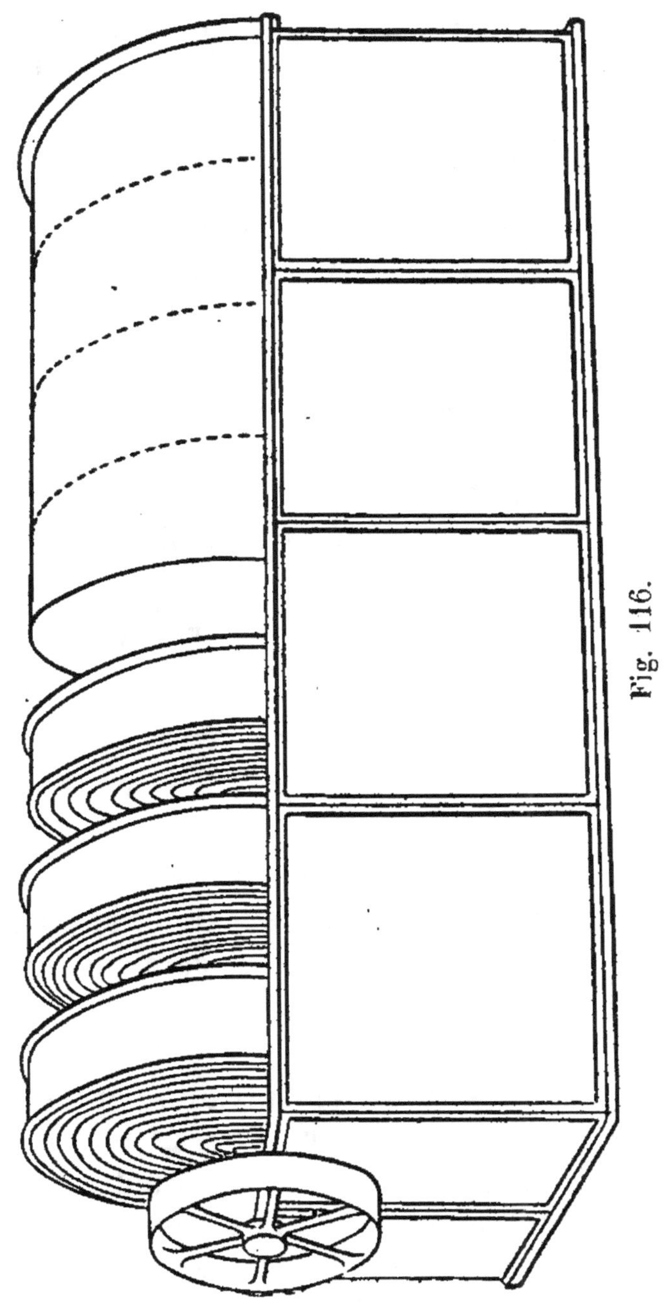

Fig. 116.

tournent dans leur compartiment respectif. Chaque roue mouillée sur les deux côtés des feuilles de tôle, représente une surface mouillée de 275 mètres carrés. Ces tôles portent des empreintes et des entailles d'environ 5 millimètres, pour faciliter l'adhérence et la fixation de l'eau pendant la rotation.

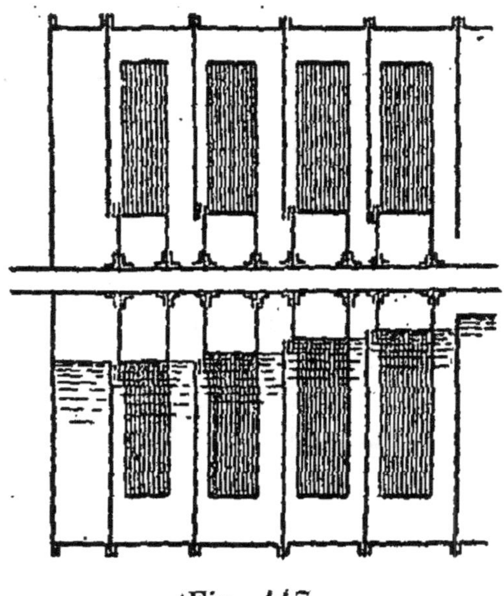

Fig. 117.

Il faut introduire environ 50 litres d'eau pour 1,000^{m3} de gaz passant à travers le laveur, et la surface nécessaire est d'environ 1/2 mètre carré de surface de plaques par 1,000^{m3} de gaz au lieu de 20^{m2} qui sont nécessaires dans les réfrigérants à air seul.

On a trouvé les résultats suivants pour un laveur Kirkham du type de 25,000^{m3} en 24 heures. La vitesse de rotation était de trois à quatre tours à la minute et l'arrosage avec de l'eau pure à une température variant entre 8 et 14°. La température du gaz à l'entrée a varié entre 10 et 20°.

L'absorption de l'ammoniaque a été :

ANMONIAQUE PAR MÈTRE CUBE DE GAZ

Laveur Kirkham.	Entrée 0,95			
	Sortie 0,25	Absorption	0,70	
Epuration. . . .	Entrée 0,08	»	0,17	
	Sortie 0,003	»	0,077	

On voit que le laveur a absorbé les **73,68** 0/0 de l'ammoniaque contenue dans le gaz, à l'entrée. Cette quantité augmente encore avec l'abaissement de la température :

ABSORPTION DE L'ACIDE CARBONIQUE
(Mêmes conditions)

Entrée du Kirkham.   2.7 0/0 d'acide carbonique en
volume.

Sortie   »   2.6   Absorption . .   0,10
. Sortie de l'épurateur
à oxyde fer. . . .   2.45   »   . .   0,15

Si au lieu de faire l'alimentation à l'eau pure on fait passer de l'eau ammoniacale dans trois cases du milieu, on a :

Entrée du Kirkham.   2.7 0/0 d'acide carbonique en
volume.

Sortie   »   2.30   Absorption . .   0,40
Sortie de l'épurateur.   2.20   »   · . .   0,10

Nous indiquerons les résultats trouvés en faisant varier la quantité d'eau d'alimentation :

Eau par tonne de houille dis-
tillée . . . .   50 litres   110 litres
Ammoniaque trouvée dans l'eau
après son passage dans le
laveur (par litre). . . . . . .   25 gram.   14ʳ5

Ammoniaque dans (à l'entrée.	5g88	5.54
le gaz (par m³). (à la sortie.	1.77	0.226
Ammoniaque non retenue ou perte	30 0/0	4 0/0

La quantité d'ammoniaque trouvée dans le gaz des gazomètres diffère peu dans les deux cas, elle reste dans les épurateurs. On voit d'après cela qu'il est important de trouver dans chaque cas, la quantité d'eau qu'il est utile de faire passer dans le laveur, par tonne de houille distillée, pour recueillir le plus d'ammoniaque possible, tout en conservant au gaz le pouvoir éclairant exigé.

Avec les laveurs des différents systèmes indiqués ci-dessus, on obtient les mêmes résultats et beaucoup plus économiquement qu'avec les laveurs employés au début de l'industrie du gaz pour retenir l'ammoniaque, tels que : les laveurs à acide sulfurique de M. Croll ; les laveurs méthodiques de M. Mallet, dans lesquels on employait comme absorbant le chlorure de manganèse, placé dans des cuves en fonte, munies d'agitateurs, etc.

On emploie encore un grand nombre d'autres appareils, qui tiennent à la fois des scrubbers et des laveurs, mais le cadre de cet ouvrage ne nous permet pas de nous étendre davantage.

CUVES A SCIURE

Nous parlerons en dernier lieu des cuves à sciure qui ont été et sont encore employées dans un certain nombre d'usines. Elles consistent à employer les cuves ordinaires d'épuration, en substituant la sciure à la matière d'épuration. La cuve étant remplie de sciure de bois à gros grains portée par les claies du fond, la vanne de sortie fermée, on remplit la cuve d'eau jusqu'en haut, on laisse l'eau pendant environ 1 heure et demie, on brasse la sciure avec des fourches, on laisse de nouveau reposer pendant 1 heure, on fait alors écouler l'eau par un siphon dans les conduites des condensations, on ferme le couvercle et l'on rétablit le passage du gaz, qui circule de haut en bas. Au bout· d'un temps, qu'on détermine dans chaque cas, variable avec la surface des cuves et la production de l'usine, on ouvre la cuve, on la remplit d'eau et on répète l'opération indiquée.·

La sciure humide dissout l'ammoniaque du gaz ; cette opération lui est rendue possible par l'excès d'acide carbonique contenu dans le gaz, qui en augmentant la stabilité du bicarbonate d'ammoniaque dissout, s'oppose au partage normal de l'ammoniaque entre le gaz et l'eau, conformément à sa loi de solubilité.

La cuve à sciure permet une bonne épuration de l'ammoniaque, avec une quantité assez faible d'eau, car les surfaces de contact mouillées avec le gaz sont considérables.

Ce système a l'inconvénient de fonctionner d'une manière discontinue et d'exiger une dépense de main-d'œuvre qui, pour être insignifiante en valeur absolue, n'en est pas moins considérable pour le résultat obtenu.

Nous donnerons les résultats de recherches sur cette épuration de l'ammoniaque :

PAR MÈTRE CUBE DE GAZ	AVANT les CUVES A SCIURE	APRÈS	PROPORTION RETENUE par la sciure mouillée
Ammoniaque.	4ᵍ04	0ᵍ20	95 °/₀ } carbonate
Acide carbonique. . .	40.00	35.00	12 °/₀ } neutre
Soufre à l'état d'hydrogène sulfuré . .	7.37	7.08	5 °/₀
Soufre à l'état d'acide sulfocyanhydrique. .	1.36	1.30	4 °/₀
Acide cyanhydrique. .	1.152	1 025	10 °/₀

Le mécanisme de l'action de la sciure paraît être le suivant : l'ammoniaque caustique et les sels ammoniacaux se dissolvent dans l'eau, puis l'acide carbonique s'y dissout à son tour, chasse et prend la place sous forme de carbonate neutre d'ammoniaque, de l'hydrogène sulfuré et de l'acide sulfocyanhydrique. Ces deux corps sont absorbés par les cuves à oxyde de fer (nous parlerons plus bas des réactions qui s'y passent).

Les eaux de lavage de la sciure contiennent par litre et par degré :

Ammoniaque	6ᵍ85
Acide carbonique	9.09
Hydrogène sulfuré.	0.70
Acide cyanhydrique et sulfocyanhydrique	0.30

Le degré d'humidité de la sciure a une grande influence sur la quantité d'ammoniaque absorbée :

NATURE DE LA SCIURE	AMMONIAQUE RETENUE par litre de sciure	AMMONIAQUE RETENUE par hectolitre de sciure
Sèche.	2 grammes	200 grammes
Humide.	11 »	1^{k}100

Les avantages des cuves à sciure humide, sur les colonnes à coke sont : 1° absorption plus grande de l'ammoniaque ; 2° manipulation plus facile ; 3° perte de charge moindre. Les inconvénients sont : de mettre en liberté les acides sulfocyanhydrique et cyanhydrique qui, se fixant sur l'oxyde de fer dans les cuves d'épuration, immobilisent ce fer, qui ne peut plus se revivifier. On a remarqué, en effet, qu'en restreignant l'arrosage des cuves à sciure, la durée des cuves à oxyde de fer était augmentée. Pour que l'action des cuves à sciure fût parfaite, il faudrait avant d'y faire passer le gaz, le débarrasser de son acide carbonique. Dans ce cas, les acides sulfocyanhydrique et cyanhydrique seraient retenus dans les cuves à sciure à l'état de sels ammoniacaux, au grand avantage des cuves à oxyde de fer.

CONDENSEUR PELOUZE ET AUDOUIN

Lorsque le gaz a traversé les jeux d'orgues ou les scrubbers simples, il tient encore en suspension, sous forme de gouttelettes très fines ou même de vapeurs véritables, des particules de goudron, qu'il faut lui enlever avant son passage aux épurateurs, ce goudron salissant beaucoup la matière d'épuration et diminuant sa durée par l'obstacle qu'il met à sa revivification.

M. Colladon avait observé, en 1847, que de l'air frappant contre des surfaces planes, déposait de la poussière. Il eut l'idée de forcer le gaz à traverser des fentes étroites, pour lui faire heurter des lames placées devant ces fentes. Il réalisa cette idée et prit un brevet en 1857:

Plus tard, en 1872, MM. Pelouze et Audouin inventèrent un appareil, dont le principe a une certaine analogie avec celui de M. Collodon, mais avec des dispositions spéciales qui en firent un appareil nouveau. Le procédé repose, en principe, sur les faits suivants :

Il n'est pas possible de condenser tout le goudron par simple refroidissement, parce qu'il reste suspendu mécaniquement dans le gaz sous forme de gouttelettes liquides extrêmement fines. Une partie seulement est retenue dans les colonnes à coke, scrubbers, condenseurs ou scrubbers simples.

Mais il en est autrement, lorsqu'on fait passer le gaz à travers des orifices étroits, vis-à-vis desquels sont placées de larges surfaces que vient frapper le gaz. Les particules liquides très fines se rapprochent alors beaucoup plus, aussi bien les unes des autres que des corps solides ; elles se rassemblent en gouttes plus grosses et sont ainsi retenues. L'appareil représenté fig. 119 repose sur ce principe. Le gaz entre dans une caisse **A** ; à l'intérieur, se trouve une clo-

che D, qui plonge dans un bain de goudron formant
fermeture hydraulique.

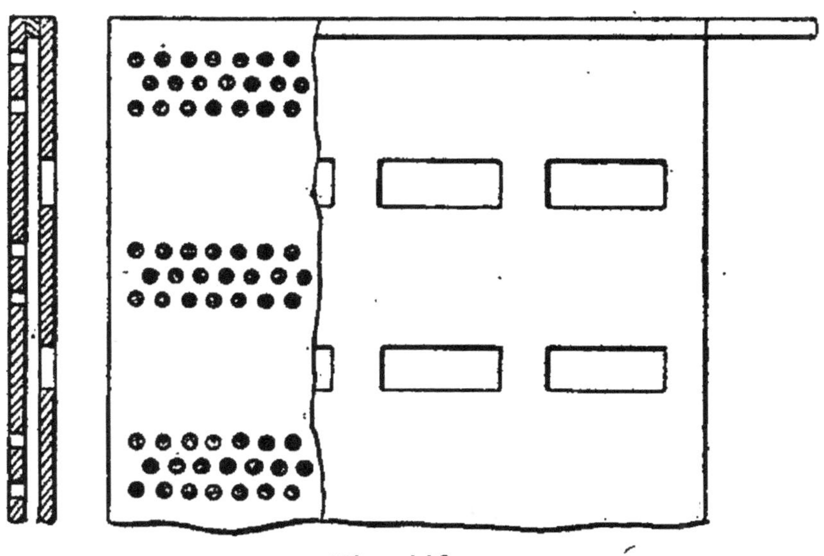

Fig. 118.

Les parois de D sont formées de 4 plaques en tôle
perforée concentriques et disposées en deux couples.
Chaque couple (fig. 118) constitue un élément de
condensation ; il se compose de deux cages polygo-
nales en tôle, espacées de 1 1/2 à 2 millimètres seulement et percées d'un certain nombre de rangées
de trous ; ces orifices ont un diamètre de 1 1/2 millimètre et sont disposés en trois séries ; ceux-ci
sont placés de telle sorte que les jets de gaz sortant
des trous de la plaque intérieure rencontrent les parties pleines de la deuxième plaque, ils sont alors
divisés et passent à travers les trous de cette deuxième
plaque ; la même opération se répète pour le
deuxième élément de condensation.

Les deux couples sont séparés par un intervalle
vide de quelques centimètres, ils se complètent l'un

l'autre, et le deuxième couple achève la condensation. Le goudron condensé par le choc contre les plaques coule dans le bain, et le trop plein se dé-

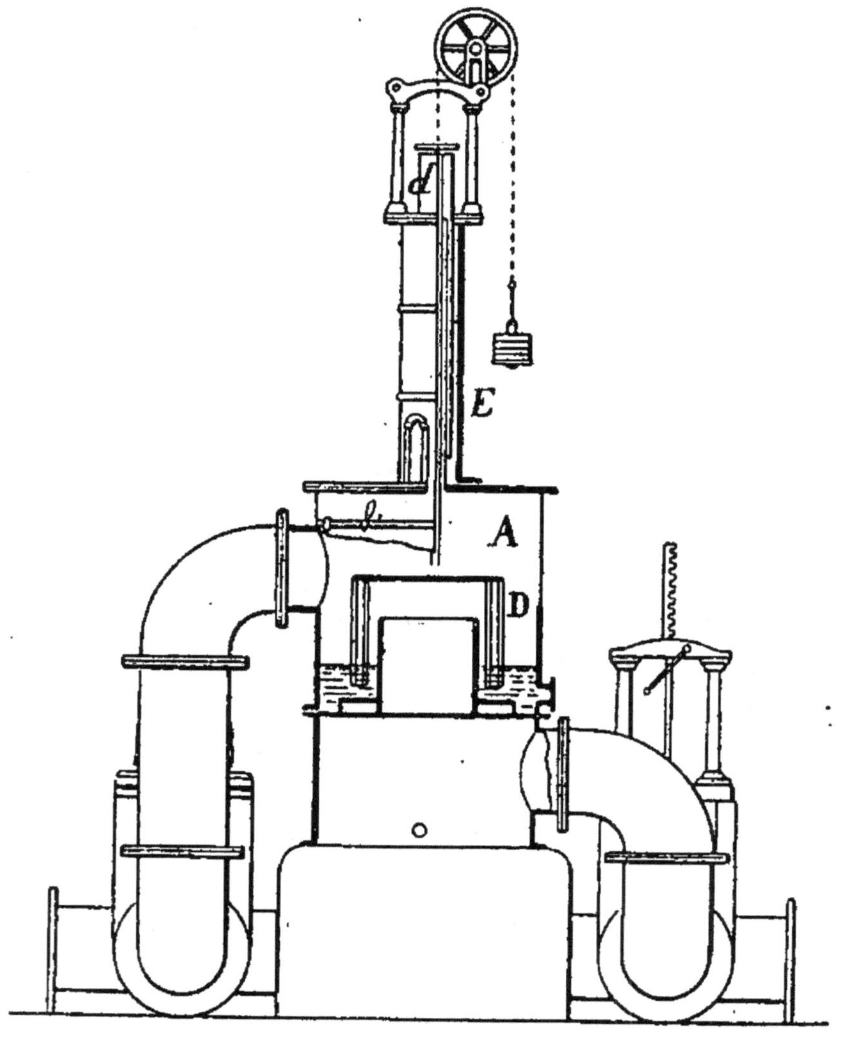

Fig. 119.

verse dans un réservoir. Le passage du gaz à travers l'appareil absorbe une pression de 40 à 50 millimètres. Il est nécessaire que le gaz soit bien refroidi pour empêcher l'action du goudron froid de l'appareil sur le gaz encore chaud.

La cloche du condenseur est suspendue par une cloche *d* d'un diamètre beaucoup moindre. Cette dernière plonge dans une gorge hydraulique ménagée dans la colonne E qui surmonte l'appareil et empêche le gaz de s'échapper par l'ouverture nécessaire au passage de la tige. Elle est reliée à un contrepoids variable à volonté, qui sert à régler la perte de pression que doit subir le gaz par son passage dans l'appareil. Un manomètre communiquant par l'une de ses branches avec l'entrée, par l'autre avec la sortie du condensateur, indique cette perte de pression. Enfin, un large tampon, placé au-dessus du tuyau d'entrée, permet de visiter et de nettoyer la cloche condensatrice. On sort aisément cette cloche en déclavetant la tige qui la relie à la petite cloche supérieure.

Examinons les conditions d'équilibre de cette cloche :

Soit : P, la pression d'entrée en kilogrammes par mètre cube.

p, la pression de sortie en kilogrammes par mètre carré.

S, la section de la cloche condensatrice en mètres carrés.

s, la section de la cloche supérieure en mètres carrés.

π, le poids de la cloche condensatrice en kilogr.

π', le poids de la cloche supérieure et de la tige.

e, contrepoids.

On a l'équation d'équilibre :

$$(P - p)\, S + ps = \pi + \pi' - c.$$

Le contrepoids étant réglé pour une perte de pression donnée, la cloche et tout l'attirail mobile en équilibre dans une position déterminée, deux genres de causes peuvent venir déranger cet équilibre :

1° Une modification dans l'état de la cloche condensatrice ;

2° Une variation de production.

Et d'abord, la production restant la même, supposons qu'un certain nombre de trous viennent à se boucher. Les conditions n'ayant nullement varié pour les appareils placés après le condensateur, la pression de sortie ne change pas ; mais, par le fait de la diminution du passage laissé au gaz, la perte de pression est augmentée, et, par suite aussi, la pression d'entrée. L'équilibre est donc rompu dans le sens du mouvement ascendant de la cloche ; de nouveaux trous sont successivement découverts jusqu'à rétablissement de la perte de pression primitive ; l'équilibre persiste alors avec une position plus élevée de la cloche.

Si, au contraire, un certain nombre de trous engorgés viennent à se dégorger, l'effet inverse se produit et la cloche s'abaisse. Si l'appareil étant en équilibre, la production augmente, la pression croît à la sortie, et, avec elle, la perte de pression due au passage du gaz. La première agit pour soulever la petite cloche ; la seconde, pour faire monter la cloche condensatrice. Pour ces raisons, le système s'élèvera et découvrira de nouveaux trous jusqu'à rétablissement de l'équilibre ; la cloche se maintiendra alors dans sa nouvelle position.

On peut dire que cet appareil est construit de façon à rétablir automatiquement son équilibre, qui est limité d'ailleurs par la course de la cloche ; arrivé à cette limite, il faut modifier le contrepoids.

La perte de pression est comprise entre 5 et 8 centimètres d'eau. Au-dessous de 5 centimètres, la perte de force vive est insuffisante, et la condensation n'est pas assez énergique, au-dessus de 8 centimètres on perd de la force de refoulement inutilement.

Pour mettre l'appareil en marche, on commence par remplir d'eau l'anneau cylindrique où baigne la cloche supérieure ; le niveau est indiqué par un bouchon à vis. On remplit de goudron bien fluide et bien exempt de poussière la gorge dans laquelle plonge la cloche perforée, cette cloche étant maintenue par des contrepoids au point le plus élevé de sa course.

On met de l'eau dans le manomètre et le siphon d'écoulement ; puis on ferme le tampon. On ouvre la vanne d'entrée et celle de sortie ; puis on ferme la vanne du tuyau de secours placée à côté de l'appareil. Le gaz traverse alors le condensateur ; il faut lui donner la vitesse nécessaire à la séparation des particules liquides. Pour cela, on diminue le contrepoids peu à peu, de manière à laisser la cloche s'abaisser jusqu'au moment où le manomètre indique une différence de pression de 6 à 7 centimètres entre l'entrée et la sortie.

Cet appareil doit être dans un bâtiment couvert et fermé de façon à ce que la température ne s'abaisse pas au-dessous de 10 ou 12 degrés.

Il se nettoie une ou deux fois par an ; on enlève le goudron épais de la gorge et on lave la cloche à l'huile lourde.

Modification de cet appareil

Si on reprend l'équation d'équilibre indiquée plus haut :

$$(P - p)\, S + p\, s = \pi + \pi' - c = C.$$

C étant constant, on a :

$$(P - p)\, S + p\, s = C.$$

Donc $P\, S - p\, (S - s) = C.$

Si on veut que la pression absorbée soit constante, il faut que $S = (S - s)$, c'est-à-dire $S = s$.

Autrement dit, il faut supprimer la cloche supérieure dont la surface est s.

On a alors $(P - p)\, S = c.$

S étant constant, l'appareil est toujours en équilibre et $P - p$ est constant.

On peut supprimer la cloche supérieure, qui n'avait d'autre but que de relier le panier à la corde du contrepoids variable.

On a donc pu remplacer tout ceci par une simple cloche à panier avec un flotteur à la partie inférieure, calculé de façon à ce que la cloche flotte sous une pression de 3 centimètres, et, avec un poids surchargeant le panier, on fait peser à cette cloche le poids que l'on veut, 6, 7, 8 centimètres d'eau.

Le panier est guidé dans son mouvement par des galets.

Si on veut absolument voir la position du panier, on place sur le haut du panier une tige de faible diamètre, 3 millimètres, qui, traversant un presse-étoupe, porte à son extrémité une flèche qui, se déplaçant le long d'une échelle, indique la position du panier.

Le panier se relève par le plateau supérieur, plus

facile à démonter que la porte de côté du modèle précédent.

CONDENSEUR MÉCANIQUE POUR LE GOUDRON
SYSTÈME SERVIER

Cet appareil, avec lequel on obtient le même résultat que l'appareil Pelouze et Audouin, est d'une construction plus simple, d'un fonctionnement plus sûr et d'un prix moins élevé.

Comme l'indique la figure 120, sa disposition est comparable à une vanne à plateau et à vis.

Le gaz entre par la tubulure T, traverse le rideau de tige A B C D et sort par la tubulure T'. La vis sert à fixer les tiges à une hauteur convenable pour le volume fabriqué et pour la perte de charge que l'on désire maintenir. L'écoulement du goudron se fait par un tuyau spécial T_2 qui forme siphon. On peut adjoindre à volonté à l'appareil un by-pass avec valve à clapet.

La condensation du goudron est obtenue par le passage du gaz à travers le rideau de tiges cylindriques tournées, disposées verticalement et à une faible distance l'une de l'autre.

Le gaz chargé de goudron et d'eaux ammoniacales à l'état vésiculaire, traverse les fentes étroites laissées entre les tiges et vient heurter les tiges placées devant.

L'action des tiges cylindriques et verticales est de beaucoup supérieure à celles des surfaces planes des systèmes indiquées plus haut.

Le gaz, laminé par son passage à travers les fentes, dépose les particules de goudron sur les tiges

placées directement en face du courant gazeux, et ce
goudron s'écoule par son propre poids le long des

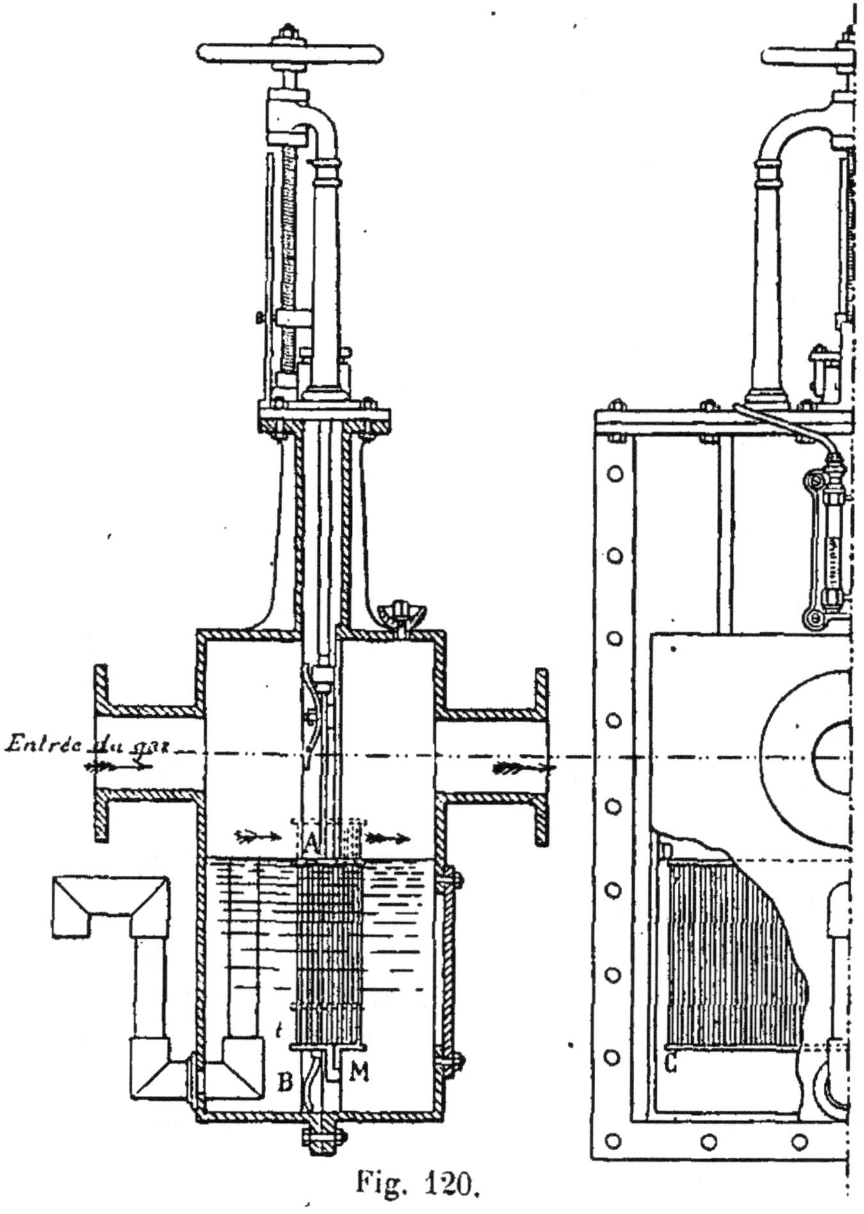

Fig. 120.

tiges, suivant une génératrice verticale dans la partie
opposée au courant, sans réduire la section et sans

obstruer le passage, ce qui n'est pas le cas avec des surfaces planes ou des tôles perforées, où le goudron déposé peut former obstacle au passage du gaz.

L'appareil absorbe 25 à 28 millimètres pour arrêter complètement le goudron, il peut donc être installé dans les usines non pourvues d'extracteurs.

Son nettoyage est facile avec de l'eau chaude, sans démonter l'appareil.

LAVEUR CONDENSEUR CHEVALET

Le principe de cet appareil est le suivant :

Si, sur une plaque de métal, perforée de trous de 1 à 3 millimètres de diamètre, placée bien horizontalement, on fait couler de l'eau, puis que l'on fasse arriver un courant de gaz sous la plaque, le liquide ne traversera pas les trous de cette plaque, il sera soutenu par le gaz qui vient en sens inverse. Pour peu que le gaz ait une pression suffisante, il traversera l'eau en barbotant, et il sera d'autant plus divisé que les trous seront plus nombreux et plus petits. Le gaz traversant la couche liquide s'y débarrasse du goudron et des poussières charbonneuses qu'il entraîne toujours avec lui ; en même temps l'ammoniaque, l'hydrogène sulfuré, l'acide carbonique qu'il contient se dissoudront dans l'eau, et d'autant mieux que le gaz et l'eau seront à une plus faible température.

Le premier résultat est obtenu lorsque le gaz a traversé les deux premiers plateaux, le troisième plateau donne l'épuration chimique. Chaque plateau peut être plus ou moins découvert au moyen de registres qui règlent l'appareil suivant le volume qui doit le traverser.

Dans la fig. 113, *c* représente l'entrée de l'eau, *d* la sortie ; *ee* plaques perforées, *f* registre pour régler le passage du gaz ; *g* trop plein écoulant l'eau d'un plateau sur l'autre.

Cet appareil donne des résultats satisfaisants, monté avant ou après les réfrigérants, et les plaques ne se bouchent pas si on a soin de faire l'alimentation avec de l'eau ammoniacale, qui ne renferme pas de calcaire comme l'eau ordinaire.

Les plaques sont percées de trous de 2 à 3 millimètres de diamètre.

En face de chaque plateau se trouve un manomètre différentiel, avec une prise de gaz en dessus et en dessous de chaque plateau. Ce manomètre indique la pression absorbée par chaque plateau ; si l'on voit qu'il n'y a pas assez de pression, c'est qu'il y a trop de trous découverts pour le volume du gaz qui passe ; on pousse alors la plaque jusqu'à ce que le manomètre indique une différence de pression de 10 à 12 millimètres. On opère inversement dans le cas où il y a trop de pression.

Cet appareil se place avant les épurateurs ; mais, placé à la suite des scrubbers (faisant fonction de réfrigérants et arrosé d'eau ordinaire à raison de 50 lit. par 1,000^{m3} de gaz), il peut recevoir l'eau venant des scrubbers ; elle se charge d'ammoniaque avant d'aller aux citernes à goudron.

Cette eau, après son passage dans l'appareil, pèse de 0°,5 à 1° Baumé et donne cependant de 72 à 90 grammes de sulfate d'ammoniaque par litre.

On ne laisse que la valeur de 2 à 4 grammes de sulfate d'ammoniaque par mètre cube de gaz.

Il faut que l'eau soit froide.

En hiver, il ne restait que 0 gr. 5 d'Az H^3 par mètre cube; en été, 1 gramme (pour avoir le sulfate, il suffit de multiplier par 4 le chiffre qui indique l'ammoniaque).

CHAPITRE VIII

EXTRACTEURS

Nous avons vu plus haut qu'il y avait grand intérêt à n'avoir dans la cornue qu'une faible pression, tant au point de vue du rendement en gaz, qu'à celui du pouvoir éclairant. Presque au début de l'industrie du gaz on a compris cette nécessité.

La pression dans les cornues représente :

1° La pression du gazomètre ;

2° Les pertes de charge, dues au frottement dans les conduites de l'usine et au passage du gaz à travers les colonnes à coke, les cuves d'épuration et le compteur et les gazomètres ;

3° La hauteur des diverses colonnes de liquide à vaincre, dans le barillet et tous les appareils comme les laveurs et épurateurs par voie humide, etc., qui est la pression dans les cornues, peut s'élever à 30 et même 50 centimètres. Les fuites par les fissures des cornues peuvent avoir à cause de cela une grande importance.

CAGNIARDELLE

Le premier appareil proposé comme extracteur est une vis d'Archimède à spirale triple, nommé cagniardelle, du nom de l'inventeur Cagniard de la Tour. Ce système a marché pendant quelques années à l'usine à gaz de l'hôpital Saint-Louis, à Paris.

C'est une vis d'Archimède (fig. 121), inclinée, de manière à ce que l'extrémité de l'axe, autour duquel

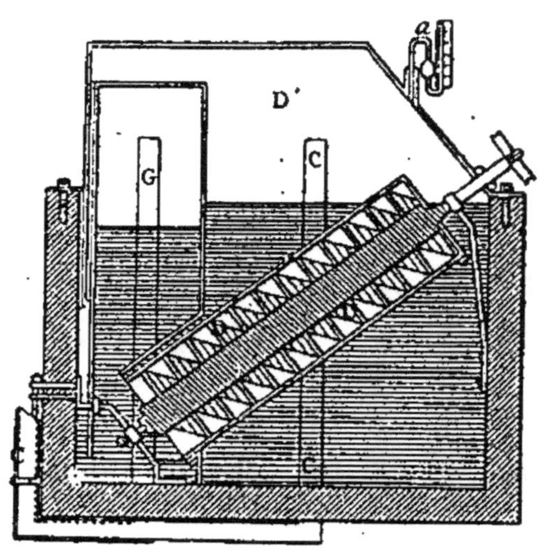

tourne le cylindre, soit au niveau de l'eau contenue dans une caisse fermée, où afflue le gaz venant des cornues. On fait tourner la vis dans un autre sens que pour les épuisements, au moyen d'une roue dentée fixée extérieurement sur l'extrémité de l'axe : cet axe traverse un stuffing-box posé sur la caisse. A chaque révolution, la bouche du canal hélicoïdal prend une certaine quantité de gaz, puis ensuite d'eau ; le gaz se place au-dessus du premier arc, et à mesure que le mouvement de rotation de la vis a lieu, il descend de spire en spire ; il sort ensuite par la bouche inférieure du canal pour remplir une capacité formée par le prolongement du canon de la vis et fermée par un cercle bombé, percé au milieu d'une ouverture par où pénètre le tuyau de sortie du gaz ; ce tuyau monte dans cette capacité ménagée à la suite du corps de la vis, plus haut que le niveau de l'eau (M. d'Harcourt).

Fig. 121.

Dans la figure représentée ci-dessus, D D est la

vis d'Archimède : la spirale qui forme cette vis est triple. Le compartiment D' communique avec le tuyau venant des cornues par le tube C C C ; le gaz est aspiré de ce réservoir par la vis, qui le force ainsi à venir au point inférieur de la citerne, et de là, il s'échappe par le tube G. On connaît le degré d'aspiration à l'aide d'un manomètre *a*, placé à la partie supérieure de l'appareil. La vis d'Archimède était mise en mouvement par une petite machine à vapeur.

EXTRACTEUR BLOCKMANN

En 1827, Blockmann employa, à Dresde, un appareil formé d'un tambour analogue à une roue à auges, divisé par six cloisons se réunissant au centre en six compartiments égaux. Chacune de ces six chambres se trouve en communication par une ouverture située à la base avec un cylindre situé sur l'axe du tambour, et qui est un peu plus long que le tambour lui-même. Ce cylindre est aussi divisé en six espaces égaux, qui débouchent par la partie saillante à l'extrémité du tambour. Le couvercle de l'appareil porte du côté intérieur un appendice semblable à un couvercle de cercueil qui comprend le tambour et dont le bord inférieur est libre. L'appareil est rempli d'eau jusqu'aux 2/3 environ du diamètre du tambour, de manière que l'appendice plonge de cinq centimètres dans l'eau. On met le tambour en mouvement à l'aide d'une machine. Le gaz entre dans la partie supérieure, s'introduit par la rotation du tambour dans les boîtes à augets qui se trouvent au-dessus du niveau de l'eau et est forcé de passer sous l'eau. Arrivé au plus bas point, le gaz entre dans l'espace du cylindre intérieur correspondant à la division du tambour, et de là, à travers cet espace, il arrive au tuyau de sortie.

EXTRACTEUR GRAFTON

En 1841, Grafton fit breveter un appareil destiné à éviter la pression dans les cornues de briques dont il était l'inventeur. Le but de cet appareil, est-il dit dans son brevet, est d'éviter la formation du graphite provenant de la décomposition du gaz; qu'il avait trouvée égale à 1,2 0/0 de la houille distillée, et qui provenait de la pression du gaz dans la cornue.

L'appareil consiste (fig. 122 et 123), en une espèce de roue à tympan qui plonge en grande partie dans l'eau et qui reçoit un mouvement de rotation dans le sens des palettes. Dans ce mouvement, le gaz qui est pris dans chaque cloison à la partie inférieure, descend peu à peu jusqu'au centre de la roue, d'où il s'échappe de chaque côté; il parvient ainsi aux compartiments b b et se rend de là dans un autre appareil semblable, où il se trouve soumis au même travail (au lieu d'épurateurs ordinaires au lait de chaux, M. Grafton se servait de ses extracteurs mêmes pour épurer le gaz). La différence de niveau que l'on voit dans le dessin indique la diminution de pression produite par chaque extracteur; en en prenant un nombre suffisant, on obtient telle différence de pression que l'on veut.

Il est facile de s'assurer, d'après la disposition de l'appareil, que tant que la quantité d'eau restera la même, chaque extracteur ne pourra donner un plus grand excès de pression que celui qui est indiqué par la différence de niveau, quelle que soit la vitesse de rotation ; car si cette pression pouvait augmenter, le gaz qui se trouve dans les compartiments b b repasserait en a, et serait de nouveau repris par l'extracteur, pour revenir en b, et ainsi de suite, sans que l'excès de pression de b en a puisse

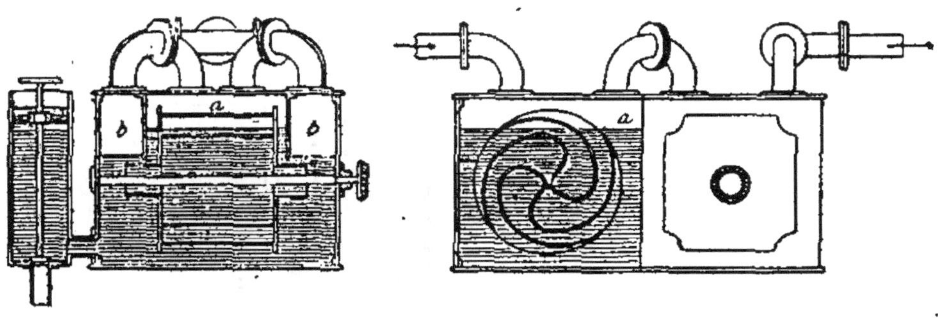

Fig. 122.   Fig. 123.

jamais surpasser la différence de niveau. En augmentant la quantité d'eau dans chaque extracteur, on reconnaît que l'on peut effectivement augmenter la pression ; mais comme alors, à chaque révolution, l'extracteur prendrait moins de gaz, il faudrait augmenter la vitesse pour qu'il pût en passer toujours la même quantité.

Avec les trois extracteurs dont il vient d'être question, on entraîne beaucoup d'eau dans le mouvement de rotation, on perd une certaine quantité de travail d'où résulte une diminution de l'effet utile.

EXTRACTEUR A CLOCHE

L'un des premiers construits fut celui de Grafton, mais il donna la préférence à son extracteur à tambour.

Système Unruh

En Allemagne, Unruh, à Magdébourg, construisit et employa, en 1852, un extracteur à deux cloches (fig. 124 et 125). Il se compose de deux cloches $g\,g$ en

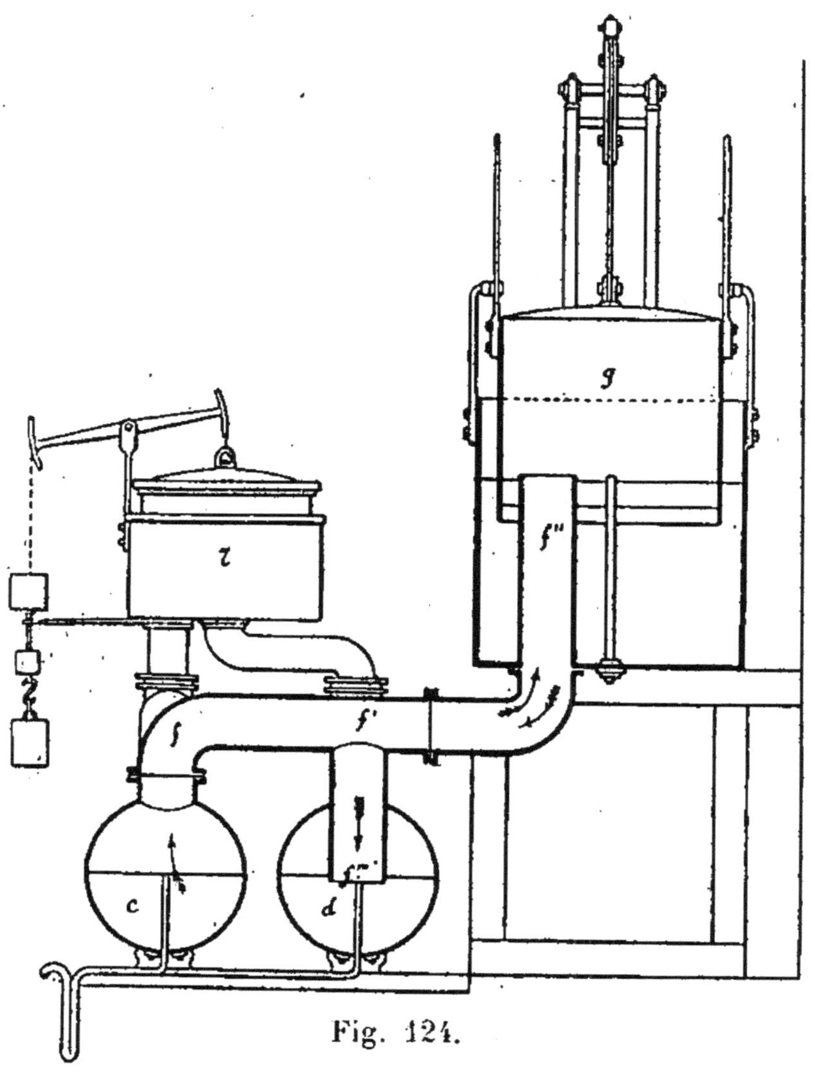

Fig. 124.

tôle, fermées par le haut, ouvertes par le bas, auxquelles on donne un mouvement d'ascension et de descente dans deux cuves en fonte, au moyen d'une machine motrice. Au fond de chaque cuve passe un tuyau en fonte f f' f'', qui débouche au niveau de l'eau de la cuve. Chaque tuyau f f' f'', relie entre eux deux cylindres c et d à moitié remplis d'eau ; par deux

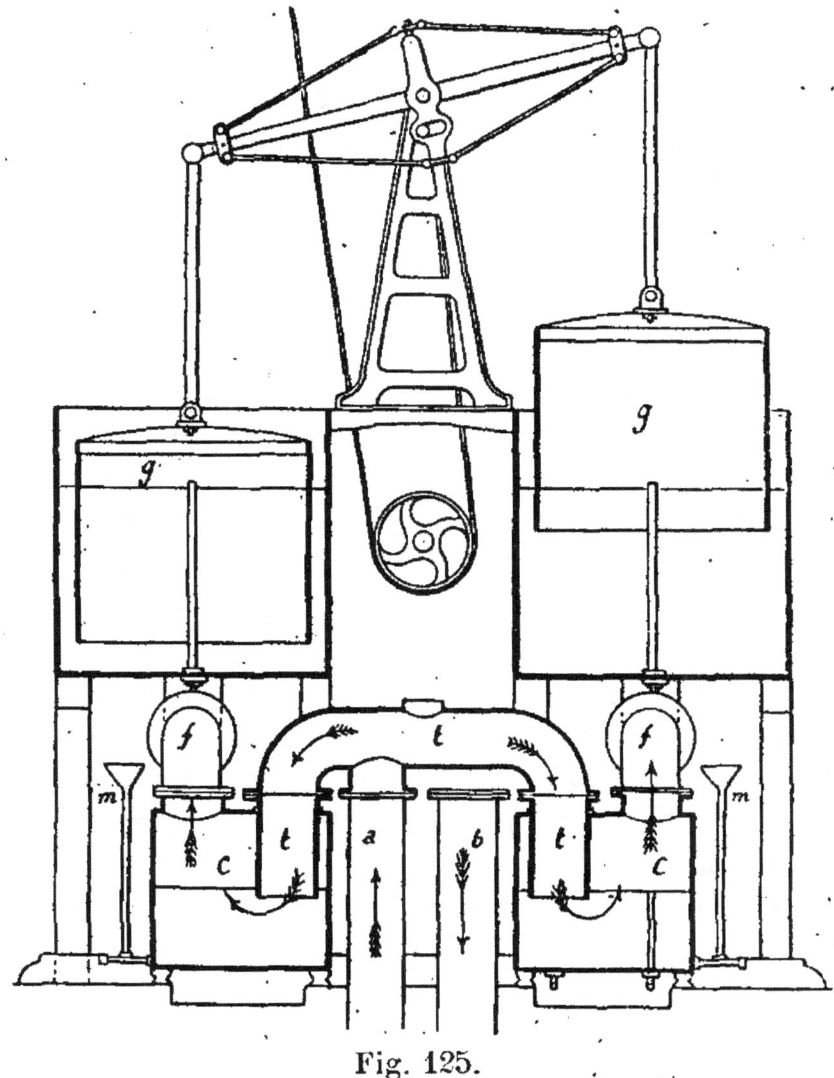

Fig. 125.

branchements dont l'un affleure seulement la partie supérieure du cylindre c, tandis que l'autre plonge un péu dans l'eau du cylindre d par un plongeur f'''.

En outre, les deux cylindres *c c* sont reliés entre
eux par un tuyau *t t*, et les deux cylindres *d d* par
un tuyau *s s*. Le tuyau *t t*, plonge par chaque bout
dans l'eau des cylindres *c c*. Le tuyau *s s* ne débouche qu'aux parties supérieures des cylindres *d d* sans
immerger. Enfin le tuyau *t t* est relié au tuyau *a a*,
qui amène le gaz ; le tuyau *s s*, par contre, communique avec le tuyau *b b*, qui évacue le gaz. Les
tuyaux *t t* et *s s* sont reliés avec le régulateur *r*.
E est le robinet par lequel on commande tout l'appareil.

Fonctionnement. — Lorsque la cloche *g* s'élève,
elle aspire le gaz par le tuyau *f f' f''*, l'eau monte
dans le tuyau plongeur *f''''* et le maintient fermé
tant que le tuyau plonge dans le liquide du cylindre *d*. Dans le cylindre *c*, l'aspiration agit en même
temps d'une façon inverse : le gaz du tuyau *t* vain-
quant la faible fermeture hydraulique, entre dans le
cylindre *c* et par le tuyau *f f' f''* dans la cloche *g*.
Lorsque celle-ci descend, elle comprime le gaz dans
le tuyau *f f' f''*, donc aussi dans le cylindre *c*, presse
sur la surface de l'eau dans ce cylindre et force l'eau
à monter dans le tuyau aspirateur *t*, et ferme ainsi
ce dernier aussi longtemps qu'il plonge. En même
temps l'action dans le cylindre *f''''* est inverse ; le gaz
comprimé vaincra maintenant la faible fermeture
d'eau et entrera dans le cylindre *d*, d'où il arrivera
par le tuyau de pression immergeant *s* dans le tuyau
de sortie *b b*.

Les phénomènes, de l'autre côté, sont exactement
les mêmes, mais en sens inverse, c'est-à-dire qu'il
y a pression d'un côté quand il y a aspiration de
l'autre, et réciproquement.

Le gaz peut arriver dans le cylindre par le tuyau plongeur, mais ne peut pas revenir en arrière, en supposant toutefois que l'immersion du plongeur et le rapport de sa section à la surface de l'eau dans le cylindre, corresponde à la différence de pression qui a lieu dans les deux espaces.

Exemple : supposons que la pression à vaincre comportant les gazomètres et les épurateurs soit de 168 millimètres et que l'on tolère une pression de 13 millimètres au barillet. La différence de pression à donner par l'extracteur sera de 155 millimètres. La différence de pression dans les cylindres *c c, d d* et les tuyaux plongeurs doit par conséquent comporter aussi une hauteur d'eau de 155 millimètres, à quoi il faut encore ajouter l'immersion du plongeur qui est de 25 millimètres. Chaque cylindre a 26 centimètres carrés de surface au niveau de l'eau, et le tuyau, par contre, n'a que 206 millimètres de diamètre, le rapport des surfaces est donc comme 10 est à 1 : d'après cela, le niveau d'eau dans le cylindre ne baissera que de 16 millimètres quand il s'élèvera dans le tuyau plongeur de 155 millimètres. Il suffit donc que l'immersion soit de 25 millimètres abstraction faite des variations dans le niveau d'eau. Les dimensions de la pompe et le nombre des aspirations doivent être déterminées d'après le maximum de la production du gaz, de façon que jamais il ne puisse être produit plus de gaz, que la pompe n'en peut aspirer, parce que dans ce cas l'on augmenterait la pression sur les cornues au lieu de la diminuer.

En outre, il faut avoir égard à la variation dans la production du gaz suivant les heures de la charge. Il est difficile de régler la pompe pour ces variations.

Pour faire la compensation, on se sert d'un régulateur automatique dont nous verrons le fonctionnement plus loin, dans la description d'autres appareils.

EXTRACTEUR PAUWELS ET DUBOCHET

En 1850, MM. Pauwels et Dubochet firent breveter un extracteur à trois cloches (fig. 126). Dans cet appa-

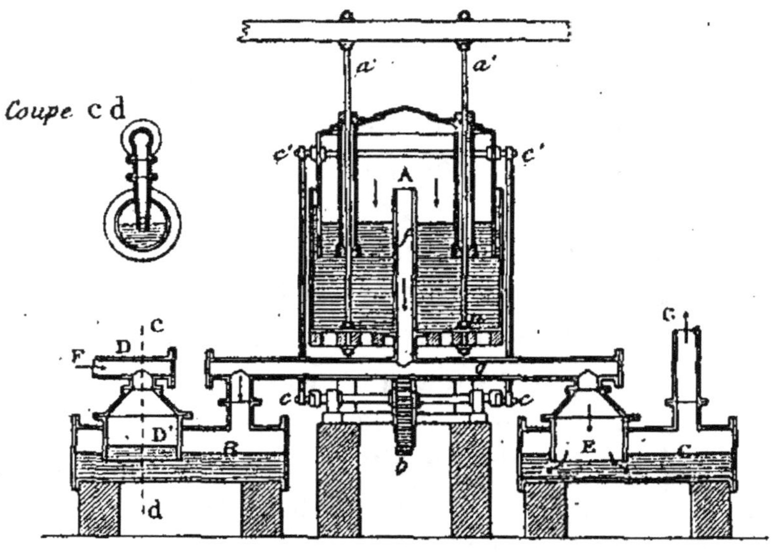

Fig. 126.

reil, la résistance de l'eau est très faible ; ces trois cloches sont alternativement élevées et abaissées, par le mouvement rotatif d'une bielle, aspirant alternativement le gaz du barillet, puis le refoulant dans un gazomètre régulateur, dont il sera bientôt parlé.

Le gaz vient du barillet par le tube F, la cloche A est mue par les bielles et les montants c' c', qui reçoivent ces mouvements par la rotation de l'arbre c c portant la roue d'engrenage b. La cloche qui s'élève et s'abaisse ainsi est guidée dans ces mouvements alternatifs par les tiges a a' passant dans deux tubes ouverts.

Lorsque la cloche monte, l'aspiration qu'elle produit fait arriver le gaz du barillet par le tube D, dans le tube D' et dans le cylindre B au travers de l'eau qui le remplit à moitié, enfin dans la cloche elle-même par le tube vertical f. Dès que la cloche s'abaisse, la pression fait monter le liquide dans le tube D' tandis que cette pression, agissant dans tous les tubes f g, refoule le gaz par le deuxième tube évasé et aplati E. Le gaz traverse l'eau du cylindre C et sort par le tube G qui le dirige vers le gazomètre régulateur.

EXTRACTEURS A PISTON

A partir de 1850, on commença à faire des extracteurs à piston. Anderson en Angleterre, Kuhn en Allemagne et la Compagnie parisienne en France, établirent des types de ces appareils.

Les appareils à un seul piston sont analogues aux machines soufflantes. Le piston est plein et chaque extrémité du cylindre porte deux soupapes : l'une d'aspiration et l'autre de refoulement. Ces soupapes sont faites en cuir, en gutta-percha, ou autre matière flexible non attaquée par le gaz; l'aspiration et le refoulement sont continus, mais cependant les pressions à l'entrée et à la sortie ne sont pas constantes, par suite du mouvement alternatif et des changements de marche du piston.

Aussi dans les grandes usines, pour éviter le plus possible cette variation, on a établi des extracteurs à trois cylindres.

Nous indiquerons un appareil de ce genre dans

lequel les soupapes sont remplacées par un tiroir à gaz, analogue au tiroir de machine à vapeur (fig. 127 et 128).

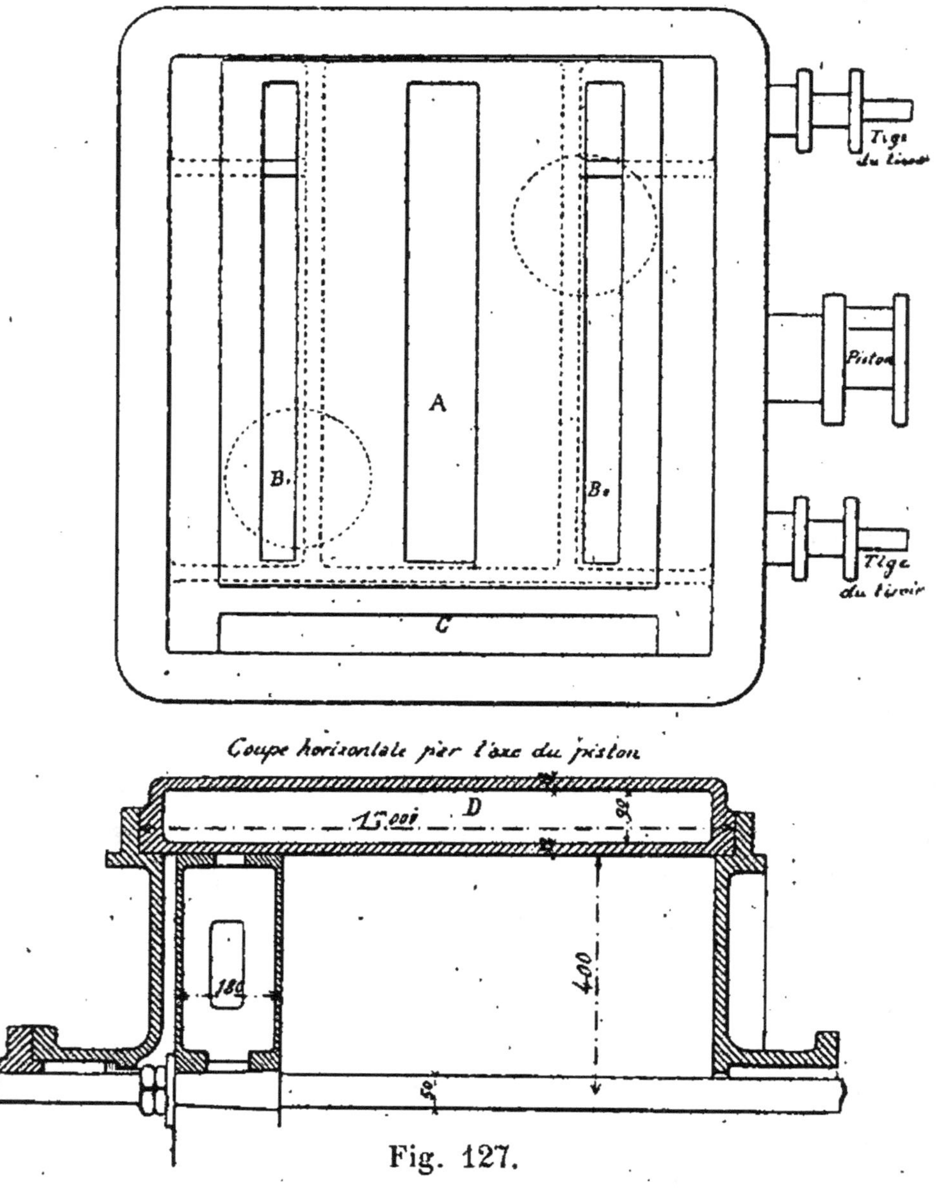

Fig. 127.

L'extracteur se compose de deux cylindres à tiroirs compensés; la glace sur laquelle glisse le tiroir

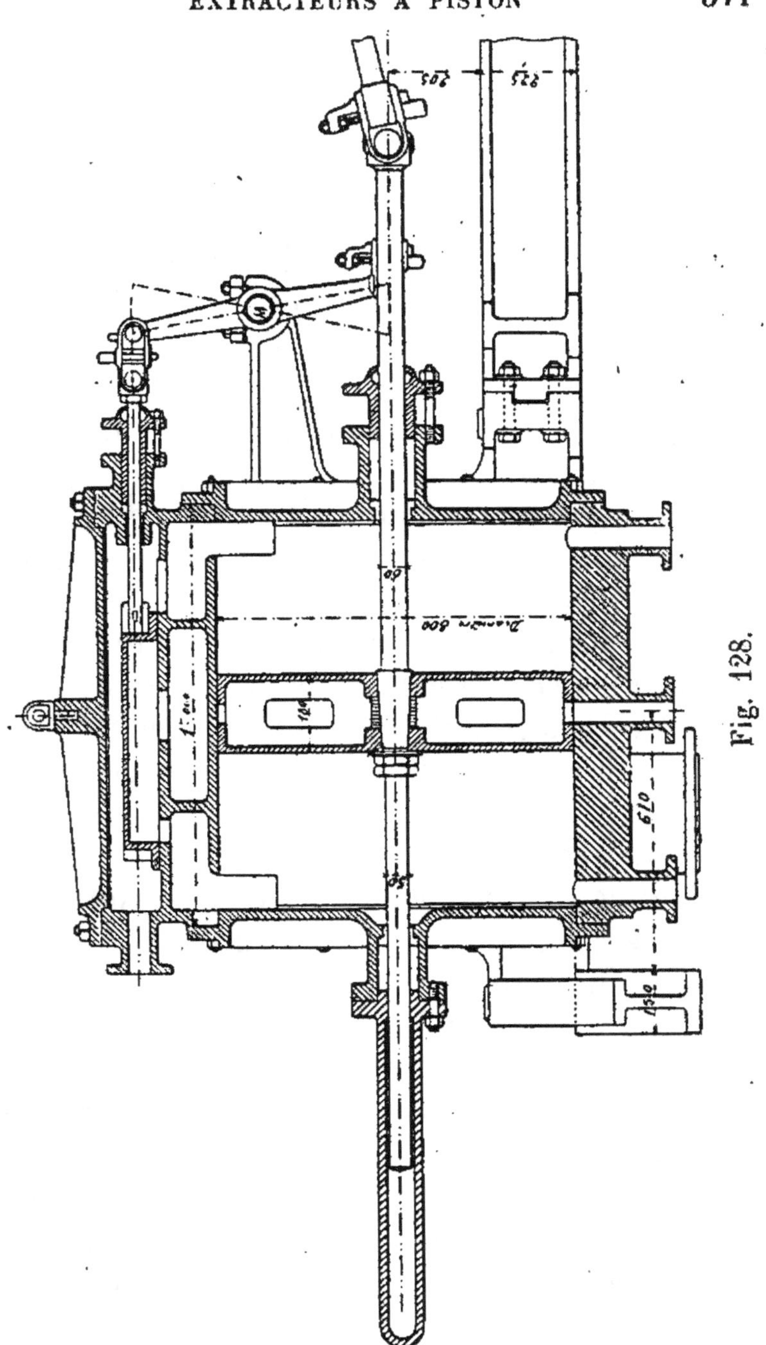
Fig. 128.

est percée de quatre orifices, trois perpendiculaires A B_1 B_2 à l'axe du cylindre, et un parallèle c. Le gaz amené des condensateurs et des réfrigérants par une conduite arrive dans la chambre D, pénètre sous le tiroir par l'orifice A. Dans son mouvement alternatif, le tiroir distribue par B_1 et B_2 le gaz tantôt en avant, tantôt en arrière du piston. Le mouvement du tiroir est déterminé par le levier fixé à la tige du piston et à la tige du tiroir, et oscillant autour d'un axe fixe M. Lorsque le piston marche vers la droite, le tiroir découvre l'orifice B_1 et met le côté gauche du cylindre en communication avec l'entrée, et le côté droit du cylindre avec la sortie ; le gaz refoulé par le piston s'échappe par l'orifice c dans le tuyau de sortie. Le dessus du tiroir porte un second tiroir à persienne, analogue au tiroir Meyer; si la pression à l'entrée diminue, ce double tiroir met en communication l'entrée et la sortie ; le gaz de la sortie est de nouveau aspiré et refoulé. Ce tiroir est mis en marche au moyen d'un régulateur *ad hoc* (qu'on décrira plus loin).

Aujourd'hui ces machines sont un peu simplifiées; on emploie un tiroir simple, et la variation de pression du gaz entre la sortie et l'entrée agit seulement au moyen d'un régulateur puissant, soit sur l'introduction de vapeur du tiroir de la machine, ou plus simplement sur une valve placée dans le by-pass qui réunit l'entrée et la sortie, et laisse revenir le gaz refoulé, dans l'entrée.

Ces extracteurs à cylindres multiples ne peuvent être employés que dans les grandes usines. Aussi a-t-on cherché à faire des extracteurs pouvant servir pour les usines moyennes et petites, et n'ayant pas les inconvénients des extracteurs à cloches, qui sont susceptibles de se désamorcer, et dont les mouvements de l'eau, du goudron, etc., occasionnent des éclaboussures qui en rendent l'usage des plus malpropres et des plus désagréables.

· EXTRACTEURS ROTATIFS

Un des plus anciens et des plus pratiques est celui inventé par Beale, de Greenwich, qui arriva, après bien des essais, à en faire un appareil excellent.

Il se compose d'un cylindre *a*, fermé à ses deux extrémités par des plaques, munies à leur circonférence d'une rigole *e*. Placé excentriquement à ce cylindre, un second cylindre plus petit *c*, muni d'une fente dans le sens de sa longueur, de manière à ce que la plaque *d* puisse glisser librement au travers. La plaque, qui serre aussi près que possible contre la paroi intérieure du cylindre, est munie de tenons de guidage ou guides s'engageant dans les plaques à coulisses, qui se meuvent dans les renfoncements annulaires des plaques de fermeture.

Aux deux côtés du cylindre excentrique, qui touche soit directement à la paroi cylindrique extérieure, soit contre une garniture *b* (fig. 129) se trouvent les ouvertures d'arrivée et le départ du gaz. La plaque dans la figure est dessinée dans la position horizontale, où elle touche le cylindre aux deux extrémités. Aussitôt que l'axe commence à tourner, le contact ne subsiste que d'un côté, parce que la plaque n'est pas assez longue pour remplir le cylindre, sauf dans la seule position indiquée sur le dessin.

La plaque ne clôture donc jamais que d'un côté, excepté dans la position indiquée, l'autre fermeture

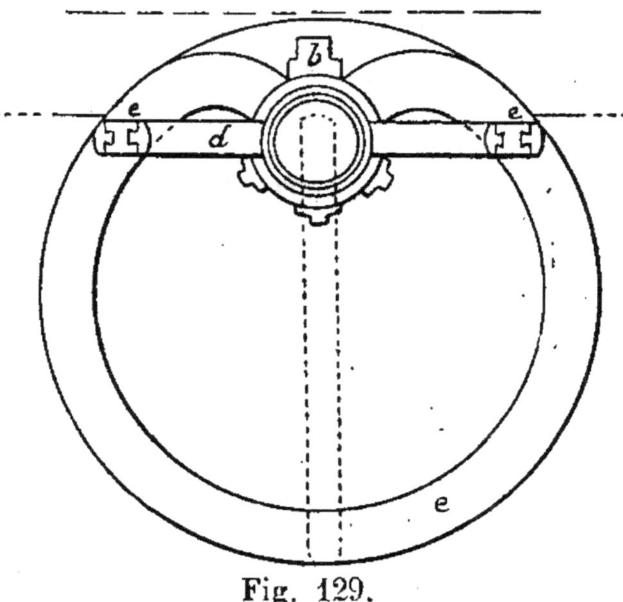

Fig. 129.

se fait par la pièce de garniture *b*. Si l'on donnait au cylindre au lieu d'une section circulaire une section comme dans la figure 130, la plaque pendant toute

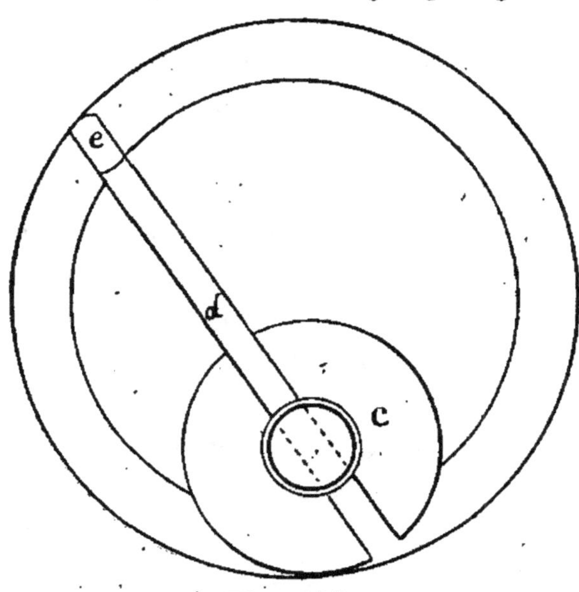

Fig. 130.

sa rotation toucherait toujours des deux côtés et un
autre guidage serait superflu. La figure 132 donne

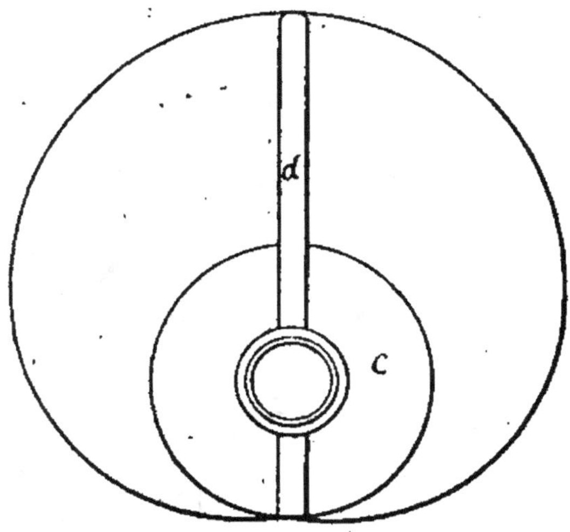

Fig. 131.

une modification de la construction, qui se comprend
sans autre description. La figure 133 représente un
extracteur fondé sur ces principes.

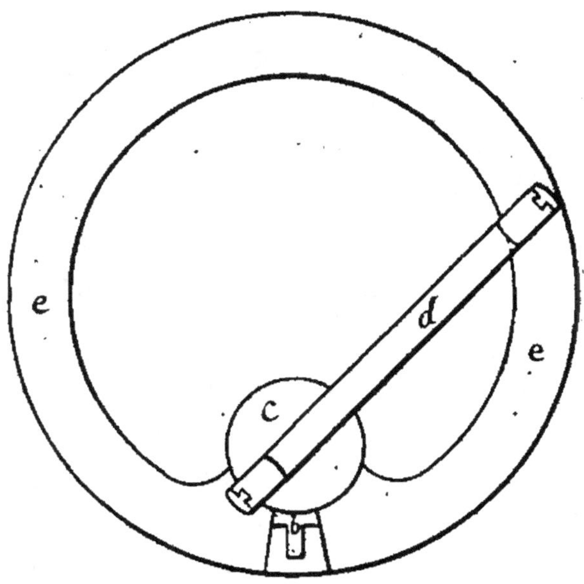

Fig. 132.

Dans la chambre cylindrique A se trouve un second cylindre B, placé excentriquement au premier, et de façon à toucher presque la partie inférieure de la chambre.

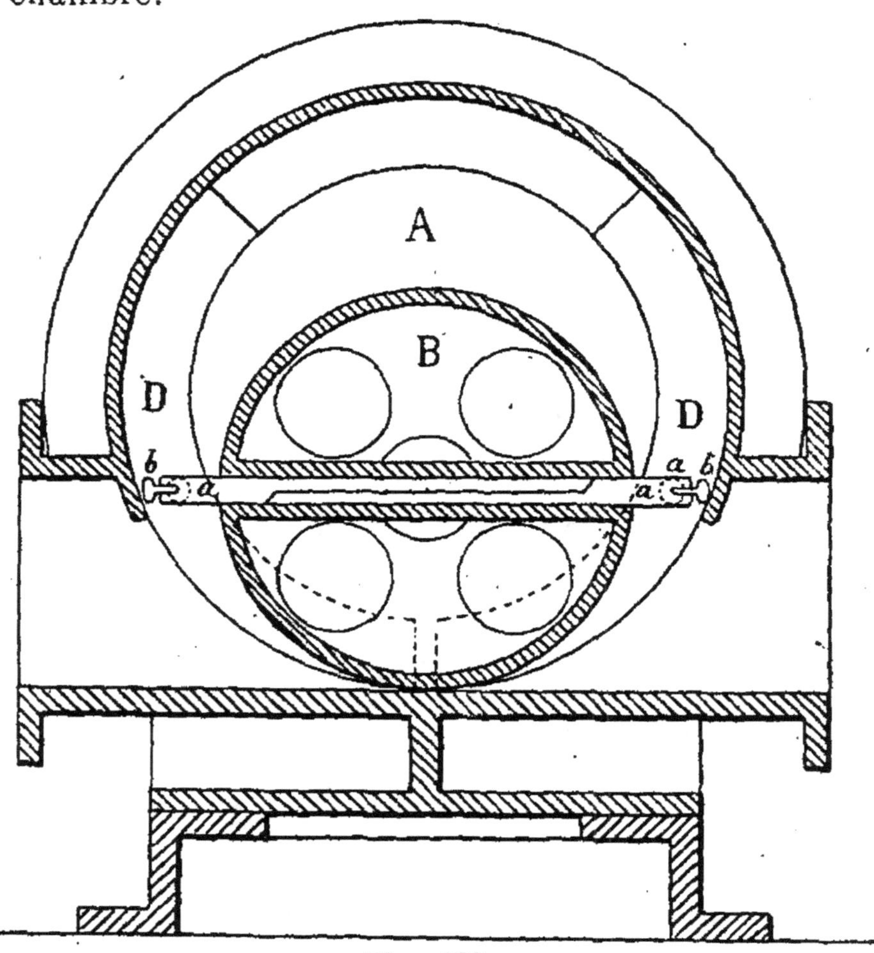

Fig. 133.

L'axe du cylindre intérieur est terminé par deux tourillons dont le plus petit entre dans un coussinet, fixé à l'une des plaques de fermeture de l'exhausteur, tandis que l'autre traverse un presse-étoupes, situé sur l'autre plaque de fermeture, il porte une poulie de commande à trois gradins.

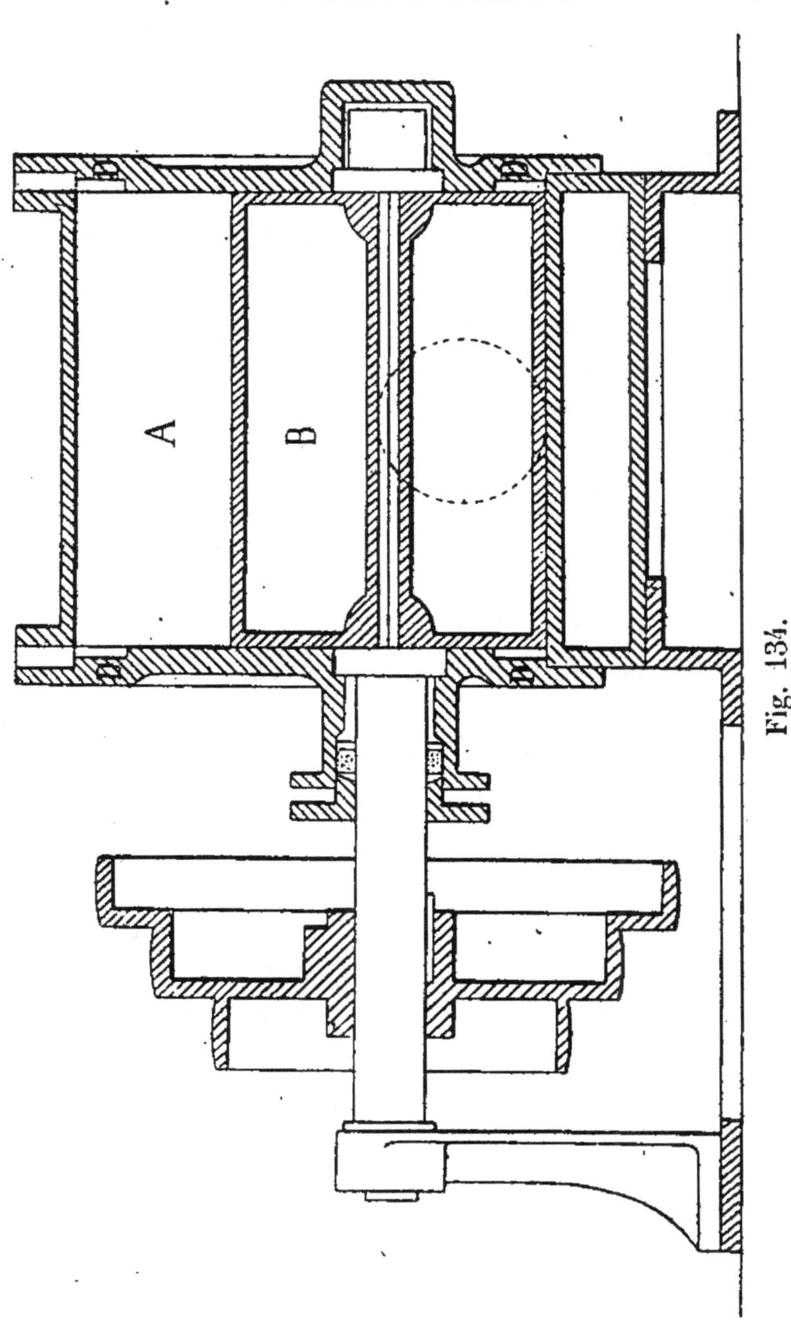

Fig. 134.

Dans le petit cylindre intérieur se trouvent engagées en sens inverse l'une de l'autre, deux plaques *a* qui divisent en deux parties l'intérieur de l'extracteur. Chaque plaque porte à ses extrémités extérieures deux saillies latérales *a a* qui pénètrent dans des trous correspondants percés dans les anneaux de guidage D D. Ces anneaux de guidage sont en métal et s'adaptent exactement dans des rainures pratiquées tout près de la circonférence, dans les plaques de fermeture de la chambre cylindrique, ils peuvent se mouvoir concentriquement au grand cylindre et sont entraînés par les plaques mobiles *a*, qu'entraîne lui-même le cylindre intérieur excentré B.

On obtient une fermeture plus étanche entre la plaque et les parois de la chambre, en munissant les plaques de rails libres *b b* pressés par des ressorts contre les parois de la chambre.

Les figures 133 et 134 représentent l'appareil après une révolution achevée. L'espace supérieur de l'exhausteur est rempli, l'entrée est interceptée et la sortie s'ouvre. La plaque s'éloignant de l'orifice d'entrée, pousse le gaz devant elle et le chasse par l'orifice de sortie ; en même temps de nouveau gaz vient remplir l'espace que la plaque à laissé derrière elle jusqu'à ce que la rotation ait atteint 180°, et le même effet se répète successivement.

L'action de l'appareil est continue, mais non uniforme ; il croît jusqu'à la position verticale de la plaque, et il diminue depuis là, jusqu'à celle de l'horizontale. Les variations de pression mesurées au tuyau d'entrée sont comprises entre 5 et 10 m/m d'eau.

L'effet utile, lorsqu'il est bien construit, est de

70 à 80 0/0. La vitesse normale est de 60 à 70 tours à la minute, on peut aller jusqu'à 100. Il prend peu de force. Un extracteur de 5,000 mètres cubes à l'heure occupe 1^m50 carré environ.

Il y a différentes variantes à ce genre d'extracteur, tel que celui de Laidlaw et Thompson. Dans une chambre *ad hoc* se trouvent deux poulies cylindriques avec des axes parallèles. Les surfaces des poulies sont tangentes. La poulie inférieure est entourée de près par la chambre : par contre, entre la poulie supérieure et la partie supérieure de la chambre, il existe un espace annulaire fermé, par deux plaques fixées à la poulie. Afin que ces plaques puissent suivre le mouvement de rotation de la poulie supérieure, la poulie inférieure est munie de deux rigoles correspondantes, dans lesquelles ces plaques viennent se placer.

L'appareil de Roots est fondé sur le même principe. On emploie encore des appareils analogues aux ventilateurs; le gaz arrive par le centre et est chassé par les roues à aubes vers la circonférence sur laquelle est fixé le tuyau de sortie.

Tel est l'extracteur de Scheele.

Les avantages de ces appareils sont :

1° Leur travail silencieux ;

2° Ils maintiennent la pression constante, parce qu'ils se règlent facilement avec les régulateurs actionnés par le gaz lui-même ;

3° Ils exigent peu de force, environ 1 cheval de force pour 250 mètres cubes à l'heure ;

4° Bien construits, ils durent longtemps et exigent peu d'entretien ;

5° Ils se démontent et se remontent facilement ;
6° Ils coûtent peu de premier établissement.

EXTRACTEURS A JET DE VAPEUR

Ils peuvent être employés même dans les plus petites usines, pourvu que l'on ait un générateur de vapeur, qui peut être chauffé par les chaleurs perdues des fours.

Le principe de ces appareils est le même que celui des injecteurs Giffard employés pour l'alimentation des générateurs à vapeur. Un jet de vapeur lancé par un orifice étroit, dans un tuyau conique, entraîne avec lui le gaz sur lequel il produit une véritable aspiration et le refoule dans les appareils placés au-delà.

POMPE A EAU DES FOYERS CATALANS

Ces appareils ont été inventés par MM. Bourdon et Arson, vers 1863, mais sont restés longtemps inconnus. On emploie actuellement les systèmes de Bourdon et de Kœrting.

Système Bourdon

L'appareil Bourdon se compose de l'extracteur lui-même, d'un régulateur à cloche réglant l'introduction de la vapeur, suivant la production de gaz, d'un régulateur de retour permettant de reprendre à l'aspiration le gaz déjà refoulé, lorsque la production des cornues diminue, d'un condenseur de vapeur, d'un système de by-pass pour isoler l'extracteur et faire passer directement le gaz de l'entrée dans la sortie.

L'aspirateur lui-même consiste en un tuyau communiquant avec la chaudière et amenant la vapeur dans l'appareil, elle passe dans l'espace compris entre un ajutage conique et une aiguille conique de réglage, et détermine ainsi une aspiration. Le réglage du jet de vapeur a lieu au moyen d'une aiguille qui ferme plus ou moins l'orifice à l'entrée même de la vapeur dans l'extracteur.

EXTRACTEUR KOERTING

Il est très répandu dans les petites usines. La vapeur sort d'une boîte conique se réglant au moyen d'une aiguille conique mobile, elle entre dans une série d'autres boîtes coniques dont les sections vont toujours en augmentant, et dans lesquelles elle se mélange peu à peu au gaz pour lui communiquer sa vitesse de sortie. Suivant la vitesse qui est communiquée au gaz par la vapeur, on règle la contre-pression que le gaz peut surmonter ; et réciproquement, suivant l'importance de la contre-pression existante on règle la vitesse qui doit être communiquée au gaz, ainsi que la quantité de vapeur qui est nécessaire pour surmonter la contre-pression.

Pour permettre à l'appareil de marcher entre des limites assez étendues, les ouvertures d'aspiration des dernières et plus grandes boîtes de mélange de vapeur et de gaz peuvent être successivement barrées au gaz par un registre ou une coulisse cylindrique qui est mue de l'extérieur à l'aide de vis ou d'engrenages.

L'aiguille à vapeur est aussi vissée plus avant, pour diminuer la consommation de vapeur. Les variations journalières sont équilibrées par un régulateur, simple cloche à gaz commandant un papillon placé sur le tuyau de vapeur, corrigeant automatiquement les irrégularités de pression qui peuvent résulter des variations continuelles de la production; ce n'est que lorsqu'on varie d'une manière sensible la quantité de houille distillée, qu'il y a lieu de régler à nouveau la pression, tant au moyen de l'aiguille que de la coulisse cylindrique.

Ces extracteurs à jet de vapeur ont l'inconvénient de donner lieu à des dépôts abondants de naphtaline. Dans les usines où la condensation est incomplète, la vapeur d'eau, en se condensant, entraîne la naphtaline.

Dans le cas où la condensation est bien faite avant l'extracteur, celui-ci ne modifie pas sensiblement la composition du gaz et son emploi n'altère pas son pouvoir éclairant.

La dépense d'un extracteur Kœrting est de 10 à 15 kil. de vapeur par 100^{m3} de gaz pour une pression au refoulement de 250 millimètres.

Il faut compter en moyenne sur une dépense de combustible de 4 à 7 kil. de coke par 100^{m3} de gaz.

Il est indispensable d'avoir un condensateur après l'extracteur pour condenser la vapeur et en même temps la naphtaline qui a pu rester dans le gaz, si celui-ci n'a pas été suffisamment condensé avant l'extracteur.

RÉGULATEUR D'EXTRACTEUR

La production variant, il faut constamment régler la vitesse de l'extracteur pour qu'il aspire le gaz produit, mais ni plus ni moins. Il faut donc un régulateur automatique qui règle la vitesse et maintienne constante dans le tuyau d'aspiration la pression qu'on veut y avoir.

Le régulateur se compose d'une cloche fermée hydrauliquement, flottante ou équilibrée par un contre-poids, dont l'intérieur est en communication avec le tuyau d'entrée de l'extracteur (tuyau d'aspiration).

Si la pression s'élève dans ce tuyau, la cloche s'élève ; si elle diminue, la cloche s'abaisse. Le mouvement de la cloche est reporté soit sur la soupape à papillon de la conduite de vapeur, soit sur le tiroir de distribution de vapeur, soit sur une valve placée dans le tuyau de communication, entre l'entrée et la sortie du gaz, soit sur tous les deux à la fois.

Ou bien l'accès de vapeur dans la machine ou dans la trompe varie, ou bien un tuyau de secours (by-pass) ramène dans le tuyau d'aspiration une partie du gaz déjà aspiré, jusqu'à ce que l'extracteur ait repris sa marche normale.

On utilise souvent ces deux effets à la fois.

Nous donnerons deux dispositions conduisant au résultat demandé.

La figure 135 représente un régulateur à cloche r, qui communique par le tuyau a avec la conduite d'aspiration t, et par le tuyau i avec la conduite de refoulement $s\,s$.

L'orifice de i est muni d'un siège conique, où joue un cône w qui est terminé à sa base par un rebord en saillie garni d'une rondelle en caoutchouc. Le cône est fixé à la cloche, qui plonge dans le bassin rempli d'eau, un peu au-dessous de a et de i. Si la pression baisse à l'aspiration, la cloche s'abaisse, le cône également ; l'ouverture de i s'élargit, et une

partie du gaz passe du refoulement dans l'aspiration.

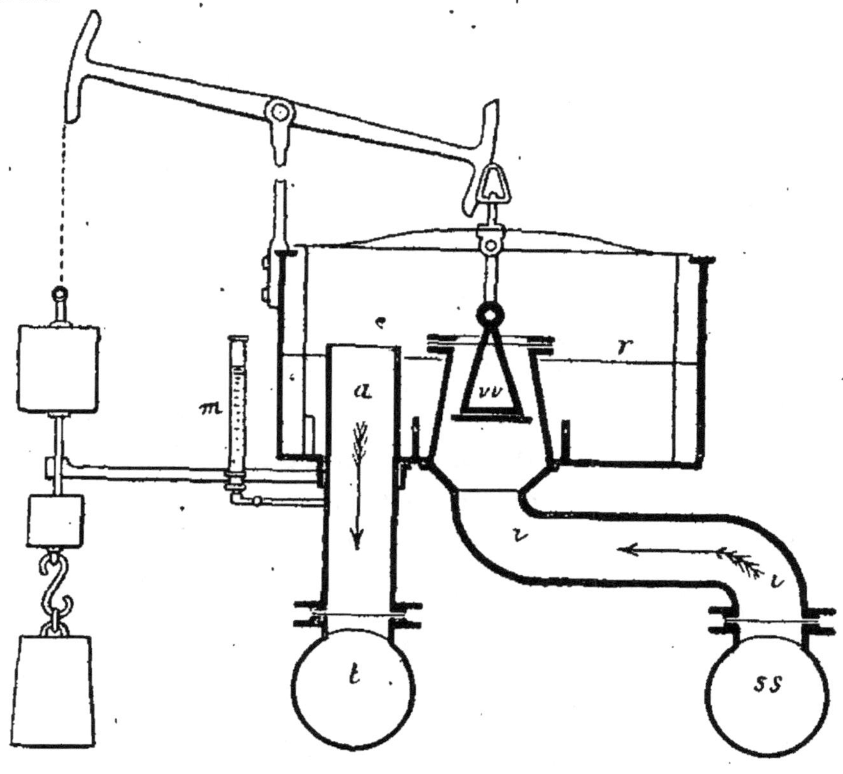

Fig. 135.

La cloche est portée par une corde fixée à un levier
à deux bras, muni d'un contrepoids que l'on règle
suivant la différence de pression à obtenir entre l'entrée et la sortie. Un manomètre *m* placé sur le
tuyau *a* permet ce réglage.

Deuxième exemple : la cloche communique seulement avec le tuyau d'aspiration, et son élévation ou
son abaissement est transmis à une crémaillère qui
agit sur un arc denté fixé à l'entrée de la valve (fig. 136)
qui se trouve dans le tuyau faisant communiquer
l'entrée et la sortie de l'extracteur.

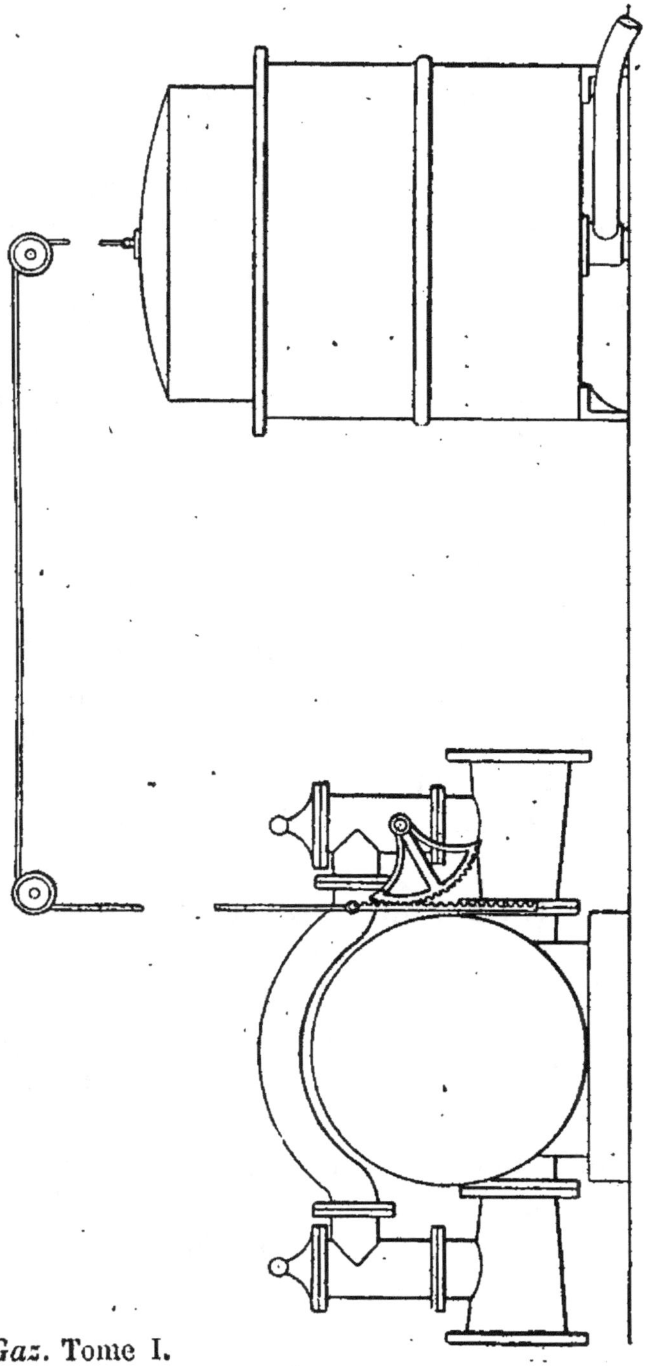

Fig. 136.

BY-PASS

A propos de l'extracteur, nous dirons un mot d'un dispositif de canalisation employé dans presque tous les appareils. Il peut arriver qu'un appareil dans lequel circule le gaz, extracteur, condenseur Pelouze et Audoin, compteur, etc., s'arrête (extracteur, compteur), se bouche (condenseur). Le gaz, ne pouvant passer, reflue vers les barillets et vient brûler dans les colonnes montantes ouvertes pour le délutage, ou fait sauter les couvercles desdites colonnes, si aucune n'est en délutage, ou la garde des siphons des barillets.

Généralement, le gaz s'enflamme et met le feu au goudron. Cet accident, fort dangereux pour le personnel et les bâtiments, est arrivé quelquefois.

Pour l'éviter, on a inventé plusieurs dispositifs.

On réunit la conduite d'entrée avec la conduite de sortie, et, dans ce tuyau, on place un dispositif qui, puisse automatiquement les faire communiquer ensemble. C'est ce que l'on appelle un by-pass.

OBTURATEUR HYDRAULIQUE

Une cuve en fonte (fig. 137), contenant de l'eau jusqu'à un orifice de déversement muni d'un siphon, communique, d'une part, avec l'entrée de l'appareil, et, de l'autre, avec la sortie.

Si, par une cause quelconque, l'appareil ne laisse pas passer le gaz, la pression augmente à l'entrée, l'eau de la cuve monte dans le tuyau communiquant avec la sortie et, finalement, le gaz passe dans ce tuyau.

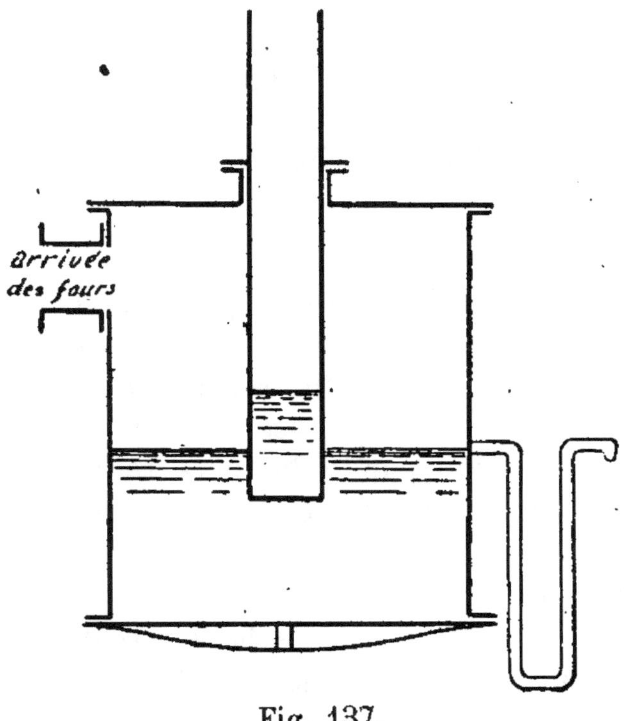

Fig. 137.

Autre dispositif

On peut mettre dans ce tuyau de communication un clapet équilibré avec un contrepoids variable avec la différence de pression que l'on veut conserver entre les deux parties de tuyau (entrée et sortie de l'appareil). Voir fig. 138.

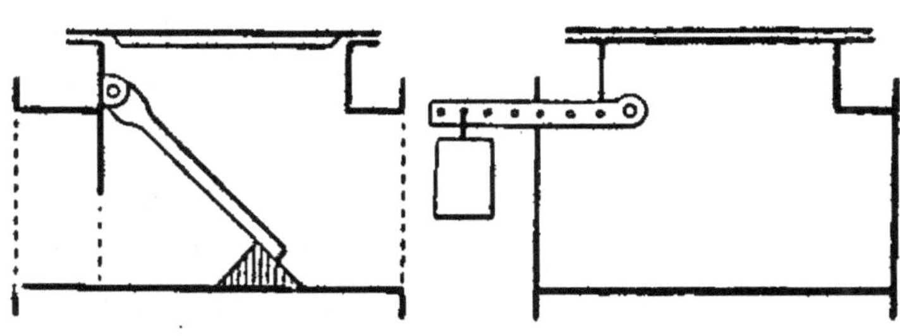

Fig. 138.

CHAPITRE IX

ÉPURATION

—

L'épuration a pour but d'enlever au gaz un certain nombre de produits nuisibles ou non éclairants. Elle porte habituellement sur les composés sulfurés, l'ammoniaque et l'acide carbonique, corps dont l'extraction est avantageuse soit par le bénéfice retiré de la vente, soit par l'amélioration du gaz résultant de leur élimination.

Les composés sulfurés, seuls nuisibles, sont l'hydrogène sulfuré et le sulfure de carbone. Ils donnent tous les deux, par leur combustion, de l'acide sulfureux, qui se transformant bientôt en acide sulfurique, exerce une action profondément destructive sur les organes de la respiration, les matières cellulosiques (papiers, étoffes) et sur les métaux avec lesquels il reste en contact prolongé, comme cela arrive dans les moteurs à gaz. Ils sont encore nuisibles, avant leur combustion, par l'action sulfurante qu'ils exercent à chaud et à froid sur les métaux (noircissement de l'argenterie, obstruction des tuyaux, etc.).

La présence de l'acide carbonique dans le gaz a pour effet, comme pour la plupart des composés oxygénés, d'abaisser son pouvoir éclairant beaucoup plus rapidement que ne le ferait sa dilution avec un gaz inerte. L'oxygène s'oppose à la précipitation dans la flamme, du carbone solide, en le transformant, sous l'action de la chaleur, en oxyde de carbone gazeux.

Enfin l'ammoniaque, dont la présence est peu nuisible, possède une valeur commerciale assez élevée pour que son extraction constitue une opération fructueuse.

L'épuration d'un nombre plus ou moins grand de ces composés est habituellement rendue obligatoire aux Compagnies gazières par leurs traités avec les municipalités.

En Angleterre, les conditions sont particulièrement sévères ; tous ces composés doivent être enlevés aussi complètement que possible, c'est-à-dire à peu près complètement. Pour le sulfure de carbone seul, il est accordé une certaine tolérance, parce que la science, dans l'état actuel, ne fait connaître aucun absorbant permettant de se débarrasser complètement de ce corps.

Le Metropolis Act de 1860 fixe, pour la ville de Londres, la teneur maximum du soufre à 0 gr. 45 par mètre cube de gaz. Cette réglementation sévère, très justifiée pour les composés sulfurés, ne saurait être défendue par aucun motif sérieux, en ce qui concerne l'ammoniaque et l'acide carbonique, dont la présence en petite quantité ne peut occasionner aucun préjudice au consommateur.

Nous avons vu que l'on s'efforçait d'enlever l'ammoniaque par des laveurs avant l'épuration chimique proprement dite ; en même temps que l'ammoniaque, on enlève de l'hydrogène sulfuré et de l'acide carbonique. Suivant sa composition, le gaz perd, dans les condensateurs à coke et les laveurs, de 0,50 à 1.2 0/0 d'acide carbonique, environ 1 0/0 d'hydrogène sulfuré, et, suivant la puissance du lavage, la presque totalité de l'ammoniaque.

On a cherché, il y a déjà longtemps, à employer

l'eau ammoniacale brute pour le lavage et l'épuration, nous verrons plus loin les résultats les plus récents de ces essais.

Nous allons indiquer les procédés d'épuration tels qu'ils se sont succédé dans le développement de l'industrie du gaz.

ÉPURATION A LA CHAUX

La chaux est la matière la plus ancienne qui ait été employée pour l'épuration chimique du gaz, et comme elle s'empare en même temps de l'acide carbonique et de l'hydrogène sulfuré, elle possède des avantages sur toute autre matière. Il n'en est pas d'ailleurs de moins coûteuse que la chaux. Lorsque la chaux est employée, après avoir été cuite et éteinte récemment avec de l'eau, c'est-à-dire sous forme de chaux hydratée, elle donne, avec l'acide carbonique du gaz, du carbonate de chaux et de l'eau ; et, avec l'hydrogène sulfuré, du sulfure de calcium et de l'eau ; lorsqu'on a préalablement absorbé par le lavage l'ammoniaque du gaz, il est possible d'enlever complètement avec la chaux l'acide carbonique et l'hydrogène sulfuré. Le côté défectueux qu'offre l'épuration à la chaux ne consiste nullement dans une efficacité incomplète, ni dans les frais, mais dans la difficulté de se débarrasser de la chaux qui a servi à l'épuration. Au début on se servait de la chaux à l'état de lait de chaux ; mais l'écoulement après la mise hors de service occasionnant la réclamation des voiries et les plaintes des riverains des cours d'eau dans lesquels on la déversait, on dut s'abstenir de ce moyen de débarras ; on laissa écouler les liquides dans les puits, et on se servit de la chaux pour luter les tampons de cornues ; le même inconvénient subsistait, car on infestait les nappes d'eau. Avec la chaux sèche on eut les mêmes inconvénients. La matière épuisée consiste en réalité en carbonate de chaux (1/2), en sulfure de calcium (1/4), en chaux caustique (1/5), le reste contient des cyanures et les parties terreuses de la chaux avec une certaine quantité de sulfhydrate d'ammoniaque retenu dans la masse. Celui-ci se volatilise à l'air. Le sulfure de calcium à l'air absorbe l'acide carbonique, donne du carbonate de chaux et laisse dégager H S. C'est cette odeur d'ammoniaque et d'hydrogène sulfuré mêlée aux cyanures, qui donna lieu également à des réclamations justifiées d'ailleurs. On a essayé sans succès de rendre la chaux épuisée inodore, en la faisant traverser par de l'air et en brûlant les gaz qui s'en dégagent. En fait, on ne peut employer ce procédé d'épuration que dans les usines éloignées des villes.

La quantité nécessaire de chaux non éteinte était de 80 kilos pour $1,000^{m3}$ de gaz.

La chaux épuisée, après avoir perdu par une longue exposition à l'air, l'hydrogène sulfuré qu'elle contient, peut être employée en agriculture dans les terrains pauvres en calcaire. Elle s'est transformée en carbonate de chaux et en sulfate de chaux (par l'oxydation du sulfure de calcium).

La chaux est surtout bonne pour les prairies ensemencées en trèfles, sainfoin, etc., enfin pour toutes les plantes de la famille des papillionacées en général; on ne doit l'employer qu'en automne et en hiver.

Voici quelques résultats obtenus dans une grande

usine avec l'épuration à la chaux, et dans laquelle le lavage n'était pas très poussé :

Acide carbonique avant les cuves à chaux.   1.7   0/0
    »   »   après   »   »   0.44 »
    »   »   absorbée . . . .   1.26 »

On employait $0^{m3}0479$ de chaux par $1,000^{m3}$ de gaz.

L'amélioration du pouvoir éclairant était de 6 lit. 69 sur 100 litres.

Des expériences précises ont montré que jusqu'à 6 0/0 d'acide carbonique dans le gaz, la perte de pouvoir éclairant était d'environ 5 0/0 pour 1 0/0 d'acide carbonique. Cette proportion n'est pas constante et varie beaucoup avec la teneur absolue. On voit l'intérêt du lavage du gaz à l'eau et surtout à l'eau ammoniacale, qui permet de retenir une grande partie de l'acide carbonique à l'état de carbonate d'ammoniaque.

Cette chaux lessivée donnait par litre :

Ammoniaque 1.55
Soufre 10.90
Chaux 10.80
Degrés du pèse-sels . . . .   2°7

La chaux après-lessivage donnait la composition suivante par litre :

Poids total . . . . 1^k410
Chaux . . . . , ...   0.396
Acide carbonique. 0.300
Fraction utilisée 96 0/0

Après un long séjour à l'air et dessiccation à 100°, la composition de cette matière était la suivante :

                    Eau. 7.24 0/0   12
                    Sulfate de chaux. . . .   4.64 »   14.5
                    Carbonate de chaux . . 15.19 »   17.72
                    Chaux caustique. . . . 18.23 »   5.10
                    Divers, complément, silice, alcalis, etc.

Suivant l'état physique de la chaux et son degré d'humidité, il y avait une assez forte perte de charge dans les épurateurs ; de 6 millimètres à 40 millimètres, suivant le volume de gaz qui les traversait à l'heure.

Le nombre des claies a également une grande importance ainsi que la grosseur des trous.

Epuration du sulfure de carbone.

On épurait, en Angleterre, le sulfure de carbone par la chaux ; on remarqua que le gaz contenait, abstraction faite de l'hydrogène sulfuré, plus de soufre, après l'épuration par la chaux, qu'avant cette épuration et que les usines qui possédaient les plus puissants épurateurs à la chaux, donnaient du gaz qui contenait également le plus de soufre.

Après une étude attentive, M. Patterson donna l'explication suivante :

L'affinité de l'acide carbonique pour les alcalis étant supérieure à celle de l'hydrogène sulfuré, il chassait celui-ci de ses combinaisons, comme le montre la réaction suivante :

$$CaS + CO^2 + HO = Cao\,CO^2 + HS.$$

Mais Anderson trouva plus tard que le sulfure de calcium avait la propriété de retenir le sulfure de carbone. On disposa alors l'épuration comme suit. :

En employant la chaux, on emploie deux épurateurs. La chaux du premier épurateur se transforme d'abord en carbonate et en sulfure de calcium, mais comme l'acide carbonique est en excès, il réagit sur le sulfure de calcium et le transforme en carbonate, tandis que l'hydrogène sulfuré mis en liberté est arrêté par le deuxième épurateur. Au bout d'un certain temps, toute la chaux du premier épurateur est transformée en carbonate et par conséquent utilisée. On regarnit l'épurateur 1 de chaux neuve et on fait passer le gaz d'abord dans 2 puis dans 1. Les mêmes réactions se produisent, l'hydrogène sulfuré ne pourra plus être retenu par le second épurateur et passera outre. Au lieu de chaux, on peut employer les eaux ammoniacales de gaz, dans les laveurs ou scrubbers. On ne peut pas retenir tout l'acide carbonique, la quantité d'ammoniaque étant insuffisante, mais on peut par ce moyen retenir à la fois tout l'ammoniaque et la plus grande quantité possible d'acide carbonique.

Le gaz ne contenant plus d'acide carbonique, mais seulement de l'hydrogène sulfuré et du soufre sous des formes différentes, est dirigé dans les épurateurs ordinaires à l'oxyde de fer, où il abandonne son hydrogène sulfuré.

C'est à sa sortie de cette seconde série d'épurateurs et lorsque le gaz est absolument dépourvu d'acide carbonique et d'hydrogène sulfuré, que l'on place un ou plusieurs épurateurs au sulfure de calcium. Il est facile de se procurer ce sulfure en mettant, pendant le temps nécessaire, de la chaux dans l'un des premiers épurateurs de la seconde série, ou bien un épurateur spécial réservé pour cet usage et placé entre la première et la seconde série.

Pour produire ce sulfure, il faut que le gaz ne renferme plus d'acide carbonique, autrement on obtiendrait un carbonate inactif. Il faut éviter de laisser la chaux se sursulfurer, on l'emploiera aussitôt que le gaz qui en sort commence à tacher le papier d'acétate de plomb.

Il faut, du reste, une quantité minime de sulfure pour absorber le sulfure de carbone, de sorte que le dernier épurateur pourra durer longtemps.

Au lieu d'employer le sulfure de calcium, on pourrait utiliser le sulfure d'ammonium en se servant de laveurs ou de scrubbers. Par précaution, après l'épurateur contenant le sulfure de calcium destiné à arrêter le sulfure de carbone, on met un dernier épurateur à oxyde de fer pour arrêter l'hydrogène sulfuré qui aurait pu se dégager et être entraîné dans le gaz.

ÉPURATION PAR L'OXYDE DE FER

Après des essais de Phillips et de Croll, vers 1840, Laming rendit pratique l'épuration par l'oxyde de fer. Dans son brevet de 1849, il dit : J'absorbe tout l'hydrogène sulfuré que contient le gaz au moyen de l'oxyde de fer hydraté; lorsque cette matière est transformée en sulfure de fer, je la mets en contact avec l'air et je la revivifie.

Il obtenait d'abord l'oxyde de fer en décomposant le chlorure de fer par la chaux et mélangeait cet oxyde avec de la sciure de bois pour rendre la matière plus légère et plus poreuse; on employa ensuite du sulfate de fer à la place du chlorure.

On a donné un grand nombre d'explications des phénomènes qui se passent dans la cuve et dans la revivification, la question même aujourd'hui ne paraît pas complètement élucidée.

On pense que l'hydrogène sulfuré du gaz est absorbé
par l'oxyde de fer hydraté et forme avec lui du sulfure de fer ; de l'ammoniaque et de l'eau se forment
en même temps ; le carbonate d'ammoniaque se
transforme avec le sulfate de chaux, en sulfate d'ammoniaque et en carbonate d'ammoniaque... Le mélange Laming est épuisé aussitôt que tout l'hydrate
d'oxyde de fer est transformé en sulfure de fer ; il
contient, outre le sulfate de chaux, du carbonate de
chaux, un peu de sulfate d'ammoniaque, du cyanure
et du sulfocyanure. Si on étend à l'air le mélange
épuisé, l'oxydation du sulfure de fer se fait rapidement et il se transforme en sulfate de protoxyde de
fer, en abandonnant un tiers de son soufre. Le sulfate de protoxyde de fer est de nouveau décomposé
par le carbonate de chaux, il se forme de l'hydrate
d'oxyde de fer et du sulfate de chaux. La matière
Laming est ainsi revivifiée, elle diffère de la matière
primitive en ce qu'elle contient du soufre libre, une
plus grande quantité de sulfate de chaux, des cyanures et des sulfocyanures d'ammonium, au lieu
d'un excès de chaux et de carbonate de chaux. On
remarqua cependant que la quantité de soufre libre
trouvée est plus considérable que celle qui résulterait
de ces réactions :

$$Fe^2 O^3 + 3\ HS = Fe^2 S^3 + 3\ Ho$$
$$Fe^2 S^3 + 3\ O = Fe^2 O^3 + 3S.$$

car on trouve jusqu'à 50 0/0 de soufre dans les vieilles
matières d'épuration.

Une partie de l'hydrogène sulfuré absorbé par l'hydrate de sesquioxyde de fer et par l'humidité de la
matière se décomposerait à l'air, et de plus l'hy-

drate d'oxyde de fer longtemps exposé au courant de gaz, donnerait un mélange composé et compliqué dans lequel le soufre libre serait en plus ou moins grande quantité.

Il se forme également d'autres corps, car une vieille matière donnait 21.7 d'oxyde de fer, 45.5 de soufre et 4.35 de sulfocyanure d'ammonium, ainsi qu'une petite quantité de bleu de Prusse. Il se forme dans la revivification du bleu de Prusse et du sulfocyanure de fer, mais ils sont de nouveau décomposés par l'ammoniaque du gaz lors de la remise en service dans la cuve, et transformés en cyanoferrure d'ammonium et en oxyde de fer.

En fait, dans la matière Laming, l'oxyde de fer est la véritable matière active. Aussi au lieu de la préparer par la décomposition d'un sel de fer par la chaux, on emploie souvent des oxydes de fer naturels, tels que la sidérite qu'on trouve en grande quantité dans certains marécages d'Ecosse et d'Allemagne.

Ces minerais contiennent de 40 à 70 0/0 d'oxyde de fer, du sable, de la silice, des résidus de plantes, etc.

Les fabriques d'aniline fournissent également des résidus de fabrication qui contiennent de l'oxyde de fer presque pur ; 80 à 95 0/0 de la matière desséchée, soit environ 75 0/0 de la matière livrée.

Si on se reporte aux formules précédentes, théoriquement 1 kil. d'oxyde de fer pourrait retenir 420 litres d'hydrogène sulfuré et après revivifications répétées donnerait 0 kil. 600 de soufre.

En pratique on n'obtient pas ce beau résultat, par suite des réactions accessoires qui retiennent et immobilisent l'oxyde de fer.

Nous donnerons des résultats plus loin.

Avec une matière contenant 23 kil. d'oxyde de fer par mètre cube, 1^{m3} de cette matière pourrait épurer 4,300 mètres cubes de gaz contenant 2 lit. 3 d'hydrogène sulfuré par mètre cube.

En pratique, on obtient à peine le 1/3 de ce chiffre :

Soufre des matières épurantes, moyenne. .   32 0/0
Poids du soufre épuisé par kilo d'oxyde de fer. . . . .   5 kil.
1 kilo de sulfate de fer contient environ en peroxyde de fer. 26 0/0
1 kilo de sulfate de fer épuré, en soufre.   1300 g.

1^{m3} de gaz contenant 7^g50 de soufre, 1 kilo de sulfate de fer épure 173^{m3} de gaz.

Les raisons sont les suivantes :

La matière est formée partie de sesquioxyde de fer, partie de protoxyde qui est inférieur au sesqui-oxyde, et l'oxyde anhydre n'a pas d'action sur l'hydrogène sulfuré.

De plus le sulfure de fer qui se forme à la surface des grains de l'oxyde empêche l'action de se propager jusqu'au centre de la masse ; l'action inverse a lieu dans la revivification, l'oxyde de fer formé à la surface empêche la transformation du sulfure placé plus profondément.

En outre, lorsque le gaz n'est pas débarrassé de tout le goudron, celui-ci enveloppe la matière à l'oxyde et empêche totalement et définitivement l'action de l'hydrogène sulfuré.

Le soufre qui se forme dans chaque revivification diminue le 0/0 d'oxyde de fer et par suite l'action de la matière pour le même volume.

ÉPURATIONS PAR DIVERS PROCÉDÉS

Il nous reste à exposer les différents modes d'épuration employés ou essayés.

La Compagnie parisienne du gaz, qui n'a adopté les laveurs que depuis quelques années, enlevait l'ammoniaque au moyen de cuves à sciure.

Nous avons indiqué ce qui se passait dans ces cuves à sciure ; nous allons étudier maintenant l'action du gaz épuré par les cuves à sciure sur la matière à oxyde de fer des cuves d'épuration de l'hydrogène sulfuré.

La matière à oxyde de fer contenue dans les cuves à soufre pesait 490 kil. par mètre cube au moment de sa mise en service et 890 kil. après avoir été traversée par 48,000^{m3} de gaz. Au moment de sa mise en service, elle avait pour composition après sa dessiccation :

Peroxyde de fer.	15.2 0/0
Chaux.	27.6 »
Acide sulfurique	18.9 »
Sciure.	37.3 »
Argile ou sable.	1.0 »

Il résulte de ces chiffres qu'en dehors des 13 k. 15 de chaux nécessaire pour saturer 18 k. 90 d'acide sulfurique existant, il y a 15 k. 75 de chaux en excès qui se transforme en carbonate de chaux, et ensuite en carbonate d'ammoniaque. Le sulfate de chaux ne se transforme pas en sulfate d'ammoniaque.

Après le passage de 28,000^{m3} de gaz, la matière placée après les cuves à sciure est devenue verte, tandis que celle qui fonctionnait seule est restée rouge. On constate en même temps que 1^{m3} de gaz a abandonné :

Dans un passage à travers la matière rouge seule :

$$
\begin{aligned}
&\text{A l'état libre} \ldots \ldots \ldots \ldots \ldots \quad 7^{g}375\\
&\text{A l'état de sulfocyanure} \ldots \ldots \quad 1.363\\
&\hrulefill\\
&\qquad\qquad \text{Soufre} \ldots \ldots \ldots \quad 8^{g}738
\end{aligned}
$$

Dans un passage à travers la sciure mouillée et la matière verte :

$$
\begin{aligned}
8^{g}369\\
\text{dont}\quad 0.382 \quad \text{dans la cuve à sciure.}\\
\hrulefill\\
8^{g}751 \qquad\qquad 0{,}059
\end{aligned}
$$

La matière restée rouge est plus humide que la matière verte, probablement à cause du sulfocyan-hydrate d'ammoniaque qui est déliquescent.

La sécheresse de la matière verte la rend plus perméable au gaz à épurer. Après un nouveau passage de $28{,}800^{m3}$, la matière verte est complétement noircie et a besoin d'être revivifiée.

On trouve que :

1^{m3} de matière verte a besoin d'être revivifié après un passage de 905^{m3} de gaz;

1^{m3} de matière rouge a besoin d'être revivifié après un passage de $1{,}450^{m3}$ de gaz.

Le pouvoir épurant de la matière verte est donc égal seulement aux 2/3 de celui de la matière rouge.

La raison de cette infériorité est la suivante :

Dans les cuves ordinaires, l'acide sulfocyanhydri-que y arrive saturé par l'ammoniaque et y passe sans se décomposer.

Dans la cuve à sciure, l'eau enlève l'ammoniaque, et l'acide sulfocyanhydrique mis en liberté se dé-

compose en hydrogène sulfuré et en cyanure, car
dans la cuve ordinaire qui suit la cuve à sciure on
ne trouve pas de traces d'acide sulfocyanhydrique,
tandis qu'on y trouve un excès de soufre libre, en
quantité égale précisément à celle qui fait défaut
sous forme de sulfocyanure solide ; or ce soufre libre
résulte de l'action de l'hydrogène sulfuré sur l'oxyde
de fer.

Ainsi l'acide sulfocyanhydrique qui arrive à la
cuve à sciure à l'état de sel ammoniacal soluble est
absorbé par la cuve qui suit la cuve à sciure, après
sa première transformation dans celle-ci en soufre
libre et en cyanogène, et c'est ce cyanogène qui,
se combinant avec l'oxyde de fer, produit un composé bleu qui, avec le soufre, donne une coloration
verte à la matière. Cette combinaison du cyanogène
avec le fer est stable et le rend désormais impropre
à l'épuration.

En résumé, la cuve à sciure retient toute l'ammoniaque à l'état de carbonate, mais ne retient pas
l'hydrogène sulfuré ; l'acide sulfocyanhydrique est
décomposé en H S qui est retenu par les cuves à
soufre, et en cyanogène qui se fixe dans celle-ci
à l'état de composés cyanurés (bleu de Prusse).

On voit donc que dans une usine qui ne fait pas
précéder l'épuration d'un lavage du gaz, les cuves
à sciure sont un bon moyen de retenir l'ammoniaque,
mais qu'elles ont le grave inconvénient de donner lieu
à une plus forte dépense de matière épurante à l'oxyde
de fer.

FABRICATION DE LA MATIÈRE ÉPURANTE

Nous donnerons un procédé commode de fabrication de la matière épurante. On emploie par mètre cube de matière :

> 300 kilogrammes de sulfate de fer.
> 6 hectolitres de sciure.
> 2 » de chaux éteinte.

Extinction de la chaux.

On plonge de la chaux en morceaux contenus dans un panier, dans l'eau d'une bâche pendant un quart de minute ; on la met en tas ; elle s'éteint en dégageant des quantités abondantes de vapeur d'eau et de poussières de chaux entraînées.

Ceci fait, on mélange à la pelle pour faire un mètre cube de matière :

> Sciure . . . . 6 hectolitres.
> Sulfate de fer . . . . . 300 kilogrammes.

On introduit ce mélange dans une boîte en bois sans fond qui repose sur une aire en briques cimentées, entourée d'un rebord et ayant un petit bassin où l'eau d'égouttage viendra se réunir ; un tuyau en plomb est engagé dans l'aire en brique et percé de trous destinés au passage de la vapeur d'eau qui est fournie par une petite chaudière. La contenance de la boîte est d'environ 4 mètres cubes, elle porte 4 oreilles en fer qui permettent de la soulever au moyen d'un petit treuil.

Ceci préparé, on fait passer de la vapeur d'eau pendant environ 2 heures 1/2 ; le sulfate de fer se dissout et pénètre dans la sciure ; l'eau contenant du sulfate de fer, qui se réunit dans le petit réservoir, est reprise avec une sorte d'écope et versée par la partie supérieure de la boîte sur la sciure.

Préalablement on a étendu sur le sol en une couche mince la chaux nécessaire ; la cuite faite, on enlève la boîte à l'aide du treuil et on étend doucement la sciure imprégnée de sulfate de fer sur la chaux (2 hectolitres par mètre cube de matière) ; on remue jusqu'à parfait mélange en ayant soin de briser les morceaux de chaux.

Les cuites de la journée sont réunies, brassées ensemble et mises en tas, la matière est laissée en tas pendant environ deux mois, puis sert d'abord dans les cuves de second passage, et après avoir été noircie à fond est revivifiée ; on répète l'opération une seconde fois et on la remet en tas. Au bout de quelque temps de ce nouveau magasinage, la matière peut être employée avec avantage dans les cuves de sûreté. Ces diverses manipulations ne sont pas inutiles, car on a remarqué que la matière était beaucoup plus efficace, après ces magasinages multipliés et prolongés autant que possible.

PROCÉDÉ DEICKE. — PRÉPARATION DE LA MATIÈRE ÉPURANTE AU MOYEN DE LA VIEILLE MATIÈRE ÉPUISÉE.

Lorsque la vieille matière épurante est très chargée de soufre et hors de service, on y mêle 50 à 60 0/0 de son poids de tournure de fer ; le mélange est introduit dans une auge en bois avec assez d'eau chaude pour former une boue épaisse ; on remue avec des griffes. Sous l'influence de l'humidité, le soufre, libre se combine au fer pour donner du sulfure de fer. La réaction dure plus ou moins longtemps, suivant la température extérieure et l'état de la matière. On continue à remuer souvent. Lorsqu'elle est à peu près complète, ce qui exige 4 à 6 jours, on étend la masse sur une aire et on la remue de temps à autre. pour faciliter l'oxydation du sulfure de fer, et, par voie de réaction, celle du fer non attaqué. La matière est ensuite additionnée de sciure de bois, qui la rend plus perméable au gaz, mais il n'est pas nécessaire d'y ajouter de la chaux.

Nous avons vu que l'on s'efforçait d'enlever au gaz avant l'épuration la plus grande partie de l'ammoniaque qu'il contient. Il y a quelques inconvénients à cela, comme on a déjà pu le voir dans l'étude sur les cuves à sciure. Nous allons indiquer les observations comparatives faites avec un gaz dépouillé complètement d'ammoniaque, et un autre contenant la proportion normale généralement admise.

Nous empruntons ces renseignements à un travail de MM. Aguitton et Debenoist.

Si l'on observe deux lots de matières travaillant l'un avec du gaz conservant à l'entrée de l'épuration 1 gr. 75 d'ammoniaque par mètre cube, et l'autre avec du gaz n'en ayant plus que 0 gr. 226, on voit que la matière du premier lot reste rougeâtre tirant sur le brun jusqu'à mise hors de service ; tandis qu'avec le second lot, au bout de deux ou trois revivifications, la matière prend une teinte brun-verdâtre pour, finalement, devenir vert-bleu foncé ; elle reste sèche et ne dégage aucune odeur d'ammoniaque ni d'acide cyanhydrique.

La teinte verdâtre vient de ce que le gaz ne contenant plus d'ammoniaque, les cyanures, au lieu de rester à l'état de sulfocyanure ou de cyanoferrure d'ammonium, se transforment en bleu de Prusse.

Si, pendant quelques jours, on marche comme avec le premier lot, c'est-à-dire avec un gaz contenant de l'ammoniaque, la teinte brune réapparaît. Le bleu de Prusse formé est détruit par l'ammoniaque, une partie de l'oxyde de fer est remise en liberté, et il y a formation de sulfocyanures et cyanoferrures d'ammonium.

On peut étudier les variations des teneurs de ces corps avec l'âge de la matière travaillant avec le gaz dépouillé d'ammoniaque :

CORPS DOSÉS	1re REVIVIFICATION	2e REVIVIFICATION	3e REVIVIFICATION	DERNIÈRE REVIVIFICATION
Cyanoferrures	3.171	2.590	1.793	1.007
Sulfocyanures	1.106	1.704	2.163	3.024
Bleu de Prusse.	2.264	3.754	4.619	7.373
Soufre libre	17.128	25.689	33.000	41.783

On voit :

1° Que, dès la première revivification, il se forme une quantité maxima de ferrocyanures, qui va ensuite en diminuant ; ces ferrocyanures se transforment évidemment en bleu de Prusse ;

2° Les sulfocyanures augmentent lentement avec l'âge de la matière épurante, c'est-à-dire avec la quantité d'ammoniaque qui a traversé les épurateurs ; —

3° Le bleu de Prusse et le soufre augmentent assez rapidement.

On voit donc que l'absence d'ammoniaque dans le gaz, à son entrée dans les épurateurs, a pour résultat de rendre une partie de l'oxyde de fer $Fe^2 O^3$ inactif en le transformant en bleu de Prusse ; le pouvoir épurant de la matière est donc diminué.

On peut se rendre compte de cette diminution.

La matière neuve sur laquelle on opérait contenait 18 kil. 90 d'oxyde de fer $Fe^2 O^3$ par 100 kil. Lorsqu'elle était épuisée, on avait à peu près 50 0/0 de matières étrangères, soufre, sulfocyanure, etc.; donc 100 kil. de cette matière, contenaient 9 kil. 45 de $Fe^2 O^3$.

Dans le cas où on laisse de l'ammoniaque dans le gaz, le bleu de Prusse absorbera 2 kil. 60 (quantité de $Fe^2 O^3$ réduit de la teneur de la matière en bleu de Prusse) ; en cas d'absence de l'ammoniaque, il en absorbe 4.79. — Dans le premier cas, il reste 5.85 d'oxyde de fer actif, et seulement 4.66 dans le second.

Le pouvoir épurant est diminué de :

$$\frac{5.85 - 4.66}{5.85} = 31 \ 0/0.$$

C'est à peu près ce que l'on a constaté par expérience, ainsi que nous l'avons vu au paragraphe consacré aux cuves à sciure.

ÉPURATION A L'AMMONIAQUE

Sans vouloir remonter aux essais de Laming, Livesey, Hills, j'indiquerai de suite le principe des appareils que Patterson a combinés pour donner à ce procédé la forme pratique. Il se propose d'abord d'enlever complètement du gaz, l'acide carbonique et ensuite l'hydrogène sulfuré avec les autres sulfures, et cela uniquement par l'ammoniaque des eaux ammoniacales. L'eau ammoniacale absorbe, dans les circonstances ordinaires, du carbonate et du sulfhydrate d'ammoniaque.

Si, cependant, on laisse passer une plus grande quantité de gaz non épuré, l'acide carbonique, comme nous l'avons déjà indiqué, chasse en grande partie l'hydrogène sulfuré de sa combinaison avec l'ammoniaque, et l'on obtient finalement presqu'exclusivement des composés de carbonate d'ammoniaque. Si l'on imagine plusieurs scrubbers disposés les uns après les autres, on peut s'arranger de façon à retenir (aux dépens de l'hydrogène sulfuré qui est chassé et va plus loin avec le gaz) tout l'acide carbonique du gaz brut dans ces scrubbers. Ensuite, un deuxième système de scrubbers, alimenté avec de l'eau ammoniacale régénérée, absorbe l'hydrogène sulfuré sous la forme de sulfhydrate d'ammoniaque, qui lui-même absorbe le sulfure de carbone et les sulfures qui peuvent encore exister dans le gaz. A la sortie de ces scrubbers, le gaz est ainsi purifié de l'acide carbonique, de l'hydrogène sulfuré, du sulfure de carbone et des autres sulfures.

Voici comment le procédé est appliqué :

Le gaz traverse la série de scrubbers de 1 à 5.

O   O   O   O   O
1   2   3   4   5

L'eau est envoyée de 5 à 1.

On a d'abord fait circuler de l'eau de 5 à 1. Cette eau, une fois arrivée à 1, contient une assez grande quantité de carbonate et de sulfhydrate d'ammoniaque. On la pompe au-dessus du groupe 1 ; par le contact de l'acide carbonique du gaz brut, l'HS est déplacé et va dans le groupe n° 2 et n° 3, où l'hydrogène est absorbé à l'état de sulfhydrate d'ammoniaque, car en 3 on arrose avec de l'ammoniaque caustique obtenu comme nous le verrons.

L'hydrogène sulfuré et les composés venant de 1 2 sont absorbés en 3.

Les eaux du n° 1 contenant de l'ammoniaque sous forme de mono et bicarbonate d'ammoniaque sont traitées à part en vase clos à la température de 82°, le carbonate d'ammoniaque distillé, et on le recueille dans un autre récipient. Ce carbonate d'ammoniaque est traité dans un appareil convenable par le sel marin. On obtient du chlorhydrate d'ammoniaque et du carbonate de soude. Ce carbonate de soude, très soluble, est converti en bicarbonate de soude peu soluble au moyen d'un courant d'acide carbonique. (Cet acide carbonique sera obtenu une première fois au moyen d'une source extérieure).

Le bicarbonate de soude peu soluble est séparé du chlorhydrate d'ammoniaque au moyen d'une essoreuse. Ce bicarbonate de soude sera chauffé ultérieurement pour lui enlever un équivalent de CO_2, qui est employé à transformer le carbonate de soude en bicarbonate. Le chlorhydrate d'ammoniaque d'une autre opération est alors chauffé dans un bouilleur avec de la chaux vive ; il se forme du chlorure de calcium et du gaz ammoniac. (Le chlorure de calcium peut être employé comme désinfectant).

Le gaz ammoniac de cette dernière opération est pompé et introduit dans le scrubber n° 3.

L'acide carbonique nécessaire une première fois est obtenu par la calcination du carbonate de chaux, que l'on transforme en chaux dont on se sert ensuite.

Le gaz impur sur lequel on opérait à Old Kent Road contenait en volume :

2 0/0 d'acide carbonique;

2 0/0 d'hydrogène sulfuré ;

1 0/0 d'ammoniaque.

L'acide carbonique s'élevait quelquefois à 3 0/0.

En fait, pour 7 parties d'ammoniaque ajoutées au gaz, on en retrouve 8. Cet excès est vendu à l'état de sulfate.

ÉPURATION AU SUPERPHOSPHATE D'AMMONIAQUE

On prépare ce superphosphate en traitant les os calcinés par l'acide sulfurique.

La composition des cendres d'os étant $Ca^3 2\,PhO^4$, on obtient, par ce traitement, du sulfate de chaux et du superphosphate.

Quand on fait passer sur cette matière du gaz contenant de l'acide carbonique et de l'ammoniaque, on obtient du carbonate de chaux et du superphosphate d'ammoniaque. Le sulfate de chaux donne du carbonate de chaux et du sulfate d'ammoniaque.

Le mélange obtenu est donc formé de :

Carbonate de chaux,

Sulfate d'ammoniaque,

Superphosphate d'ammoniaque,
qui a une valeur considérable comme engrais.

On remarque que l'action complète du superphosphate ne se fait qu'en présence de l'acide carbonique et qu'il serait nécessaire, en quelque sorte, de faire agir sur cette matière du gaz relativement impur.

Aussi emploie-t-on ce procédé en envoyant le mélange à l'état de dissolution dans les scrubbers ; il absorbe de l'ammoniaque, mais aussi de l'hydrogène sulfuré et de l'acide carbonique.

C'est à cette période de la fabrication qu'il faut enlever ces gaz, pour éviter l'emploi des épurateurs indiqués plus haut.

Étant données les analyses du gaz brut, et celles de l'eau ammoniacale à sa sortie des scrubbers, si on les rapproche de la quantité totale de gaz et d'eaux ammoniacales produits, on trouve que les 0/0 des impuretés retenues par l'ammoniaque sont :

Pour l'hydrogène sulfuré, 12 0/0,

Pour l'acide carbonique, 34 0/0.

Ces 0/0 étant pris sur le total de chacun de ces gaz contenus dans le gaz brut.

Comme le 1/4 de tout l'acide carbonique des 34 0/0 pourrait être pris par le superphosphate, il faut le ramener à 26 0/0.

On voit donc que le superphosphate pourrait absorber :

26 0/0 de l'acide carbonique,

16 0/0 de l'H S.

Les essais ultérieurs de ce procédé n'ont pas encore

donné tous les résultats qu'avaient prévus leurs auteurs.

Pour terminer, il nous reste à donner la méthode d'analyse de la matière d'épuration et des eaux de lessivage, qui peut servir à suivre la marche de l'épuration.

I. — Analyse de la matière

Dosage de l'eau. — On dessèche à 100° (on opère sur 500 gr.).

Dosage du soufre. — On lessive la matière (on opère sur 150 gr.) au moyen du sulfure de carbone dans un digesteur Payen.

II. — Analyse par lessivage

On pèse 20 grammes de matière tout-venant du lot précédent. On lessive à l'eau pure (*a*) et on forme un litre d'eau.

Dosage de l'ammoniaque. — (On opère sur 100^{cc} de *a*). On dose au moyen d'une liqueur titrée d'acide sulfurique et d'une liqueur également titrée de potasse, suivant le procédé déjà indiqué.

Dosage de l'acide sulfocyanhydrique. — (On opère sur 200^{cc} de *a*). On précipite l'acide sulfocyanhydrique par le nitrate d'argent, on acidifie la liqueur, on lave et on filtre le sulfocyanure d'argent, qu'on détermine suivant les méthodes de filtration, de dessiccation et de pesées connues.

Dosage de l'acide sulfurique. — (On opère sur 100^{cc} de *a*). On fait bouillir, avec de l'acide chlorhydrique, le précipité obtenu avec le chlorure de baryum et on dose le sulfate de baryte précipité.

Dosage de la chaux. — (On opère sur 200^{cc} de a). On fait bouillir avec de l'acide azotique, on ajoute de l'ammoniaque en excès, il se produit un léger précipité d'oxyde de fer, que l'on filtre (on garde le filtre qui servira à filtrer l'oxyde venant de la dissolution chlorhydrique indiquée plus loin.) Dans la liqueur ammoniacale claire obtenue, on précipite la chaux au moyen de l'oxalate d'ammoniaque. On filtre, on lave et on calcine ce précipité que l'on pèse; on a ainsi la chaux.

Lorsqu'on avait lavé à l'eau (a), les 20 grammes de matières, il restait sur le filtre une matière insoluble.

Cette matière est traitée par l'acide chlorhydrique faible, peu concentré, on fait bouillir, puis on complète la dissolution à un litre et on filtre (b); il reste un résidu (c).

Analyse de la liqueur chlorhydrique (b)

Dosage de l'oxyde de fer. — (On opère sur 200^{cc} de b). On fait bouillir avec un excès d'acide azotique, on ajoute un excès d'ammoniaque, l'oxyde de fer se précipite, on le filtre sur le filtre gardé de la première opération a. On le redissout dans acide azotique, on le précipite à nouveau par l'ammoniaque, on répète cette opération deux fois pour le débarrasser de la chaux entraînée et on dose l'oxyde de fer suivant les procédés connus.

Dosage de l'acide sulfurique. — (On opère sur 100^{cc} de b). On précipite par le chlorure de baryum et on opère comme précédemment.

Analyse du résidu insoluble (c)

Dans l'acide chlorhydrique faible, on sèche ou calcine ce résidu, on l'attaque par l'acide chlorhydrique concentré, on étend d'eau jusqu'à 1 lit. (d).

Dosage de l'oxyde de fer. — Sur **300cc** de cette liqueur (d), suivant le procédé déjà indiqué.

Analyse de l'eau ammoniacale

Le *dosage de l'ammoniaque* se fait sur **10cc** avec de l'eau distillée, au moyen de la chaux vive ou de la magnésie ; on fait bouillir dans un ballon et on recueille l'ammoniaque dans une liqueur titrée d'acide sulfurique, et l'on opère ensuite suivant la méthode indiquée précédemment.

Dosage de l'hydrogène sulfuré. — Se fait sur 50 ou **100cc**, on ajoute à la liqueur diluée dans l'eau distillée, un excès d'ammoniaque caustique, puis de l'azotate d'argent qui précipite HS à l'état de sulfure noir. Quant aux autres ures blancs, soit le sulfocyanure, le cyanure, le chlorure d'argent, ils se dissolvent aussitôt formés. On filtre le sulfure d'argent sur un filtre taré sec, on le lave avec de l'eau bouillante, on repèse sec le filtre plein, on a AgS par différence.

Vérification du sulfure d'argent précipité

Un poids de AgS présumé tel, est broyé avec le réactif oxydant « 50 0/0 nitrate de potasse, 25 0/0 carbonate de soude, 25 0/0 carbonate de potasse », on le fond par petites parties dans un creuset de platine : quand il est bien fondu, on le laisse refroidir, on le dissout dans l'eau froide et on le fait bouillir avec de l'acide chlorhydrique (après avoir débarrassé la liqueur de l'argent métallique obtenu par filtration). Après parfaite ébullition, pour faire partir l'acide carbonique des carbonates, on précipite par 10^{cc} d'une solution concentrée de chlorure de baryum, il se fait du sulfaté de baryte que l'on traite comme on sait. On vérifie aussi si le soufre de cette opération est bien égal au soufre du sulfure d'argent trouvé précédemment.

La liqueur provenant de la filtration du sulfure d'argent indiquée plus haut, et contenant les ures blancs est rendue acide par AzO^5, les ures blancs se précipitent. Quand le dépôt est bien rassemblé, on ajoute de l'azotate d'argent, on filtre sur un filtre taré sec, on pèse, etc.

Dosage du sulfocyanure des ures blancs. — On opère comme pour la vérification du soufre du sulfure, on déduit le poids du soufre correspondant au sulfocyanure d'argent et de là le poids de sulfocyanure d'ammonium.

Dosage de l'acide chlorhydrique. — On évapore à sec sur bain épais de sable, 100^{cc} de l'eau ammoniacale en traitement, avec addition d'acide azotique en très petite quantité, on reprend par l'eau distillée (on filtre s'il y a lieu pour enlever le fer et les ferrocyanures, etc.), on précipite par l'azotate d'argent en liqueur franchement acide. On filtre et on traite ce chlorure d'argent suivant les méthodes connues. On a ainsi HCl, l'acide sulfocyanhydrique par l'opération précédente, par différence on a l'acide cyanhydrique.

Acide carbonique. — On fait bouillir dans un petit ballon de verre de l'eau distillée, on retire du feu et on verse 10ᶜᶜ d'une dissolution concentrée de chlorure de baryum, on refait bouillir, on retire du feu, et on met 10ᶜᶜ de l'eau ammoniacale, en ayant soin de plonger le bout de la pipette dans l'eau. Le précipité de carbonate d'ammoniaque se forme immédiatement, on fait bouillir avec précaution (car il se forme des mousses). On filtre sur un filtre ordinaire, on lave deux fois à l'eau bouillante, et on refait bouillir à chaque fois. On sèche, on calcine le filtre seul, puis on ajoute le carbonate de baryte et on calcine le tout au rouge sombre pour ne pas décomposer le carbonate de baryte, on pèse, on a ainsi CO_2.

APPAREILS D'ÉPURATION

S. Clegg, pour la purification du gaz, introduisait d'abord de la chaux dans la citerne du gazomètre.

Dans la partie historique, nous avons indiqué le barboteur à chaux. La cagniardelle servant d'extracteur contenait également un lait de chaux, ainsi que l'extracteur de Crafton. Mais, plus tard, on revint aux épurateurs secs.

On s'est longtemps servi de l'épurateur représenté (figure 139). Le gaz traverse les lits de chaux successifs, en montant a a puis en descendant b b. Cette disposition est vicieuse en ce que le gaz poussant de haut en bas sur les lits de chaux dans le second compartiment, tasse la chaux et ne s'écoule souvent à une pression tolérable que lorsqu'il s'est formé des caves qui lui offrent des passages béants, sans l'obliger à se tamiser sur la chaux. La marche est plus régulière et plus efficace dans les appareils où le gaz n'a qu'un mouvement ascendant ; il commence par

traverser les claies, puis le foin; il est alors divisé en
une grande quantité de petits courants qui peuvent
facilement se frayer un chemin à travers la chaux

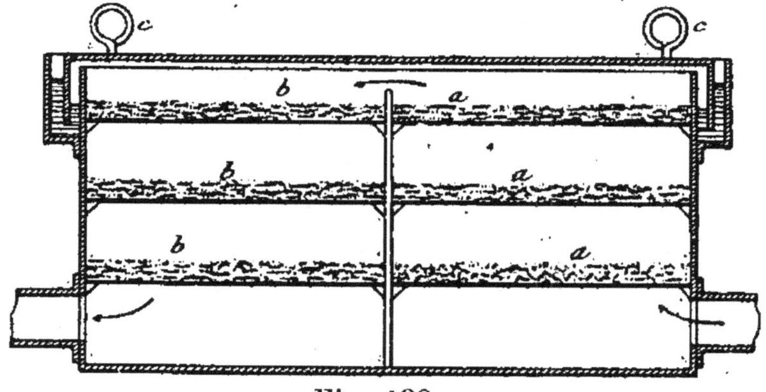

Fig. 139.

quand elle a été soigneusement arrangée sur un lit
de foin ou de mousse.

La figure 140 représente un épurateur carré dans
lequel le gaz arrive par dessous et sort par en haut

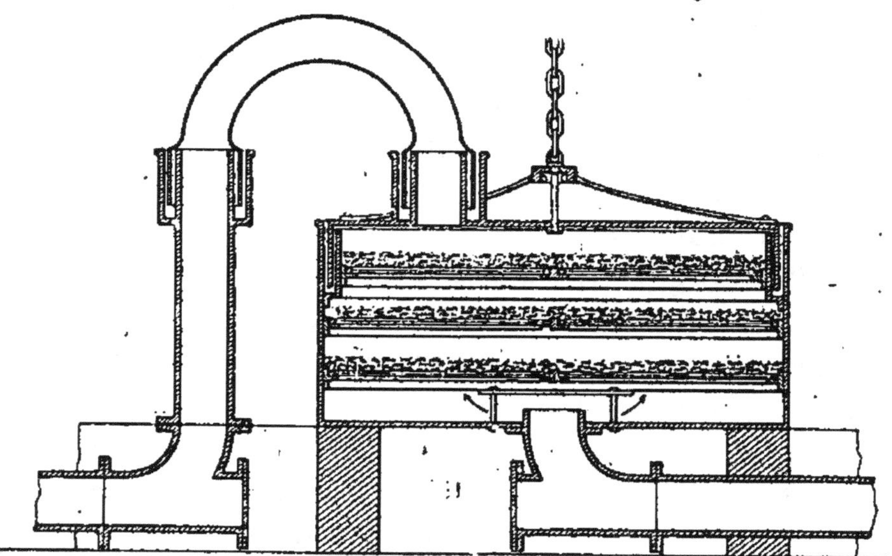

Fig. 140.

après avoir traversé trois lits de chaux. La gorge
hydraulique est intérieure,

Les figures 141 et 142 représentent un épurateur
rond, avec gorge extérieure. Les claies se posent sur

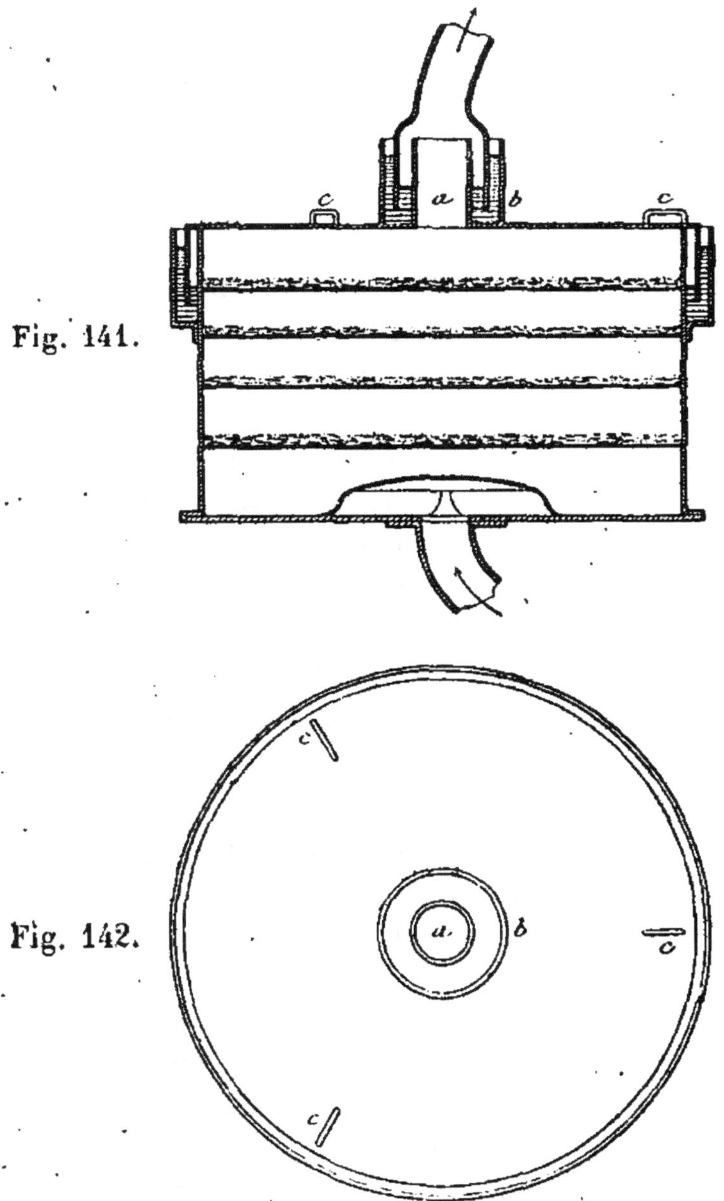

Fig. 141.

Fig. 142.

des trépieds en fer qui se placent entre les claies à
mesure qu'on a fini de préparer chaque lit de chaux.

Dans ces deux épurateurs, le tuyau de sortie a une partie mobile ; les deux extrémités de cette partie plongeant, comme on le voit, dans deux gorges hydrauliques. Lorsqu'on veut lever le couvercle, on enlève ce bout de tuyau. On le replace quand l'épuration est faite. Pour que ce bout de tuyau soit moins lourd, on le fait en tôle.

L'épurateur (fig. 143), ne diffère des précédents que parce qu'il n'a pas de tuyau mobile. Le gaz entre par le dessous de l'épurateur et en sort n'ayant traversé les lits de chaux qu'en montant.

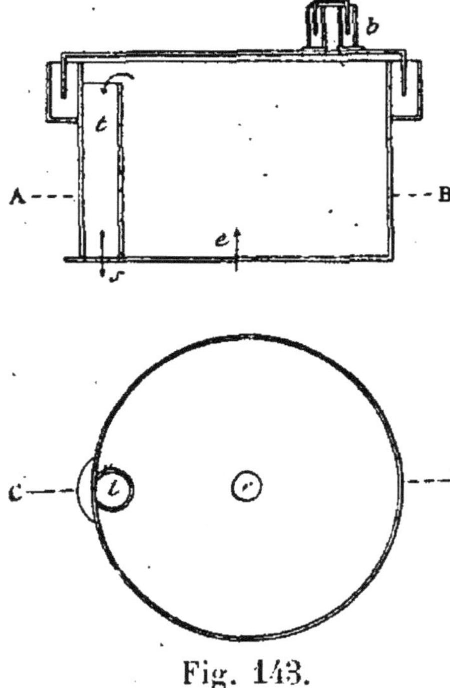

Fig. 143.

e introduction du gaz ; s sortie par le passage t venu de fonte avec le corps de l'épurateur, qui est d'une seule pièce. Les claies portent une échancrure pour le passage de t, et au-dessus de l'entrée se trouve une calotte montée sur des pieds, pour que la chaux ne tombe pas dans le tuyau.

Le couvercle porte un bouchon hydraulique, qui permet de mettre instantanément l'épurateur en équilibre avec l'atmosphère.

On fait des épurateurs de 3 mètres de long, 2 mètres de large et $0^m,80$ de profondeur à trois claies.

Il y a des épurateurs un peu de toutes les espèces, en tôle, en briques ou en fonte, de forme ronde,

carrée ou rectangulaire. Sans vouloir les décrire
tous, nous indiquerons dans les figures 144 et 145

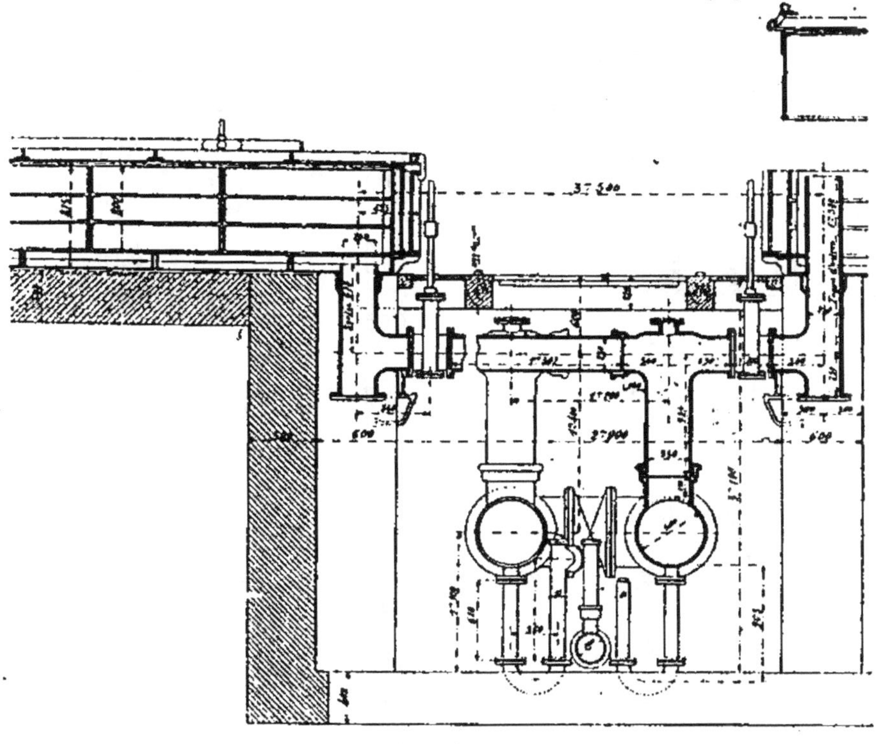

Fig. 144.

un modèle très employé. La caisse de cet épurateur est formée de panneaux en fonte avec brides, ces
brides sont réunies par un mastic composé de :

<pre>
        Limaille de fonte. . . . . . .   300 kilos.
        Sel ammoniac . . . .   3 —
        (ou Sulfate d'ammoniaque 6 kil).
        Soufre. . . . .   4 —
        Eau bouillante. . . . .   50 litres.
</pre>

retourner le mélange pendant 4 ou 6 heures, de 20
en 20 minutes, le mettre dans un baquet et le recouvrir de 10 à 15 centimètres cubes d'eau ammonia-

cale. Ces brides sont serrées ensuite à l'aide de boulons.

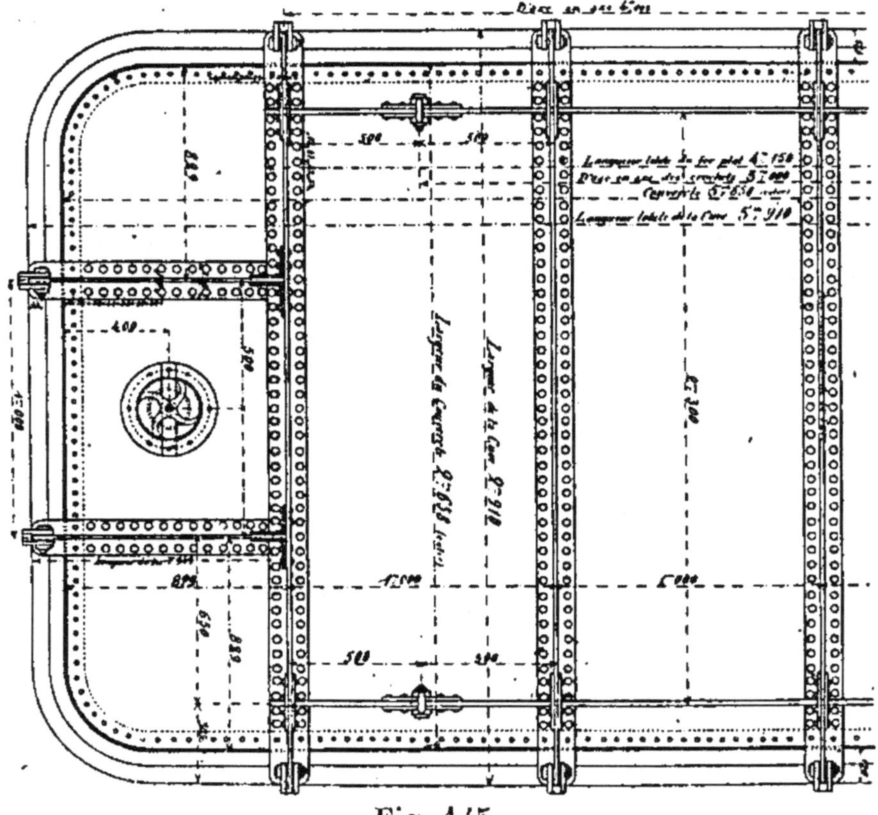

Fig. 145.

La gorge hydraulique qui entoure la cuve descend
presqu'au niveau du fond supérieur de la cuve, elle
a 0,80. La pièce de l'un des coins a une tubulure
venue de fonte pour le passage et le joint sur le tuyau
d'entrée du gaz qui monte presque jusqu'au couvercle à la hauteur du bord de l'épurateur. La pièce de
l'autre coin a également une tubulure pour le tuyau
de sortie.

Les panneaux des extrémités portant les tubulures
ont 1^m,50, les autres un mètre; on peut donc faire
des cuves de la longueur comparable avec le bâti-

ment en augmentant le nombre des panneaux. Les dimensions courantes sont 3 mètres sur 6 mètres.

Les claies sont remplacées par des planches percées de trous, en quinconce. Il n'y a qu'un lit de planches, placées sur le fond. La matière à oxyde de fer présentant moins de résistance que la chaux, il est inutile de mettre plusieurs claies ou rangs de planches dans chaque cuve d'épurateur.

Le dessus du couvercle qui est en tôle, a sa partie supérieure horizontale renforcée par des fers en ⊥ qui servent également à fixer les crochets qui, tournant autour de charnières viennent saisir le dessous du bord de la cuve, lorsque le couvercle est soulevé par le gaz. Ces fers en ⊥ servent également à fixer de longs fers plats parallèles au plus grand côté de la cuve, et qui portent les anneaux destinés à recevoir les crochets des chaînes de la grue dont on se sert pour soulever le couvercle et le transporter plus loin, pendant le renouvellement de la matière de la cuve. Les côtés du couvercle qui plonge dans l'eau des gorges sont en fonte avec un renforcement du bord qui repose dans la gorge.

Ces côtés sont en fonte, parce que l'eau des gorges devenant rapidement ammoniacale par le passage du gaz, la tôle serait rapidement rongée et mise hors de service.

Le couvercle porte un tampon autoclave, destiné à laisser échapper le gaz de la cuve, lorsqu'on a fermé les robinets d'entrée et de sortie pour refaire la cuve ; les tuyaux d'entrée et de sortie portent de petits tuyaux avec des robinets d'essais, pour constater si le gaz qui sort de la cuve ne contient plus d'hydrogène sulfuré.

CUVES EN MAÇONNERIE

Les cuves en fonte sont très coûteuses, aussi a-t-on essayé de les faire en maçonnerie.

La maçonnerie la mieux faite et la mieux cimentée laisse passer le gaz plus ou moins facilement ; aussi y a-t-il lieu de prendre quelques précautions. Non seulement il faut avoir soin de faire une bonne construction bien cimentée, mais encore de descendre la garde hydraulique jusqu'au-dessous du fond ; de cette manière il n'y a aucune chance de fuite par les côtés.

Quant au fond, il est nécessaire d'établir au-dessus de la maçonnerie un enduit en asphalte ou en bitume soigneusement étalé et repassé avec des fers chauds. Le bitume ainsi fait est complètement imperméable au gaz, et les cuves coûtent moitié du prix de celles en fonte. Il faut que le dispositif d'arrêt des couvercles soit indépendant de la maçonnerie des cuves. On peut employer des fers plats, scellés dans le sol et munis d'une ouverture par laquelle on passe une barre de fer plat, qui appuie sur le couvercle et le maintient. Pour empêcher l'eau de la gorge de geler, ce qui détériorerait la maçonnerie, il suffit qu'elle soit fortement ammoniacale.

CLAIES

Pour supporter la matière, on emploie des claies en osier ou mieux des planches percées de trous.

Un rang de planches, ou quelquefois deux rangs de planches disposées de façon qu'un vide de la rangée supérieure correspond exactement au milieu de la planche inférieure (fig. 146).

En général, il est préférable de faire passer le gaz
de haut en bas ; parce que le gaz entraînant souvent
avec lui un peu de goudron, il suffit lors de l'ouverture de la cuve d'enlever la couche supérieure de la
matière pour éviter son mélange avec la matière de
la cuve.

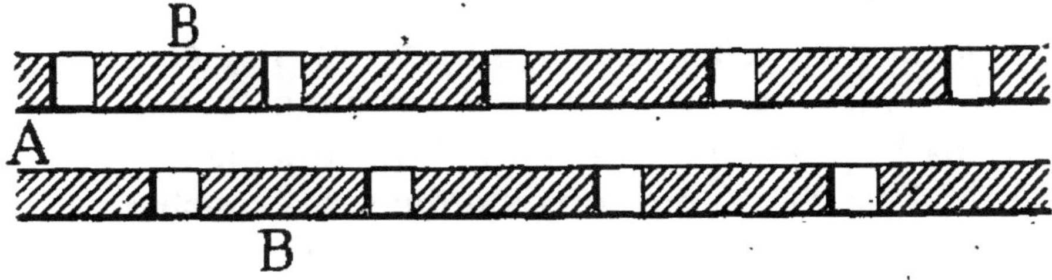

Fig. 146.

Quelquefois on prend la précaution de couvrir le
dessus de la matière, d'une couche d'environ 10^{cc} de
vieille matière épuisée qui retient le goudron.

Lorsqu'on refait la cuve, on enlève cette couche que
l'on porte directement au lavage des vieilles matières.
Pour faire travailler également la matière dans toute
sa masse, il faut opérer ainsi :

On remplit la cuve en commençant par l'un des
petits côtés et on chemine parallèlement à ce côté,
en faisant un talus naturel, on égalise bien la matière, et on la bourre ensuite sur les côtes avec un
pilon plat pour empêcher les cages, par où le gaz
passerait, ce qui obligerait à refaire les cuves dont
toute la matière n'aurait pas été employée à l'épuration, et occasionnerait à la fois une perte de temps et
une dépense inutile.

De temps en temps, lorsque la matière devient
moins poreuse, on ajoute un peu de sciure de bois
et même de chaux, on la rend ainsi plus perméable

et on lui enlève l'acide sulfocyanhydrique qui la rend
humide et boueuse.

Détails de canalisation

Une usine à gaz ne peut pas fonctionner avec moins
de deux épurateurs, l'un en service, l'autre en changement de matières. Une usine, si petite qu'elle soit,
doit posséder au moins quatre épurateurs. Il y en a
trois qui travaillent, et un dont on change la matière. Dans la première cuve, on fait travailler la matière à fond, la deuxième travaille dans les couches
inférieures, la troisième cuve est intacte, elle sert de
cuve dite de sûreté, pour parer à un accident, dans
l'une des deux autres, et empêcher absolument le
gaz de sortir sale de l'épuration.

On peut employer plusieurs dispositions pour ces
mutations de cuves, et ces manœuvres de passage :

1° On emploie pour l'isolement et la remise en
service des cuves de simples fermetures (valves et
vannes) ;

2° Ou un appareil central appelé distributeur. Cet
appareil a pour but de relier entre eux un certain
nombre d'appareils, de manière que l'on puisse, suivant les besoins, en isoler quelques-uns en faisant
passer le gaz par les autres, dans un ordre déterminé.

Ce but est atteint en rassemblant les tuyaux de ces
appareils par leurs extrémités recourbées verticalement dans une cuve remplie d'eau ou de goudron
jusqu'à un certain niveau, au-dessus duquel ils débouchent. Dans cette cuve plonge une cloche en tôle
qui embrasse tous les tuyaux et forme la clôture hydraulique vers l'extérieur. A l'intérieur de la cloche
se trouvent les cloisons verticales, qui ne descendent

cependant pas aussi bas que la paroi extérieure de la cloche, de telle façon qu'en élevant cette dernière jusqu'à une certaine hauteur, on peut la faire tourner sans supprimer la clôture avec l'extérieur. Les cloisons divisent l'intérieur de la cloche en plusieurs compartiments, et suivant qu'on réunit tels ou tels tuyaux dans une chambre, le gaz est dirigé différemment, et des appareils différents mis en communication.

Il a malheureusement l'inconvénient, par suite de l'existence de l'eau qui se sature de l'hydrogène sulfuré du gaz brut, de donner lieu à un léger défaut de purification du gaz, parce que celui-ci revenant après l'épurateur dans cet appareil peut reprendre une partie de l'hydrogène sulfuré contenu dans cette eau.

Le seul avantage, c'est que l'on n'emploie qu'un distributeur central pour quatre cuves, tandis qu'avec les simples vannes, on en emploie deux pour chaque cuve, une pour l'entrée, l'autre pour la sortie, et également quelques vannes en plus pour la communication des canalisations générales d'entrée et de sortie dans la salle d'épuration.

DISTRIBUTEURS HYDRAULIQUES

La forme la plus simple est celle représentée par la figure 147, et dont on se sert pour isoler ou mettre en activité un seul appareil. Quatre tuyaux verticaux débouchent dans l'appareil. Le gaz arrive par le tuyau E. Le gaz va à l'appareil en question par A et en revient par A^1. S est le tuyau de sortie du gaz du distributeur. La cloche dont la paroi cylindrique plonge jusqu'au fond de la cuve, embrasse les quatre tuyaux et n'a qu'une cloison qui, lorsque la cloche est abaissée, sépare les tuyaux par séries de deux. Dans la position indiquée par la figure de gauche, l'appareil que commande le distributeur est en fonc-

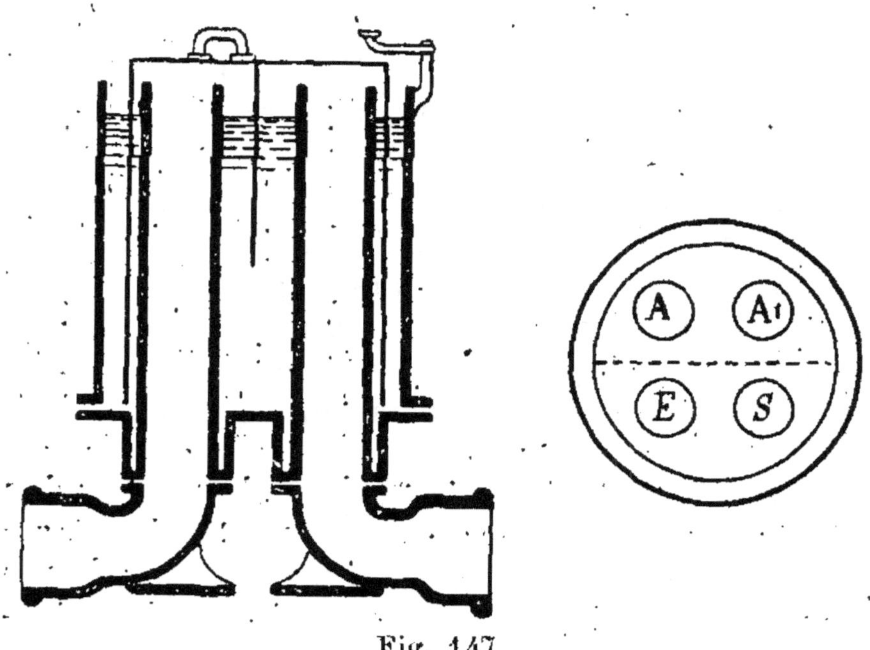

Fig. 147.

tion. Le gaz amené par E passe par A dans l'appareil, en revient par A¹ et sort du distributeur par S. Pour l'isoler, il suffit d'élever la cloche et de la tourner jusqu'à la cloison qui occupe la position indiquée en pointillé dans la figure de droite et de l'abaisser. A la cuve extérieure sont adaptées des traverses, qui sont tournées au-dessus de la cloche pour la maintenir.

Dans les grands distributeurs, dont les cloches sont trop lourdes pour être soulevées à la main, on adapte une disposition mécanique à cet effet ; ordinairement une vis avec roue à la main.

Si l'on veut mettre en activité ou isoler deux appareils au moyen d'un distributeur (fig. 148), celui-ci contient six tuyaux et une cloche qui est divisée d'une manière convenable.

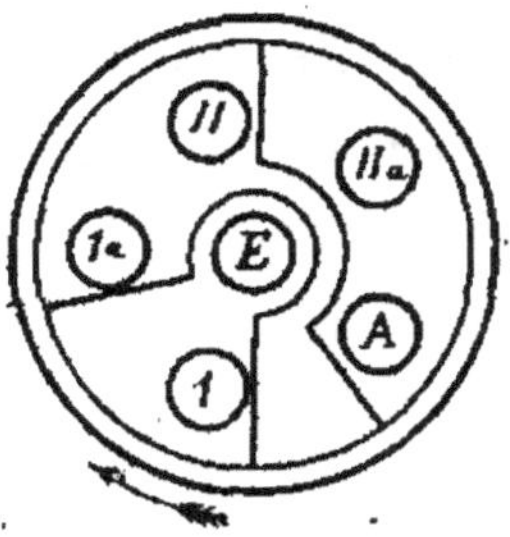 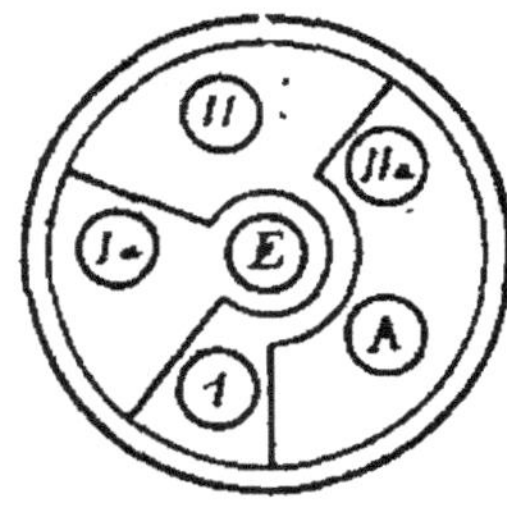 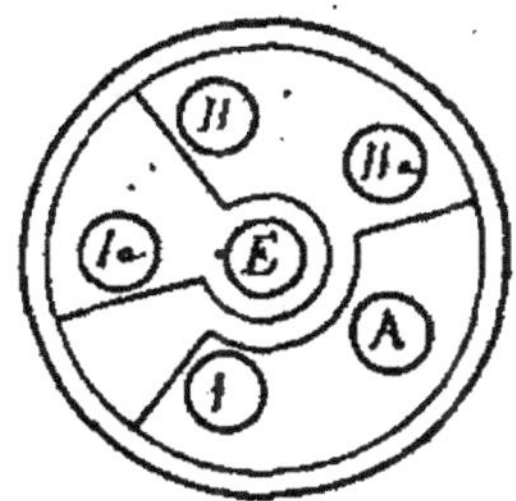

Fig. 148.

On peut obtenir dix positions différentes pour la cloche. Dans la première position, le gaz entre dans I en sort I*a*, entre dans II' en sort II*a* et par A sort du distributeur. Si l'on fait tourner la cloche de 36° dans la direction indiquée par la flèche, le gaz passe encore dans les deux appareils, mais il circule en sens inverse dans le premier appareil ; à 72° l'appareil I est seul en activité et est parcouru en sens inverse. En faisant tourner successivement de 36°, on a toutes les positions et l'on peut trouver celles dans lesquelles les épurateurs sont parcourus par le gaz toujours dans le même sens.

La figure 149 indique un distributeur pour trois appareils ; en faisant tourner la cloche de 30°, il donnerait douze positions, mais deux sont impossibles, parce que les cloisons rencontrent le

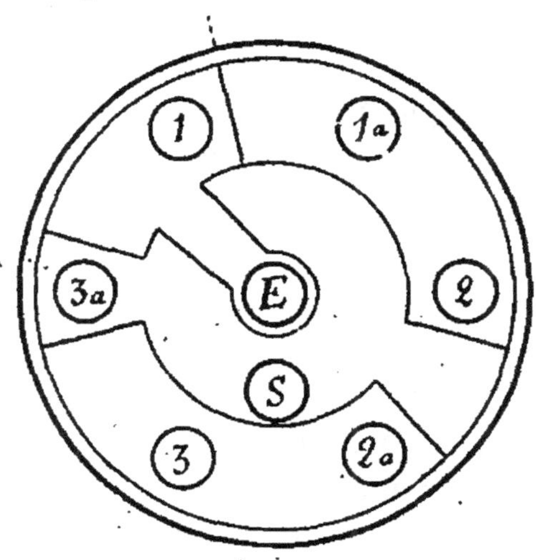

Fig. 149.

tuyau de sortie. Dans la position indiquée, les trois appareils sont en marche ; on peut obtenir par des rotations convenables la mise en marche simultanément de 1, de 2 ou de 3 ; ou la marche d'un seul, ou de 2 à la fois, etc.

DISTRIBUTEURS SECS

Les distributeurs secs ou robinets Cockey sont très employés en Angleterre ; la fermeture se fait par frictions et application des surfaces bien dressées des joints.

La figure 150 représente un distributeur pour quatre appareils ; vu de face avec le couvercle, et

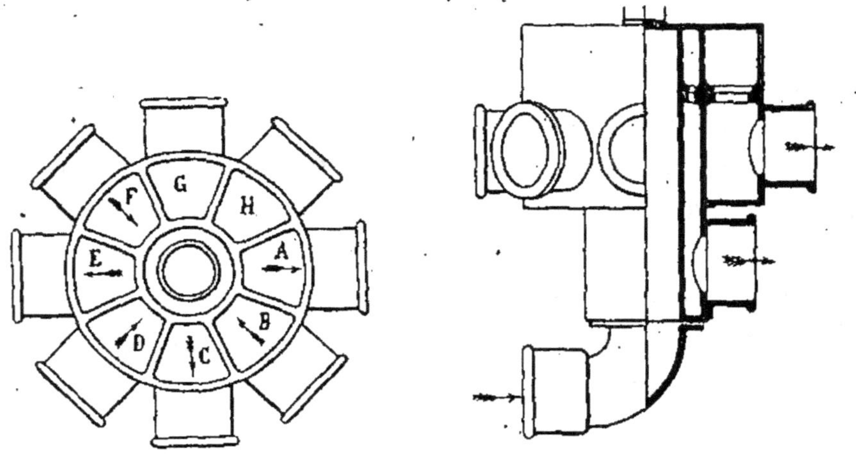

Fig. 150.

vu d'en bas et de profil. Le tuyau inférieur est le tuyau d'entrée, le tuyau de sortie se trouve également plus bas que les autres tuyaux et débouche dans l'espace annulaire, qui enveloppe le tuyau d'entrée. Les huit chambres A, B, C, D, E, F, G, H, sont reliées avec les tuyaux d'entrée et de sortie de quatre appareils et les flèches indiquent la direction

dans laquelle circule le gaz. Le courant de gaz est
réglé par le couvercle, dont chaque chambre communique avec deux chambres de la cuve inférieure. Le
gaz passe du tuyau d'entrée, dans un appareil relié
avec A, revient de là vers B, va dans le second appareil, retourne vers D ; va dans le troisième appareil
et arrive ensuite par F jusqu'à la sortie. Le distributeur est construit pour des appareils d'épuration de
manière à ce qu'il y ait toujours trois épurateurs successifs en activité tandis que le quatrième est isolé.
En tournant de 90°, on isole chaque fois la première
cuve et on met en même temps en activité la cuve
fraîchement chargée.

Cet appareil a été perfectionné plusieurs fois depuis
son invention. Entr'autres le couvercle du robinet
a une tige, qui traverse une boîte à étoupe et avance
jusqu'au-dessus de la carcasse enveloppante. A cet
endroit, la tige porte une roue dentée qui est mise en
mouvement au moyen d'un engrenage et d'une manivelle. La roue d'entrée a un bord saillant dans
lequel sont pratiquées à des endroits convenables
quatre encoches ; un cliquet tombe par son propre
poids dans celles-ci chaque fois que l'une d'elles
passe devant lui, et place ainsi le couvercle exactement dans sa position, comme cela a lieu pour les
plaques tournantes.

Une autre amélioration consiste en ce que le couvercle porte des bords dressés, convergeant vers le
centre même pour les cloisons de l'appareil qui doivent rester libres, de sorte que dans toute position
du couvercle les cloisons de l'appareil sont couvertes
et qu'il ne peut s'y déposer des crasses ou du goudron.

DISPOSITION ET RACCORDEMENT DES ÉPURATEURS

On peut imaginer toutes les combinaisons de vannes pour faire communiquer ensemble ou isoler les épurateurs.

Beaucoup de constructeurs ont exécuté des dispositions ingénieuses, à l'aide de robinets portant une cloison dans un plan méridien.

La figure 151 montre l'un de ces systèmes. Le gaz entre en A, rencontre le robinet dont la cloison est

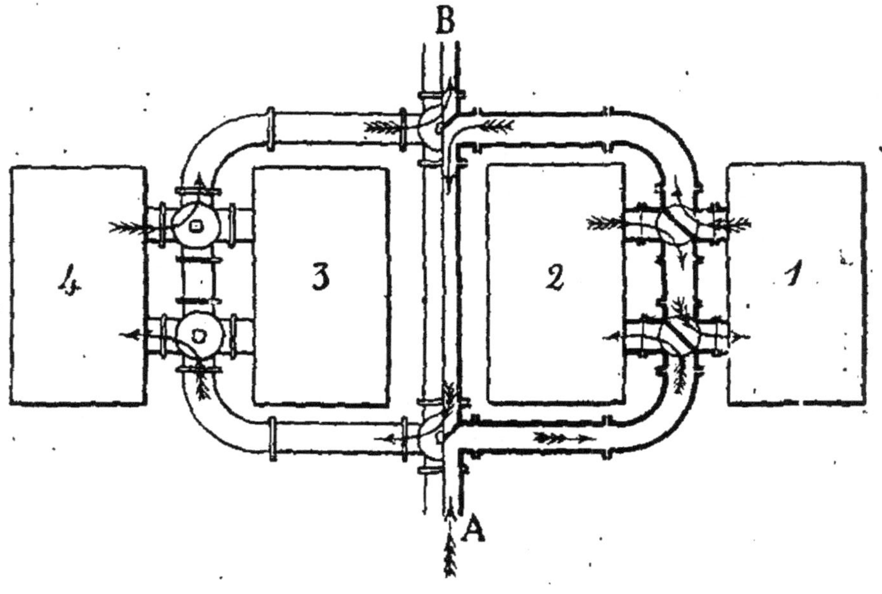

Fig. 151.

placée à 45° dans la conduite, se dirige à droite, trouve un robinet analogue qui l'oblige à entrer dans la cuve 2, en sort et, par la disposition des robinets passe dans 1, en sort et se rend dans 4, en sort et va dans la canalisation de sortie en B. La cuve n° 3 est donc isolée ; une autre disposition des robinets permet d'isoler chaque cuve, les trois autres étant en service.

On peut même en isoler deux ensemble. Pour finir, nous donnerons une disposition employée dans les grandes usines :

Les cuves d'épuration sont placées d'un même côté d'un passage central, dans le sous-sol duquel sont placées les conduites d'entrée et de sortie ; dans ces usines, les épurateurs sont fractionnés en trois groupes. Le premier contenant la matière déjà un peu vieille, retient la majeure partie de l'hydrogène sulfuré ; le deuxième contient de la matière ayant déjà servi, mais de très bonne qualité ; le troisième, appelé cuve de sûreté, contient de la matière neuve pour arrêter l'hydrogène sulfuré qui accidentellement aurait pu échapper aux deux premiers groupes, généralement cette matière ne travaille pas.

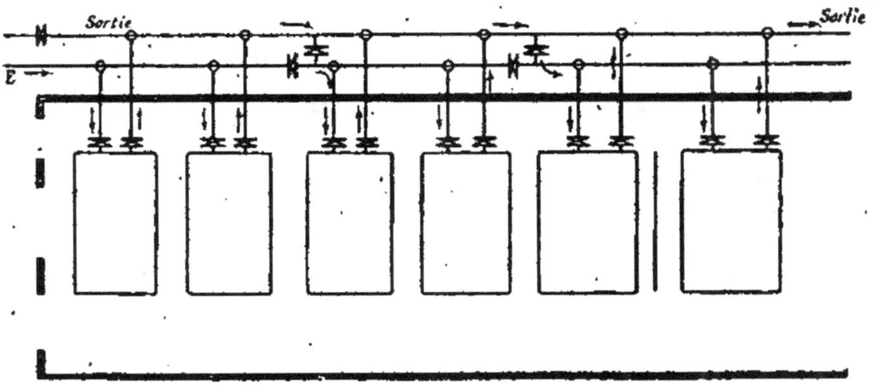

Fig. 152.

La figure 152 indique le jeu des vannes (pour la facilité du dessin, nous supposons chaque groupe composé de deux cuves), dans les grandes usines chaque groupe comprend de six à douze cuves.

Le groupement est quelquefois différent, les cuves sont placées de part et d'autre ; un passage central, dans le sous-sol duquel se trouvent les canalisations d'entrée et de sortie, les vannes, etc. ; les vannes des cuves se manœuvrent de l'extérieur devant chaque cuve.

DISPOSITION POUR LE LEVAGE DES COUVERCLES D'ÉPURATEURS

Lors de chaque changement de matière de la cuve, on doit ôter le couvercle de l'épurateur et le replacer après, on a besoin pour cela d'un mécanisme de levage.

Comme on ne laisse pas les couvercles suspendus au-dessus des cuves, mais que pendant le chargement on fait descendre le couvercle sur l'épurateur voisin, ce mécanisme de levage doit avoir aussi un mouvement horizontal, qui est opéré par une grue tournante, ou la plupart du temps au moyen d'un mécanisme roulant sur rails.

On ne pose pas les couvercles directement sur les épurateurs voisins, mais sur des chevalets placés dessous, ou mieux des planches inclinées munies de taquets pouvant se placer sur l'épurateur, planches inclinées pour permettre à l'eau légèrement ammoniacale adhérente aux couvercles de s'écouler au dehors et ne pas tomber sur les couvercles en tôle qui pourraient être détériorés à la longue par ce contact.

Ce n'est que dans de très petites usines qu'on se sert de contrepoids, qu'on attache à une corde ou à une chaîne, jouant sur deux poulies, et qui est fixée au couvercle et aux poutres de la construction.

On emploie aussi quelquefois de petits treuils fixés aux murs de la salle.

Avec ces dispositions, on est obligé de laisser le couvercle suspendu (fig. 153).

On emploie souvent un pont roulant dont le bâti

est muni de quatre roues qui lui permettent de se mouvoir sur des rails. Dans ce cas, les appareils d'épuration sont placés sur une rangée comme dans le plan précédent.

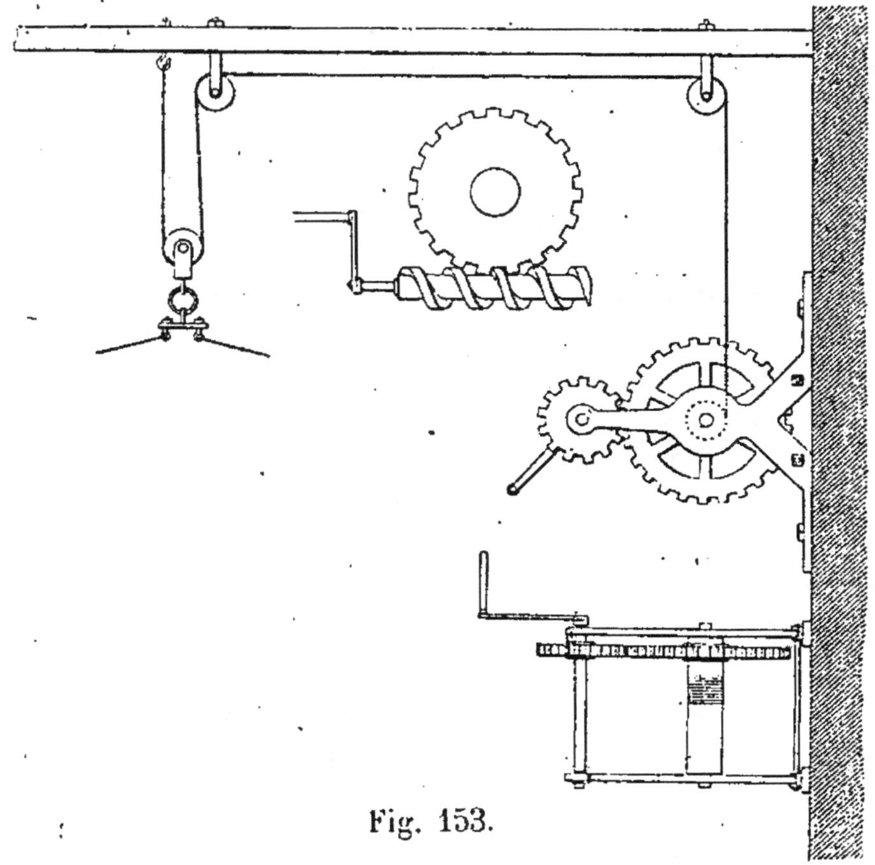

Fig. 153.

Sur le pont on adapte, soit un treuil, soit une poulie différentielle ou plusieurs poulies différentielles, suivant les dimensions et le poids du couvercle. Ces poulies roulent sur deux voies de rails placées sur le pont.

Au lieu de poulies différentielles, on emploie aussi le levage au moyen de deux vis à l'extrémité inférieure desquelles est suspendu le couvercle, au moyen de crochets. L'extrémité supérieure est prise dans un double pignon conique. ‑

Suivant que ces roues tournent dans un sens ou dans l'autre, les vis montent ou descendent. On met ces pignons en mouvement à l'aide d'une transmission par tige et par roues d'engrenage, que l'on fait marcher du bas des montants. Tout le bâti court sur une voie de rails.

MANŒUVRE DES ÉPURATEURS

Pour s'assurer que les épurateurs travaillent bien et que le gaz sort bien épuré, on essaie plusieurs fois dans la journée le gaz sortant de chaque cuve, au moyen d'un petit tuyau et d'un robinet pris sur le tuyau de sortie.

On fait venir un jet de gaz sur du papier à l'acétate de plomb mouillé ; si le gaz noircit ce papier, ou l'épurateur travaille mal, ou la matière est complètement sulfurée.

On met un autre épurateur en marche et on prend les dispositions pour refaire celui-ci. On ferme les vannes d'entrée et de sortie, on ouvre le robinet ou le tampon placé sur le couvercle pour laisser échapper le gaz ; on lève le couvercle, on vide la cuve et on porte la matière sous un hangar couvert, mais non fermé, on l'étend en couche de 10 à 20 centimètres d'épaisseur ; on la remue plusieurs fois de temps en temps, pour renouveler les surfaces exposées à l'oxygène de l'air qui doit la revivifier. On y fait des sillons pour multiplier la surface en contact avec l'air.

Cette manœuvre est onéreuse, aussi a-t-on essayé plusieurs systèmes pour diminuer les frais de manutention :

1° D'abord, par une disposition spéciale dans la construction. En Angleterre, à Manchester, les cuves d'épuration sont portées par des colonnes en fer, à la hauteur du premier étage, et portent en leur centre une ouverture par laquelle on précipite. la matière sur une aire inférieure, où elle est retournée par un labourage fait avec un cheval. Une chaîne à godets la reprend après revivification et la verse dans la cuve où il n'y a plus qu'à l'étendre;

2° La revivification de la matière d'épuration peut se faire dans la cuve elle-même. On l'opère en insufflant de l'air dans la masse de la matière, soit par un jet de vapeur, soit au moyen d'un ventilateur. Mais on ne peut employer ce moyen dans les petites usines, parce qu'il demande une installation mécanique hors de proportion avec leurs moyens et leurs besoins.

Dans ce procédé, il est indispensable de faire passer assez rapidement un grand volume d'air à travers la matière, car si le passage de l'air est lent, la matière s'échauffe beaucoup, et l'échauffement peut aller jusqu'à l'inflammation.

On peut employer, pour produire cette aspiration, le tirage de la cheminée, mais en prenant les précautions nécessaires pour éviter les explosions qui pourraient résulter de l'existence de quelques mélanges détonants dans les gaz aspirés par la cheminée.

Cette méthode présente quelques inconvénients. La matière non remuée finit par se tasser et prend beaucoup de pression pour le passage du gaz à travers sa masse. De plus si elle a été échauffée, les morceaux se frittent à la surface et perdent beaucoup de leur puissance épurante.

'La manipulation de la matière suivant la méthode

indiquée précédemment, permet de remédier aux caves qui ont pu se produire et qui, par les passages directs qu'elles offrent au gaz, ont empêché la matière de travailler dans toute sa masse.

De plus, la matière ramenée et mélangée à chaque revivification présente plus d'homogénéité et travaille plus régulièrement dans les cuves. Les procédés de revivification directe dans les cuves ne présentent aucun de ces avantages.

A l'usine de Bruxelles, on a adopté une disposition spéciale assez intéressante. La matière épurante est contenue dans un bac mobile en fonte, qui entre dans les cuves proprement dites.

La cuve étant saturée d'hydrogène sulfuré, une grue actionnée par une machine à vapeur spéciale enlève le couvercle, le dépose sur un épurateur voisin, extrait le bac contenant la matière pour le porter dans la salle de revivification, d'où elle ramène un nouveau bac garni d'avance. Grâce à cette manœuvre, l'opération de renouvellement ne dure que quelques minutes. Quant au bac contenant la matière saturée, il est descendu sur l'aire de revivification et soumis à l'action de l'air sans être vidé.

Cette méthode est économique, mais présente les inconvénients signalés plus haut. Elle n'est pas applicable aux petites usines, car il faut au moins quatre hommes pour la manœuvre.

REVIVIFICATION CONTINUE

Quelques usines ont cherché à faire de cette opération sur place une opération continue, en introduisant à chaque instant dans le courant de gaz avant son entrée aux épurateurs, la quantité d'air nécessaire à l'oxydation du sulfuré contenu dans le volume correspondant de gaz.

L'opération réussit, et nous avons vu des cuves ayant fonctionné pendant plusieurs mois sans avoir été ouvertes. Mais ce procédé a l'inconvénient de diminuer le pouvoir éclairant du gaz, à cause de la quantité d'azote qu'il y introduit. En réalité on perd de ce fait plus qu'on ne gagne de l'autre. La perte de pouvoir éclairant est de 6 0/0 pour 1 0/0 d'air jusqu'à la teneur de 4 0/0 (Audouin et Bérard).

Pour réaliser la revivification continue sans cet inconvénient, il faudrait introduire dans le gaz, non de l'air, mais de l'oxygène à peu près pur. C'est le procédé qui a été essayé pendant plusieurs mois avec succès à l'usine de Westgate-sur-Mer (Angleterre) et dont nous dirons quelques mots.

REVIVIFICATION AU MOYEN DE L'OXYGÈNE PUR

L'oxygène était fourni dans des tubes d'acier par la Brin's Oxygen C°. Le gaz contenait à l'entrée de l'épuration 14 gr. 1 d'hydrogène sulfuré par mètre cube. L'effet de l'oxygène pur sur l'hydrogène sulfuré dans l'épurateur chargé de peroxyde de fer fut :

1° Une augmentation du pouvoir éclairant d'environ 5 0/0, quand l'oxygène est légèrement en excès sur la quantité théorique requise pour l'épuration ;

2° Une revivification presque complète en vase clos ;

3° Une augmentation considérable du soufre dans l'oxyde employé ;

4° Une épuration plus efficace avec la moitié moins d'espace et un tiers en moins de matériel d'épuration ;

5° Une économie considérable en pertes de gaz et en main-d'œuvre.

Les expériences sur la chaux suivirent exactement la même marche que celles avec le peroxyde de fer, l'oxygène était fourni jusqu'à ce que sa présence dans le gaz épuré fût reconnue ; l'on observa alors que l'effet de l'oxygène sur l'acide sulfhydrique, en présence de la chaux et de l'acide carbonique, est si prompt et si décisif qu'il serait difficile d'obtenir un meilleur effet avec l'oxyde de fer ; l'emploi de celui-ci comme agent d'élimination de l'hydrogène sulfuré devient donc superflu: Le soufre est déposé sous forme solide dans la chaux épuisée, celle-ci est complètement carbonatée et inodore. Il n'y a donc plus d'inconvénient pour son emploi après épuisement.

L'oxygène a été fabriqué ensuite au moyen de la baryte ; ce corps, chauffé à une température et à une pression données, absorbe une grande quantité d'oxygène de l'air que l'on fait passer sur lui, il l'abandonne lorsqu'on diminue la pression.

La dépense de combustible pour une fabrication de 284 mètres cubes d'oxygène était de 712 kilog. de coke. Ces 284 mètres d'oxygène correspondaient au volume nécessaire pour épurer 42,471 mètres cubes de gaz.

On aurait pu d'ailleurs utiliser, pour chauffer les cornues en acier qui servent à cette préparation, la chaleur perdue des fours, la température nécessaire étant seulement d'environ 750° C.

Les pompes employées pour refouler l'air atmosphérique dans ces cornues dépensaient une quantité de combustibles égale à 715 kil. de coke.

TRAITEMENT DES VIEILLES MATIÈRES D'ÉPURATION

Au lieu d'expédier les vieilles matières aux usines qui les traitent, et pour éviter les transports onéreux d'une matière qui ne contient que 15 % en équivalent de ferrocyanure de potassium, on a cherché dans les usines à gaz le moyen de se débarrasser d'une partie de ces matières inertes, en faisant la concentration des cyanures. On emploie pour cela les deux procédés ci-dessous :

Théorie des procédés

Le début des deux procédés est identique; on mélange de la matière avec de la chaux. Les cyanures passent à l'état de ferrocyanures de chaux, les sulfocyanures à l'état de sulfocyanure de chaux, le sulfure de fer est oxydé par l'excès de chaux.

On lave, les ferrocyanures et les sulfocyanures de chaux solubles se dissolvent.

Les principales réactions sont les suivantes :

$$(\text{Fe Cy}^6)^3, 2\text{Fe}^2 + 6\text{Cao} = (\text{Fe Cy}^6 \text{ Ca}^2)^3 + 2\text{Fe}^2 \text{O}^3$$

Bleu de Prusse   Ferrocy de chaux

$$\text{Fe Cy}^6 (\text{Az H}^4)^4 + 2\text{Cao} = \text{Fe Cy}^6 \text{Ca}^2 + 3\text{Az H}^3 + 2\text{H}^2\text{o}$$

Ferrocy
d'ammonium

$$2(\text{Az H}^4 \text{ Cy S}) + 2\text{Cao} = (\text{Cy}^6 \text{ S})^2 \text{ Ca} + \text{H}^2\text{O} + 2\text{Az H}^3$$

Sulfocy   Sulfocy
d'ammonium   de calcium

Enfin la chaux oxyde le sulfure de fer :

$$\text{Fe}^2 \text{S}^3 + 3\text{Cao} = \text{Fe}^2 \text{O}^3 + 3\text{Ca S}$$

Sulfure
de calcium

On opère alors ainsi :

Dans le premier procédé, on concentre les eaux de lavage. Le sulfocyanure de calcium est décomposé par la chaleur :

$$(Cy\ S)^2\ Ca + 5H^2\ O = 2CO^2 + 2(Az\ H^4)\ HS + Ca\ O$$

On obtient en fin de concentration le ferrocyanure de calcium, partie à l'état de cristaux, partie à l'état de boues impures.

Dans le deuxième procédé, on traite la dissolution obtenue par le chlorure ferreux Fe Cl^2, le cyanure ferreux précipite :

$$Fe\ (Cy)^6\ Ca^2 + 2Fe\ Cl^2 = 3[Fe\ (Cy)^2] + 2Ca\ Cl^2$$

La dissolution contient le chlorure de calcium et le sulfocyanure de calcium.

Ce cyanure ferreux est décanté. Exposé à l'air, il se transforme en bleu de Prusse très impur d'une teneur de 35 à 50 0/0. Dans le premier procédé, on opère sur la matière tamisée finement, on la mélange avec 10 à 12 0/0 de chaux bien éteinte ; on l'étend à l'air en couche mince pour empêcher l'échauffement qui transformerait les cyanures en sulfocyanures. La matière devient jaune clair. On fait un lavage méthodique dans des bacs placés en cascade. L'eau qui s'écoule pèse 16° Baumé pour des matières dosant 15 0/0. On envoie le liquide dans des cuves, on laisse reposer; on décante le liquide qu'on évapore dans des chaudières. La première cuve qui reçoit les premières eaux est close : les gaz qui s'en dégagent sont envoyés dans un bac à acide sulfurique.

Lorsque les eaux ont diminué dans cette chaudière de 20 à 25 0/0 de leur volume primitif, on les envoie dans la seconde chaudière où l'évaporation a lieu à l'air libre, car il ne dégage plus de mauvaise odeur. On les concentre ainsi jusqu'à 40 0/0. On envoie le liquide dans des cristallisoirs, la cristallisation complète demande dix jours.

On obtient des cristaux jaunes, et les eaux mères sont renvoyées aux chaudières.

Deuxième procédé. — Le mélange de protochlorure de fer et de ferrocyanure de calcium se fait dans des cuves en bois, il se prend en mousse blanchâtre. On agite et on laisse reposer pendant vingt-quatre heures, puis on décante en recueillant, si l'on veut les traiter ultérieurement, le liquide contenant les sulfocyanures. La pâte qui reste est prise avec des pelles creuses et mise sur une aire en ciment où elle s'égoutte et se sèche complètement. Pendant cette exposition à l'air, elle s'oxyde et se colore en bleu. On la met dans des barils pour l'expédier.

Le protochlorure de fer se produit facilement en faisant agir dans un tonneau de bois de l'acide chlorhydrique étendu de 1/2 volume d'eau sur de la ferraille. Cette dissolution doit être légèrement acide et être faite à raison de 1 kil. de fer pour 3 kil. 6 d'acide chlorhydrique du commerce.

Ce procédé est plus avantageux. Il permet de recueillir les sulfocyanures. On opère sur de moindres quantités d'eau, on obtient des dissolutions plus concentrées, moins onéreuses à évaporer et l'opération est beaucoup plus rapide.

Pour terminer l'épuration, nous donnerons quelques chiffres indiquant la teneur en cyanogène et ses composés des produits de la distillation de la houille :

Eaux ammoniacales

(grammes par litre)

	AzH^3 total	AzH^3 libre	Cy Cyanogène	S Cy H Acide sulfocyanh.	HS	CO^2
Barillet :						
Eau saturée. . .	15.36		17.56	5.25	0,12	traces
Eau récente . .	8.90	2.10	10.39	1.30	0,47	
Eau de la citerne à goudron. . .	10 81		2.61	1.16	2.82	3.41

Gaz

(par mètre cube)

	AzH^3	Cy — SCy H	HS	S total
Sortie des condensateurs : moyenne.	4.88	1.022	15.661	18.384
Sortie des scrubbers : moyenne.	0,807	1.783	14.375	15.384
Entrée des épurateurs. .	0,339	1.443	13.905	15.219

Vieilles matières d'épuration (kilo par mètre cube)

	POIDS MOYEN du mètre cube	S Cy H	Cy	Cy total
Masse épuisée après un long séjour à l'air. . .	593	26.940	1.113	13.985
Masse revivifiée 14 fois .	649	23.221	2.085	12.318

La quantité de cyanogène par mètre cube de gaz est de 0 gr. 526 en moyenne.

CHAPITRE X

COMPTEURS DE FABRICATION

Nous donnerons plus loin l'historique des compteurs, à propos des compteurs d'abonnés.

Nous supposons donc connus ici les principes sur lesquels on s'appuie, et nous n'indiquerons que les particularités spéciales aux compteurs de fabrication.

But du compteur et indications utiles que l'on peut en tirer

Non seulement il sert à indiquer la quantité de gaz produit dans un temps donné, mais encore il permet de se rendre compte si la houille est de bonne ou mauvaise qualité.

En comparant le volume de gaz fourni au poids de la houille distillée, on voit son rendement. Si les cornues sont au rouge orange, et si le rendement est insuffisant, on en conclut que la houille est de mauvaise qualité.

Dans le cas où la houille est connue, une diminution de rendement indiquera un relâchement dans le service des fours.

On doit comparer les volumes de gaz en les ramenant à la même température.

Les compteurs d'usines sont munis de deux systèmes distincts d'indication : un compteur simple de volume, qui permet de relever le gaz produit par heure et par 24 heures, et un appareil supplémentaire appelé *mouchard* ou *rapporteur*. Ce petit appareil, inventé déjà en 1823 par Lowe, et employé à l'usine de Chartered Gas C°, à Londres, est représenté dans la figure 154 ; il consiste en un disque de papier divisé en un certain nombre de parties égales et mis en mouvement à l'aide de roues d'engrenage commandées par le mouvement enregistreur lui-même. Cette disposition permet de donner au disque une vitesse relative qui correspond à un certain volume écoulé au compteur.

Si, par exemple, la roue de commande est celle indiquant 1,000 mètres par tour, il suffit d'employer une roue dont le nombre de dents soit double pour que chaque révolution du disque représente 2,000 mètres cubes.

Sur ce disque, un crayon, mis en mouvement à l'aide d'une bielle, par la grande aiguille de l'horloge, tracera des courbes, et la distance entre les points de naissance de ces courbes sur la circonférence in-

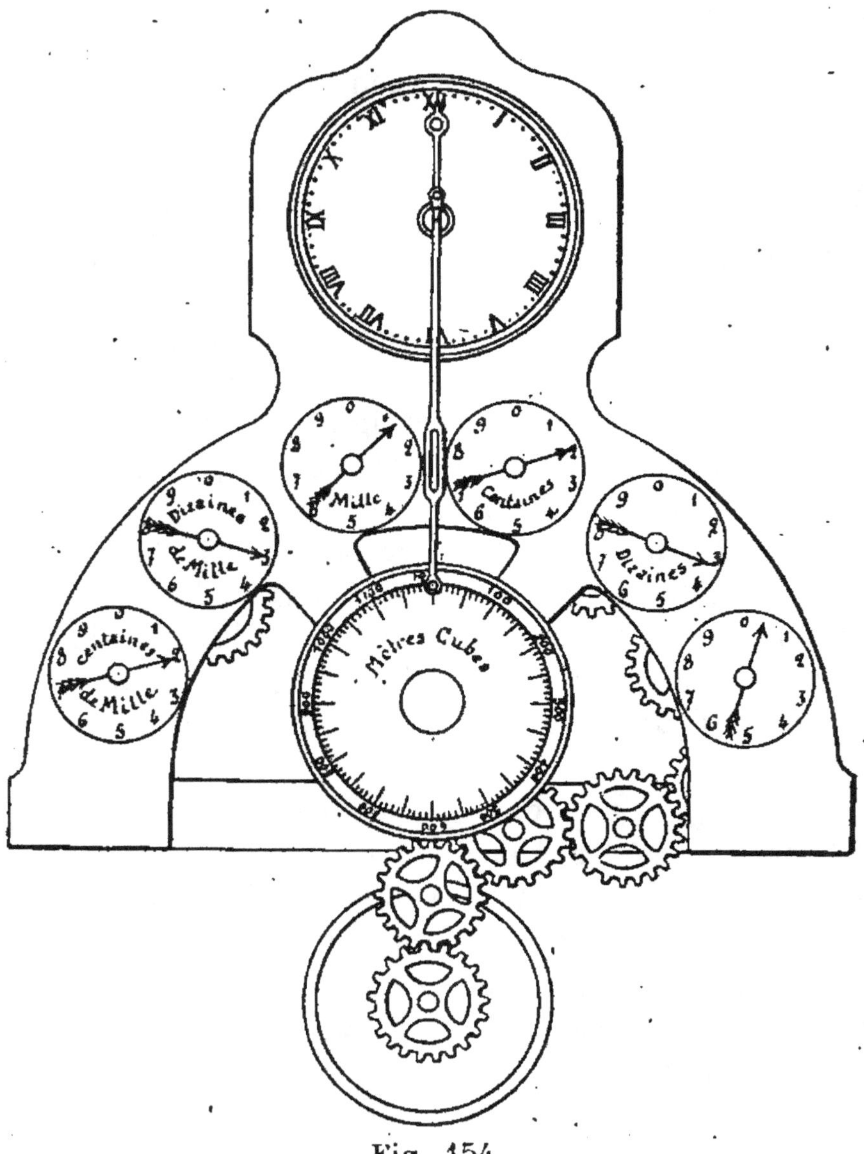

Fig. 154.

diquera le volume fabriqué par heure. On peut se rendre compte de la marche de la distillation par l'examen de la forme et du nombre de ces courbes.

Il résulte de là que ces courbes seront d'autant plus rapprochées que la production aura été plus faible. Il arrive ainsi qu'en été, lorsque la fabrication est restreinte, elles sont trop voisines, et leur forme arrondie fait qu'elles se coupent mutuellement et tendent à se confondre (fig. 155).

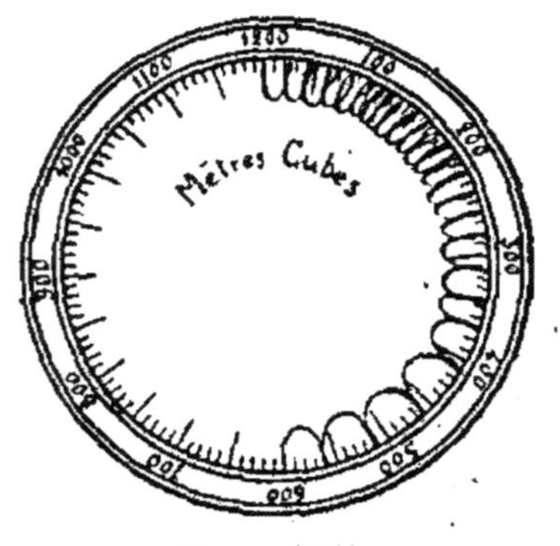

Fig. 155.

De plus, le crayon s'usant, ces indications peuvent manquer de précision. Enfin, la lecture de ces courbes ne renseigne pas sur l'heure exacte où chacune d'elles a été tracée, ce qui est cependant un point intéressant.

Aussi a-t-on modifié cet appareil pour le rendre parfait (fig. 156 et 157). Le disque portant la feuille de papier divisée est le cadran même de la pendule, qui, par une disposition spéciale, est rendu mobile ; il est établi pour faire une révolution complète en 24 heures.

La feuille qui s'applique sur le disque est divisée en 24 parties égales, représentant, par suite, les heures réelles d'observation. Chacune de ces heures est divisée en 4 parties correspondant aux quarts d'heure. Cette feuille porte, en outre, des divisions concentriques représentant des dizaines de mètres cubes. Le passage du crayon mobile d'un cercle à l'autre indiquera 10 mètres cubes d'écoulés, soit 50 mètres pour la course totale du crayon. On voit que, dans ce diagramme, les volumes se mesurent suivant les rayons, tandis que dans les diagrammes ordinaires, les volumes sont indiqués sur la circonférence. Le crayon destiné à tracer automatiquement les courbes est guidé par une came spéciale, qui

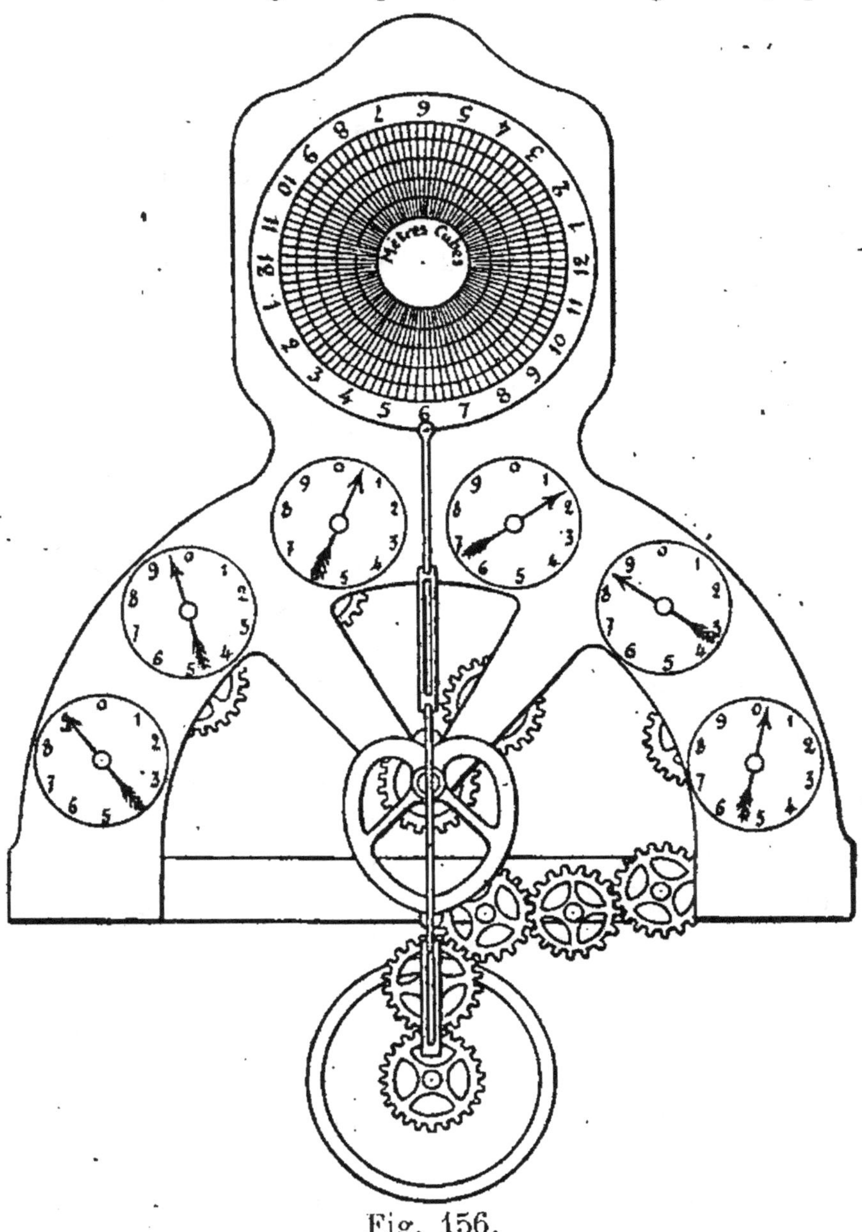

Fig. 156.

reçoit son mouvement, sans amplification de la roue des dizaines du cadran. La came élève et abaisse

verticalement ce crayon proportionnellement au chemin parcouru par l'aiguille des dizaines (le tracé de
la came étant une spirale d'Archimède).

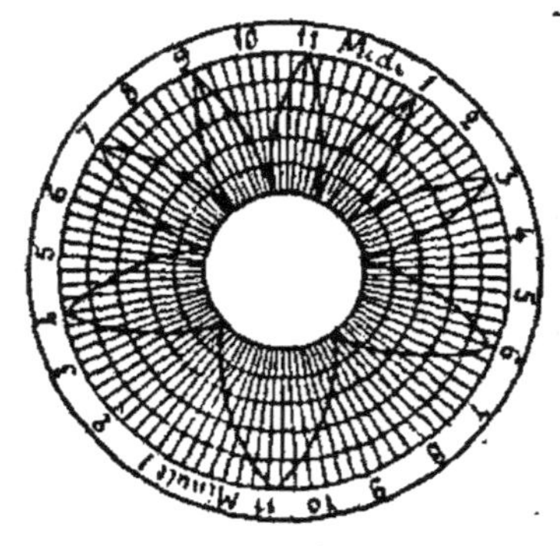

Fig. 157.

En conséquence, pour un tour de la roue des dizaines, le crayon aura accompli une ascension et une descente, et il aura tracé une courbe qui sera l'expression graphique exacte du mouvement de la roue de dizaines.

Tout d'abord, on peut suivre, minute par minute, les variations de la production. Les courbes ne se coupent jamais et sont toujours distinctes. A l'inverse du système précédent, la faible production donne des courbes d'une plus grande amplitude. Elles tendent à se rapprocher avec l'accroissement de la fabrication. On limite à volonté l'écart qu'elles peuvent offrir en se basant sur le débit maximum du compteur et en choisissant comme roue d'origine celle des centaines ou des mille du cadran enregistreur.

Une pointe métallique légèrement émoussée trace les courbes sur un papier spécial.

Le mouvement est excentré, et au-dessus du presse-étoupe de l'axe du compteur; on peut donc réparer celui-ci sans retirer le mouvement. De plus, le presse-étoupe n'étant pas masqué par l'horlogerie, on peut voir les fuites qui peuvent s'y produire.

Le compteur permet aussi de constater l'importance des fuites en ville par la comparaison entre la quantité de gaz produite, avec la quantité de gaz vendue ou consommée à l'usine. La différence entre ces deux quantités, divisée par le chiffre de la production, donne la proportion des pertes. Si cette proportion est anormale, il faut en rechercher l'origine soit dans des fuites déclarées récemment sur la canalisation extérieure, dans la consommation exagérée de l'éclairage public, dans le mesurage inexact des compteurs d'abonnés par suite d'un défaut d'entretien, dans les fuites existantes dans l'usine, entre autres dans les gazomètres.

Ces indications permettent d'en trouver la cause.

Il faut que le compteur marche dans de bonnes conditions; sa vitesse ne doit pas dépasser 100 tours à l'heure (au-dessous de $25,000^{m3}$, vitesse 95 tours ; au-delà, vitesse 80 tours) ; cette vitesse prévient la trop rapide détérioration de l'arbre du volant et permet d'éviter une absorption exagérée de pression.

Le compteur d'usine doit être établi sur une construction solide, dans un local fermé où la température soit assez régulière, voisine de 12 à 15°, température moyenne des canalisations.

Il est préférable de disposer les tuyaux d'entrée et de sortie avec des pièces à T ou en croix +, plutôt qu'avec des coudes, le nettoyage dans tous les sens en est plus facile. Il faut renouveler de temps en temps le presse-étoupe de l'arbre. La boîte à étoupe est disposée de façon qu'en cas de fuite l'eau ne puisse attaquer le mouvement. On arrive à ce résultat par une enveloppe recouvrant la boîte à étoupe et percée à la partie inférieure, de façon à laisser l'eau qui se serait accumulée dans l'enveloppe s'égoutter en dehors de la boîte à mouvement (fig. 158 et 159).

Le volant, organe de mesure, identique comme forme à celui des compteurs d'abonnés, est construit en forte tôle plombée, rivée et soudée, maintenue par une armature de fer. Il tourne sur un axe porté

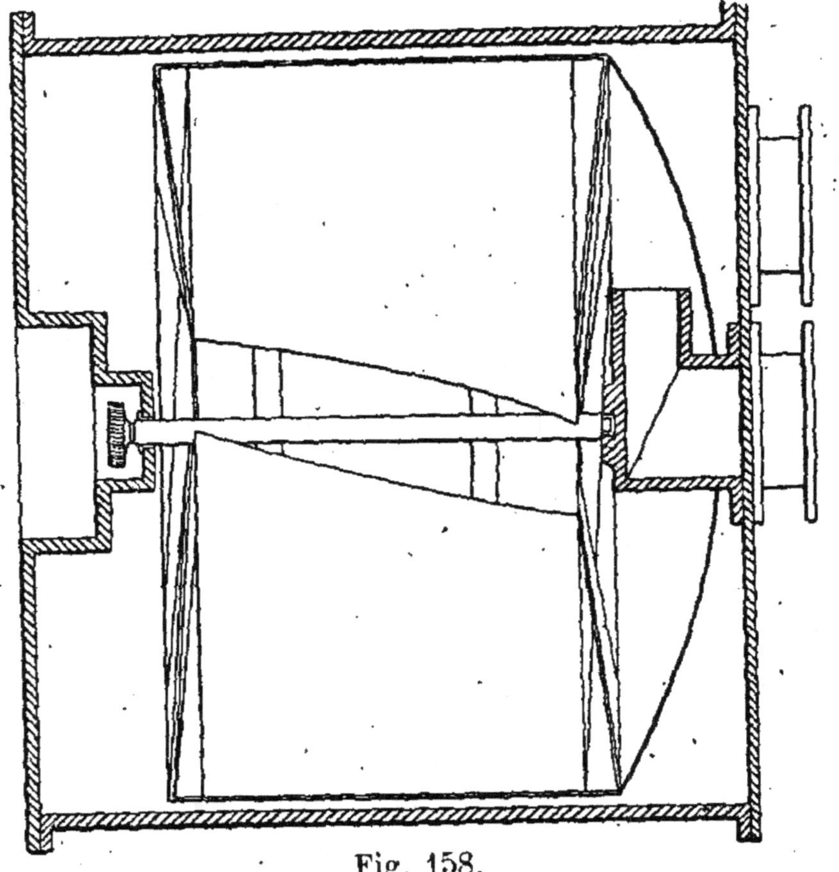

Fig. 158.

à l'arrière par un support fixe et à l'avant par une traverse indépendante de la face du compteur. On peut ainsi enlever le devant sans toucher aux organes intérieurs. L'axe du volant commande le mouvement des aiguilles des cadrans et du rapporteur.

Derrière le compteur se trouve le tuyau d'entrée du gaz, qui se prolonge à l'intérieur en une seule branche du même diamètre que le tuyau extérieur. Le tuyau de sortie communique avec le tuyau d'entrée par un by-pass fermé par une vanne, que l'on ouvre en cas d'arrêt du compteur, lorsqu'il s'agit de le nettoyer ou de le réparer.

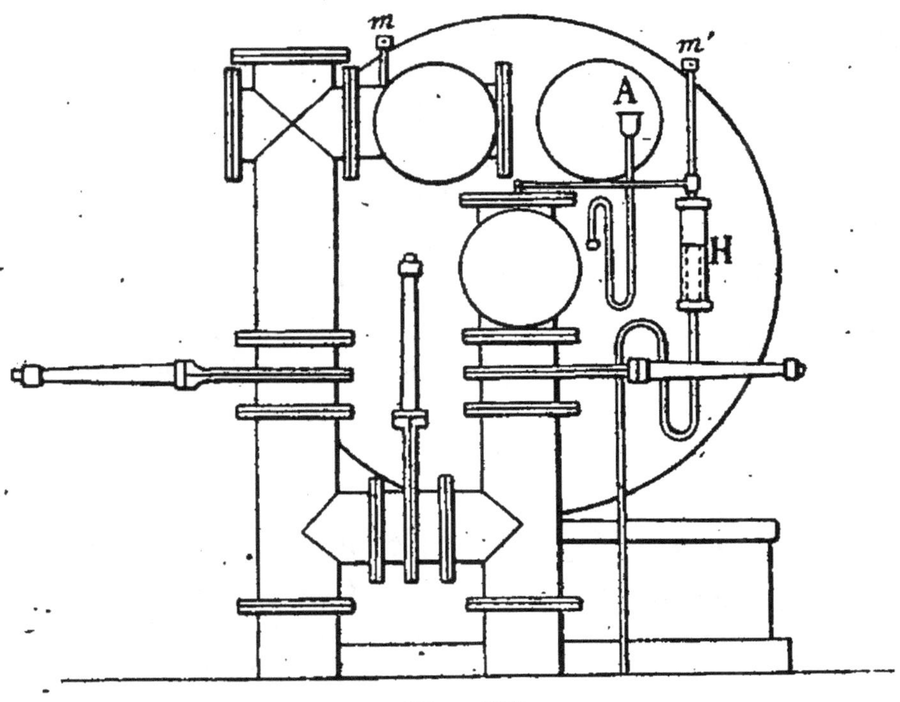

Fig. 159.

Derrière le compteur, se trouve un tuyau A avec entonnoir destiné à recevoir un mince filet d'eau pour maintènir le niveau constant ; le trop plein s'échappe par la boîte hydraulique H, dont la partie supérieure communique avec l'entrée pour y établir la pression.

La pression absorbée ne doit pas dépasser :

15 à 18 millimètres pour les compteurs de dimensions moyennes,

20 à 25 millimètres pour les grands compteurs (30 à 50,000^{m3} par 24 heures).

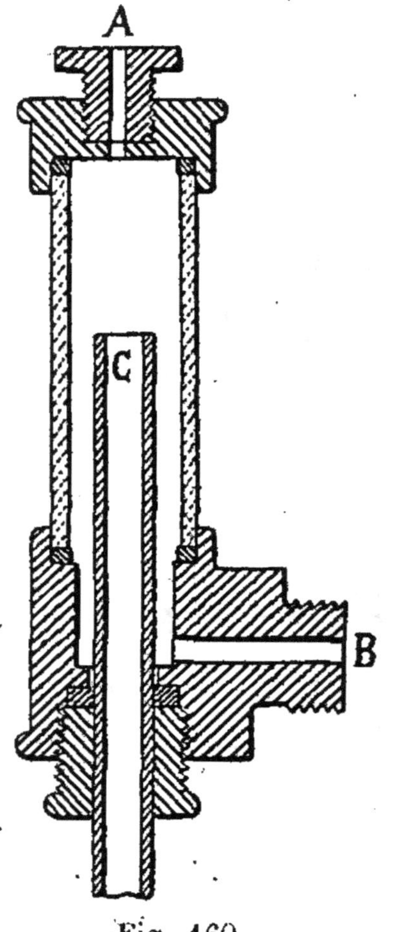

Fig. 160.

Détail de la boîte hydraulique d'échappement de l'eau (fig. 160). — A met en communication le haut avec l'entrée du gaz dans le compteur.

L'eau du compteur arrive dans la boîte hydraulique par B et sort par le tuyau C, qui porte un siphon à la partie inférieure pour assurer la garde d'eau.

Les compteurs d'usines se font depuis 500^{m3} par 24 heures jusqu'à $50,000^{m3}$.

Les compteurs portent, sur le devant, des manomètres formés de deux tubes, dont l'un est en communication avec l'entrée, l'autre avec la sortie ; on voit ainsi la différence, c'est-à-dire la pression absorbée par la marche du compteur.

Dans le tuyau d'entrée, on introduit un thermomètre pour pouvoir observer lorsqu'il est nécessaire la température du gaz.

Pour corriger le volume compté et permettre la comparaison avec le volume vendu, il suffit de savoir que 1° d'accroissement de température dilate le gaz de 0,00367 de son volume, ce qui correspond à une erreur de 1 0/0 pour une augmentation de 2°,7, au-delà de la température moyenne du sol, qui est d'environ 12° (à 1 mètre de profondeur).

CHAPITRE XI

GAZOMÈTRES

Le gaz est recueilli dans des gazomètres dont les dispositions peuvent être rapportées à trois types principaux :

Gazomètres à cuve maçonnée souterraine ;

»   télescopiques   »

»   à cuve métallique aérienne.

Le choix, basé uniquement sur le prix de premier établissement, dépend de la nature du sol.

Le gazomètre tel que nous l'employons aujourd'hui a été inventé par M. Murdoch dès le début de l'industrie du gaz. Mais, au fur et à mesure du développement de cette industrie, les dimensions de cet appareil ont augmenté considérablement ; l'on construit aujourd'hui des gazomètres de 50, 60, 80 mètres de diamètre avec des cloches simples ou télescopiques de 20 à 50 mètres (Old Kent Road) de hauteur.

Le gazomètre se compose d'une cloche cylindrique en tôle avec couverture bombée, plongée dans une citerne d'une profondeur égale à la hauteur de la cloche.

On construit les citernes en entier ou en partie

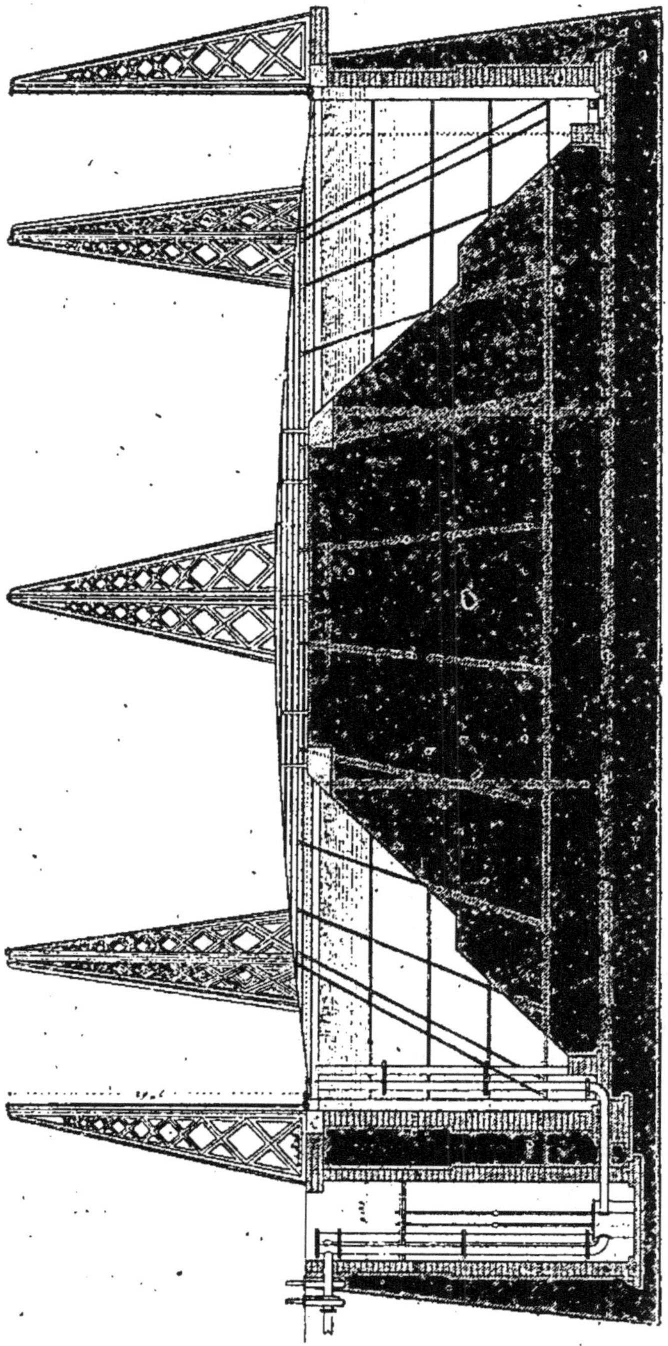

Fig. 161.

dans le sol ; dans ce cas, on entoure la partie extérieure d'un remblai.

Les cloches se font en tôle, avec ou sans armature. Pour le guidage de la cloche, on emploie des colonnes distribuées autour de la citerne et munies de rails ou de tiges (fig. 161) sur lesquels roulent des galets fixés à la cloche. Les sommets des colonnes sont reliés par des tirants ou des poutres.

Si la cloche exerce une pression trop élevée, on en diminue le poids au moyen de contrepoids que l'on suspend à des chaînes passant sur les poulies.

Les tuyaux d'entrée et de sortie pénètrent par le fond de la citerne ; de ce fond, ils s'élèvent perpendiculairement sous la cloche jusqu'au-dessus du niveau de l'eau, de façon que l'eau n'y puisse pas pénétrer.

On emploie un autre système également.

Les tuyaux d'entrée et de sortie s'élèvent au-dessus du sol et pénètrent dans la cloche au moyen de tuyaux articulés et de genouillères.

MATÉRIAUX POUR LA CONSTRUCTION
DES CITERNES

Les grandes dimensions des citernes de gazomètres, et le souci de les construire solidement sans pour cela exagérer la dépense, ont nécessité beaucoup d'études et de recherches pour arriver aux résultats minima obtenus aujourd'hui.

La citerne doit résister à la pression de l'eau et, de plus, être étanche.

La solidité est obtenue au moyen d'une épaisseur de la paroi en rapport avec la résistance des matériaux employés, et la résistance active et passive du terrain environnant.

L'étanchéité est obtenue au moyen d'enduit en ciment *ad hoc*.

Le calcul des dimensions de la paroi de la citerne exige une connaissance exacte de la résistance, de la dureté, de l'étanchéité des matériaux, et des propriétés des mortiers à employer, ainsi que leur adhérence aux matériaux employés.

Il est bon de faire essayer à la compression et à la traction les matériaux que l'on se propose d'employer.

La résistance à la traction par centimètre carré varie :

Pour le granit, de 30 à 60 kil. ;
Pour la pierre sablonneuse, de 12 à 30 kil. ;
Pour la pierre calcaire, de 12 à 40 kil.

Pour la brique, ces constantes sont variables avec la matière première employée et le degré de cuisson. Il faut qu'elles soient dures et uniformément cuites. La cassure doit être à angle vif et le grain bien serré. Au choc, elle doit donner un son clair et net, bien caractéristique des briques de bonne qualité. Les formes doivent être bien régulières et uniformes. L'état de la surface de la brique a une certaine importance, le mortier adhérant moins bien sur les surfaces lisses que sur les surfaces rugueuses.

On doit, avant l'emploi, les brosser pour les débarrasser de la couche de cendres et de farine de briques provenant de la cuisson et du transport, qui nuirait à la bonne adhérence du mortier.

Nous donnerons quelques chiffres relatifs aux résistances des briques, suivant leur degré de cuisson :

ÉTAT de CUISSON	RÉSISTANCE A LA TRACTION par centimètre carré RUPTURE	RÉSISTANCE A L'ÉCRASEMENT par centimètre carré	
		dans le sens de la largeur	dans le sens de l'épaisseur
Très cuites. . . .	5 k. 7	66 k.	50
Bien cuites. . . .	9	37	30
Cuites	15	78	68
Faiblement cuites.	12	38	14
Très faiblem^t cuites	8	18	8
Mal cuites	5	16	10

On ne doit donc pas prendre, comme résistance à la traction, plus de 10 à 12 kilogrammes par centimètre carré.

On ne doit pas employer non plus le mortier de chaux ordinaire, dont le durcissement est beaucoup trop long.

Il faut faire usage de mortiers hydrauliques ; le ciment de Portland est le plus employé, il a l'avantage de durcir assez vite, et même sous l'eau ; par suite, il ne craint pas les infiltrations.

Le poids spécifique du ciment de Portland est d'environ 2.8 à 3.2. L'hectolitre du ciment en tas plus ou moins pressé varie de 120 à 180 kilogrammes et au-dessus.

Le ciment doit être en poudre fine, préparé récemment, pour éviter l'altération qu'il subit à l'air ; il ne doit pas foisonner. On fera des essais de mélange avec le sable pour éviter les changements de volume au moment de la prise.

On ne doit employer pour les cuves que du ciment faisant prise au bout de plusieurs heures, pour permettre sa préparation en quantité et son emploi sans crainte de durcissement pendant la manipulation.

Le durcissement, qui ne commence qu'après la prise, est assez avancé au bout d'une semaine (pour que le pur mortier atteigne une résistance de 20 kil. par centimètre carré), et il se continue encore pendant quelques mois.

Lorsque le ciment est employé avec une addition de sable, comme cela a toujours lieu pour la construction des cuves, il ne faut plus compter (pour un mélange de 1 de ciment pur en volume pour 3 parties de sable) que sur une résistance de 10 à 12 kil. par centimètre carré.

J'indiquerai quelques essais de résistance de ciments purs :

POIDS de 1 HECTOLITRE de CIMENT	TEMPS de LA PRISE	RÉSISTANCE A LA TRACTION par centimètre carré	
		pour prise à l'air	pour prise sous l'eau
155 k.	3 h.	18 k.	18 k.
165	4 1/2	16	17
167	5	26	25
175	8	31	32
159	9	24	20
134	8	18	14

MORTIERS	APRÈS UNE PRISE de	RÉSISTANCE A LA TRACTION par centimètre carré
	11 jours	17^k6
1 vol. ciment 1 vol. sable.	18 »	18.2
	25 »	18.7
	9 »	7.0
1 vol. ciment 3 vol. sable.	20 »	10.0
1 vol. ciment 4 vol. sable.	33 »	61.6

TEMPS de LA PRISE en MINUTES	POIDS du LITRE sec	RÉSISTANCE A LA TRACTION							
		1 SEMAINE		2 SEMAINES		3 SEMAINES		4 SEMAINES	
		Ciment pur	4 de sable	Ciment pur	4 de sable	Ciment pur	4 de sable	Ciment pur	4 de sable
10	1.171	21.9	4.2	24.3	5.8	35.3	7.3	24.2	8.6
420	1.201	39.6	4.2	43.9	6.6	45.2	7.6	45.9	8.3
180	1.292	26.7	4.2	33.6	7.2	36.0	7.8	43.8	10.8
240	1.370	35.0	3.9	41.9	6.4	43.7	7.7	37.2	8.0

Il faut encore considérer l'adhérence du mortier sur la brique.

On a fait des essais avec des briques réunies par du ciment après un durcissement de cinq semaines.

Résistance à la traction :

Pour ciment pur. . . . . 4k6 par c²
» ciment 1, sable 2. . . . . 1.3 »
» ciment 1, sable 3. . . . 2.0 »

Si on charge ces briques pour avoir une représentation de ce qui a lieu dans la construction, au bout de cinq semaines on obtient :

Pour ciment 1, sable 1 1/2 . . 3k0 par c²
» ciment 1, sable 2. . . . 3.3 »

Avec des briques bien brossées :

Pour ciment 1, sable 1 1/2 . . 4k0 par c²
» ciment 1, sable 2. . . . 4.6 »

Il résulte de là que, tandis que la résistance à la traction pour les briques est de 10 à 12 kil. par centimètre carré, elle est du tiers pour du mortier de ciment.

L'adhérence ne doit pas être comptée au-dessus de 2 kil. 5 à 3 kil. par centimètre carré.

Il ne faut pas employer le sable de plaine, qui est souvent un peu argileux, mais le sable de rivière bien nettement quartzeux, sans argile. L'eau de lavage de ce sable ne doit pas être trouble.

PRÉPARATION DU MORTIER

On mélange le ciment avec le sable propre, à sec, et on ajoute peu à peu la quantité d'eau nécessaire ; elle est d'environ 30 0/0 du poids du ciment.

1 hectol. de ciment (140 kil.) et 1 hectol. de sable donnent 1 hect. 5 de mortier.

1 hectol. de ciment (140 kil.) et 2 hectol. de sable donnent 2 hect. 33 de mortier.

1 hectol. de ciment (140 kil.) et 3 hectol. de sable donnent 3 hect. 25 de mortier.

1^{m3} de maçonnerie nécessite environ :

Avec 1 hectol. de ciment et 1 hectol. de sable, 250 kil. de mortier.

Avec 1 hectol. de ciment et 2 hectol. de sable, 160 kil. de mortier.

Avec 1 hect. de ciment et 3 hectol. de sable, 120 kil. de mortier.

Au lieu d'employer le ciment sous la forme de mortier pour maçonnerie de briques ou de moellons, on peut l'employer aussi sous la forme de béton. Avec le béton on prend, au lieu de briques, des cailloux de silex plus ou moins gros, que l'on mélange avec une quantité suffisante de mortier de ciment pour remplir tous les vides.

On a ainsi une construction excellente, d'une solidité et d'une résistance beaucoup plus uniforme que celle de la maçonnerie ordinaire.

La résistance à la traction du béton dépend du titrage du mortier en ciment.

Un béton composé de 7 parties de cailloux pour 1 partie de mortier (1/3) a une résistance d'environ 10 à 12 kil. par centimètre carré.

Le cailloux pour béton doit être exempt de matière terreuse, et de forme anguleuse de préférence.

CONSTRUCTION DES CITERNES

La forme générale et conforme à la nature des citernes de gazomètres est la forme d'un cylindre, dont les génératrices sont verticales.

On donne généralement au fond une position horizontale; quelquefois, suivant l'espèce de terrain, on le cintre vers le bas ou vers le haut. On ne doit construire une citerne de gazomètre que sur un sol en état de résister parfaitement, dût-on l'établir artificiellement au moyen de radiers, de pilotis et de béton; sans quoi les résultats peuvent être désastreux (rupture de cuve, etc.).

Dans les grandes cuves, pour économiser sur le terrassement, on donne quelquefois, au portour du bassin seulement, un fond horizontal de 2 à 3 mètres, et on laisse dans le milieu le terrain sous forme d'un tronc de cône. En Angleterre, dans le terrain d'argile bleue qui est étanche, on conserve le fond tel quel, et on se contente d'un enduit soigneusement fait. Ailleurs, le fond est en maçonnerie et la paroi circulaire verticale exige un renforcement graduel de haut en bas.

On établit quelquefois des contreforts extérieurs, aux endroits où viennent se placer sur le bord de la citerne les colonnes de guidage, mais il est préférable de monter seulement la maçonnerie verticalement depuis le fond jusqu'en haut.

Chaque cuve de gazomètre est munie de dispositifs spéciaux pour l'arrivée et le départ du gaz.

On emploie le système des tuyaux articulés qui viennent du dehors se fixer sur la calotte de la cloche du gazomètre, ou on conduit les tuyaux dans un puits, puis sous le sol, et on les fait monter intérieurement jusqu'au-dessus du niveau de l'eau. La partie horizontale possède une faible inclinaison vers l'extérieur. On dispose quelquefois, à la partie supérieure de ces tuyaux et sur le point correspondant de la cloche, des gardes hydrauliques avec des trous d'hommes, qui permettent de pénétrer dans ces tuyaux pour les nettoyer sans vider le gaz de la calotte du gazomètre.

On dispose dans chaque cuve de gazomètre des rails verticaux ou guidage pour le bord inférieur de la cloche ; on ne les pose qu'après achèvement de la maçonnerie, dans laquelle on a ménagé des trous de scellement pour les supports des rails. On scelle également, sur le fond du radier, des dés en pierre destinés à recevoir la cloche quand elle est en bas de sa course. Ces dés fournissent l'espace nécessaire pour les crochets de suspension de la paroi cylindrique de la cloche pendant le montage.

Le rapport du diamètre à la profondeur varie avec l'importance du gazomètre. Pour les petits gazomètres, il est de 1/2 ; pour les moyens, de 1/3 ; pour les grands, du 1/4 au 1/6.

Il est avantageux d'employer les cloches télescopiques, qui nécessitent une cuve beaucoup moins élevée et moins grande pour la même capacité utile.

Calcul de la cuve

Schilling donne, d'après certains auteurs, les formules suivantes :

Considérons les forces qui agissent sur une tranche verticale ayant pour largeur l'unité de longueur.

La pression en un point $= ph$.

p, le poids spécifique de l'eau.

h, sa distance verticale au niveau de l'eau.

La pression totale sur la bande verticale $= \dfrac{ph^2}{2}$ et

le moment de cette force $= \dfrac{ph^3}{6}$

le centre de gravité étant au 1/3 à partir de la base.

Mais il faut composer ces forces.

Les actions sur les deux sections diamétralement opposées sont celles de 2 forces tangentielles, qui tendent à déchirer le cylindre suivant deux génératrices diamétralement opposées, dont la valeur $= \dfrac{ph^2\,\mathrm{D}}{2}$. D, le diamètre de la cuve et le moment de cette force $= \dfrac{ph^3\,\mathrm{D}}{6}$.

Pour résister à ces forces, il y a lieu de faire intervenir la résistance à la traction de la maçonnerie des parois ; il faut qu'elle soit égale en chaque point à la force tangentielle.

On aura donc l'équation :

$$\frac{2\,\mathrm{B}h\,\mathrm{R}}{2} = \frac{ph^2\,\mathrm{D}}{2},$$

B étant l'épaisseur à la base,

R la résistance à la traction de la maçonnerie,

d'où :
$$\mathrm{B} = \frac{ph\,\mathrm{D}}{2\,\mathrm{R}}.$$

C'est la formule employée pour la détermination de l'épaisseur des chaudières à vapeur.

Mais cette formule ne suffit pas pour les gazomètres, car l'épaisseur de la maçonnerie n'est pas négligeable par rapport au diamètre, et la force tangentielle varie entre la paroi intérieure et la paroi extérieure.

Dr Scheffer donne la formule :

$$B = \rho \left(\sqrt{\frac{R + p}{R - p}} - 1 \right)$$

B, épaisseur de la base.

ρ, le rayon intérieur.

R, la résistance pratique à la traction.

p, la pression sur la circonférence intérieure par unité de longueur.

Cette formule ne tient pas compte de l'adhérence du fond sur le radier.

Frauenholtz arrive, avec cette considération, à la formule :

$$B = \sqrt{\left(\frac{hR}{\pi R_1} + \frac{D}{2}\right)^2 + \frac{h}{\pi R_1}(hpD - 2aR)} - \left(\frac{hR}{\pi R_1} + \frac{D}{2}\right)$$

R_1 résistance au glissement.

L'on trouve que la liaison du mur circulaire réaliserait une résistance deux fois aussi grande que la solidité absolue du mur circulaire lui-même.

R égale environ 10,000 kil. par mètre carré.

R_1 »   3,000 kil.   »

a, épaisseur à la partie supérieure.

Mohr, faisant certaines hypothèses sur le remblai qui maintient le mur à l'extérieur, arrive à la formule :

$$b = \sqrt{\left(\frac{a}{2} + \frac{hR}{2Dp_1}\right)^2 + \frac{a^2}{2} + \frac{300h^2}{p_1}} - \left(\frac{a}{2} + \frac{hR}{2Dp_1}\right)$$

p_1 poids du remblai.

En appliquant, on trouve pour b une épaisseur

= 0.56 de celle donnée par la formule de Frauenholtz.

La Compagnie Parisienne est arrivée à rendre la pression extérieure de la terre efficace par un pilonnage de sable en mince couche et arrosé.

Ceci explique également l'épaisseur très mince des parois de citernes des gazomètres que donnent les Anglais, qui opèrent dans un terrain compact et avec des remblais faits dans des conditions de foulage et de lavage très soignées.

En fait, malgré ces formules, il règne encore une grande incertitude sur l'épaisseur à donner aux cuves de gazomètres. Il faut donc avoir recours à des matériaux d'excellentes qualités et se baser sur l'épaisseur des cuves déjà faites, ayant donné de bons résultats, pour déterminer l'épaisseur de la cuve en projet.

Nous donnerons donc quelques exemples :

DIAMÈTRE EN MÈTRE	HAUTEUR EN MÈTRE	ÉPAISSEUR de la PAROI EN HAUT		ÉPAISSEUR de la PAROI EN BAS	
10	4.5	0.30 à 0.45		0.90 à 1.00	
15	5.5	0.45 à 0.60		1.25 à 1.50	
20	6.5	0.60 à 0.75		1.50 à 2.00	
25	7	0.60 à 0.75		2.00 à 2.50	
30	7.5	0.75 à 0.90		2.25 à 2.75	
35	7	0.75 à 0.90		2.50 à 3.00	
40	7	0.90 à 1.05		3.00 à 3.50	
45	8	0.90 à 1.10		3.25 à 3.75	
50	8	0.90 à 1.10		3.50 à 4.00	

Exécution

Il faut achever la cuve dans une saison et la remplir d'eau avant les gelées.

Après avoir creusé la fouille, on enfonce au centre un solide pieu en bois, ou, plutôt, on construit un pylone en maçonnerie et on y fixe une broche ronde en fer forgé, servant de pivot à une pièce de bois rigide, de longueur suffisante pour former un diamètre de la cuve. Cette pièce repose par ses extrémités sur des roues roulant sur le terrain extérieur à la cuve.

On a mesuré exactement sur cette pièce de bois le rayon à partir du centre ; en la faisant tourner, on détermine un grand nombre de points de la circonférence intérieure pour servir de repère aux maçons.

On doit, autant que possible, mener le travail horizontalement sur toute la surface ; il faut apporter beaucoup de soins dans les raccordements de maçonnerie et dans les reprises ; on doit chaque fois les nettoyer et laver avec soin. On établit, à partir d'une certaine hauteur, des gabarits verticaux distants de 3 ou 4 mètres, et on donne aux ouvriers des cerces taillées suivant la circonférence intérieure de la cuve.

Lorsqu'on doit placer les boulons d'ancrage, on fixe leurs extrémités supérieures à un châssis en bois, de manière à ce qu'ils occupent exactement leurs positions relatives ; on les place à la hauteur voulue et on les maintient latéralement. Leurs plaques d'ancrage sont glissées auparavant et les boulons maintenus au moyen de clavettes. On peut sceller tout de suite la partie inférieure des boulons avec la plaque d'ancrage, mais on préfère laisser provisoirement, tant dans la hauteur que latéralement, quelques centimètres de jeu.

On ménage autour des boulons eux-mêmes une niche carrée de 10 centimètres carrés, et tout l'espace creux sera plus tard rempli de ciment lorsque les boulons auront été complètement ajustés en haut ; on se réserve ainsi la faculté d'ajustage lors de la pose des colonnes de guidage.

Pour faire l'enduit intérieur de la cuve, on dégrade les joints de la maçonnerie sur une épaisseur de 2 centimètres et on pique les surfaces de la pierre ou de la brique pour obtenir une bonne adhérence. On nettoie les joints à la brosse et on les lave à l'eau.

L'enduit a généralement 15 millimètres d'épaisseur.

Le premier enduit est rugueux et fait avec un mortier à 1/2 ; la deuxième couche avec un mortier à 1/1, et le polissage avec du ciment pur. On emploie en général, en France, le ciment de Vassy ; on polit ensuite la surface avec soin.

Tuyaux d'entrée et de sortie

On fait ensuite le fond et on l'enduit ; on dispose les tuyaux d'entrée et de sortie. (Voir la figure 162).

Dans le mur circulaire est ménagée une ouverture pour les deux tuyaux situés l'un à côté de l'autre, ouverture qui est fermée en haut par une voûte inclinée. La chambre des vannes est construite directement contre le mur de la cuve et a une section quadrangulaire ; le fond est au-dessous du fond de la cuve. Les tuyaux se composent chacun d'un tuyau horizontal, qui est relié d'un côté avec la pièce coudée qui se trouve dans le bassin, et de l'autre avec le siphon qui est placé dans la chambre des vannes. La pièce coudée est munie d'un pied venu de fonte et de trois nervures, de sorte qu'elle est établie solidement sur la maçonnerie qui se trouve au-dessous d'elle. L'angle du coude est un peu plus grand que 90°, de sorte que le côté couché est en pente douce vers le dehors, le tuyau se raccorde avec la même pente au siphon.

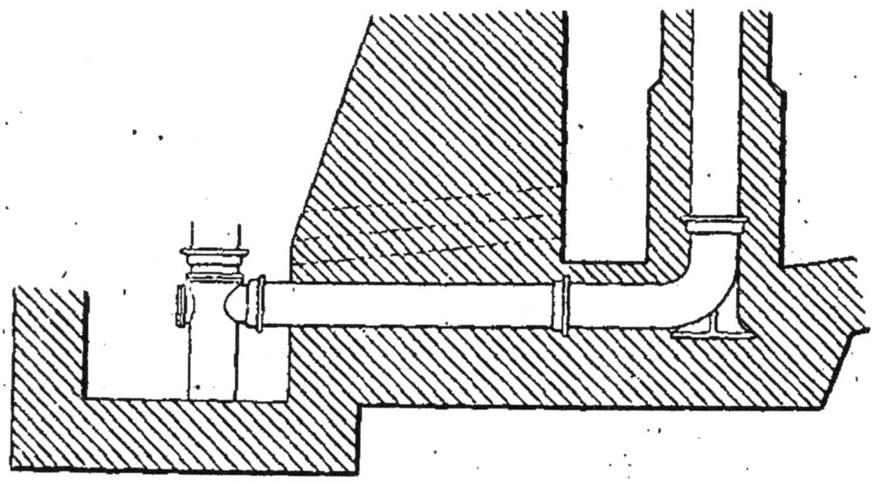

Fig. 162.

Lorsque les deux conduits avec les pièces coudées ont été introduits à travers le mur circulaire, on maçonne l'ouverture dans ce dernier et on remplit soigneusement les interstices avec du mortier.

Plus tard, quand le fond de la cuve est achevé et que les tuyaux verticaux sont placés et bien reliés, on les entoure jusqu'à leur bord supérieur d'une maçonnerie que l'on enduit soigneusement avec du ciment. Cette maçonnerie protège les tuyaux contre la gelée.

Le bord circulaire de la citerne est établi à environ

0.30 au-dessus du niveau normal de l'eau, et l'on met un tuyau de trop-plein qui débouche au dehors de la cuve.

Echafaudage intérieur

On dispose à l'intérieur un échafaudage en bois (fig. 163) destiné à soutenir la calotte quand elle est à fin de course, et dont on se sert pendant la construction.

Autrefois, pour le montage de la calotte, il était d'usage d'armer les cuves maçonnées avec des cercles en fer, disposés à l'extérieur tout autour de la cuve ou à l'intérieur des maçonneries. On y a à peu près renoncé aujourd'hui.

En France autrefois, et encore en Allemagne aujourd'hui, et en général dans les pays à climats continentaux, on enferme les gazomètres dans des constructions légères, dont les piliers de guidage servent de supports.

CUVE DE GAZOMÈTRE EN BÉTON

Lorsqu'on a du ciment de Portland à un bon prix, il peut être avantageux de faire des cuves en béton. Dans ce cas, le prix de revient est moins élevé que celui des cuves en maçonnerie, le travail est plus facile, et la rapidité de la construction beaucoup plus grande. On fait les murs avec des compartiments de forme, on y verse le béton, on l'égalise et le dame légèrement. On peut faire l'enduit en suivant, aussitôt que le mortier de chaque portion faite, est devenu assez ferme.

M. Livesey, à la South Metropolitain C^y, a construit un gazomètre en béton avec enduit en ciment

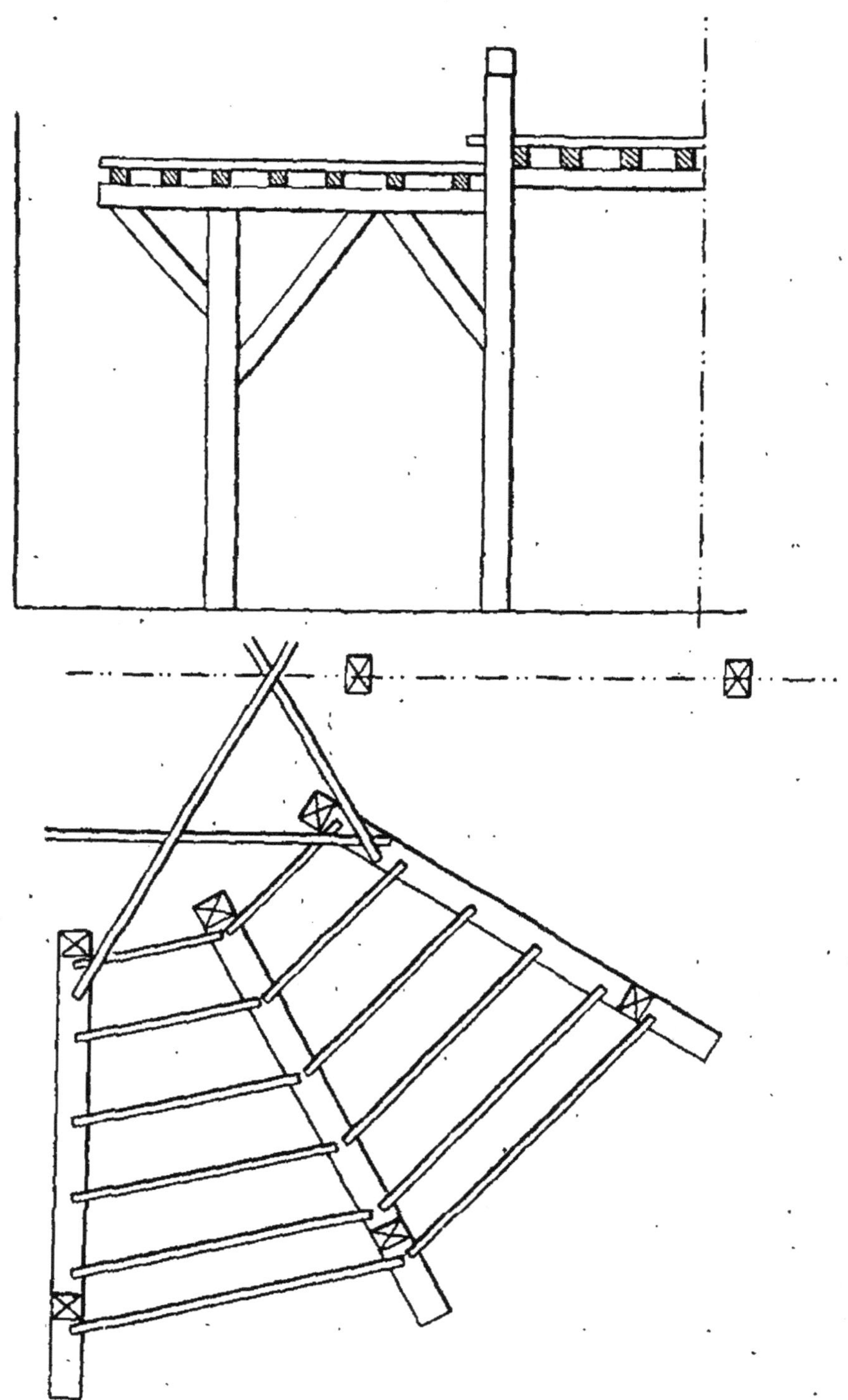

Fig. 163.

de Portland, dont les dimensions sont les suivantes : diamètre intérieur de la cuve, 56 mètres, profondeur, 14ᵐ5; le mur circulaire a 1ᵐ52 à la partie inférieure et 0ᵐ70 en haut. A la mise en service elle s'est fendue, mais après réparation elle est devenue bonne pour le service.

M. Livesey recommande d'entourer les bassins de béton, du moins dans leur partie inférieure, avec des cercles de fer permettant d'attendre la prise complète des mortiers.

Cette précaution serait superflue, je crois. Si l'on attendait le durcissement complet du mortier avant la mise en service, il faudrait environ une année.

CUVE EN BÉTON (SAINT-ÉTIENNE)

M. Hedde a construit un gazomètre monolithe à Saint-Etienne.

Par un pilonnage énergique exercé sur la matière formée de cailloux ne dépassent pas 7 centimètres et de mortier à refus, on remplissait absolument les vides, on produisait un tassement uniforme, et on s'assurait l'appui du rocher ou du terrain dont la paroi servait de moule. De plus, avec ce système de construction, on n'a pas besoin d'ouvriers spéciaux, ce qui diminue singulièrement la main d'œuvre de ces ouvrages. Quant au retrait, il se fait presque tout entier pendant l'emploi, et se termine progressivement et rapidement sur la circonférence moyenne, pourvu toutefois que le ciment employé ne soit pas trop énergique, le béton trop gras, et que la hauteur de la couche posée chaque jour ne soit pas trop forte.

Les dimensions de la cuve de Saint-Etienne sont : diamètre 30ᵐ40; hauteur dans œuvre 12ᵐ02, dont

4^m75 appuyés au rocher, 3^m15 à un terrain fort et caillouteux, 2^m35 à un remblai d'argile pilonnée et de cailloux, 1^m79 au-dessus du sol de l'usine à un remblai de terre végétale à talus de 45°.

La contenance de la cuve est de $8,724^{m3}$. Bien que la résistance du ciment de Portland ait été constatée comme supérieure du double à celle d'un ciment local, comme l'on voulait faire la cuve cylindrique de un mètre pour faciliter le montage des guides, et éviter l'hétérogénéité de la maçonnerie, à laquelle aurait donné lieu l'établissement de contreforts pour les guides, la résistance du ciment local fut trouvée convenable, d'autant que son retrait fut trouvé inférieur au ciment de Portland.

Après un grand nombre d'essais, on trouva que le meilleur dosage du mortier était de 1 de ciment pour 1 de sable dont la résistance au bout de 3 mois était de 13 k. 80 par centimètre carré. Le dosage pour le béton est celui qui correspond au remplissage à refus des vides des cailloux cassés à 7 centimètres; il a été fixé à 7 de mortier pour 12 de cailloux.

Nous profiterons de cet exemple pour donner l'application des formules établies par M. Arson.

Les forces à considérer sont : la poussée de l'eau, la résistance à la rupture de la maçonnerie par son poids et sa cohésion; la résistance des remblais qui l'appuient. Le fond travaille par écrasement; quant au pourtour, la partie appuyée au rocher, si l'appui est parfait, travaille à l'écrasement; mais il sera prudent de le considérer comme travaillant à la traction sur toute la hauteur, comme travaille certainement la partie comprise dans le remblai supérieur.

La rupture d'un mur soumis à l'action d'une force

horizontale, ne peut se produire que de deux manières, par renversement autour de l'arête extérieure du mùr, ou par glissement du massif sur sa base.

Or l'observation montre que la rupture se produit toujours suivant une fente verticale plus large dans le haut que dans le bas, et dont la formation est par suite due au renversement d'un faisceau de génératrices ayant son plus grand mouvement au sommet.

L'équation statique établie par M. Arson, donnant l'équilibre des forces et des résistances obtenues en prenant les moments des forces autour de l'arête extérieure du prisme renversé est :

$$1000 \frac{D H^3}{6} = \frac{CD^1 H^2}{2} + \frac{PE^2 D^1 H}{2} + KH^2 E.$$

Si nous supposons C résistance à la compression du remblai $= 5,000$.

P poids du m^3 de maçonnerie $= 1,800$ k.

K résistance à la traction par m^2.

Après trois mois de prise $= 100,000$ k.

L'application des résistances à l'arrachement au bout de 3 mois de prise, donnée par les éléments de la cuve aux différents termes, donnent, pour le moment de la poussée de l'eau :

$$1000 \frac{DH^3}{6} = 8760.000$$

De la résistance des remblais :

$$\frac{CD^1 H^2}{2} = 11.600.000.$$

Poids de la maçonnerie : $\dfrac{PE^2 D^1 H}{2} = 347.000.$

Résistance de la cohésion : $KH^2 E = 14.400.000.$

La comparaison de ces chiffres permet d'apprécier l'influence de chaque terme dans la détermination de l'épaisseur. Si on néglige la résistance du remblai et celle du poids de la maçonnerie, l'épaisseur strictement nécessaire $= 0^m612$.

Le fond a été coulé, en premier lieu, par segments de 1 mètre de hauteur avec surface de séparation convergeant avec le centre, et amorcés les uns aux autres par une couche de mortier de 0,03 placée après lavage à la brosse.

Le moule de la couronne était formé de fermes et de planches fortes appuyées à l'intérieur par deux étais. La paroi du rocher préalablement dressée et rebouchée servait de moule sur la hauteur. Le mortier a été fait au broyeur à manège. Le mélange du ciment et du sable préalablement fait à sec par brouettes jaugées, sur un plancher, est versé d'une façon continue dans le broyeur, de manière à le tenir constamment plein. Les cailloux, cassés à 7 centimètres, criblés à 12 millimètres et lavés à grande eau sont mélangés au mortier sur un platelage, et versés dans la bétonnière de manière à la remplir constamment. Le béton tombe dans des wagonnets de 150 litres, roulant sur un chemin de fer, et dont le fond mobile verse le béton dans le moule, où il est pilonné.

3 volumes de ciment et 3 de sable donnaient 4^m50 de mortier.

1^{m3} de béton demandait 0,584 de mortier.

Après la mise en service, la perte de la cuve en trois mois fut inappréciable.

On a fait également des cuves en béton au Mans, à Clermont, Senlis, Saint-Germain, etc. :

| VILLES | DIAMÈTRE INTÉRIEUR | HAUTEUR | ÉPAISSEUR DU MUR | | ÉPAISSEUR DU RADIER |
			Maximum	Minimum	
Le Mans	19^m	6^m	1.50	0.60	0.30
Clermont	12.09	6	1.25	0.85	0.70
Senlis.	10.30	4	0.90	0.60	0.30
St-Germain . . .	6.10	2	0.60	0.40	
Ofen	21.00	6.2	1.50	1.60	1.30

CUVES EN FONTE

On en a construit au début; le système est actuellement complètement abandonné, la fonte se brisant sous l'influence des variations brusques de température.

CUVES EN TÔLE

On en construit dans les localités où le sol n'offre pas de stabilité, où il est susceptible de tassements, de crevasses, comme dans les pays au-dessous desquels se trouvent des exploitations minières à des profondeurs peu considérables.

On construit un radier en béton bien horizontal pour le fond. Suivant le diamètre, on emploie des tôles de 10 à 15 m/m, les rangs extérieurs étant toujours d'une épaisseur supérieure aux autres.

La paroi verticale est réunie au radier par une cornière de grande dimension. Aux parois latérales de la cuve on dispose des poutres en treillis, dont les moitiés supérieures forment les poteaux de guidage pour la cloche. A la hauteur de la cuve ces poutres sont réunies entre elles au moyen de poutres horizontales en treillis.

Les poteaux de guidage au-dessus de la margelle sont réunis entre eux, par un et souvent deux rangs de poutres ou de tirants. On prend soin de boulonner les poutres verticales aux points de jonction horizontaux de la cuve, pour que les pressions pouvant se produire sur la poutre ne puissent réagir sur les rivets de la cuve.

Les tuyaux d'entrée et sortie sont disposés suivant les conditions locales, par l'intérieur ou par des genouillères.

CUVES EN CIMENT ET FER

M. Monnier a proposé et exécuté un système de construction de cuves en ciment et fer. Il se compose de fer, de ciment et de sable. Le fer assemblé en treillis, dont les mailles varient suivant la force à obtenir, est noyé dans le milieu de l'épaisseur du mortier de ciment, dont la composition est aussi susceptible de changement dans le dosage, c'est-à-dire que les mélanges de ciment et de sable varient depuis 350 kilos de ciment jusqu'à 600 kilos et 800 kilos pour un mètre cube de sable. Le fer entièrement privé de tout contact avec l'air, est inoxydable, il n'y a à craindre à l'intérieur des épaisseurs des parois aucun vide, puisque c'est au moyen du coulage du mortier que sont formées ces parois.

Dans ces conditions, il est facile de se rendre compte que l'on peut obtenir une force résistante appropriée à celle nécessaire :

1° En donnant aux fers les dimensions voulues comme section ;

2° En composant les mortiers suivant un dosage convenable pour la résistance à obtenir;

3° En adoptant pour les parois l'épaisseur exigée par le poids à supporter verticalement, ou nécessaire pour résister à l'extension.

Ce système est très économique, l'expérience a montré que le prix d'une cuve ainsi construite est d'un tiers moins élevé que celui d'une cuve en maçonnerie, construite dans les conditions les plus favorables.

La cuve, fond et paroi, ne formant qu'un seul et même corps homogène, donne une solidité parfaite. L'étanchéité résulte du genre de construction même.

CLOCHES DE GAZOMÈTRES

Elles sont simples, ou télescopiques. Les télescopiques se composent de deux ou trois cylindres entrant l'un dans l'autre, dont l'un, le plus intérieur, est fermé par une calotte et muni au bas d'un rebord extérieur en forme de godet pour recevoir l'eau de barrage, tandis que le cylindre extérieur ouvert des deux bouts, pénètre dans le godet par un rebord adapté à la paroi intérieure et dirigé vers le bas. Ces gazomètres télescopiques ont l'avantage de présenter une même capacité non seulement pour une plus petite surface de terrain, mais aussi pour un prix beaucoup moins élevé.

La capacité utile d'une cloche n'est pas sa capacité totale, car le bord inférieur doit toujours conserver l'immersion nécessaire pour garantir une fermeture assurée lors des orages et des oscillations inévitables ; il faut compter environ 30 centimètres. La capacité de la calotte bombée n'est également pas à compter pour le service, parce qu'on ne laisse pas descendre la cloche au-dessous du bord supérieur de la paroi cylindrique.

Quant à la capacité totale du magasin de gaz d'une usine, elle dépend des pays. En Angleterre, où on lute les fours du samedi minuit au dimanche minuit, on a un magasin de gaz égal à la consommation maximum d'une journée et même plus.

En France, on se contente en général de 70 à 60 0/0 et même 50 0/0 de la consommation journalière maximum.

En Angleterre et en France, on construit les gazomètres à l'air libre. En Allemagne, par suite de la rigueur de la température de l'hiver, on les entoure d'un bâtiment fermé avec toit.

La pression exercée par la cloche sur le gaz est donnée par la formule :

$$m = \frac{G}{1000\,A}$$

m, pression manométrique ;

G, poids du gazomètre ;

A, la section horizontale du gazomètre.

Cett pression varie, suivant les gazomètres, de 75 $^m/_m$ à 200 $^m/_m$.

Dans le calcul, on ne tient généralement pas compte de la perte de pression provenant de l'immersion de la cloche dans l'eau ni de celle provenant de la force ascensionnelle du gaz contenu sous la cloche.

On peut voir, par le calcul, que ces deux causes qui tendent à diminuer la pression ne donnent pas une erreur supérieure à 5 0/0.

Quant aux gazomètres télescopiques, il y aura lieu de faire le calcul de la pression : 1° pour la cloche intérieure seule, puis de la même cloche après l'accrochage du premier anneau, et ensuite du deuxième si la cloche est à trois levées.

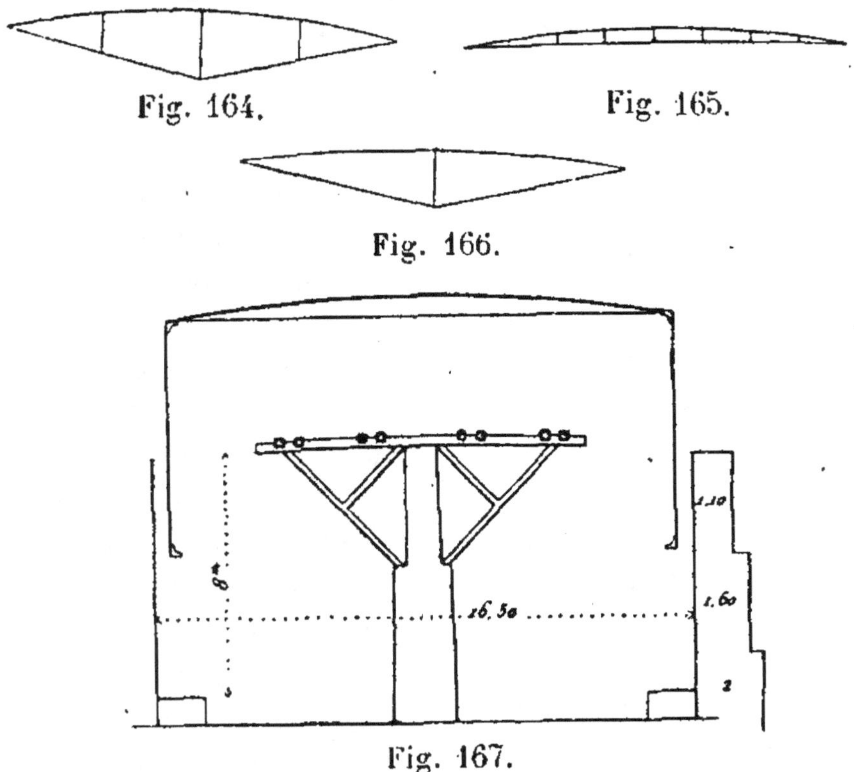

Fig. 164.

Fig. 165.

Fig. 166.

Fig. 167.

Les cloches de gazomètres se font avec ou sans armature intérieure, suivant qu'il y a ou qu'il n'y a pas d'échafaudage en bois sur le radier pour supporter la calotte quand la cloche est à fin de course (Fig. 164, 165, 166, 167).

CONSTRUCTION DES CLOCHES DE GAZOMÈTRES

Il y a plusieurs systèmes de constructions, ou plutôt il n'y en a pas, chaque constructeur ayant ses idées sur la matière.

En général, dans les cloches simples il y a une couronne supérieure et une inférieure, reliées entre elles par des supports verticaux formés de fers en ⊔ ou ⊥. Dans les cloches moyennes, ces couronnes sont de simples fers cornières.

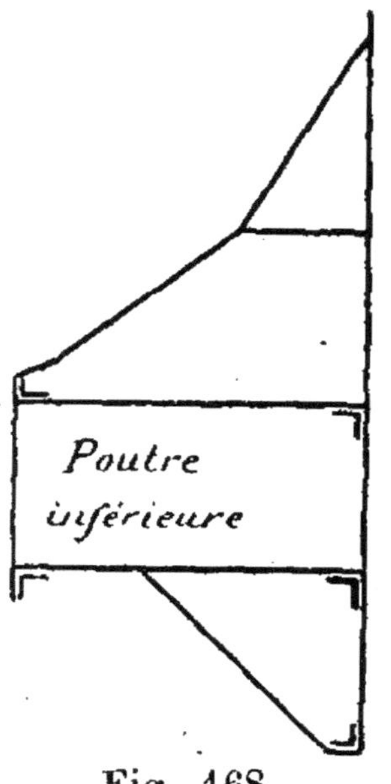

Fig. 168.

Dans les plus grands, ces cornières sont renforcées par des cercles rivés en fer plat, et la couronne inférieure peut devenir une véritable poutre (fig. 168).

Dans les gazomètres télescopiques, la cloche intérieure reçoit, extérieurement à son bord inférieur, une gorge ; la cloche extérieure reçoit en haut un rebord dirigé vers l'intérieur et s'engrénant dans la gorge. Celle-ci est généralement composée d'un cercle en tôle et de deux cylindres verticaux qui sont reliés entre eux par des cercles en cornières.

Le bord supérieur du cercle de tôle vertical extérieur est consolidé par un fer demi rond ou un fort fer plat. La construction du bord qui engrène est tout à fait analogue. La largeur de la gorge comporte environ 25 à 30 centimètres, la profondeur pour la fermeture hydraulique 45 à 60 centimètres.

Si l'on fait une armature pour la calotte, on la

compose de chevrons en fer $\top$ ou $\mathbf{I}$, réunis d'une part à la cornière supérieure de la paroi latérale, de l'autre côté au centre. Autrefois cette armature était faite comme un comble, les tirants horizontaux réunis à un tuyau central et les chevrons épousant la forme de la calotte également réunis à ce même tuyau.

Toute cette charpente était rivée au cercle d'angle de la paroi cylindrique, une partie des chevrons se rencontrait sur ce cercle avec les extrémités supérieures des supports verticaux et consolidaient par leurs jonctions la paroi verticale. Il est essentiel pour la solidité de la cloche d'établir entre ces chevrons et supports une bonne liaison angulaire.

On emploie pour les gazomètres des tôles de : pour les cylindres de dimensions petites ou moyennes, 2 à 3 $^m/^m$; et 5 à 7 $^m/^m$ pour les grandes dimensions; pour les calottes, 3 à 4 et même 8 à 10 $^m/^m$.

Les tôles de la rangée inférieure et de la supérieure de la paroi latérale, ainsi que les cercles extérieur et du centre de la calotte, c'est-à-dire toutes les feuilles qui sont rivées à la carcasse, sont plus fortes que les autres à cause des rivets.

Les coutures concentriques sont toutes les mêmes dans tous les gazomètres, les coutures radiales sont la plupart du temps disposées de manière à ce qu'il en résulte des feuilles de dimensions à peu près égales. Les feuilles se recouvrent environ de 25 $^m/^m$ pour la rivure des bords.

Quand il y a une carcasse ou armature, il ne faut pas river les feuilles avec; la calotte doit se trouver libre sur l'armature.

La calotte de tôle pour la construction peut se calculer comme une ferme, elle est soumise en un point à deux forces : la pression du gaz, le poids de la tôle.

Le mieux est de considérer une cloche comme une chaînette renversée , on obtient ainsi la tension aux points d'attache et l'épaisseur en chaque point.

GUIDAGE

Le guidage des cloches se fait au moyen de galets qui roulent sur des rails.

Ils doivent embrasser les rails d'une manière suffisamment profonde, pour n'en pas sortir par les oscillations inévitables de la cloche et par l'espace réservé pour le jeu pratiquement nécessaire. La gorge doit avoir 6 à 10 centimètres. Les joues doivent être solides pour ne pas casser par les chocs en cas de tempêtes.

Le galet doit pouvoir être déplacé pour le réglage.

L'axe du galet doit être fixé sur une base spéciale fixée à la cloche. Dans les gazomètres télescopiques, le support des galets du guidage supérieur doit être plus grand.

Il est nécessaire aussi dans les gazomètres télescopiques de donner un guidage au bord inférieur de la cloche intérieure et au bord supérieur de la cloche extérieure. Le galet extérieur de celle-ci roule sur le même rail que le galet supérieur de la cloche intérieure (fig. 169).

On adapte quelquefois des galets de guidage à la partie inférieure de la gorge hydraulique qui se

trouve à la cloche in-
térieure et les rails
de guidage de ces ga-
lets sont fixés contre
la paroi intérieure de
la cloche extérieure.

Le guidage est ainsi
plus complet mais inac-
cessible. Il faut éviter
les rails de guidage en
fonte, principalement
dans la cuve, parce
qu'ils peuvent se cas-
ser sous l'influence du
froid ou des chocs et
déterminer l'accrocha-
ge de la cloche. Cet
accident arrive quel-
quefois à occasionner
la chute du guidage
supérieur et la pres-
que démolition de la
partie métallique du
gazomètre (usine de
St-Mandé).

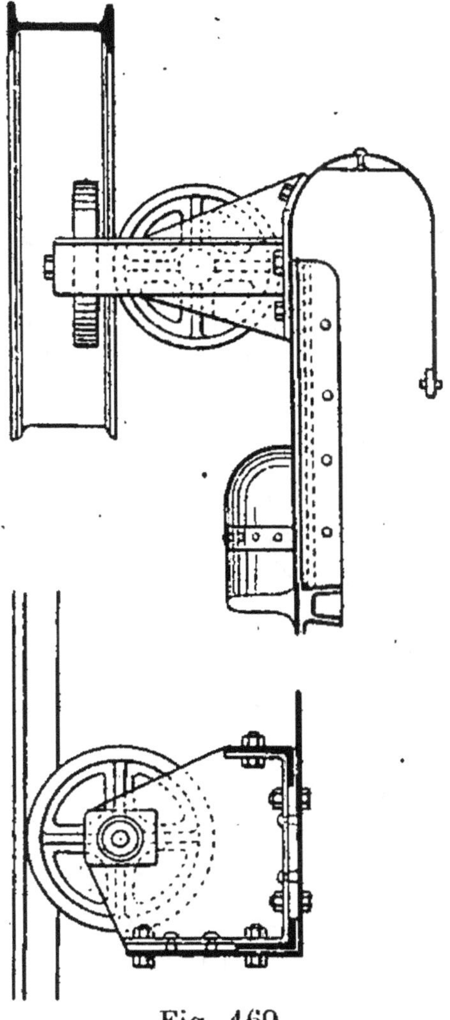

Fig. 169.

CONSTRUCTION DE LA CALOTTE

On construit la cloche, en montant le cylindre par
rangées, et ensuite la calotte sur un échafaudage en
bois placé dans l'intérieur de la cuve ; c'est pourquoi
on fait très souvent cet échafaudage fixe et définitif ;
il sert pour la construction, et après il sert à supporter la calotte ; dans ce cas on ne construit pas
d'armature fixe pour la calotte.

Le système de guidage le plus ancien adopté
pour les cloches, consistait en galets à gorge, dont le
plan de rotation était perpendiculaire à la surface de
la cloche, et qui roulaient sur des guides en fer ou
en fonte maintenus verticalement au-dessus de la
cuve et se prolongeant jusqu'au fond de celle-ci ;
parfois même les galets inférieurs, fixés au bas de la
cloche, roulaient sur l'enduit de la cuve directement.
Ce système présente quelques inconvénients, entre
autres celui de tendre à déformer la cloche à sa
partie inférieure par la pression radiale que le galet
exerce sur elle.

M. Servier, en 1856, inventa le système des galets
dits tangentiels, parce que leur axe étant perpendiculaire à la surface de la cloche, toute pression exercée sur les galets agit suivant la tangente à la surface cylindrique, c'est-à-dire dans le sens de la plus
grande résistance de la tôle. Ce système fut adopté
par la Compagnie parisienne qui, après expérience,
l'appliqua depuis à tous les gazomètres qu'elle construisit.

Pose des guides supérieurs

Le levage se fait à l'aide d'une chèvre et d'un petit
chariot porté par des rouleaux.

MISE EN SERVICE DU GAZOMÈTRE

Après avoir sorti par les trous d'homme, les écha-
faudages ayant servi à la pose de la calotte, en
laissant les poteaux entretoisés qui doivent la supporter lorsque le gazomètre est à fin de course, il
faut faire la purge d'air.

On commence par remplir d'eau la cuve à la hauteur voulue, et on remplace l'air de la calotte par le

gaz. Pour cela, on ferme les trous d'homme, et par une ouverture disposée sur l'un d'eux, on descend un tuyau de diamètre assez grand (suivant la capacité du gazomètre) jusqu'à quelques centimètres au-dessus de l'eau (2 centimètres). Ceci fait, on introduit le gaz doucement en éloignant toute lumière ou flamme dans un rayon assez grand autour du gazomètre. Le gaz étant plus léger que l'air monte à la partie supérieure de la calotte, et refoule l'air à la partie inférieure. Cet air est chassé par le tuyau indiqué plus haut, et lorsqu'il est presque complètement expulsé, l'on commence à sentir le gaz. On prend alors une vessie munie d'un robinet, sur lequel est vissé un entonnoir, on presse la vessie de façon à la vider d'air ; on introduit l'entonnoir dans le tuyau, le gaz arrivant avec une certaine pression gonfle et remplit la vessie. On porte cette vessie loin du gazomètre, on substitue à l'entonnoir un porte-bec muni d'un bec à papillon et on essaye d'allumer le gaz qui sort de la vessie que l'on presse. On répète cette opération jusqu'à ce que le gaz obtenu donne une flamme convenable. La calotte est alors pleine de bon gaz, on enlève le tuyau et on fait le joint de la plaque de recouvrement. Le gazomètre est alors prêt à fonctionner.

Il va sans dire que l'on a donné une pression inférieure à celle qui aurait pu soulever le gazomètre et le faire monter.

CONSTRUCTION D'UN GAZOMÈTRE A MARSEILLE

Comme guide dans la construction d'un gazomètre, nous résumerons une étude théorique et pratique, présentée par MM. Monnier et Thibaudet au congrès de la Société technique de l'Industrie du gaz en 1880, et donnant les formules et les expériences sur lesquelles ils se sont appuyés pour établir un gazomètre télescopique de 20,000^{m3} à l'usine de Marseille.

Rapport qui doit exister entre la capacité des gazomètres et la production

La production étant aussi régulière que possible, alors que la consommation est très variable, les gazomètres doivent être suffisants pour emmagasiner :

1° L'excédent de la production sur la consommation pendant que celle-ci est inférieure à la première ;

2° Une certaine réserve de gaz pour parer aux variations accidentelles de la fabrication et de la consommation, qu'on fixe généralement à 20 ou 25 0/0 de la production en 24 heures.

Si V désigne le volume utile total des gazomètres,

Q la production moyenne en 24 heures pendant le mois de décembre,

θ le temps pendant lequel la production excède la consommation.

q la consommation totale pendant le temps θ, on a évidemment :

$$V = \frac{Q}{24} \theta - q + 0,25 \, Q = Q \left(\frac{\theta}{24} + 0,25 \right) - q.$$

Dans une usine où Q = 60.000^{m3}, θ = 17 heures, q = 20.000^{m3}, on devrait prendre V = 37.500^{m3}.

Type à adopter

Dans le cas d'une extension d'usine, il est préférable de construire un seul gazomètre, dont le prix sera moins élevé que celui de deux qu'on construirait pour une usine neuve, qui offriraient plus de sécurité qu'un seul appareil.

Un gazomètre télescopique donnera un prix de revient moins élevé par mètre cube.

Construction de la cuve

On a adopté les dimensions suivantes :

Diamètre intérieur : 40 mètres.

Hauteur de la paroi verticale	Dés en pierre de taille sur lesquels repose la cloche à fond de course.	0.20
	Hauteur utile d'eau	8.00
	Exhaussement provenant du volume déplacé par la cloche.	0.20
	Hauteur de la margelle au-dessus de l'eau.	0.10
	Total . ., ... :	8.50

et la cloche devra donner une pression de 200 $^{m}/_{m}$ d'eau au minimum.

Calcul de l'épaisseur de la paroi verticale

La cuve étant un vase cylindrique dont la paroi continue est pressée de dedans en dehors, on ne peut faire intervenir le poids de l'enveloppe comme un élément de résistance, car le poids ne peut évidemment intervenir que lorsque la paroi verticale commence à tourner autour de son arête extérieure, ce qui suppose la rupture préalable de cette paroi, suivant une ou plusieurs génératrices verticales, et par conséquent la destruction de l'étanchéité de la cuve. Il faut donc faire le calcul en ne tenant compte que de la résistance à l'arrachement sous l'influence de la pression intérieure.

L'épaisseur de la paroi verticale a été calculée par la formule de Lamé (*Théorie mathématique de l'élasticité des corps solides*) :

$$\varepsilon = \rho_0 \left[\left(\frac{A + P_0}{A + 2P_1 - P_0} \right)^{\frac{1}{2}} - 1 \right] \text{ dans laquelle (1)}$$

ε désigne l'épaisseur de la paroi (en mètres) ;

ρ_0 le rayon intérieur de la cuve (en mètres) ;

A effort de traction maximum (en kilogrammes par mètre carré) auquel on peut soumettre la matière composant la cuve ;

P_0 pression intérieure en kilogr. par mètre carré ;

P_1 » extérieure » » »

Il faut que P_0 soit plus petit ou égal à $A + 2P_1$. Dans le cas d'égalité, $\varepsilon = \infty$.

Si nous désignons le rapport $\dfrac{P_0 - P_1}{A + P_0}$ par α, l'équation (1) peut se mettre sous la forme :

$$\varepsilon = \rho_0 \left[(1 - 2\alpha)^{-\frac{1}{2}} - 1 \right]$$

Si α est très petit, c'est-à-dire si la différence entre les pressions intérieure et extérieure, ou pression effective, est une faible fraction du coefficient de résistance de la matière, la quantité $(1 - 2\alpha)^{-\frac{1}{2}}$ développée en série peut se réduire à ses deux premiers termes, c'est-à-dire $1 + \alpha$ et la formule (1)

devient :
$$\varepsilon = \rho_0 \left(\frac{P_0 - P_1}{A + P_0} \right) \tag{2}$$

Cherchons P_0, la pression intérieure atteint son maximum au fond de la cuve, elle est égale :

A la pression atmosphérique. .. .. . . 10.300 kil.
A la charge d'eau correspondant à la
  pression de la cloche   200
. A la hauteur d'eau de la cuve. . . .   8.200
                      .Total. . . . . . 18.700 kil.

Elle diminue depuis le radier jusqu'à la margelle.

La valeur de P, en un point de la paroi extérieure, est égale à la pression atmosphérique, augmentée de la résistance des terres en ce point.

Dans la partie de la cuve à établir dans la roche, on peut, au moyen d'un pilonnage soigné, augmenter la résistance du remblai ; mais une fois que l'on passe dans les terres plus ou moins meubles, il ne faut plus compter que sur la pression exercée naturellement par les terres enveloppant la cuve qui a pour expression :

$$(6) \qquad P = \pi H \, Tg^2 \left(45^0 - \frac{\varphi}{2} \right) \qquad 2$$

P, pression des terres en kilogrammes par mètre carré ;

π, le poids du mètre cube de terre ;

H, hauteur du point considéré au-dessous du plan supérieur du terrain ;

φ, angle du talus naturel des terres avec l'horizontale.

$$\varepsilon = 1.550 \text{ kilog.} ; \quad \varphi = 45^0.$$

L'équation devient alors :

$$P = 265 \, H \qquad\qquad (7)$$

D'après des expériences faites à la Compagnie parisienne pour des remblais arrosés et pilonnés avec soin par couches de cinq centimètres, on peut adopter les coefficients de résistance suivants :

Sable de rivière.. . .. .   10.000 kil. par mètre carré
Tuf blanc . . . .   8.000   »   »   »
Terre végétale . .. . 4.400   »   »   »

Pour le terrain de Marseille, on a pris ce dernier chiffre, et on a admis que sur une hauteur de 2^m50 à partir du fond, on pouvait compter sur une résistance de 4,000 kil. par mètre carré. Au-delà de ce point, jusqu'au niveau du sol, la résistance des terres a été calculée par la formule (7).

VALEUR DE A.

L'étude complète comportant l'examen de trois types différents de construction pour la cuve, on a dû rechercher quelle était la valeur de A qui convenait à chacun des trois cas.

Cuve en beton avec mortier de chaux du Teil

Ce mortier, composé de 350 kil. de chaux du Teil, éteinte en poudre, pour 1^{m3} de sable, présentait une résistance à la traction au bout de six mois de prise, de 6 kil. 67 par centimètre carré, au bout de douze mois de 8 kil. 50.

On a admis comme coefficient pratique le quart de la charge de rupture, soit 2 kil. 125 par centimètre carré ou 21,250 kilogrammes par mètre carré.

Pour le radier, qui n'a à résister qu'à la poussée souterraine des eaux, on peut prendre ce coefficient égal à 42,500 kilogr.

Cuves en briques ou en béton avec mortier à base de Portland

La résistance à l'arrachement est comprise entre 16 et 21 kil. par centimètre carré.

On a adopté comme coefficient pratique 4 kil. par centimètre carré pour la paroi cylindrique, et 8 kil. pour le radier.

Cuve en tôle

La limite d'élasticité de la tôle étant de 14 kil. par millimètre carré, on adopte généralement le chiffre de 6 à 7 kilos par millimètre carré comme coefficient de résistance pratique à l'extension.

Quant à la résistance des rivures, elle a été déterminée en admettant que la section de la rivure représente 0,56 de la résistance de la tôle s'il s'agit d'une rivure simple, et 0,72 de la résistance de la tôle s'il s'agit d'une rivure double.

CALCUL DES ÉPAISSEURS DE LA PAROI CYLINDRIQUE

Nous allons appliquer les formules indiquées plus haut.

Les pressions intérieure et extérieure variant d'un point à un autre d'une même génératrice, il est évident que si l'on voulait donner à la paroi cylindrique une épaisseur uniforme sur toute la hauteur, il faudrait adopter celle qui convient à la zone la plus fatiguée.

Il est donc plus rationnel et plus économique de faire varier l'épaisseur en la proportionnant aux efforts auxquels doit résister l'enveloppe en ses divers points. On suppose la cuve composée d'anneaux cylindriques superposés ; on calcule l'épaisseur à donner à chacun d'eux dans la partie la plus fatiguée et on obtient ainsi pour la section verticale de la cuve une forme d'égale résistance.

Ces déterminations sont résumées dans le tableau suivant :

NUMÉROS	Cote au-dessous du plan d'eau supérieur	VALEURS de		ÉPAISSEURS calculées pour A =		
		P_0	P_1	21.250 TEIL	40.000 PORTLAND	4 320 000 TÔLE
1	8^m200	18.700	14.300	2^m650	1^m692	$20^{mm}28$
2	7.70	18.200	14.300	2.329	1.491	17.98
3	7.2	17.700	14.300	2.014	1.294	15.68
4	6.7	17.200	14.300	1.704	1.098	13.37
5	6.2	16.700	14.300	1.399	0.904	11.07
6	5.7	16.200	14.300	1.099	0.713	8.76
7	5.2	15.700	11.731	2.571	1.598	18.31
8	4.7	15.200	11.598	2.328	1.449	16.62
9	4.2	14.700	11.466	2.085	1.229	14.92
10	3.7	14.200	11.333	1.845	1.150	13.23
11	3.2	13.700	11.201	1.604	1.001	11.53
12	2.7	13.200	11.068	1.366	0.853	9.84
13	2.2	12.700	10.936	1.128	0.705	8.14
14	1.7	12.200	10.803	0.892	0.558	6.45
15	1.20	11.700	10.671	0.655	0.410	4.75
16	0,70	11.200	10.538	0.421	0.264	3.06
17	0,20	10.700	10.406	0.187	0.117	1.36

En se basant sur ces résultats, on est conduit à adopter pour la paroi cylindrique l'un des profils (*a*) (*b*) (*c*) (*d*) indiqués dans la figure **170**, suivant le mode de construction.

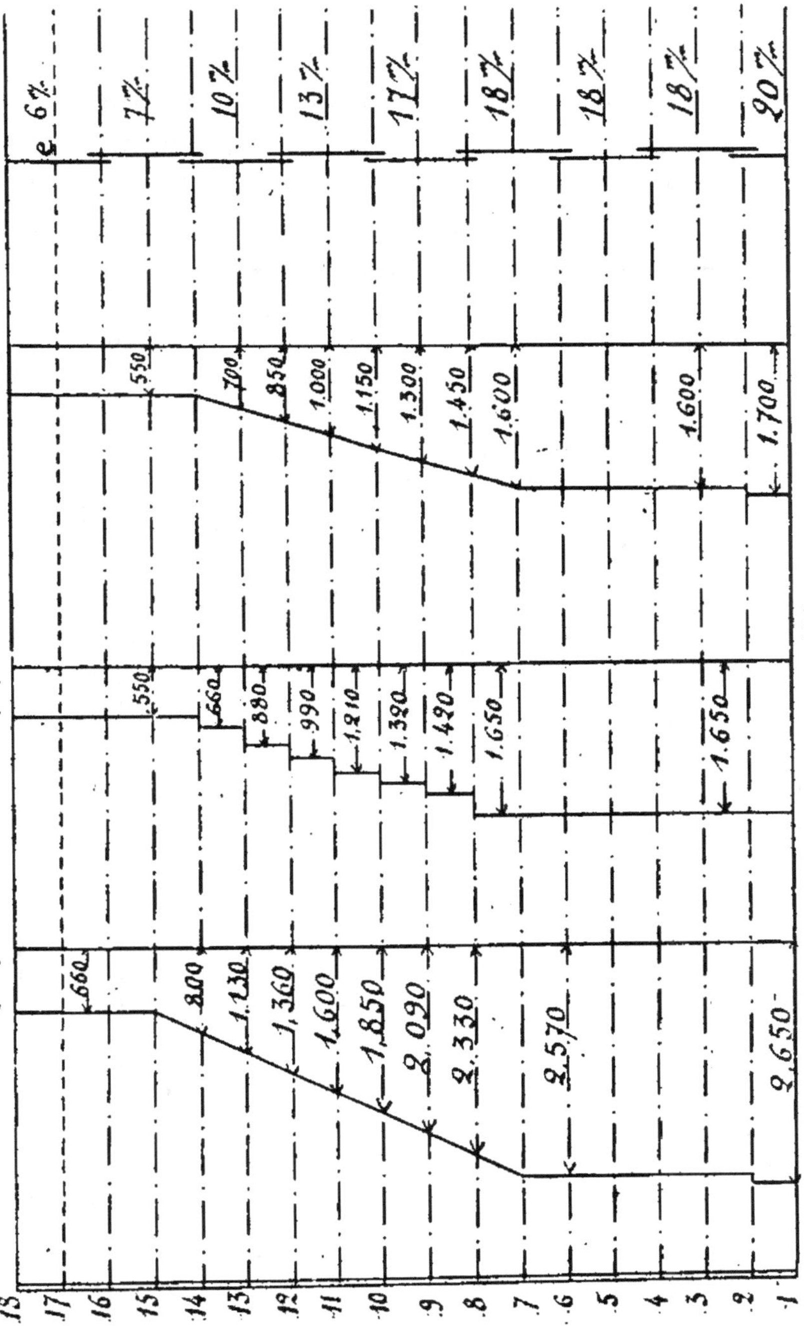

(d)
(c)
(b)
(a)
e 6%
7%
10%
13%
17%
18%
18%
18%
20%
550
700
850
1.000
1.150
1.300
1.450
1.600
1.600
1.700
550
660
880
990
1.210
1.320
1.490
1.650
1.650
660
800
1.130
1.360
1.600
1.850
2.090
2.330
2.570
2.650
18 17 16 15 14 13 12 11 10 9 8 7 6 5 4 3 2 1

Fig. 170.

Afin de rendre cette étude plus complète, on a consigné dans le tableau ci-après les valeurs des efforts d'extension T_0 auxquels serait soumise la paroi cylindrique en chacun de ses points dans le cas hypothétique et défavorable où, la résistance des terres devenant nulle, P_1 se trouverait réduit à la pression atmosphérique, les valeurs de P_0 étant les mêmes que précédemment :

NUMÉROS DES POINTS	BÉTON avec chaux DU TEIL		BRIQUES avec ciment DE PORTLAND		BÉTON avec ciment DE PORTLAND		TOLE	
	Épaisseur adoptée	Valeur de T_0 par Cm²	Épaisseur adoptée	Valeur de T_0 par Cm²	Épaisseur adoptée	Valeur de T_0 par Cm²	Épaisseur adoptée	Valeur de T_0 par mm²
1	2ᵐ65	5ᵏ76	1ᵐ65	9ᵏ59	1ᵐ70	9ᵏ29	20ᵐᵐ	8ᵏ38
2	2.57	5.54	1.65	8.96	1.60	9.25	18	8.76
3	2.57	5.12	1.65	8.33	1.60	8.60	18	8.20
4	2.57	4.71	1.65	7.69	1.60	7.90	18	7.65
5	2.57	4.29	1.65	7.06	1.60	7.30	18	7.09
6	2.57	3.88	1.65	6.43	1.60	6.65	18	6.54
7	2.57	3.46	1.65	5.80	1.60	6.00	18	5.98
8	2.33	3.46	1.42	6.08	1.45	5.98	17	5.75
9	2.09	3.32	1.32	5.86	1.30	5.96	17	5.16
10	1.85	3.41	1.21	5.40	1.15	5.95	13	5.99
11	1.60	3.40	0,99	6.01	1.00	5.94	13	5.22
12	1.36	3.38	0,88	5.70	0,85	5.94	10	5.79
13	1.13	3.39	0,66	6.37	0,70	5.95	10	4.79
14	0,89	3.34	0,55	5.97	0,55	5.97	7	5.42
15	0,66	3.29	0,55	4.13	0,55	4.13	7	3.99
16	0,66	1.75	0,55	2.28	0,55	2.28	6	2.99
17	0,66	0,20	0,55	0,45	0,55	0.45	6	1.16

On voit que les épaisseurs adoptées présentent toute sécurité, puisqu'elles suffisent à maintenir la solidité de la cuve par elle-même sans l'intervention de la résistance des remblais.

RADIER

Formule à employer pour calculer l'épaisseur du radier

En comparant les épaisseurs données aux radiers des cuves par de bons constructeurs, on est arrivé à la formule empirique suivante :

$$\varepsilon = 0^m 30 + 0,05 \, H \qquad (3)$$

ε épaisseur du radier en mètres ;
H charge d'eau sur le radier.

Si la cuve est établie sur un terrain aquifère, la forme la plus rationnelle est une calotte sphérique dont la convexité est tournée vers le haut.

Entre la partie verticale et la naissance de la partie sphérique du radier, on réserve un espace annulaire sur lequel on établit les dés destinés à recevoir la cloche au bas de sa course.

L'épaisseur du radier se calculera d'après la formule de Lamé :

$$\varepsilon = \rho_0 \left[\left(\frac{2(A + P_0)}{2A - P_0 + 3P_1} \right)^{-\frac{1}{3}} - 1 \right] \cdot \qquad (4)$$

ε l'épaisseur de la calotte en mètres ;
ρ le rayon intérieur de la sphère en mètres ;
A effort de traction maximum (en kilog. par mètre carré), auquel on peut soumettre la maçonnerie du radier ;

P_0 pression en kilos à la surface intérieure de la sphère ;

P_1 pression par mètre carré à la surface extérieure de la sphère.

Il faut que $2A + P_0 + 3P_1 \gg 0$.   0 correspond à une épaisseur infinie.

On peut la mettre sous la forme :

$$\varepsilon = \rho_0 \left[1 - \frac{3}{2} \left(\frac{P_0 - P_1}{A + P_0} \right) \right]^{-\frac{1}{2}}$$

lorsque le rapport $\dfrac{P_0 - P_1}{A + P_0}$ est une petite fraction.

On peut développer le binôme en s'arrêtant au second terme, et l'équation (4) se réduit alors à :

$$\varepsilon = \frac{1}{2} \rho_0 \frac{P_0 - P_1}{A + P_0},$$

c'est-à-dire à la moitié de l'épaisseur limite trouvée pour l'enveloppe cylindrique dans les mêmes conditions.

La pression P_0 sera donc, en un point du radier, égale à la pression atmosphérique augmentée de la charge correspondant à la hauteur du niveau ordinaire des eaux du terrain au-dessus du point considéré, diminuée de la pression exercée par le poids du radier. P_1 est égale à la pression atmosphérique.

On calculera l'épaisseur par les deux formules (3) et (4), on adoptera dans ce cas le chiffre le plus élevé des deux.

La formule (3) donne par la partie inférieure du radier une épaisseur de 0^m75 et pour le sommet sphérique celle de 0^m55.

La formule (4) donne $0^m 59$ pour $A = 80,000$, c'est-à-dire pour le béton de base de ciment de Portland.

Avec la chaux du Theil, on trouve $1^m 05$ à la base.

Radier en tôle

La résultante verticale de la poussée des eaux souterraines sur le fond du radier, a pour expression :

Pour la partie sphérique :

$$\pi a^2 \left[H - \left(\frac{f}{2} + \frac{f^3}{6a^2} \right) - \left(1 + \frac{f^2}{a^2} \right) K e \right] \times 1000 \text{ k.}$$

$H = 5$ mètres (hauteur de la colonne d'eau qui tend à soulever le radier ;

$f = 3^m,50$ (flèche de la calotte sphérique) ;

$a = 19$ mètres (rayon du cercle de base de la calotte ;

$K = 7^k,800$ (densité de la matière composant l'enveloppe) ;

$e =$ en moyenne 12 mètres (épaisseur moyenne du radier).

Pour la partie plane circulaire, cette poussée est égale à :

$$\frac{\pi}{4} \left[(40)^2 - (38)^2 \right] \times (5.00 - Ke) \, 1000 \text{ k.}$$

$e = 20$ millimètres.

La résultante de ces deux forces est égale à 4.615 tonnes, c'est-à-dire supérieure au poids de la cuve, et par conséquent à la résistance qu'elle peut offrir au déplacement vertical.

Il en résulte dès lors la nécessité de ménager sur

le radier une soupape de sûreté, permettant une rentrée d'eau de telle sorte que la pression au-dessous du radier ne puisse jamais dépasser une certaine limite ; il semble donc préférable d'adopter les épaisseurs données par la formule (5)

$$2 = \frac{1}{2}\,\wp_0\,\frac{P_0 - P_1}{A + P_0},$$

comme si le fond devait résister à la poussée souterraine, mais en prenant pour coefficient de résistance à l'extension celui qui correspond à la limite d'élasticité de la tôle, soit 12 kilog. par millimètre carré.

En adoptant le système de rivure sur une seule file, on aura, d'après ce qui a été dit précédemment :

$$A = 12_k \times 0,56 = 6_k,72.$$

On en déduit les épaisseurs suivantes :

1 — 2	Epaisseur	. . .	18	millimètres.
2 — 3	»	. . .	16	»
3 — 4	»	. . .	14	»
4 — 5	»	. . .	12	»
5 — 6	»	. . .	10	»
6 — 7	»	. . .	8	»
7 — 8	»	. . .	7	»
8 — 9	»	. . .	6	»

Quant à la partie plane, on lui donnera 20 $^m/_m$ d'épaisseur comme au dernier rang de la partie cylyndrique.

Le devis a été fait d'après ces études, on a trouvé qu'il y avait avantage économique pour une cuve, en ciment dans la partie cylindrique, et en béton de béton de chaux du Teil pour le radier.

B. CLOCHE

La cuve ayant un diamètre intérieur de... 40^m

— une profondeur totale de.... 8^{m}50

on a adopté pour la cloche :

Diamètre de la cloche extérieure (2e levée). . 39.20
» » intérieure (1re levée). . 38.40
Hauteur de la 1re levée. 8.000
» 2e » 7.95

Dimensions de la calotte

On a pris une flèche égale au 1/20 du diamètre de la cloche. Pour la facilité du montage des attaches des tuyaux d'articulation et des poulies de guidage, on a adopté pour le premier rang de la calotte la forme plane sur une largeur de 1^{m}00 avec une épaisseur de tôle plus grande.

La calotte proprement dite a donc pour diamètre 36,4 avec une flèche de 1,82 au centre.

$$\text{Le rayon de courbure } \rho = \frac{(18.20)^2 + (1.82)^2}{2 \times 1.82} = 91^m91.$$

α étant le demi-angle au centre,

$$\text{Sin } \alpha = \frac{18.2}{91.91} = \alpha = 11° 25' 26''.$$

Dimensions du joint hydraulique

La figure 171 gauche indique la position des cloches au moment où la levée inférieure commence à être soulevée. Les positions respectives de l'eau et du gaz contenues dans le joint restent les mêmes jusqu'au moment où le rebord R commence à émerger :

En appelant :

H la profondeur du joint hydraulique;

R la hauteur du rebord dont on verra l'utilité ;

p la pression donnée par les deux cloches réunies ;

h la hauteur occupée par le gaz dans chacun des compartiments 2 et 3 au moment de l'accrochage des deux cloches.

A partir de ce moment jusqu'à celui où la partie inférieure de la coupe $a\,b$ atteint le niveau $n\,n'$, la pression du gaz contenue dans le joint, et par conséquent le niveau de l'eau contenue dans les compartiments 1, 2, 3, se modifient à chaque instant.

L'étude des variations de ce niveau permet de fixer les dimensions les plus convenables à donner au joint hydraulique. La figure 171 milieu montre le joint émergé en partie.

λ le chemin qui lui reste à parcourir pour que le fond $a\,b$ arrive au niveau $n\,n'$.

$x\,y\,u\,z$ les différences de niveau variables qu'il s'agit de déterminer en fonction de H R p h.

Pour simplifier ce qui est à peu près vrai, on suppose les sections 1, 2, 3 égales entre elles, et par conséquent les volumes d'eau qui s'y trouvent contenus ont pour mesure les hauteurs qu'ils y occupent.

La pression étant la même dans (2) et (3)

$$u = R + x - y. \qquad (1)$$

Le volume du gaz étant le même qu'au départ, on a :

$$x + z = 2h. \qquad (2)$$

Le volume d'eau contenu dans la coupe au départ n'ayant pas changé :

$$x + y = h, \qquad (3)$$

Enfin, la différence du niveau de l'eau à l'intérieur de la cuve et dans le compartiment (4) étant constante et égale à p, nous aurons la 4ᵉ équation :

$$p + \lambda = u + H - z. \tag{4}$$

De ces quatre équations, on déduit :

$$x = \frac{3h + (p + \lambda) - (R + H)}{3} \tag{5}$$

$$y = \frac{(R + H) - (p + \lambda)}{3} \tag{6}$$

$$z = \frac{3h + (R + H) - (p + \lambda)}{3} \tag{7}$$

$$u = \frac{3h + R + 2(p + \lambda) - 2H}{3} \tag{8}$$

Ces équations permettent de déterminer à chaque instant les positions variables occupées par le gaz et l'eau dans les compartiments du joint, pendant la période d'immersion en fonction de λ et de R H h p dont la dernière seule est connue et dont les trois autres sont à trouver.

Le gazomètre étant supposé en marche régulière et sans fuite, si nous considérons le joint dans sa course descendante au moment où le fond $a\,b$ vient de nouveau affleurer $n\,n'$ (fig. 171 droite), nous voyons que le volume du gaz contenu dans le joint est égal à H + m ; c'est le volume qui, par l'immersion du joint, va se trouver emprisonné dans la coupe renversée.

Lorsqu'à la course suivante de la cloche, le joint sera de nouveau complètement émergé, les positions respectives du gaz et de l'eau seront évidemment les mêmes qu'à la fin de la course précédente, puisque pour le moment nous supposons le régime établi et le joint absolument étanche.

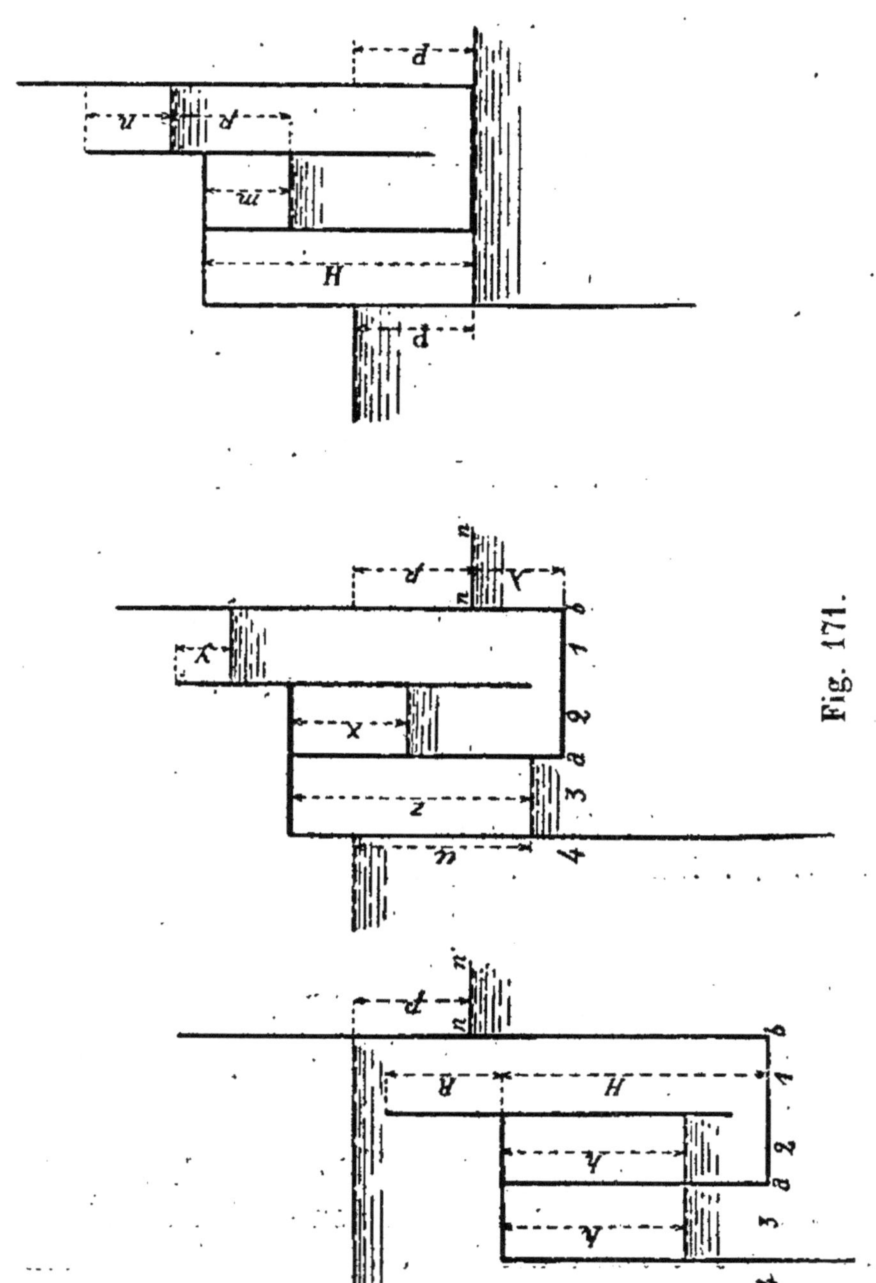

Fig. 171.

Par conséquent, les quantités que nous avons désignées par m et n représentent les valeurs que prennent x et y (5) et (6) pour $\lambda = 0$.

D'un autre côté, on a évidemment $2h = H + m$.

On en déduit
$$3m = H + 2p - 2R \qquad (9)$$
$$3n = R + H - p \qquad (10)$$

Ces deux équations vont nous permettre de fixer les limites entre lesquelles on doit prendre H et R.

En effet, il faut que n soit assez grand pour que, dans les mouvements d'oscillation de la cloche, l'eau ne puisse pas passer par dessus le bord. Le jeu maximum du guidage étant de 20 $^m/^m$, la dénivellation des deux extrémités d'un diamètre pourra atteindre :
$$\frac{20 + 38.43}{8^m} = 96 \text{ millimètres.}$$

Comme le vent détermine des vagues dans cette cuvette, il convient de faire $n = 150$ $^m/^m$ pour être sûr que l'eau ne sera jamais lancée par dessus bord.

Portant cette valeur dans (10), on déduit :
$$H + R = 650.$$

Si on adoptait le joint hydraulique sans bord, on aurait :
$$H = 650^{mm}$$
$$n = 150$$
$$m = 350$$

Si on veut faire :
$$H = 500^{mm}$$
$$R = 150$$
$$n = 150$$
$$m = 200$$

on aura le même volume d'eau, la même garde, mais avec une économie notable de matière.

Enfin, si l'on ne veut pas avoir d'espace perdu dans le joint, on veut faire $m = n = 150$, on déduit :

$$H = 3n = 450^{mm}$$
$$R' = p = 200$$

Disposition plus efficace et plus économique que la précédente, et que l'on a adoptée.

La capacité du gazomètre est donc :

	Calotte	1re levée	2e levée
Diamètre.	36$_m$40	38.430	39.20
Flèche ou hauteur.	1.820	8.00	7.95-7.50 (utile).
Volume	950^{m3}	9.280^{m3}	9.052^{m3}
Capacité des deux cloches. . . . . 18.332^{m3}

Un volume de 1.000^{m3} occupe :

Dans la 1re levée, une hauteur de   0^{m}86
»   2e »   »   0^{m}828

CALCUL DES DIMENSIONS AU POINT DE VUE DE LA RÉSISTANCE

La cloche est appelée à résister à deux efforts :

1° La pression intérieure du gaz ;
2°   —   extérieure du vent.

1° La pression intérieure du gaz étant mesurée par une colonne de 200 à 250 $^m/^m$ d'eau, l'épaisseur de 3$^m/^m$ donnée au corps cylindrique des deux levées et celle de 4 $^m/^m$ donnée à la calotte sont largement suffisantes pour résister à cette pression ;

2° Nous nous placerons dans les circonstances les plus défavorables, le vent soufflant horizontalement.

La pression totale qu'il exerce sur une surface plane normale à sa direction est donnée par la formule :

$$P = 0,113 \, V^2 \omega.$$

V, vitesse du vent en mètres par secondes.

ω, l'aire de la surface frappée normalement. Sur une surface cylindrique dont l'axe est perpendiculaire à cette direction :

$$P = 0,113 \, V_2 \times 0,589 \, D\,H,$$

D, diamètre du cylindre.

H, sa hauteur.

Si l'on suppose la vitesse du vent = 36 mètres qui correspond à un ouragan très rare dans nos climats, la pression exercée sur la surface cylindrique sera :

$$0,113 \, (36)^2 \times 0,589 \, D\,H = 86^k3 \, D\,H.$$

Lorsque la cloche est à l'extrémité de sa course :

Sur la 1re levée. $38^m40 \times 7^m55 \times 86^k3 = 25.020$ kilos

   »   2e   » $39^m20 \times 7^m65 \times 86^k3 = 25.880$ »

Pression totale. . .   50.900 kilos

Plan supérieur du guidage... $\dfrac{25.020}{2} = 12.510$

  » intermédiaire   » $\dfrac{25.020 + 25.880}{2} = 25.450$

  » inférieur   » . $\dfrac{25.880}{2} = 12.940$

50.900

Dans chaque plan, cette pression se répartira entre deux guides au moins.

Dans le guidage normal, les deux composantes étant dirigées suivant le rayon, on obtiendra leur valeur en divisant la résultante par le double du cosinus du demi-angle au centre des deux parties en jeu.

Si la cloche porte sur deux galets adjacents, la pression de la cloche se répartira comme suit, entre les six points du guidage :

Plan supérieur. . . $\dfrac{12.510}{2 \cos 10^\circ} = 6.352$ k. sur chacune des deux poulies.

Plan intermédiaire. $\dfrac{25.450}{2 \cos 10^\circ} = 12.922$ k.   id.

» inférieur. . . $\dfrac{12.940}{2 \cos 10^\circ} = 6.570$ k.   id.

Pour le guidage tangentiel, les efforts se tansmettant parallèlement à la pression totale, on aura la répartition suivante :

Plan supérieur. . . $\dfrac{12.510}{2} = 6.525$ k. sur chacune des deux poulies.

» intermédiaire. $\dfrac{25.450}{2} = 12.725$ k.   id.

» inférieur. . . $\dfrac{12.490}{2} = 6.470$ k.   id.

Jonction du cylindre et de la calotte

Lorsque le gazomètre est en marche, son poids est équilibré par la pression qu'exerce le gaz sur la calotte. Une partie de cette pression est absorbée par le poids même de la calotte, l'autre partie est employée à contre-balancer celui du cylindre et des armatures intérieures par l'action des forces élastiques que développe dans la cornière d'angle la tension de la calotte.

En effet, cette tension dont la direction est inclinée ne peut faire équilibre à la force verticale représentant le poids de la partie cylindrique, qu'en produisant dans la pièce qui réunit les deux parties de la cloche un effort de compression considérable.

Pour déterminer l'intensité de cet effort qui, à cause de la symétrie, est évidemment le même en tous les points de la circonférence de jonction, nous supposons la cloche partagée en deux parties égales par un plan diamétral vertical et la partie située à droite de ce plan enlevée (fig. 172)

Pour rétablir l'équilibre, nous devrons appliquer en chacun des points A et A' une force C égale à la réaction que la moitié supprimée exerce sur l'autre dans les sections

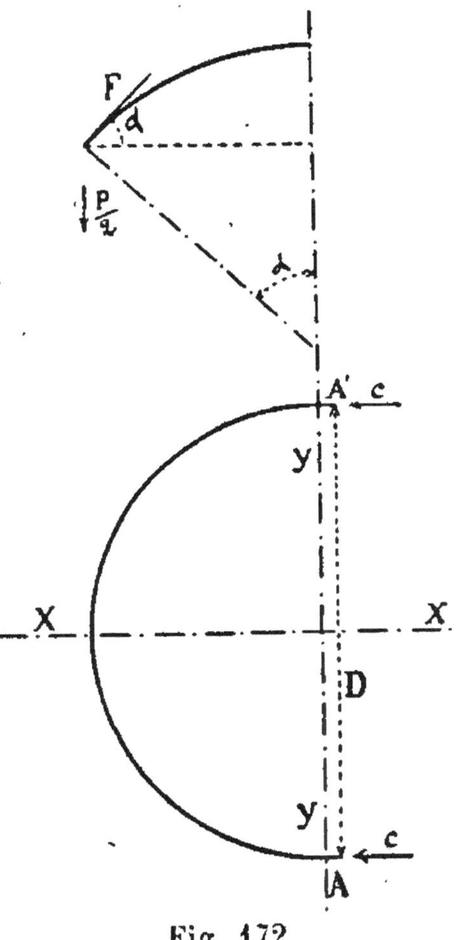

Fig. 172.

A et A', et nous écrirons que la somme des projections verticale et horizontale des forces est nulle.

Soit D le diamètre du cylindre

. P, son poids total ($1/2$ P, poids de chaque moitié).

α, l'angle que fait sur le plan horizontal le premier élément de la calotte.

T, la tension, par unité de longueur du cercle de base de la calotte. Nous aurons :

$$T \times D \times \sin \alpha = \tfrac{1}{2} P$$

$$\frac{T \times D}{2} \cos \alpha \times 2 = 2C$$

d'où on déduit :

$$C = \frac{P \cos \alpha}{4 \sin \alpha} = \frac{P}{4 \operatorname{Tg} \alpha}$$

$$P = 190.000 \text{ k. } \operatorname{Tg} \alpha = \frac{18.20}{90.09} \quad \text{d'où } C = 235.130 \text{ k.}$$

Il faut ajouter la réaction du guidage
à la pression du vent . . . .　　6.352

Ce qui donnera la compression totale.　241.482 k.

Quoique cette pression se répartisse sur toute la
section de la paroi de la cloche, il est préférable de
ne tenir compte que des résistances de la calotte et
de l'assemblage réunissant celui-ci à la partie cylindrique.

La section de la pièce d'angle est de.　28.348^{mm}

Celle de la calotte de. .　146.578^{mm}
dont la moitié est. . . . .　73.289^{mm}

Ensemble. . . . .　101.637^{mm}

La section considérée travaille donc à la compression à raison de 2^{k}4 par millimètre carré, ce qui est
une excellente condition.

La pièce d'angle travaillant seule résisterait à cet
effort de compression, parce que la matière qui la
compose ne serait soumise qu'à un effort de
$\frac{241.482}{28.348} = 8^k5$ par millimètre carré, bien inférieur
à la limite d'élasticité.

La déformation de cette pièce est contrariée au moyen de 36 goussets, uniformément distribués sur la circonférence et qui assurent l'invariabilité de l'angle. Enfin les 18 poutres formant la charpente de la calotte, en maintenant énergiquement la forme exactement circulaire de la cloche comme pourraient le faire les bras d'une roue, augmentent dans une très grande mesure la solidité et la rigidité de l'ensemble.

Il nous reste à examiner si l'épaisseur de 10 m/m donnée au bord plan de la calotte est suffisante pour empêcher la déformation de cette pièce sous l'action verticale de la pression intérieure du gaz. Ce rebord est divisé par les goussets en 36 segments dont chacun peut, sans erreur, être assimilé à une plaque rectangulaire encastrée sur ses quatre côtés. D'après Rankine (*Civil Engineering*, p. 544) pour une plaque placée dans ces conditions et soumise à une pression uniformément répartie sur sa surface, le plus grand moment fléchissant est dans un plan parallèle à la largeur, et la feuille de tôle tend à se fendre dans le sens de sa longueur au milieu de sa largeur. La valeur de ce moment maximum est avec une approximation suffisante pour la pratique :

$$M = \frac{W l^4 b}{8 (l^4 + b^4)}.$$

W indique la pression totale sur la plaque, l la longueur de la plaque, b sa largeur. Nous prendrons pour b et l la largeur et la longueur du rectangle circonscrit au segment considéré, nous ferons $l = 3{,}35$ $b = 1^m00$.

La charge totale de la plaque étant égale à la

pression exercée par le gaz (250 k. par mètre carré), moins le poids propre de la plaque (78 k. par mètre carré), nous aurons :

$$W = (250 - 78) \times 3.35 \times 1.00 = 543 \text{ k.}$$

Le moment résistant de la plaque dans un plan parallèle à sa plus petite dimension est $\dfrac{Tbe^2}{6}$.

T, la tension des fibres les plus fatiguées.

e, l'épaisseur de la plaque $= 10$ millimètres.

On aura donc :

$$\frac{Wl^4 b}{8 (l^4 + b^4)} = \frac{Tbe^2}{.6},$$

d'où :

$$T = \frac{6\,Wl^4}{.8 (l^4 + b^4)\, e^2} = 3^k 97 \text{ par millimètre carré.}$$

l'épaisseur de 10 m/m est donc satisfaisante.

Nous avons vu plus haut que sous l'action du vent, la réaction des guides sur les galets intermédiaires (à la partie supérieure de la deuxième levée) pouvait atteindre :

$$12{,}922 \times 2 = 25844 \text{ kilos}$$

et sur les galets inférieurs $6{,}570 \times 2 = 13{,}140$ kilos.

Ces efforts se répartissant sur deux sections de la cloche, on voit qu'en ne tenant compte que de la résistance du rang de tôle sur lequel sont appliqués les galets, la matière sera soumise à un effort de compression de 2 k. 3 par millimètre carré pour le rang du haut et 1 k. 2 pour le rang du bas, sans tenir compte de la résistance du fer en ∪ du joint hydraulique et de celle des cornières placées en bas de la 2ᵉ levée.

Le cylindre de la première levée est renforcé à l'intérieur par 36 fers double T verticaux faisant corps avec l'enveloppe, et ils sont réunis au milieu de la hauteur par un fer simple T et en bas par un cercle en cornière.

Quant au cylindre de la deuxième levée, à cause du peu de jeu entre les deux cylindres, on obtient la raideur nécessaire au moyen de deux cornières placées à l'extérieur.

Ces fers verticaux supportent l'enveloppe de la cloche lorsqu'elle est à fond de course. Le poids de la seconde levée étant de 55 tonnes, chacun des fers verticaux portera 1,530 kil., la section de chacun étant $1,346^{mm2}$ l'effet de compression sera 1 k. 14 par millim. carré.

Les fers double T de la cloche supérieure ont à porter 5,250 k. chacun, leur section est $3,600$ m/m²; ils sont soumis à un effort de compression de 1 k. 45 par m/m². Le rebord vertical de la coupe auquel vient s'accrocher la levée inférieure étant en tôle de 8 m/m, le poids de la cloche inférieure ne donne lieu qu'à un effort de compression 0 k. 144 par m/m² de section horizontale du rebord.

En considérant le rebord comme un support isolé dont la hauteur égale 56 fois le plus petit côté, cette charge correspond à 0 k. 5 par millimètre carré pour la compression simple. Les deux fers demi-ronds rivés sur l'arête supérieure de ce rebord ayant une section totale de 1,800 m/m² et le rebord lui-même une section de 3,600 m/m² la poussée maximum du vent produira une compression de :

$$\frac{13.038}{5.400} = 2 \text{ kil. } 41$$

par m/m² de section verticale du rebord.

Enfin l'effort total de la traction exercé sur la paroi verticale à la jonction de la calotte étant de 190,000 kilos, tandis que la section horizontale de la cloche à ce point est de 1,206,400 m/m², la tôle n'y travaille qu'à raison de 0 k. 28 par m/m² en tenant compte de l'affaiblissement dû aux rivets.

Charpente de la calotte

Elle est indépendante de la calotte, pour laisser à celle-ci la libre déformation sous la pression du gaz. Les poutres sont au nombre de 18, elles convergent vers un manchon placé dans l'axe qui réunit leurs extrémités au centre. A la circonférence elles portent, par l'intermédiaire de goussets, sur les fers à double T verticaux mentionnés plus haut. On admet pour cette charpente, qu'à fond de course le poids à supporter par elle est de 150 k. par mètre carré.

Charpente du guidage

Les colonnes du guidage sont disposées suivant les sommets d'un polygone, au nombre de 18 ; elles sont entretoisées à la partie supérieure, à leurs milieux, et encastrées à leurs bases dans des sabots en fonte solidement attachés à la cuve.

Le projet comportant l'emploi simultané du guidage tangentiel et du guidage normal, nous avons à déterminer les conditons d'équilibre des colonnes pour chacun de ces systèmes travaillant isolément, ce qui permettra d'en discuter les mérites respectifs.

On s'est appuyé pour ces calculs sur un mémoire que M. Maurice Levy, ingénieur des ponts et chaussées, a inséré dans les *Annales des Mines* (7ᵉ série, tome V), dont nous reproduisons ici les passages essentiels.

Soit A_{i-2} A_{i-1} A_i A_{i+1} (fig. 173) une portion du polygone articulé formé par des barres horizontales reliant les colonnes de la charpente de guidage. En chacun de ces points sont appliquées des forces F_{i-2} F_{i-1} F_i F_{i+1} de grandeurs et de directions quelconques.

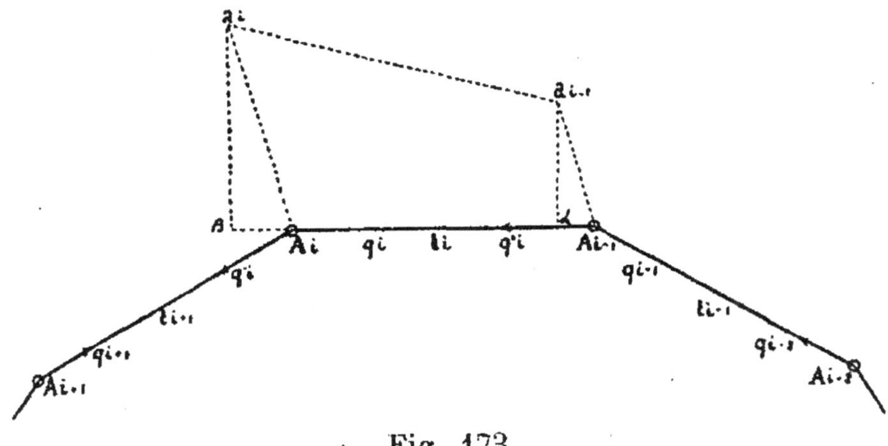

Fig. 173.

Soit un côté A_{i-1} A_i qui, après déformation élastique, viendra occuper la position a_{i-1} a_i.

La longueur a_{i-1} a_i peut, en raison de la petitesse des déformations élastiques, être regardé comme égale à sa projection $\alpha\beta$ sur sa direction primitive A_{i-1} A_i. Donc l'allongement élastique du côté A_{i-1} $A_i = \alpha\beta - A_{i-1}$ $A_i = A_i$ $\beta - A_{i-1}$ α.

En vertu du principe de la superposition des effets des forces élastiques, le déplacement du point A_i, estimé suivant la ligne A_i A_{i-1}, est dû à la somme des projections sur cette ligne de toutes les forces agissant au sommet de la colonne A_i.

Ces forces sont :

1° Les tensions des deux côtés du polygone articulé adjacents à A_i ; nous appelons ces tensions t_i et t_{i+1}, en les comptant négativement si ce sont des compressions ;

2° La force F_i directement appliquée au sommet de la colonne A_i. Décomposons-la en deux, suivant les deux côtés du polygone articulé issus de A_i et appelons q_i et q'_i ses deux composantes, que nous compterons positivement et négativement suivant qu'elles tomberont sur les côtés du polygone ou sur leurs prolongements ; q_i est d'ailleurs la composante suivant $A_{i-1} A_i$ et q_i celle suivant $A_i A_{i+1}$.

Il semble de là que si m désigne le cosinus de l'angle de contingence du polygone, la somme des projections sur la ligne $A_{i-1} A_i$ de toutes les forces appliquées au sommet de A_i sera :

$$mt_{i+1} - t_i + mq'_i - q_i .$$

On sait, d'après la théorie de l'élasticité, que le déplacement élastique $A_i \beta$ est proportionnel à cette somme.

On a donc :

$$\overline{A_i \beta} = \mu \, (mt_{i+1} - t_i + mq'_i - q_i)$$

μ étant un coefficient dépendant de la longueur et de la section des colonnes, il est le même pour toutes les colonnes identiques ; on pourra le calculer.

On trouverait d'une façon analogue :

$$\overline{A_{i-1} \alpha} = \mu \, (t_i - mt_{i-1} + q'_{i-1} - mq_{i-1})$$

et l'allongement élastique de la barre $A_{i-1} A_i$ est :

$$\overline{A_i \beta} - \overline{A_{i-1} \alpha} = \mu \, [(mt_{i+1} + 2t_i + mt_{i-1}) + m \, (q'_i + q_{i-1}) - (q_i + q'_{i-1})]$$

Cet allongement est proportionnel à la tension t_i de la barre considérée ; il est donc :

$$2\,K\,t_i$$

en désignant par K une nouvelle constante qu'on déterminera plus tard.

En appelant pour abréger Δ l'allongement donné par la formule précédente :

$$2\,K\,t_i = \Delta$$

En faisant pour abréger :

$$\frac{1 + \dfrac{K}{\mu}}{m} = a$$

$$(A) \quad t_{i-1} - 2\,a\,t_i + t_{i+1} = \frac{q_i + q'_{i-1}}{m} - (q'_i + q_{i-1})$$

Telle est la relation qui existe entre les tensions de trois barres consécutives.

Si on suppose les barres inextensibles $K = o$ $a = \dfrac{1}{m}$ et le coefficient μ disparaît.

Nous allons faire l'application de cette relation (A) aux conditions particulières du projet, pour chacun des systèmes normal et tangentiel.

SYSTÈME NORMAL

Soit $A_0\,A_1\,A_2\ldots A_{17}$ (fig. 174), le polygone articulé formé par les entretoises reliant les colonnes. Lorsque la cloche, poussée par le vent, viendra s'appuyer sur les colonnes, elle portera sur trois guides au moins. Mais, comme dans le cas où la résultante des actions du vent serait dirigée exactement suivant la bissectrice de l'angle formé par les rayons aboutissant à deux poutres consécutives, l'équilibre de la cloche serait maintenu par les réactions de ces deux poulies seulement. Nous étudierons les conditions d'équilibre de la charpente dans ce cas le plus défavorable.

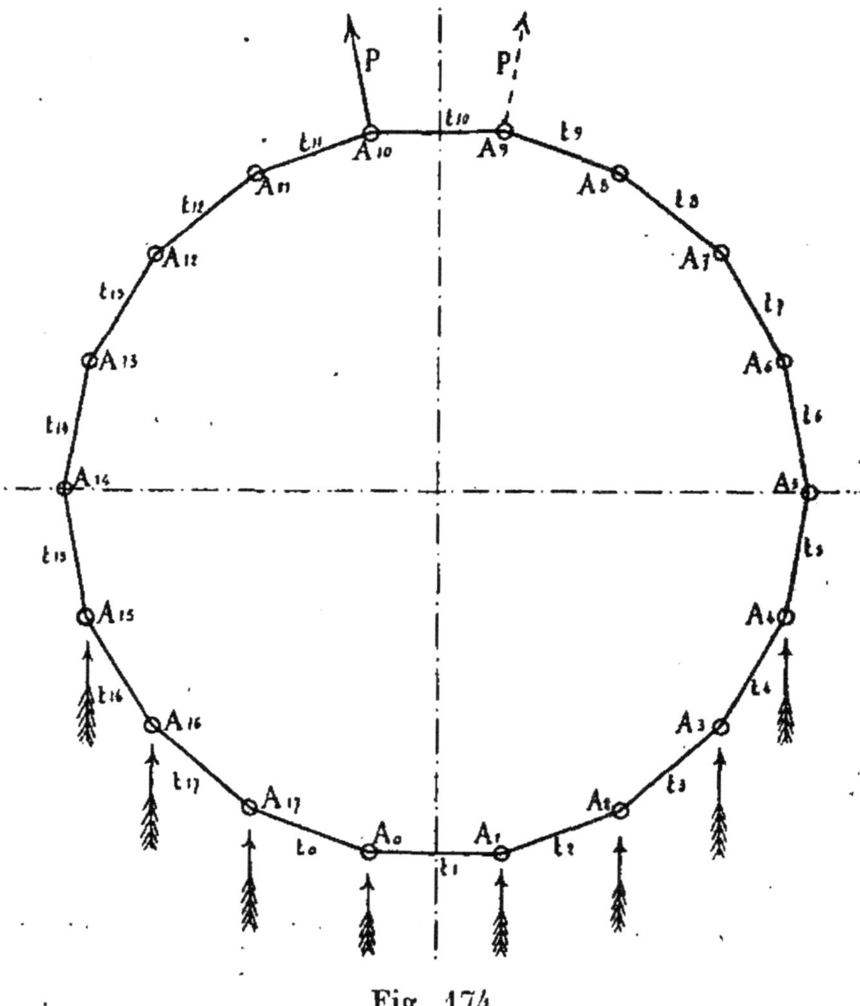

Fig. 174.

Les forces appliquées aux colonnes sont :

$1°$ Les pressions exercées par la cloche sur les deux guides A_9 et A_{10}; ces pressions sont égales et nous les désignerons par P ;

2° La pression p, exercée par le vent sur chacune des colonnes situées en avant du plan diamétral A_{14} A_{15} perpendiculaire à la direction du vent.

Nous appliquerons la relation (A) à chacun des sommets du polygone en remarquant que, par suite de la symétrie, il suffit de le faire pour ceux compris entre A_0 et A_{10}.

Reprenons l'équation générale :

$$t_{i-1} - 2\,a\,t_i + t_{i+1} = \frac{q_i + q'_{i-1}}{m} - q'_i + (q_{i-1})$$

et calculons d'abord les valeurs de q et de q' pour chacun des sommets considérés.

En faisant usage de la relation fondamentale entre les côtés d'un triangle et les sinus des angles opposés, on aura (le polygone ayant 18 côtés) :

$$q_0 = p\,\frac{\sin 90°}{\sin 20} \qquad q'_0 = p\,\frac{\sin 70}{\sin 20}$$

$$q_1 = p\,\frac{\sin 70}{\sin 20} \qquad q'_1 = p\,\frac{\sin 90}{\sin 20}$$

$$q_2 = p\,\frac{\sin 50}{\sin 20} \qquad q'_2 = p\,\frac{\sin 110}{\sin 20}$$

$$q_3 = p\,\frac{\sin 30}{\sin 20} \qquad q'_3 = p\,\frac{\sin 130}{\sin 20}$$

$$q_4 = p\,\frac{\sin 10}{\sin 20} \qquad q'_4 = p\,\frac{\sin 150}{\sin 20}$$

$$q_5 = p\,\frac{\sin (-10°)}{\sin 20} \qquad q'_5 = p\,\frac{\sin 170}{\sin 20}$$

$$q_6 = 0 \qquad q'_6 = 0$$

$$q_7 = 0 \qquad q'_7 = 0$$

$$q_8 = 0 \qquad q'_8 = 0$$

$$q_9 = -\frac{P}{2\sin 10°} \qquad q'_9 = -\frac{P}{2\sin 10°}$$

$$q_{10} = -\frac{P}{2\sin 10°} \qquad q'_{10} = -\frac{P}{2\sin 10°}$$

Au moyen de ces valeurs, il est facile de calculer celles que prend le second membre de l'équation (A) lorsque l'indice varie de 0 à 10.

En se rappelant les relations trigonométriques :

$$\text{Sin } \alpha + \sin \beta = 2\sin\frac{1}{2}(\alpha+\beta)\cos\frac{1}{2}(\alpha-\beta)$$

$$\text{Tg }\frac{1}{2}\alpha = \frac{1-\cos\alpha}{\sin\alpha} = \frac{\sin\alpha}{1+\cos\alpha}$$

$$2\sin^2\frac{1}{2}\alpha = 1-\cos\alpha$$

et remarquant que $m = \cos 20°$ et que, par suite de la symétrie, on doit avoir $t_0 = t_2$ $t_{11} = t_9$; on obtient, toutes réductions faites, le système d'équation suivant :

$$-at_1 + t_2 = 0$$
$$t_1 - 2at_2 + t_3 = 0$$
$$t_2 - 2at_3 + t_4 = 0$$
$$t_3 - 2at_4 + t_5 = 0$$
$$t_4 - 2at_5 + t_6 = 0$$
$$t_5 - 2at_6 + t_7 = \frac{p\cos 10°}{\cos 20°} = 1.0480\,p$$
$$t_6 - 2at_7 + t_8 = 0$$
$$t_7 - 2at_8 + t_9 = 0$$
$$t_8 - 2at_9 + t_{10} = -\frac{P\sin 10°}{\cos 20°} = -0{,}1848\,P$$
$$t_9 - at_{10} = -\frac{P\sin 10°}{\cos 20°} = -0{,}1848\,P$$

Si l'on admet que les entretoises sont inextensibles

$$a = \frac{1}{\cos 20°}$$

On en déduit les valeurs suivantes pour les tensions de ces entretoises :

$$t_1 = 0{,}0849 \; P - 0{,}5133 \; p$$
$$t_2 = 0{,}0904 \; P - 0{,}5462 \; p$$
$$t_3 = 0{,}1074 \; P - 0{,}6492 \; p$$
$$t_4 = 0{,}1383 \; P - 0{,}8356 \; p$$
$$t_5 = 0{,}1870 \; P - 1{.}1294 \; p$$
$$t_6 = 0{,}2595 \; P - 1{.}5682 \; p$$
$$t_7 = 0{,}3653 \; P - 1{.}1603 \; p$$
$$t_8 = 0{,}5131 \; P - 0{,}9014 \; p$$
$$t_9 = 0{,}7374 \; P - 0{,}7583 \; p$$
$$t_{10} = 0{,}8667 \; P - 0{,}7126 \; p$$

Nous n'avons à nous occuper que des deux dernières, qui se rapportent à l'une des colonnes les plus chargées.

On a supposé dans les calculs que les résultantes des actions du vent sont situées dans le plan des entretoises correspondantes, ce qui est loin de la vérité ; mais on a, dans ce cas, plus de sécurité, puisque cela revient à augmenter les moments des forces extérieures par rapport au point d'encastrement de la colonne.

La pression exercée par le vent sur une des colonnes est égale à :

$$7^m200 \times 0{,}950 \times 86^k3 = 590^k3$$

pour la partie inférieure, et :

$$9^m2 \times 0{,}850 \times 86^k3 = 674^k9$$

pour la partie supérieure, qui se répartiront ainsi :

Plan des entretoises du milieu. . . $633^k = p$.

» » supérieures . . $337^k = p'$.

Quant à la pression transmise par la cloche, nous avons vu précédemment qu'elle est, pour les colonnes les plus chargées :

Dans le plan des entretoises du milieu $P = 12922^k$.

» » supérieures $P' = 6352^k$.

Introduisant ces valeurs de $P.p.\ P'.p'$ dans les expressions trouvées plus haut, il vient :

$$\begin{cases} t_9 = 9049 \text{ kilos} \\ t_{10} = 10748 \quad » \end{cases}$$

$$\begin{cases} t'_9 = 4428 \quad » \\ t'_{10} = 5265 \quad » \end{cases}$$

Pour connaître l'effort auquel est soumise la colonne en ces deux points, il faut chercher la résultante des forces

$$P. \quad t_9 \quad t_{10}$$
$$P' \quad t'_9 \quad t'_{10}$$

Prenant pour axe des y la direction de P et pour axe des x une ligne perpendiculaire à P, menée par le point de rencontre des trois forces, c'est-à-dire par le sommet A_9, en désignant par Z la résultante cherchée et par η l'angle qu'elle fait avec l'axe des y, on aura (fig. 175) :

$$Z \cos \eta = P - (t_{10} + t_9) \sin 10°$$
$$Z \sin \eta = (t_{10} - t_9) \cos 10°$$

En remplaçant :

$$Z \cos \eta = 9484$$
$$Z \sin \eta = 1673$$

$$Z = \sqrt{(9484)^2 + (1673)^2} = 9630.$$
$$\eta = 10°4'$$

On aurait de même :

$$Z' \cos \eta' = P' - (t'_{10} + t'_9) \sin 10° = 4669$$

$$Z' \sin \eta' = (t'_{10} - t'_9) \cos 10° = 806$$

$$Z = \sqrt{(4669)^2 + (806)^2} = 4738$$

$$\eta' = 10° 1' 1''$$

On arrive à la même chose par la composition graphique (fig. 175).

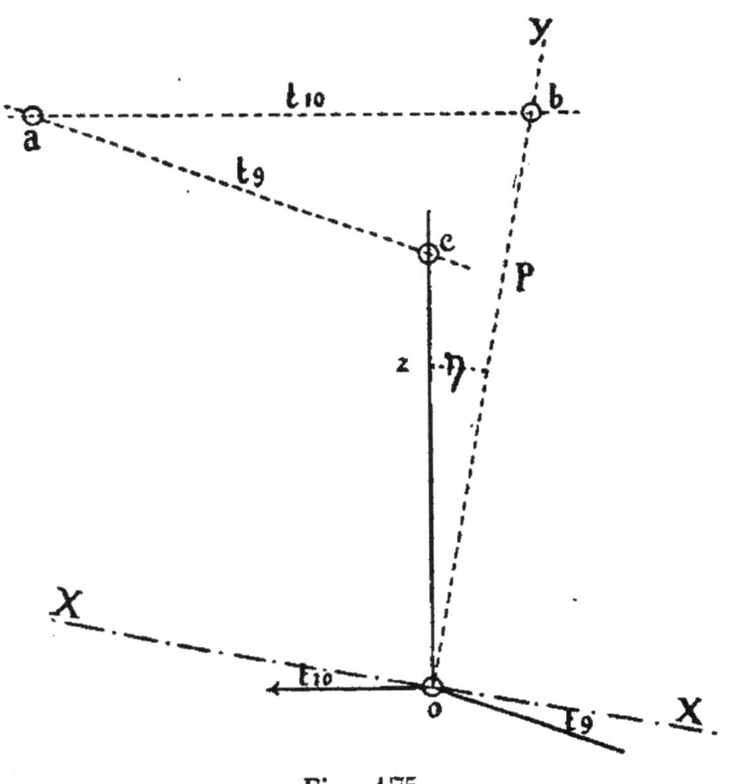

Fig. 175.

Les dimensions de la colonne doivent être calculées comme celle d'une pièce encastrée soumise à deux forces agissant l'une à l'extrémité de la pièce, soit 15ᵐ20, l'autre à 6ᵐ00 de l'encastrement (c'est-à-dire l'arête supérieure du sabot).

La somme des moments de ces forces prise par rapport à l'encastrement sera donc, en prenant le millimètre comme unité de longueur :

$$(4738 \times 15200) + (9630 \times 6000) = 12979600$$

Le moment de la résistance d'une colonne cylindrique a pour expression :

$$\frac{\pi}{32} \cdot \frac{D^4 - d^4}{D} \cdot T$$

D. d, diamètres extérieur et intérieur ;

T, tension de la matière par unité de section.

On remarquera :

1° Que l'on a adopté une pression de vent excessivement rare dans nos climats ;

2° Que les ouragans n'agissent avec toute leur puissance que pendant de courts intervalles ;

3° Que nous n'avons pas tenu compte de la grande résistance du fer en ⊢ appliqué contre les colonnes pour servir de guides aux poulies.

On voit que l'on sera encore dans des limites de grande sécurité en faisant travailler le fer à la limite d'élasticité, c'est-à-dire à 14 kilos par millimètre carré.

C'est de cette façon qu'on a calculé les épaisseurs des divers tronçons qui forment la colonne dont le diamètre extérieur est de 1,000 à la base et de 0,80 au sommet :

1er Tronçon, épaisseur 12 millim. (dans le sabot)

2e	—	—	12	—	—
3e	—	—	10	—	—
4e	—	—	10	—	—
5e	—	—	8	—	—
6e	—	—	8	—	—
7e	—	—	6	—	—
8e	—	—	6	—	—
9e	—	—	6	—	—
10e	—	—	6	—	—
11e	—	—	6	—	—
12e	—	—	6	—	—
13e	—	—	6	—	—
14e	—	—	6	—	—

Au-delà du 8e tronçon l'épaisseur de 6 m/m n'est pas nécessaire, on la conserve pour donner plus de rigidité.

Les entretoises ont été faites plus fortes qu'il n'était nécessaire par raison d'esthétique. La section est 11,517 m/m², par suite la plus chargée, travaille à moins de 1 k. par m/m², on peut donc les considérer comme inextensibles.

Calcul du diamètre des boulons fixant les sabots sur la cuve

Les forces tendant au renversement de la colonne autour de l'arête extérieure de la semelle en fonte, elle est fixée par trois boulons, dont deux seulement distants de 1^m50 de l'arête s'opposent utilement au renversement. Soit t l'effort de tension de ces boulons, le moment par rapport à l'arête extérieure du sabot est :

$$(4738 \times 16400) + (9630 \times 7200) = 2\,t \times 1500$$

d'où :
$$t = 49013.$$

En donnant aux boulons 80 millimètres de diamètre, le fer travaillera à 10 k. On ne tient pas compte des fers en ⊢ reliés aux colonnes et scellés solidement dans la cuve.

GUIDAGE TANGENTIEL

En suivant la même marche que précédemment, nous aurons à déterminer les valeurs de q et q' pour

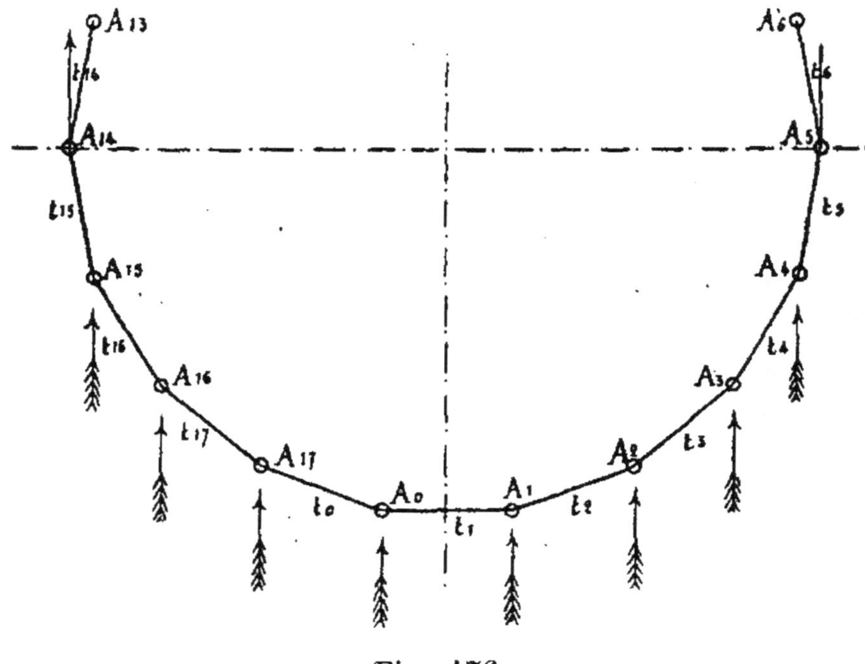

Fig. 176.

les divers sommets du polygone (en ne prenant que la moitié à cause de la symétrie (fig. 176) : .

$$q_0 = p \frac{\sin 90°}{\sin 20°} \qquad q'_0 = p \frac{\sin 70°}{\sin 20°}$$

$$q^1 = p \frac{\sin 70°}{\sin 20°} \qquad q'_1 = p \frac{\sin 90°}{\sin 20°}$$

$$q_2 = p \frac{\sin 50°}{\sin 20°} \qquad q'_2 = p \frac{\sin 110°}{\sin 20°}$$

$$q_3 = p \frac{\sin 30°}{\sin 20°} \qquad q'_3 = p \frac{\sin 130°}{\sin 20°}$$

$$q_4 = p \frac{\sin 10°}{\sin 20°} \qquad q'_4 = p \frac{\sin 150°}{\sin 20°}$$

$$q_5 = (p + P) \frac{\sin (-10°)}{\sin 20°} \qquad q'_5 = (p + P) \frac{\sin 170°}{\sin 20°}$$

$$q_6 = 0 \qquad q'_6 = 0$$
$$q_7 = 0 \qquad q'_7 = 0$$
$$q_8 = 0 \qquad q'_8 = 0$$
$$q_9 = 0 \qquad q'_9 = 0$$
$$q_{10} = 0 \qquad q'_{10} = 0$$

Après réductions, on obtient le système d'équations :

$$
\begin{aligned}
-\,at_1 + t_2 \qquad\quad &= 0 \\
t_1 - 2at_2 + t_3 &= 0 \\
t_2 - 2at_3 + t_4 &= 0 \\
t_3 - 2at_4 + t_5 &= 0 \\
t_4 - 2at_5 + t_6 &= -\,1.0480\ P \\
t_5 - 2at_6 + t_7 &= +\,1.0480\ P + 1.0480\ p \\
t_6 - 2at_7 + t_8 &= 0 \\
t_7 - 2at_8 + t_9 &= 0 \\
t_8 - 2at_9 + t_{10} &= 0 \\
t_9 - at_{10} \qquad\quad &= 0
\end{aligned}
$$

a étant égal comme précédemment à $\dfrac{1}{\cos 20°}$

La résolution de ces équations fournit les résultats suivants :

$$t_1 = + 0,1995 \, P - 0,5133 \, p$$
$$t_2 = + 0,2123 \, P - 0,5462 \, p$$
$$t_3 = + 0,2523 \, P - 0,6492 \, p$$
$$t_4 = + 0,3247 \, P - 0,8356 \, p$$
$$t_5 = + 0,4388 \, P - 1.1294 \, p$$
$$t_6 = - 0,4388 \, P - 1.5682 \, p$$
$$t_7 = - 0,3247 \, P - 1.1603 \, p$$
$$t_8 = - 0,2523 \, P - 0,9014 \, p$$
$$t_9 = - 0,2123 \, P - 0,7583 \, p$$
$$t_{10} = - 0,1995 \, P - 0,7126 \, p$$

En opérant comme il a été indiqué plus haut, nous aurons :

Pour le plan des entretoises supérieures :

$$P' = 6255^k \qquad p' = 337^k$$

Pour le plan des entretoises intermédiaires :

$$P = 12725^k \qquad p = 633^k$$

En introduisant ces valeurs dans les expressions trouvées pour les tensions des entretoises, on verra que dans le système tangentiel, la moitié des côtés du polygone articulé travaillent à la compression, tandis que les autres travaillent à l'extension. Les tensions des entretoises aboutissant à l'une des deux colonnes qui reçoivent directement la pression de la cloche seront :

Pour le plan supérieur :

$$\begin{cases} t'_5 = + 2364 \\ t'_6 = - 3273 \end{cases}$$

Pour le plan intermédiaire :

$$\begin{cases} t_5 = + 4869 \\ t_6 = - 6577 \end{cases}$$

La résultante des trois forces t_5 t_6 P se trouvera comme précédemment (fig. 177) :

$$Z \cos \eta = P - (t_5 - t_6) \cos 10° = 1453$$
$$Z \sin \eta = - (t_5 + t_6) \sin 10° = 297$$
$$Z = \sqrt{(1453)^2 + (297)^2} = 1483$$
$$\eta = 11° 34' 50''$$
$$Z' \cos \eta' = P' - (t'_5 - t'_6) \cos 10° = 704$$
$$Z' \sin \eta' = - (t'_5 + t'_6) \sin 10° = 158$$
$$Z' = \sqrt{(704)^2 + (158)^2} = 721$$
$$\eta = 11° 34' 50''$$
$$\eta' = 12° 39' 30''$$

La pression de la cloche sur les colonnes donnant lieu à un effort combiné de torsion et de flexion, il est nécessaire pour se mettre dans les conditions du calcul, c'est-à-dire que l'effort tangentiel ait son point d'application à l'intersection de la colonne et des deux entretoises. Il faut que les pièces soient réunies au moyen de goussets ayant pour but de ramener dans le plan de l'entretoise l'effort exercé sur le guide. C'est la disposition adoptée par la Compagnie Parisienne.

Comparaisons

Le guidage tangentiel donne une grande économie de matériaux, dans l'hypothèse de la direction du vent exactement perpendiculaire au plan méridien qui passe par deux colonnes. Cette condition peut n'être pas remplie. Comment se comportent alors les deux sortes de guidages? On verra que dans le cas du guidage normal, la cloche prend une position telle que trois points au moins de chaque plan du guidage portent contre les guides, de telle sorte que la résultante des réactions normales passant par ces trois points soit égale et opposée à la poussée du vent. Dans ce cas, 3 colonnes interviendront, et les efforts sont moins grands que dans l'hypothèse faite du vent soufflant suivant la bissectrice de l'angle de deux colonnes.

Dans le cas du guidage tangentiel, aussitôt que la direction du vent n'est plus perpendiculaire à l'un des plans méridiens passant par deux colonnes opposées, la réaction des galets sur les guides devient oblique à la surface latérale des barres contre lesquelles portent ces galets, et dans le cas particulier possible où le plan diamétral normal à la direction du vent serait dirigé suivant la bissectrice de l'angle de deux diamètres consécutifs (dans le cas du polygone de 18 côtés) ferait avec chacun de ces diamètres un angle de 10°. Comme le coefficient de frotte-

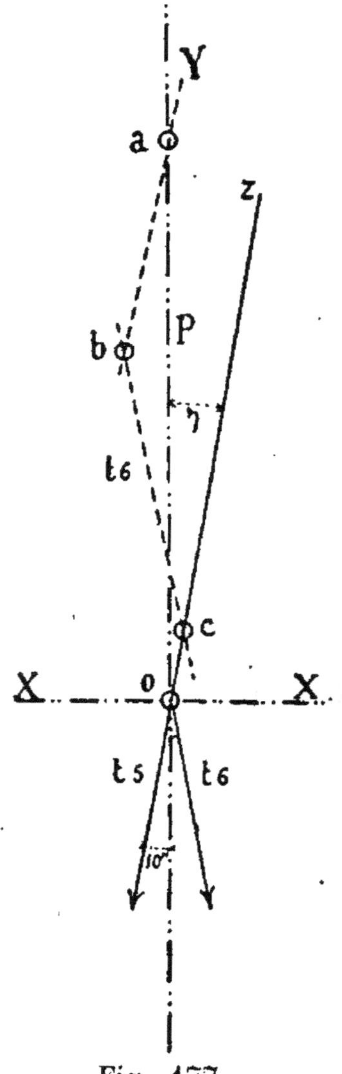

Fig. 177.

ment de la fonte sur le fer est de 0.18 = Tg 10° 30',
le guidage tangentiel perdra à ce moment son efficacité et la cloche pourra s'incliner en faisant glisser
les galets contre la façade latérale des barres verticales.

Pour un gazomètre de plus de 18 colonnes, ce
glissement ne devrait jamais se produire si les pièces
du guidage ont été rigoureusement établies dans les
positions que leur indiquent les dessins de construction, ce qui est difficile à réaliser. On adopte une
disposition qui limite l'effet de glissement au moyen
d'un rouleau médian normal établi sur la partie supérieure du bâtis support des poulies tangentielles
supérieures.

La première levée se compose de 8 anneaux em-
boîtés. Le premier rang (en haut) est en tôle de
10 m/m, le dernier (en bas) en tôle de 5 m/m, les
rangs intermédiaires en tôle de 3 m/m.

La calotte, le bord plan est en tôle de 10 m/m, les
autres feuilles de la calotte en tôle de 4 m/m.

La deuxième levée se compose de 8 anneaux : le
premier en haut et le dernier en bas ont 5 m/m d'é-
paisseur, les autres 3 m/m.

Pour plus de détails, nous renvoyons au Mémoire
original.

GAZOMÈTRES SANS COLONNE NI CHARPENTE
DE GUIDAGE EXTÉRIEUR

(Système Gadd et Mason)

Nous décrirons le gazomètre de Northwich, construit par M. Newbigging. Ce gazomètre est télescopique, à deux levées de 6ᵐ10 de hauteur cha-

cune. Le diamètre de la cuve est de 19 mètres, celui de la cloche inférieure 18^{m}29, et celui de la cloche supérieure 17^{m}68. La hauteur totale de la course est d'environ 11^{m}58. La charpente de la calotte se compose de poutrelles en fer à ⊤, suivant la courbure de la calotte et fixés d'une part sur la cornière du haut de la cloche intérieure et d'autre part sur une couronne en cornière placée au sommet de la partie centrale du dôme. La cloche est munie de 16 contreforts verticaux fixés à l'intérieur de sa paroi. La cloche extérieure a 16 contreforts verticaux, mais fixés à l'extérieur. La gorge hydraulique est disposée comme à l'ordinaire.

·Le guidage de la cloche inférieure est composé de huit rails d'acier en forme de ⊢⊣ (de 0,102 — 0,076 — 0,012) appliqués contre la paroi interne de la cuve en maçonnerie, suivant une inclinaison de 45° et maintenus par des boulons de scellement fixés dans des pierres de taille en affleurement sur le pourtour du mur circulaire de la cuve. Les galets de guidage, montés sur des supports boulonnés en bas de la virole de la cloche, sont en acier ; ils ont 0,255 de hauteur et tournent sur des axes en fer forgé de 0,051 de diamètre ; ils sont placés de chaque côté du rail de façon à embrasser chacune des ailes du fer en ⊢⊣, sur les bords desquelles s'effectue leur roulement, durant les mouvements de montée ou de descente du gazomètre.

Le guidage de la cloche supérieure est pareillement formé de rails en fer en ⊢⊣, placés sous un angle de 45 degrés sur la paroi interne de la cloche inférieure. Les galets de guidage fixés au bas de la virole de la cloche sont, ainsi que leurs axes, en acier, mais ils sont pleins et roulent dans le creux formé par l'intervalle existant entre les faces parallèles du fer en **H**.

Ces rails de guidage forment des spirales à l'extérieur des cloches ; il en résulte que les cloches ont dans leur montée ou leur descente un mouvement hélicoïdal. L'ensemble du gazomètre, depuis le bas de sa course jusqu'en haut, tourne environ d'un cinquième de circonférence. Dans le mouvement, il y a toujours dans chaque groupe de galets, un des galets en prise avec le rail, sans qu'il puisse dévier de sa position. L'économie résultant de la suppression des charpentes de guidage est d'environ 30 0/0 du prix du gazomètre ordinaire.

GUIDAGE DE GAZOMÈTRES AU MOYEN DE CORDES EN FIL DE FER

(Système Pease)

Ce système a pour but de réduire les frais de construction des gazomètres au moment de leur construction. A la place des colonnes de guidage, on emploie des câbles en fils de fer ou d'acier.

On peut appliquer les cordes de plusieurs façons.

Les cordes sont attachées de façon à faire serrage sur toute leur longueur, et à un bout elles sont tenues par des vis pouvant donner leur tension normale. Chaque corde a un ressort placé sous l'écrou de la vis. Ainsi ce ressort permet d'ajuster le cordage pendant les variations de température pour donner la tension. Le minimum de cordes employées est de trois, leur nombre est en rapport avec le diamètre du gazomètre, une corde remplaçant une colonne de guidage.

Si nous considérons un gazomètre guidé en quatre points, on voit d'après la figure 178 qu'un câble

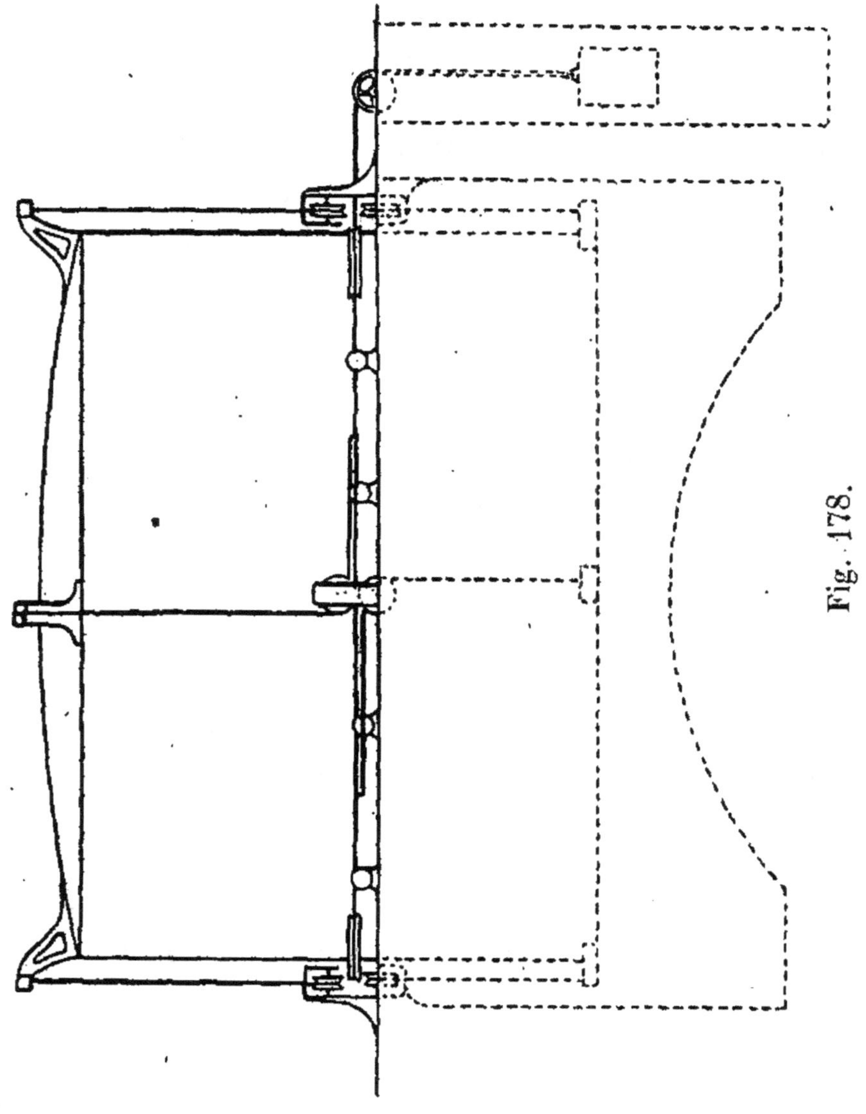

Fig. 178.

continu formant un carré circonscrit au gazomètre, est soutenu et roule sur des galets. Le câble de gui-

dage attaché au sommet de la cloche, descend verticalement, passe dessous un galet à gorge et va
s'attacher sur le câble indiqué plus haut, en un

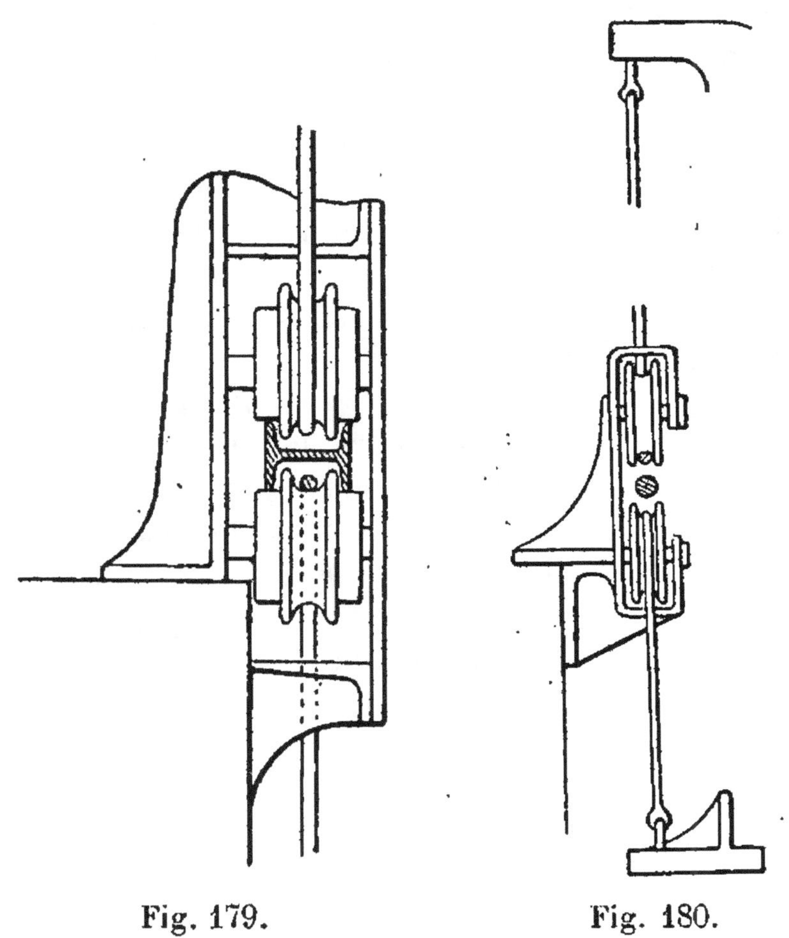

Fig. 179.   Fig. 180.

point situé entre les guides. Le câble qui s'attache au
bas de la cloche sur la même verticale que le premier, monte verticalement, passe sur un galet à
gorge et va s'attacher sur le câble qui fait le tour de
la cloche en un point situé au milieu de deux guides,
mais de l'autre côté que son correspondant du haut,
de même pour les autres. Le câble circonscrit porte

un autre câble fixé en un de ses points, qui passe sur un galet et tombe dans un puits, il porte à son extrémité un poids assez considérable.

Le fonctionnement est facile à voir, d'après les figures 178, 179, 180 et 181. Si la cloche se lève, elle entraîne les câbles, qui restent tendus, par l'intermédiaire du câble circonscrit qui tourne de la quantité correspondante à l'élévation de la cloche, mais reste également tendu par le poids dont il a été parlé.

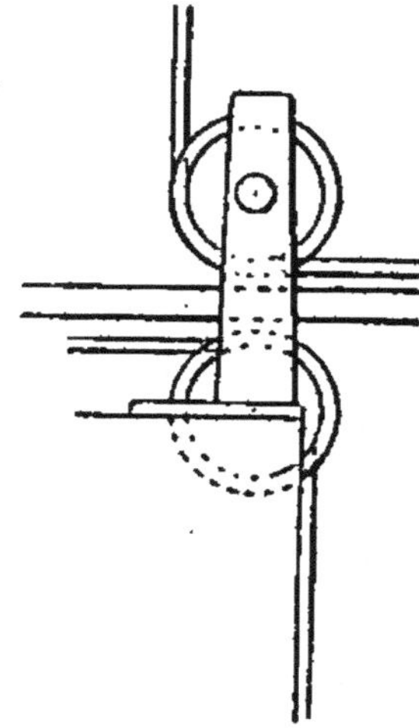

Fig. 181.

Lorsque le gazomètre est de grand diamètre, le câble circonscrit est remplacé par un fer à double T, formant un cercle rigide autour du gazomètre roulant sur des galets, et sur lequel sont fixés les câbles guides, de la façon indiquée plus haut; un autre câble qui descend dans un puits règle son mouvement, lors de l'ascension de la cloche.

FIN DU TOME PREMIER

TABLE DES MATIÈRES

CONTENUES

DANS LE PREMIER VOLUME

CHAPITRE V

CHAPITRE VI

CHAPITRE VII

CHAPITRE IX

CHAPITRE X

CHAPITRE XI

FIN DE LA TABLE DES MATIÈRES DU TOME PREMIER

BAR-SUR-SEINE. — IMP. Vᵉ C. SAILLARD.